質量管理案例與實訓

主　編　陳昌華、朱廣財
副主編　鄭學芬、楊小杰、余傳英

崧燁文化

前　言

　　本書可作為工商管理專業的質量管理學課程理論教學的輔助實踐、實用配套教材，也可作為工商管理碩士研究生和相關人員實踐應用的參考資料，突出應用型人才培養的「實際、實用、實踐」特徵。

　　全書由5篇30章構成。第一篇質量管理案例解析，第二篇質量管理實訓，第三篇質量管理習題集，第四篇全國質量管理各類考試試題或樣題選編，第五篇質量管理有關參考文件。全書以目前國內大多數質量管理教材所涉及的核心內容（質量管理概論、質量管理體系、全面質量管理及質量管理常用技術、顧客需求管理、設計過程質量管理、統計過程控製、抽樣檢驗、質量經濟分析、六西格瑪管理）為主線，實現與相關質量管理教材配套，以輔助教學和學習的目的，即不論你選擇哪本質量管理教材，本書都可以作為輔助教材來使用和參考。

　　第一篇質量管理案例解析部分由9章構成，每章設計了4~6個案例，每個案例都突出了教材對應的知識點和難點，并注重啟發性內容，增強了教材的可讀性。本篇有利於激發學生的學習興趣、熱情和創新思維能力；增強學生對質量管理實踐活動的適應能力和開發創造能力；培養學生運用質量管理的原理和方法解決生產、服務領域中質量實務問題的能力，使學生感受到時代氣息和質量工作的與時俱進，促進學生以創新精神投入質量管理實踐活動。

　　第二篇質量管理實訓部分，突出「應知」與「應會」，有明確的實訓目的，對實訓組織進行了精心設計，并對實訓內容與要求做了明確的規定。當然實訓操作成效需密切配合現場調研、現場教學、案例教學、教學視頻等靈活多樣的教學方法，才能收到良好效果。

　　第三篇質量管理習題集部分，分章設計內容，包括選擇、填空、判斷、問答等題型，在強化理論知識的同時，突出實踐應用。

第四篇全國質量管理各類考試試題或樣題選編和第五篇質量管理有關參考文件，讓讀者對質量管理實踐有更多的瞭解，為職業規劃打下基礎。

本書由陳昌華、朱廣財擔任主編，負責全書的總體結構設計。鄧學芬、楊小杰、餘傳英擔任副主編。第1~3章由陳昌華、尹紅鈺編寫，第4~6章由朱廣財、張曉梅編寫，第7~9章由陳昌華、汪婷編寫，第10~12章由陳昌華、鄧學芬編寫，第13~15章由鄧學芬、餘傳英編寫，第16~18章由陳昌華、朱廣財編寫，第19~21章由陳昌華、餘傳英編寫，第22~24章由朱廣財、楊小杰編寫，第25~28章由陳昌華、楊小杰編寫，第四篇和第五篇由陳昌華、朱廣財、汪婷編寫。

在本書的編寫過程中，借鑑和參考了國內外專家學者的研究成果，查閱了大量的網路資料，在此表示衷心感謝！由於水平有限，書中難免存在不妥，疏漏甚至不完善之處，懇請廣大讀者批評指正。

陳昌華

目 錄

第一篇　質量管理案例解析

第1章　質量管理概論 （3）
　　有你就有肯德基——以客戶為中心 （3）
　　海爾質量管理三部曲——追求零缺陷 （4）
　　三洋制冷質量管理——推行零缺陷 （6）
　　微軟質量管理——持續質量改進 （8）
　　某汽車機電企業質量管理——質量檢驗 （10）

第2章　質量管理體系 （12）
　　任務繁重的質量經理 （12）
　　海南省海洋與漁業廳 ISO 9000 質量體系 （16）
　　海爾的崛起之路 （18）
　　茅臺的質量神話 （22）
　　中國醫療機構的質量管理製度 （25）

第3章　全面質量管理及質量管理常用技術 （29）
　　如何降低卷菸端部落絲量 （29）
　　天河物流公司向標杆學習，重塑公司形象 （32）
　　深入推行質量管理，走質量效益之路 （34）
　　應用質量管理工具技法，提升門急診綜合滿意度 （39）

第4章　顧客需求管理 （47）
　　客戶的要求是我們的工作重點 （47）

約翰遜控股公司與其關鍵客戶 ································· (48)
　　　白酒「塑化劑疑雲」 ··· (51)
　　　耐克市場的消費者需求 ··· (53)

第 5 章　設計過程質量管理 ·· (56)
　　　iPhone（蘋果手機）離綠色設計還有多遠？ ···················· (56)
　　　全友獲「2012 綠色設計國際貢獻獎」創全球家具行業先河 ········ (58)
　　　奇瑞 QQ 的設計理念 ··· (60)
　　　海爾冰箱可靠性試驗成為博客熱點 ······························· (62)
　　　浙江省質量管理創新項目斬金奪銀 ······························· (63)

第 6 章　統計過程控製 ·· (66)
　　　應用 SPC 軟件工具有效監控食品質量安全 ······················· (66)
　　　關注產品質量，增強企業競爭力 ································· (68)
　　　輪胎企業重視質量管理加強自檢 ································· (72)
　　　SPC 技術在生產電子元器件中的應用 ···························· (74)

第 7 章　抽樣檢驗 ·· (76)
　　　大田電器有限公司繼電器進貨抽樣檢驗作業指導書 ················· (76)
　　　標準實業有限公司來料檢驗方案作業指導書 ······················· (78)
　　　ABC 電器製造有限公司測量系統分析（MSA）控製程序 ············ (81)
　　　深圳市樂聲揚電子有限公司抽樣檢驗作業指導書 ··················· (89)
　　　科銳機械技術有限公司產品抽樣檢驗作業指導書 ··················· (90)
　　　天極數碼有限公司硒鼓抽樣作業指導書 ··························· (93)

第 8 章　質量經濟分析 ·· (97)
　　　某橡膠廠 7 月份質量成本分析報告 ······························· (97)
　　　美國某服裝製造廠年度質量成本報表 ···························· (103)

某企業質量成本統計與分析報告 ………………………………………… (104)
　　某公司 2012 年 1 月質量成本分析 ………………………………………… (106)
　　某冰箱廠質量成本分析報告 ……………………………………………… (109)
　　某交通通信公司 11 月份質量成本分析報告 ……………………………… (114)

第 9 章　六西格瑪管理 ………………………………………………………… (118)
　　摩托羅拉的 TCS …………………………………………………………… (118)
　　六西格瑪實施案例：降低儀表表面褶皺缺陷率 ………………………… (120)
　　金寶電子：步伐穩健地行走於六西格瑪之路 …………………………… (130)
　　通用電氣公司實施六西格瑪管理體系的成功經驗 ……………………… (133)
　　提高混合氣體的充氣效率 ………………………………………………… (137)
　　中興公司六西格瑪管理成功實施案例分析 ……………………………… (145)

第二篇　質量管理實訓

第 10 章　質量管理概論 ……………………………………………………… (153)

第 11 章　質量管理體系 ……………………………………………………… (154)
　　對 ISO 9001:2015 標準的實施要點的理解 ……………………………… (154)
　　模擬質量認證程序 ………………………………………………………… (154)

第 12 章　全面質量管理及質量管理常用技術 ……………………………… (156)
　　全面質量管理的重要性 …………………………………………………… (156)
　　質量管理、改進工具的運用 ……………………………………………… (156)

第 13 章　顧客需求管理 ……………………………………………………… (158)
　　以顧客為關注焦點 ………………………………………………………… (158)
　　服務質量調查 ……………………………………………………………… (158)

第 14 章　設計過程質量管理 ·· (160)
　　質量功能展開 ·· (160)
　　容差設計 ·· (161)

第 15 章　統計過程控製 ··· (162)
　　運用 Excel 繪制產品質量的過程控製圖 ·· (162)
　　過程能力指數分析 ··· (164)

第 16 章　抽樣檢驗 ·· (165)

第 17 章　質量經濟分析 ··· (172)

第 18 章　六西格瑪管理 ··· (173)

第三篇　質量管理習題集

第 19 章　質量管理概論習題 ·· (177)

第 20 章　質量管理體系習題 ·· (181)

第 21 章　全面質量管理及質量管理常用技術習題 ······································· (186)

第 22 章　顧客需求管理習題 ·· (192)

第 23 章　設計過程質量管理習題 ··· (196)

4

第 24 章　統計過程控製習題 ……………………………………………（200）

第 25 章　抽樣檢驗習題 ……………………………………………………（204）

第 26 章　質量經濟分析習題 ………………………………………………（209）

第 27 章　六西格瑪管理習題 ………………………………………………（213）

第 28 章　習題參考答案 ……………………………………………………（217）
　　質量管理概論 ……………………………………………………………（217）
　　質量管理體系 ……………………………………………………………（220）
　　全面質量管理及質量管理常用技術 ……………………………………（225）
　　顧客需求管理 ……………………………………………………………（229）
　　設計過程質量管理 ………………………………………………………（232）
　　統計過程控製 ……………………………………………………………（235）
　　抽樣檢驗 …………………………………………………………………（238）
　　質量經濟分析 ……………………………………………………………（241）
　　六西格瑪管理 ……………………………………………………………（245）

第四篇　質量管理各類考試樣題精選

第 29 章　質量管理體系國家註冊審核員考試 …………………………（251）
　　質量管理體系國家註冊審核員筆試大綱（第 3 版）…………………（251）
　　試卷 1　2015 年 9 月質量管理體系（ISO 9001：2015 標準）審核員考試試卷
　　　　……………………………………………………………………（257）
　　試卷 1　參考答案 ………………………………………………………（264）
　　試卷 2　2015 年 12 月質量管理體系審核員 ISO 9001：2015 轉版考試　A 卷
　　　　……………………………………………………………………（266）

試卷 2　參考答案 ……………………………………………………………（274）
　　試卷 3　2015 年 12 月質量管理體系審核員 ISO 9001:2015 轉版考試　B 卷
　　　　　　…………………………………………………………………………（275）
　　試卷 3　參考答案 ……………………………………………………………（283）
　　試卷 4　2016 年 9 月質量管理體系審核員 ISO 9001:2015 轉版考試………（284）
　　試卷 4　參考答案 ……………………………………………………………（292）

第 30 章　中國質量協會註冊六西格瑪考試 ……………………………………（294）
　　試卷 1　中國質量協會註冊六西格瑪黑帶考試樣題 ………………………（294）
　　試卷 1　參考答案 ……………………………………………………………（315）
　　試卷 2　中國質量協會註冊六西格瑪綠帶考試樣題 ………………………（316）
　　試卷 2　參考答案 ……………………………………………………………（322）
　　試卷 3　2016 年六西格瑪管理考試試題 ……………………………………（322）
　　試卷 3　參考答案 ……………………………………………………………（330）

第五篇　質量管理有關參考文件

附錄一　ISO 9000 認證程序簡介 ………………………………………………（335）

附錄二　全國質量獎介紹 …………………………………………………………（336）

附錄三　全國質量獎管理辦法 ……………………………………………………（337）

附錄四　日本戴明獎介紹 …………………………………………………………（341）

附錄五　EFQM 卓越獎介紹（原歐洲質量獎）…………………………………（342）

附錄六　美國馬爾科姆・波多里奇國家質量獎介紹 ……………………………（343）

附錄七　質量經理職業資格認證管理辦法……………………………………（345）

附錄八　中國質量協會六西格瑪綠帶註冊管理辦法（試行）…………（348）

附錄九　六西格瑪黑帶註冊管理辦法（試行）……………………………（352）

附錄十　2013年度中國質量協會六西格瑪綠帶註冊程序 ………………（356）

第一篇
質量管理案例解析

第 1 章　質量管理概論

本章學習目標

1. 瞭解質量管理的基本原理及思想
2. 領會質量管理對企業發展的重要性

【案例一】

有你就有肯德基——以客戶為中心

　　肯德基是世界最大的炸雞快餐連鎖企業，在全球擁有上萬家餐廳。肯德基的名字「KFC」是英文 Kentucky Fried Chicken 的縮寫。肯德基創始於 1930 年，創始人哈蘭‧山德士（Harland Sanders）經過學習和研究，創造了由 11 種香料和特有烹飪技術合成的炸雞秘方，在家鄉美國肯塔基州開了一家餐廳，其獨特的口味深受顧客歡迎。1935 年，肯塔基州為表彰他對肯塔基州餐飲事業的貢獻，特授予他為肯德基上校。滿頭髮髮及山羊鬍子的上校形象已成為肯德基的國際品牌的象徵。1987 年肯德基進入中國，在北京開設了第一家餐廳，現在除西藏自治區之外，肯德基已遍布中國 30 個省市的 170 多個城市，總數已超過 1,000 家。

　　肯德基的使命是成為世界上最受歡迎的餐飲品牌；肯德基的期望是給予每一位顧客絕佳風味的食品、愉悅的用餐體驗和再次光臨的價值。肯德基的客戶對象面向社會和家庭的各類層次，有少年兒童、青年男女、康樂老人等，十分廣泛。但其定位重心是永遠充滿朝氣和勇於挑戰的年輕人，肯德基認定社會中最活躍的成員能帶動肯德基的飛躍。

　　肯德基的主要廣告語有三條——「有了肯德基，生活好滋味!」「立足中國，融入生活!」「有你就有肯德基!」它們充分顯現了肯德基的廣告營銷策略。因此，肯德基電視廣告的內容和場景既豐富又多彩，極其貼近顧客群的生活，親和力極強! 肯德基的廣告極力揣摩并迎合顧客的消費心理。例如，為迎合顧客喜愛美食的心理，肯德基推出各種新鮮的甚至有異國情趣的美食「泰國風味」「韓國泡菜豬肉卷」「墨西哥雞肉卷」「新奧爾良烤雞腿堡」「葡式蛋撻」等，宣揚美食天下全在肯德基。又如，為迎合顧客需要健康生活、均衡營養的心理，肯德基推出「均衡生活」兩則廣告：一則針對工作緊張、進餐匆忙的上班族，形象誇張地提出為什麼把肚皮帶在身上跑，從而推出肯德基的均衡美食；另一則面對一個活潑可愛、吵著「要吃雞翅」的小女孩，肯德基的一位員工姐姐笑容可掬地對她說「小妹妹，肉好吃，蔬菜也要多吃噢!」廣告非常親切動人，同時還充分展現了肯德基員工為顧客著想的服務精神，拉近了員工與顧客的

親密關係。

　　為了立足中國，肯德基的廣告極力營造適合中國國情和人文環境的經營氛圍。譬如在春節廣告裡，肯德基上校也穿唐裝，推出「來肯德基點新年套餐，將『哆啦A夢'（Dola Amon，一個會說恭喜發財的錄音智能玩偶）帶回家」。為了爭奪更多客源，肯德基還融入中國菜肴，推出標準化的中國傳統名菜，有「正宗粵味，一卷上癮」的咕咾雞肉卷、老北京雞肉卷、川香辣子雞、寒稻香蘑飯、香菇雞肉粥、海鮮蔬菜湯等。

　　肯德基廣告還積極宣傳肯德基的社會貢獻，其中有一則廣告主題是肯德基的曙光獎學金幫助一個來自貧困山區的女孩圓了大學夢，後來又使她進入肯德基這個給人以精神動力的大家庭。

資料來源：達夫，龍瀟．小故事大道理大全集　受益一生的智慧寶庫（上）　[M]．北京：中國華僑出版社，2012．

【思考題】

1．什麼是質量？

2．該案例中，怎樣理解質量？

參考答案要點：

1．什麼是質量？

　　質量即「一組固有特性滿足要求的程度」。「固有的」也就是事物中本來就有的；「要求」包括「明示的」和「隱含的」需求和期望，也就是合同中規定或客戶明確提出的要求，以及組織顧客和其他相關方的管理或一般做法所考慮的需求與期望。

　　20世紀末，質量仍然被定義為「產品或服務滿足規定或者潛在需要的特性的總和」。隨著人們質量意識的提高，質量被重新定義為「一組固有特性滿足要求的程度」，這一定義反應了以客戶為關注點的要求。

2．該案例中，肯德基怎樣理解質量？

　　質量是指一組固有特性滿足要求的程度，這一概念反應了以客戶為關注點的要求。

　　肯德基在不同國家的擴張中，針對顧客喜愛美食的心理，推出了「泰國風味」「韓國泡菜豬肉卷」「墨西哥雞肉卷」「新奧爾良烤雞腿堡」「葡式蛋撻」等產品；針對顧客需要健康生活、均衡營養的心理，推出「均衡生活」兩則廣告；為迎合中國客戶的需求推出了標準化的中國傳統名菜，如「正宗粵味，一卷上癮」的咕咾雞肉卷、老北京雞肉卷、川香辣子雞、寒稻香蘑飯、香菇雞肉粥、海鮮蔬菜湯等。可見，肯德基對質量的理解體現了以客戶為中心的思想。

【案例二】

海爾質量管理三部曲——追求零缺陷

　　許多到海爾參觀的人反應：「海爾的許多口號我們都提過，很多製度我們也有，為什麼在我們企業沒有效果，在海爾卻這麼有效呢？」筆者認為，正是最後形成的製度與機制，保證了員工對「理念與價值觀」廣泛接受并認同，即所謂的「海爾管理三部曲」的運行模式。這一規律，在海爾管理的每一個方面幾乎都有體現，對海爾的成功

起到了至關重要的作用。其中所包含的深層次規律，更值得從理論上進行總結。本文擬選擇其中的質量管理方面進行分析。

第一部：提出質量理念——有缺陷的產品就是廢品

海爾在轉產電冰箱時，面臨的市場形勢是嚴峻的：在規模、品牌都是絕對劣勢的情況下，靠什麼在市場上佔有一席之地？只能靠質量。於是，張瑞敏提出了自己的質量理念——「有缺陷的產品就是廢品」、對產品質量實行「零缺陷、精細化」管理，努力做到用戶使用的「零抱怨、零起訴」……

理念的提出是容易的，但是，讓員工接受、認同，最後變成自己的理念，則是一個過程。一開始，許多職工并不能真正理解，更難自覺接受。所以，產品質量不穩定，客戶投訴不斷。1986 年，有一次投產的 1,000 臺電冰箱，就檢查出 76 臺不合格。面對這些不合格品，許多人提出，便宜一點，賣給職工……張瑞敏強烈意識到，企業提出的質量理念，大部分員工還遠遠沒有樹立起來，而理念問題解決不了，只靠事後檢驗，是不可能提高質量的。

第二部：推出「砸冰箱」事件

許多人都非常熟悉「砸冰箱」事件，但是對「砸冰箱」之後發生的事，卻知之甚少。當員工們含淚眼看著張瑞敏總裁親自帶頭把有缺陷的 76 臺電冰箱砸碎之後，內心受到的震動是可想而知的，人們對「有缺陷的產品就是廢品」有了刻骨銘心的理解與記憶，對「品牌」與「飯碗」之間的關係有了更切身的感受。但是，張瑞敏并沒有就此而止，也沒有把管理停留在「對責任人進行經濟懲罰」這一傳統手段上，他要充分利用這一事件，將管理理念滲透到每一位員工的心裡，再將理念外化為製度，構造成機制。

在接下來的一個多月裡，張瑞敏發動和主持了一個又一個會議，討論的主題卻非常集中：「我這個崗位有質量隱患嗎？我的工作會對質量造成什麼影響？我的工作會影響誰？誰的工作會影響我？從我做起，從現在做起，應該如何提高質量？」在討論中，大家相互啟發，相互提醒，深刻地內省與反思。於是，「產品質量零缺陷」的理念得到了廣泛的認同，人們開始了理性的思考：怎樣才能使「零缺陷」得到機制的保證？

第三部：構造「零缺陷」管理機制

在海爾每一條流水線的最終端，都有一個「特殊工人」。流水線上下來的產品，一般都有一些紙條，在海爾被稱為「缺陷條」。這是在產品經過各個工序時，工人檢查出來的上工序留下的缺陷。這位特殊工人的任務，就是負責把這些缺陷維修好。他把維修每一個缺陷所用的時間記錄下來，作為向「缺陷」的責任人索賠的依據。他的工資就是索賠所得。同時，當產品合格率超過規定標準時，他還有一份獎金，合格率越高，獎金越高。這就是著名的「零缺陷」機制。這個特殊工人的存在，使零缺陷有了機制與製度上的保證。目前，這一機制有了更加系統、科學的形式，這就是被海爾稱為市場鏈機制的「SST」，即：索賠、索酬、跳閘。這一製度的推出，使海爾的產品、服務、內部各項工作都有了更高的質量平臺。

資料來源：高賢峰. 海爾質量管理的三部曲 [J]. 當代經理人，2004（2）：92.

【思考題】
1. 總結分析海爾質量管理的成功經驗？
2. 如何理解海爾的質量理念？
3. 如何理解海爾的「零缺陷」管理機制？

參考答案要點：

1. 總結分析海爾質量管理的成功經驗？

首先樹立質量理念——有缺陷的產品就是廢品；然後推出「砸冰箱」事件，將管理理念滲透到每一位員工的心裡；最後將理念外化為製度，構成機制。

2. 如何理解海爾的質量理念？

傳統的觀點認為，「質量管理的目的是把錯誤減至最少。」這本身就是一個錯誤。應該努力的目標是第一次就把事情完全做好，也就是達到「零缺陷」的目標。如果第一次就能把事情做好，那些浪費在補救工作上的時間、金錢和精力就可以完全避免，生產成本也會大大降低。

3. 如何理解海爾的「零缺陷」管理機制？

建立「零缺陷」管理機制是將管理理念滲透到每一位員工的心裡，管理理念製度化，將「質量」和「個人利益」綁定在一起，實現全員參與。

「零缺陷」管理機制貫徹了「下道工序是用戶」的原則，依靠「三檢制」（自檢、互檢、專檢）對生產過程進行質量控製，同時開展群眾性的質量控製小組，強化職工的自我管理意識。

提出了「三不原則」：不接受、不製造、不傳遞。

對上道工序不符合要求的操作，下道工序依據檢驗標準有權不接受；在本道工序內，員工按標準操作，做到自己不製造；同時自我檢驗，確保不向下道工序傳遞。

在「零缺陷」管理機制的基礎上，延伸出「SST」。這是市場鏈的表現形式，即：

索酬，就是通過建立市場鏈為服務對象提供優質服務，從市場中取得報酬；

索賠，體現出了市場鏈管理流程中部門與部門、上道工序與下道工序間互為咬合的關係，如果不能「履約」，就要被索賠；

跳閘，就是發揮閘口的作用，如果既不索酬也不索賠，那麼第三方就會自動「跳閘」，「閘」出問題來。

【案例三】

三洋制冷質量管理——推行零缺陷

在三洋制冷的生產現場，根本看不到在其他企業內常見的手持檢測儀器進行質量檢查的檢查員的身影，但是三洋制冷的溴化鋰吸收式制冷機的產品質量卻遙遙領先於國內同行業廠家而高居榜首，這正是三洋制冷在全公司內推行「零缺陷」的質量管理的結果。

「沒有檢查員，一旦加工出不合格品怎麼辦？」絕大多數到三洋制冷參觀訪問的人都不無疑惑地問。這時，三洋制冷的每一位員工，都會充滿自信地告訴你，三洋制冷

在用最先進的檢測儀器檢測產品的最終質量的同時，採用了和絕大多數企業完全相反的質量管理方法——取消工序檢查員，把「質量三確認原則」作為質量管理的最基本原則。即每一位員工，都要「確認上道工序零部件的加工質量，確認本工序的加工技術質量要求，確認交付給下道工序的產品質量」，從而在上下工序間創造出一種類似於「買賣」關係的三洋制冷特有的管理現象。

上道工序是市場經濟中的「賣方」，下道工序是「買方」、是上道工序的「用戶」。如果「賣方」質量存在問題，則「買方」可拒絕購買，不合格品就無法繼續「流通」下去。三洋制冷正是通過這種「買賣化」的獨特的質量管理方式，形成了沒有專職檢查員，但每個員工都是檢查員的人人嚴把質量關的局面，從而保證了「不合格品流轉為零」的目標的實現，確保最終生產出近乎完美的零缺陷產品。這種質量確認法，與傳統質量管理的「互檢」法比較相似，不同的關鍵點在於，傳統的「互檢」只是挑出別人的毛病，與己無關。而這種確認法則講求確認者的責任，要求本工序的操作人員必須同時承擔起上道工序的責任，一環扣一環，環環相扣，使質量責任制真正落實到每個操作者肩上，通過相應的考核，真正實現責任與利益的統一。轉入加工的確認點是連帶責任的開始，也是對自我確認的肯定。就其實質來講，它是國有企業自檢、互檢經驗的再發展，是員工主人翁精神的再體現，是工藝紀律鬆懈教訓的再糾正。這些看似簡單但真正做起來并形成良好的質量意識和習慣卻是一個很長的培育和實踐過程。

三洋制冷企業的質量確認辦法，變單純的事後控制為事前預防、事中控制、事後總結提高，以員工工作質量的提高使產品質量得到有效保證和改善，使員工做到了集生產者與檢查者於一身。它能預防和控制不良品的發生和流轉，強調「第一次就要把事情做好，追求零缺陷，用自身的努力最大限度地降低損失」，從而實現了「三不」的工序質量控制目標，即不接受不良品、不生產不良品、不轉交不良品，達到了「不良品流轉率為零」的工序質量控制目標。

三洋制冷的每個員工都瞭解這樣一個道理，產品質量是製造出來的，而不是檢查出來的。檢查只能起到事後把關的作用，而損失已經造成。因此，三洋制冷在實行「質量三確認原則」的同時，員工們每天都要填寫關鍵工序的質量檢查表和質量反饋單，使各種質量數據及時反饋到品質部門，對生產過程的質量進行監督控制，檢查各環節關鍵工序和關鍵項目。品質保證部通過對數據的分析處理，再發出各種作業指示來進行質量控制，并作為改善質量工作的指導。品質保證部門早已不是國有企業的質量檢查部門，它更注重事先預防的管理、強化生產過程的質量宏觀控制、與員工的關係不是檢查與被檢查的關係，而是質量共同的保證者。他們掌握并控制生產過程中關鍵工序、關鍵部件、關鍵指標的完成，并加以保證確認。他們針對生產過程中出現的質量問題，進行綜合分析、查找原因、制定措施，指導帶動員工加以改善和提高，并不斷對實施過程和結果進行指導與再監督。同時，各質量管理小組也針對發生的質量問題，尋找原因并擬定解決對策，避免相同或類似問題的再發生。正是由於全體員工的共同參加和努力，才使「一切以預防為主」「一切用數據說話」和「一切使用戶滿意」的質量管理理論，在三洋制冷得以確實實行并取得豐碩的成果，在全面質量管理的基礎上走出了一條創新的路子。

三洋制冷早在 1996 年就在行業內率先通過了 ISO 9002 國際質量管理體系認證，但是他們僅把認證作為質量管理的一個最起碼的工作，而以「零缺陷」作為質量工作的最高目標，并且堅持不懈地進行持續改進。「零缺陷」的質量管理思想，不僅在質量管理方面，而且在三洋制冷經營管理的方方面面均得到推行，進而發展成「零缺陷自我改善運動」，逐步形成了一整套基於「零缺陷」的管理思想，并成為三洋制冷「自我改善」的企業文化的重要組成部分。

資料來源：盧顯林. 質量管理新動力——零缺陷管理 [M]. 北京：中國商業出版社，2006：16-17.

【思考題】

1. 案例中三洋制冷企業是如何對產品質量進行控製的？
2. 案例中體現了「零缺陷」管理的哪幾個原則？

參考答案要點：

1. 案例中三洋制冷企業是如何對產品質量進行控製的？

三洋制冷企業對產品的質量管理以「零缺陷」管理思想為指導，在全面質量管理的基礎上走了一條創新之路。具體的做法是：首先，取消傳統質量管理的「互檢」，改為在上下工序之間創造一種類似於市場經濟的買賣關係的管理現象，將每個員工都轉變為檢查員，從而形成人人嚴把質量關的局面；其次，將質量責任具體落實到工人頭上，與績效結合、利益相統一，變事後控製為事前預防、事中控製、事後總結的管理；最後，品質部對員工們每天填寫的質量檢查表和反饋單進行數據分析，尋找原因，制定措施，以改善質量工作。

2. 案例中體現了「零缺陷」管理的哪幾個原則？

原則一：質量的定義是符合顧客要求，而不只是好。案例中三洋制冷將產品的質量實際化，根據顧客的要求給出了具體的參考指標，從而在生產過程中有標準可依，形成了「三不」的工序質量控製目標。

原則二：產生質量的系統是預防，而不是檢查。三洋制冷取消了傳統中的互檢，在上下工序間採用市場經濟形式的買賣關係，將對質量管理的事後控製轉變為事前預防、事中控製、事後總結的管理模式，實現了預防產生質量。

原則三：工作的最高目標是零缺陷，而不是差不多就好。三洋制冷在質量管理上取得了好的成績，但是并沒有就此止步，而是將 ISO 9002 的國際質量管理體系認證作為一個基本的工作，以零缺陷作為質量管理的最高目標，堅持不懈地進行持續改進。

【案例四】

微軟質量管理——持續質量改進

微軟公司於 1975 年 4 月 4 日由比爾·蓋茨和保羅·艾倫合夥成立，并於 1981 年 6 月 25 日重組為公司。公司創立初期以銷售 BASIC 解譯器為主。當時的計算機愛好者也常常自行開發小型的 BASIC 解譯器，并免費分發。然而，由於微軟是少數幾個 BASIC 解譯器的商業生產商，很多家庭計算機生產商在其系統中採用微軟的 BASIC 解譯器。隨著微軟 BASIC 解譯器的快速成長，製造商開始採用微軟 BASIC 的語法以及其他功能

以確保與現有的微軟產品兼容。正是由於這種循環，微軟 BASIC 逐漸成為公認的市場標準，公司也逐漸占領了整個市場。

1983 年，微軟與 IBM 簽訂合同，為 IBM PC 提供 BASIC 解譯器，之後微軟又向 IBM 的機器提供操作系統。微軟購買了 Tim Patterson 的 QDOS 使用權，在進行部分改寫後通過 IBM 向市場發售，將其命名為 Microsoft Disk Operating System（MS－DOS）。MS-DOS 獲得了巨大的成功。操作系統程序設計語言的編譯器以及解譯器、文字處理器、數據表等辦公軟件互聯網客戶程序，如網頁瀏覽器和電郵客戶端等這些產品中有些十分成功，有些則不太成功。從中人們發現了一個規律：雖然微軟的產品的早期版本往往漏洞百出，功能匱乏，并且要比其競爭對手的產品差，之後的版本卻會快速進步，并且廣受歡迎。今天，微軟公司的很多產品在其不同的領域主宰市場。

2002 年，微軟的多項網路以及互聯網相關的產品在多次出現安全漏洞後被廣受討論。一些惡意的程序員不斷利用微軟軟件的安全漏洞搞破壞，如通過互聯網創造及發布能夠消耗系統資源或破壞數據的蠕蟲、病毒以及特洛伊木馬。這些破壞行為一般的目標是微軟的 Outlook 以及 Outlook Express 電郵客戶程序，Internet Information Server（IIS）網頁服務器，以及 SQL Server 數據庫服務器軟件。微軟辯解說，「由於其在互聯網軟件市場上的領導地位，自然而然的微軟的產品會遭到更多的攻擊，因為這些微軟產品被廣泛使用。」而有人則反駁，「這些攻擊也對準那些微軟并不占優勢的產品，顯示微軟的產品要比其競爭對手的產品在安全性上要低一籌。」

蓋茨在 2002 年 1 月啓動了可信賴計算計劃（Trustworthy Computing Initiative）。他將其形容為一個長期的、全公司性的計劃，以尋找并修正微軟產品中的安全以及泄漏隱私方面的漏洞。在該計劃下，公司會重新評估和設計原先的一些規範及過程，也延遲了 Microsoft Windows Server 2003 的上市時間。對可信賴計算計劃的反應各不相同，有觀察家表揚微軟對安全問題的重視，但也提醒公司還有很多工作要做。

資料來源：根據 http://gzcyxt.tcsw.cn/info_139177_89656.html 整理。

【思考題】
1. 什麼是可持續的質量改進？
2. 結合案例及日常知識分析微軟怎樣實現可持續的質量改進？

參考答案要點：
1. 什麼是可持續的質量改進？
持續改進是增強滿足要求能力的循環活動。質量改進不是一次性的工作，任何組織不管其如何完善，總存在進一步改進的餘地，這就要求組織不斷制定改進目標并尋求改進機會。持續改進強調持續的、全程的質量管理，在注重末端質量的同時，注重過程管理、環節控制。

朱蘭的「螺旋曲線」、桑德霍姆的「質量循環」、戴明的「PDCA」循環，都要求根據組織的現狀與客戶的要求進行循環改進，體現了持續改進的思想。

2. 結合案例及日常知識分析微軟怎樣實現可持續的質量改進？
朱蘭認為質量產生的過程包括市場研究、開發、設計、制定產品規格、制定工藝、採購、儀器儀表及設備裝置、生產、工序控制、檢驗、測試、銷售和服務 13 個環節。

微軟主要從事軟件開發，其質量改進的持續性包括新產品的開發與原有產品的維護兩部分。微軟新產品開發包含朱蘭模型中的市場研究、開發、設計等全部環節，在開發的DOS系統主宰市場的情況下，微軟并未止步，而是通過市場研究，進一步推出了界面更友好、使用更方便的視窗系統，并取得了巨大成功。之後，圍繞客戶需求，微軟進行了持續的改進，從Windows最早的版本逐步升級到現在的Windows 10.0，從而逐步形成了市場壟斷。在不斷推出客戶需要的新產品的同時，圍繞客戶對產品安全的需求，微軟還推出了可信賴計算計劃，對新的規範及過程進行重新評估和設計，并對產品進行持續的改進與免費升級，減少產品漏洞，提高產品質量。

【案例五】

某汽車機電企業質量管理——質量檢驗

某汽車機電有限公司成立於1995年，是一家以車用零部件經營為主的加工製造型企業。經過十餘年的不懈努力，公司現已具備年產300萬套電噴節氣門體生產能力，并與大陸集團（Continental AG）、德爾福公司、長安汽車、東安三菱等多家知名公司建立了長期穩定的配套合作關係，是目前國內最大的機械式電噴節氣門體生產企業，市場佔有率多年來一直位居國內同行業第一。

為適應不斷變化的市場形勢，公司堅持自主創新，大力推進產品研發和產品結構的升級換代。現已形成一支具備較高研發能力的專業團隊，年均研發新產品數十種，能夠較好地滿足各大主機廠和系統商的產品更新需求。公司目前正致力於電子節氣門體的技術研發，力爭用最短時間實現公司主導產品由機械式節氣門體向電子節氣門體的成功轉型，促進公司核心競爭力的全面提升。

2009年年初，該公司成功完成了重組改制工作，該公司這一發展史上的重大舉措，不僅為其創造了更加有利的發展條件，更為其下一步的持續快速發展注入了新的強大動力。

該公司的質量控制採用質量檢驗控制方式，各車間建立了相對獨立的自檢、巡檢和抽檢體系，由一線工人在部件生產過程中進行自檢，由車間專職質檢人員在生產過程中對產品進行巡檢，最後由質監部門對產品進行抽檢。然而，由於設備生產能力、人員素質等方面的問題，儘管採取了上述三種檢驗相結合的模式，該公司曾一度多次發生產品批量不合格的重大生產事故，不僅造成了重大經濟損失，也影響了其品牌聲譽。

近年來，該公司意識到自身管理中存在的問題，努力通過流程再造、人員培訓等方式，建立全面質量管理體系，以提升其生產管理與質量控制水平，保障其產品質量，提高產品聲譽。

資料來源：根據http://sc.zwbk.org/MyLemmaShow.aspx?lid=7958整理。

【思考題】

1. 簡述質量管理的發展歷程。
2. 分析該公司質量管理中存在的問題。

參考答案要點：

1. 簡述質量管理的發展歷程。

質量管理的發展經歷了質量檢驗、統計過程控製和全面質量管理三個階段。

質量檢驗階段主要通過對產成品的質量檢驗來控製產品質量。這種檢驗為主的質量管理方法主要存在三個方面的局限性：①在出現質量問題時，由於不能明確責任，從而無法改進；②由於是事後檢驗而不是過程控製，發現問題時為時已晚；③在不能全檢時，抽樣檢驗方法會存在「大批嚴，小批寬」的問題。

二戰後，抽樣統計過程控製的質量管理方法得到了廣泛的應用。抽樣統計過程控製是應用統計技術對過程中的各個階段進行評估和監控，建立并保持過程處於可接受的并且穩定的水平，從而保證產品與服務符合規定的要求的一種質量管理技術。由於過分強調數理統計方法，忽視了質量控製的組織管理，使人們誤認為質量控製是專職工程師的事，挫傷了職工參與質量管理的積極性，從而影響了統計過程控製應有的作用發揮。

20世紀60年代，費根堡姆（Feigenbaum A V）提出了全面質量管理的概念，認為：「全面質量管理是為了能夠在最經濟的水平上，在充分滿足客戶要求的條件下，進行市場研究、設計、生產和服務，把企業各部門的研製質量、維持質量和提高質量的活動結合在一起，成為一個有效系統。」全面質量管理可概括為「三全一多樣」，即「全員、全過程、全方位的質量管理」和「多樣性質量管理方法與工具」。

2. 分析該公司質量管理中存在的問題。

該公司採用的「自檢、巡檢與抽檢相結合」的質量檢驗模式，是通過質量檢驗進行質量管理的模式，即質量管理仍然停留在質量檢驗階段。

案例中該公司出現的產品批量不合格的現象，從表面上看是由於設備生產能力不足、人員素質不高、責任心不強等諸多原因造成的，實際上，質量管理方式本身的原因更為重要。這種採用質檢方式控製產品質量的方式，使得員工對產品質量控制的認識不足，認為質量管理是質檢人員的事情；質檢人員巡檢具有隨機性，僅僅是對少數產品的檢查，不能發現產品缺陷亦在情理之中；當抽檢人員發現產品質量出現問題時，已經生產了大批不合格產品，此時損失已經形成。

要避免上述事件發生，就要採用全面質量管理模式，即通過員工培訓，提高全體員工的質量意識與參與意識；對市場研究、產品開發、設計等全過程進行質量控製；調動公司各部門資源，進行全方位的質量管理；同時採用多種質量管理工具與方法，進行持續改進，不斷提高產品質量。

第 2 章　質量管理體系

本章學習目標

1. 瞭解 ISO 9000 族標準產生的必然性
2. 掌握質量認證的條件和程序
3. 掌握質量體系有效運行的基礎工作

【案例一】

任務繁重的質量經理

今天，新的質量部經理牛先生已經到任一個月了，看來還是不行。雖然，我們在當初招聘他進來時就已意識到了這一點。一個月來，他的表現遠遠低於我們的預期。顯然，我們希望一個工具性的臨時質量經理的計劃已經面臨流產，是時候做出決定了。

質量經理已經成為公司的難題，牛經理是我們公司近一年內的第三個質量經理。但他很快也要變成前任質量經理，這真是令人遺憾。我們除了檢討人力資源的相關程序外，還需要檢討些什麼呢？

質量經理問題起源於公司的高速發展。公司年營業額由 2008 年剛成立時的 300 萬元增加到了 2011 年的 6,000 萬元，2012 年，我們計劃完成 12,000 萬元。前 5 個月的發展勢頭表明：我們計劃的增長非常有可能實現。

小公司的快速成長，必然會面臨一個問題——初建時的管理團隊、管理架構無法適應業務高速增長所帶來的內部變化，其中包括人力資源、財務、生產計劃與物料控制（Product Material Control，PMC）、市場、銷售等。人員要調整、機構要重組、流程要再造。

為減少內部管理滯後對發展形成的阻礙和控制內部管理滯後為公司帶來的巨大風險，公司在 2011 年年初就做出決定，要引進高級人才、重組架構。這個決定在某些領域進展得比較順利，比如新任財務總監的到來，已經讓我們基本相信：公司財務的合法化、報表設置合理性及準確及時性、現金流的安全性、盈利模式的穩定性、預算執行等方面都得到了有效控制。在 PMC 方面，我們也引進了一位高級人才，這位高才生將我們瀕臨癱瘓的 ERP 系統重新建立並使其正常運行起來。這讓我們的另外一個風險因素——交貨準時率，基本上得到了控制。我們的客戶都是歐美企業，準確地講，90%以上都是歐美企業。如果我們不能保證穩定、準確的交貨期，那無異於自殺！

同理，如果我們不能保證我們出口的產品都具有穩定、可靠的質量，那也無異於自殺。因此，質量也是公司經營面臨的一個長期的風險。為控制這個風險，一個高素

質的質量經理的需求就應運而生。不幸的是，這個問題居然在一年多的時間裡都沒有得到有效解決。那麼，公司的質量現狀到底有多糟糕呢？老實講，還不算太糟。

到目前為止，我們還沒有接到批量退貨，也沒有接到客戶的大規模投訴和抱怨。在生產過程中，由於質量失控所造成的不良品成本也不高。另外，公司一直都能通過國外先進標準協會的審核，也能通過UL、CC、VDE①等其他認證機構的工廠審核。不過，這絕不是說我們的質量體系就沒有問題，絕不是說我們已經排除了潛在的質量風險。諸多跡象表明：我們的質量體系運作得并不暢順，質量控制并不深入。

在BSI的例行審查中，我們的觀察項正在大量增加，但我見不到任何糾正預防措施單，或者即使有糾正預防措施，卻有實例證明，這些措施并沒有被落實。我有理由懷疑：BSI其實是對我們手下留情了。如果我是BSI的審查員，我絕不會讓公司通過例行審查。

還有一點不妙的是，牛經理的前任——楊經理，在公司的例行周會中居然報出我們的ICT（Internal Circuit Test，內部電路測試）測試不良率高達37%。更讓人意外的是，面對這樣的質量數據，他竟然沒有採取任何緊急糾正預防行動。這迫使我們終止周會，下令立即停產，并開始現場調查，進行原因分析。在調查中，一個令人尷尬的事實擺在我們面前：楊經理報告的質量數據居然是錯誤的！ICT測試不良率應該是15%而不是楊經理報告的37%。當然，即便是15%，也遠遠高於我們所設置的2%的警戒控制線。但是，不能準確地統計過程監控點的質量數據卻真是讓人大吃一驚。這說明，我們的質量控制還缺乏深度，還只停留在IQC（Incomming Quality Control，進料品質控制）和OQC（Output Quality Control，出貨品質控制）的監控層面上。

客戶的例行退貨記錄也印證了上述判斷。半年來，客戶的退貨率雖然在控製線以內，卻明顯地呈現出上升趨勢。由於客戶退貨有滯後，這些被退回來的產品實質上是一年前生產的。換而言之，在這一年多的時間裡，公司的質量控制能力在退化。因此，質量風險在增大，我們必須在失控前恢復控制。我可不想產品運到芝加哥後，客戶請我到美國去處理質量問題！

顯然，楊經理并沒有意識到問題的嚴重性，因此，他必須得走了。

牛經理的到來，實在是萬般無奈之舉。我們希望他至少能幫助公司救急，因為楊經理已經走了，另外一個質量主管也自動離職了，質量部就剩下一個空架子。而生產過程中的質量問題卻還在不斷地湧現，所以，必須得有一個人來頂一下。牛經理在當時，是我們視野內較合適的人選。儘管在面試之初，我們就意識到他基本上不可能建立起一個穩定運行的可靠體系，但是，他或許可以幫助我們建立起一個及時、準確的

---

① UL：美國保險商試驗所（Underwriter Laboratories Inc）的簡寫。UL是美國最有權威的，也是世界上從事安全試驗和鑒定的較大的民間機構。它是一個獨立的、非營利的、為公共安全做試驗的專業機構。它採用科學測試方法來研究確定各種材料、裝置、產品、設備、建築等對生命、財產有無危害和危害的程度；確定、編寫、發行相應的標準和有助於減少及防止造成生命財產受到損失的資料，同時開展實情調研業務。UL認證相當於中國的3C強制認證。CC：通用標準（Common Criteria）的簡寫。它是一組國際準則和規範說明，用以評估信息安全產品，特別是保證這些產品符合政府部署商定的安全標準。VDE：德國電氣工程師協會（Verband Deutscher Elektrotechniker）所屬的研究所，成立於1920年，是歐洲最有經驗的在世界上享有很高聲譽的認證機構之一。在許多國家，VDE認證標誌甚至比本國的認證標誌更加出名，尤其被進出口商認可和看重。

質量數據採集和反饋體系。按照 ISO 9000 標準，這屬於表格文件，是最底層的基礎文件。現在看來，我們也只好從基礎做起了。當然，另外一種情況也是我們可以接受的。那就是牛經理只是單純地「救火」，頭痛醫頭、腳痛醫腳，讓這個殘缺的質量體系發揮出它最大的效能。

令人失望的是，上述兩點，牛經理都未做到。過程控制的數據依舊不準確。過程中的不良率報警，永遠都不是質量部報告出來的。救火的功能也沒有發揮，因為我完全看不到任何糾正預防行動單出現。而按照我拍腦袋的直覺，就公司質量體系運行的現狀，每天有幾份糾正預防行動單是非常正常的。沒有糾正預防行動單，反而奇怪。更讓我絕望的是，昨天他竟然向我提議，要求工程部嚴格限制簽發讓步接收單。我問他為什麼，他說：「有客戶郵件提醒我們的市場人員，最近的讓步申請明顯增多，要注意。因此，我們應該嚴格限制簽發讓步接收單。」我提醒他：「除此以外，你還有什麼要答覆客戶？」他回答：「沒有了。」

嚴格限制簽發讓步接收單只是一個治標的措施。這可能帶來三個方面的問題：①我們報廢的損失；②耽誤交貨準時率（同樣影響公司信譽）；③由於我們無法準時交貨，連帶客戶也無法準時交貨，給客戶造成經濟損失和信譽損失。

我們向客戶提出讓步接收申請，是現狀下的合理措施。我們希望客戶權衡一下我們糟糕的質量控製給他帶來的損失，以便他和我們一起做出合理的取捨。當然，我們也不傻，客戶也不傻，我們不會將客戶完全不能接受的重大質量問題提出來，那樣客戶也不可能讓步接收。所以，我們的讓步申請總能得到對方同意。這說明，我們在特定狀態下的判斷，與客戶基本上是一致的。

客戶為什麼又提醒我們注意讓步接收數量太多呢？這說明我們的客戶是聰明的客戶。他通過讓步接收數量的變化，已經發現了我們的質量體系在惡化。他其實是在委婉地提醒我們：「要通過管理評審或者內審來回顧一下你們的質量體系了，要有一系列的改善質量體系的行動。」

因此，我們要消除客戶的疑慮，就需要給客戶一個放心的答案，告訴客戶，我們正在著手進行質量體系的改善，并且告訴他如何可以看到明顯的效果。如果按照牛經理的回答，只能徒增客戶的憂慮，降低我公司的信譽評級。因此，我只好決定，牛經理暫時不要就質量問題與客戶直接溝通。

看來，牛經理在公司的最長時間記錄應該不會超過三個月。那麼，新的質量經理又該如何去找呢？上網招聘、登報、熟人推薦、獵頭？或者同時進行？需要在什麼時間到位呢？我們高層管理者在這個問題上又該怎麼反思呢？不管怎樣，新的質量經理 7 月底前必須就位。

資料來源：根據 http://www.360doc.com/content/16/0216/10/12345994_534949282.shtml 整理。

【思考題】
1. 是什麼導致公司一年內換三個質量經理？
2. 該公司應如何走出目前的產品質量困境？

參考答案要點：
1. 是什麼導致公司一年內換三個質量經理

一年換三個質量經理，表面上是質量經理無作為，實質是其不能作為。本案例的困境之源是：本該由一把手負責的質量工程讓質量經理來承擔，而且沒有相應的質量管理職責授權。

對企業經營而言，沒有了客戶，企業就無法生存。站在客戶的角度，他們關注的重點是產品交貨期（按時、足量）、產品質量和價格。若交貨期不能滿足客戶要求，我們可以增加設備、人員，從而使情況得以改觀；如若價格不能滿足客戶要求，我們可以降低成本（低於社會平均成本即可），情況也可以得到改觀。但是，如果是產品質量問題，就不只是增加設備和人員那麼簡單了。產品質量是企業綜合能力的積澱，是企業實施全面質量管理的結果。

將企業的產品質量放到質量經理的作為上，顯然背離了全面質量管理的原則。企業雖然獲得了 ISO 9000 質量體系認證，但也僅僅相當於質量管理剛及格；雖然產品獲得 CC、UL 和 VDE 認證，也只能表明產品符合安全要求，這是市場對產品的基本要求。僅僅擁有這些認證，不能說該企業的產品質量能夠滿足變化的市場和客戶。

全面質量管理的八項原則中的第一條：以顧客為中心，顧客的需求就是企業改善的出發點。第二條：領導的作用，對組織而言就是最高管理者的作用，也就是最高管理者要對產品質量負總責。第三條：全員參與，就是說每個員工的工作效果均影響產品質量。這三條做不好，其他五條做得再好，也沒有意義。

本案例中，公司如是理解顧客的提醒（讓步申請明顯增多）：「禁止簽發讓步接收單可能帶來三個問題：①我們報廢的損失；②耽誤交貨準時率（同樣影響公司信譽）；③由於我們無法準時交貨，連帶客戶也無法準時交貨，給客戶造成經濟損失和信譽損失。我們向客戶提出讓步接收申請，是現狀下的合理措施。就是讓客戶能權衡我們糟糕的質量控製給他帶來的損失，以便他和我們一起做出合理的取捨。」

很顯然，這是只顧眼前不顧長遠的經營思路，把顧客的容忍當成顧客的需求。一年換三個質量經理，表面是質量經理無作為，實質是其不能作為。關於這一點，看看職責定位就清楚了：「（如果）牛經理只是單純地救火，頭痛醫頭、腳痛醫腳，讓這個殘缺的質量體系發揮出最大的效能，那還可以接受。」這就是一個總經理的質量意識。他完全沒有盡到領導的職責！另外，ICT 測試數據不準、工程部無限制地讓步申請，說明該公司完全沒有做到全員參與質量管理。

2. 該公司應如何走出目前的產品質量困境？

對於目前的困境，公司應該建立一個質量管理體系，完善全面質量管理。具體實施辦法如下：

首先，總經理親自掛帥，成立質量攻關小組，解決以下問題：立即組織與客戶溝通，讓質量部門、設計部門、工藝部門和生產部門負責人聆聽客戶的需求和抱怨，通過質量計劃予以解決。

其次，檢討 ISO 9000 質量體系的有效性。評價指標有：①公司質量方針和質量目標是否符合顧客的期望，如不符合，請立即改進；②從設計開發到售後服務全過程，各職能部門的工作目標是否圍繞質量方針和目標展開，如若不是，請立即完善；③與產品質量有關的人員，其工作目標是否反應企業的質量目標，如若不是，請立即增加；

④程序文件規定的流程是否保證公司質量方針目標、部門目標和崗位目標達成。檢討各部門對質量體系的執行情況。評價指標有：①各部門負責人掌握質量體系要求的現狀。對缺乏意識和不執行文件規定的負責人進行脫產培訓，若培訓後仍不執行文件，請對其調崗/降級。②各部門質量主管/體系維護員掌握質量體系要求的現狀。對缺乏意識和不執行文件規定的人員進行封閉式培訓，如培訓後仍不執行文件，請對其調崗/降級。③直接影響產品質量的人員掌握質量體系作業文件要求的現狀。對不能準確執行文件規定的人員進行強化培訓/操作培訓，若培訓後仍不能正確操作，請對其做調崗處理。組織與供應商定期溝通，將質量體系延伸至供應商。

最後，反饋信息到品質部，進行下一輪循環。

【案例二】

海南省海洋與漁業廳 ISO 9000 質量體系

服務好不好，服務對象說了算

臨高中天漁港開發實業有限公司向海南省海洋與漁業廳提交海域使用權轉讓申請後，僅5天就拿到了海域使用轉讓金。該公司總經理董興法說：「沒想到這麼快就辦妥了，海洋與漁業廳的高效服務令我們感動。」

這是海南省海洋與漁業廳導入 ISO 9000 質量管理體系帶來的新氣象。2010年年底，該廳獲得中國質量認證中心和國際認證聯盟頒發的 ISO 9001:2008 質量管理體系認證證書，成為海南省首家通過該認證的省級政府機關。近日，海南省海洋與漁業廳委託第三方對該廳進行社會評議調查，社會各界對該廳9項行政服務進行打分評議。調查結果顯示，總體評價86.1分，滿意率達87.6%。

海南省海洋與漁業廳開海南省 ISO 9000 從企業進入政府的先河，標誌著其行政管理體制改革——邁向服務型政府轉型的新探索。

「按 PDCA 模式，這項工作還可以怎麼改進……」「根據作業指導書，這份文件的審批流程是不是還可縮短……」這是當下在海南省海洋與漁業廳的內網上最常見的帖子。不僅在網路上，就是在廳工作人員日常的交流中，「標準」「PDCA」「作業指導書」「關注服務對象」這些詞彙頻頻進出，成為當下廳內熱詞，這些都源於 ISO 9000 質量管理標準體系的導入。

為什麼將一個企業通行的標準體系引入政府部門？政府機關能夠在 ISO 9000 中得到什麼？湖南省海洋與漁業廳流行詞彙的變化也許可以部分回答這些問題，它們反應出人們思維方式和行政管理方式正在發生的深刻變化。

轉型需求推動引入國際通行標準

不得不說，湖南省海洋與漁業廳引入 ISO 9000 質量管理標準體系有機緣巧合的成分。2008年年底，世界銀行中蒙局項目經理張春霖博士來到海南，省海洋與漁業廳主要負責人與其就政府轉型、績效管理等話題深入交流。此後，省廳機關在2009年申請了世界銀行「中國經濟改革實施技術援助項目」子項目「海南省海洋與漁業廳年度重點工作績效評估」，并在世界銀行幫助下導入國際通行的 ISO 9000 體系推行績效管理。

這是項目建設的重要內容之一。

「我們當時正在政府角色轉型和政府行政管理體制改革的課題上苦苦探索。」海南省海洋與漁業廳原廳長趙中社說。將政府角色從管理型轉向法制型、服務型是加快行政管理體制改革的大方向無疑，但在實踐中，雖然宏觀層面上已經有了很大的變化，但在微觀層面即管理方式、運轉方式、服務方式上沒有相適應的變化，仍然停留在傳統的軌道上。

「形勢催人啊！」海南省海洋與漁業廳副廳長黃良讚表示。一邊是快速發展的海洋產業，一邊是「海洋面積大省」和「海洋經濟小省」并存的現實，已經不允許海洋主管部門再像過去一樣工作，加快轉型、建設高效機關已經成為海南省海洋與漁業廳的強烈衝動。

踏上行政文化建設的起步點

「ISO 9000 更是對我們一次靈魂深處的洗禮，一次文化上的滌新。」海南省海洋與漁業廳一位基層公務員在學習心得中發出這樣的感嘆，更多的人在心得中表示，導入 ISO 9000 對他們觸動最大的不僅是流程、標準，更是理念。理念在變，行為在變，歸根究柢是文化在變。

這樣的變化讓廳領導喜在心裡，建設先進的行政文化是導入 ISO 9000 更深處的出發點。在國際上，部分西方國家的各級政府從 20 世紀 80 年代開始就逐步建立 ISO 9000 質量管理標準體系；在國內，目前也已有大連等城市政府部門引入 ISO 9000，為其與中國行政管理體制改革相適應作了初步探索。其經驗顯示，導入 ISO 9000 不僅是通過一個認證，建立一個標準，更是建設一種文化，引領行政者自覺提供質量可靠的公共服務。

海南省海洋與漁業廳引入 ISO 9000 適時地踏在了這股建設行政文化的潮流上。曾對這些經驗進行了系統考察的黃良讚告訴記者，「最深的體會就是以結果為導向的過程管理」。他表示，政府和企業很大的不同點在於，行政行為的過程和結果是同時產生的，如果過程未加控制，一旦產生結果錯誤將無法彌補。而 ISO 9000 質量管理標準體系的理念是立足於過程，對過程進行嚴格監控，結果必然是合格的。

丈量公共服務質量的「尺子」

海南省海洋與漁業廳經過全員培訓、編制體系文件、試運行等近一年的建設過程，通過了第三方機構——中國質量認證中心的嚴格審查。廳內的辦公牆上從此多了兩張證書——「中國質量證書」和「國際質量認證聯盟證書」。這意味著該廳正式通過了 ISO 9001 質量管理標準認證，建立起了符合自身特點和流程的質量管理標準體系。

有趣的是，這一根本性的變化掩藏在一片平靜的表象下。「從外面來看，我們廳和以前沒什麼不同，做的工作還是一樣的。但對廳裡的人來說，這些工作的內涵和流程完全不同了。」發展計劃處處長潘駿說。

其實他的話并不全對，作為該廳的服務對象，海南蔚藍海洋食品有限公司副總經理楊華穎也深深感受到了這種變化：「以前辦一件審批因為官員不同，標準和要求就不一樣，行政有很大的隨意性；現在就是換了人，流程和標準還是一樣的。」

「打個比方，ISO 9000 質量管理標準體系就像一把尺子，可以衡量政府提供的公共

服務的質量。而過去，我們是沒有這把尺子的，也就沒有質量的高低或合格不合格之分。」潘駿形象地說。導入 ISO 9000 不是榮譽，也不是成績，而是一件工具、一個平臺，解決了政府行政的工作質量標準問題。

「服務好不好，服務對象說了算！」海南省海洋與漁業廳原廳長趙中社說，「導入 ISO 9000 質量管理體系，目的是規範行政管理和服務，提升行政效能，把廳機關建成規範、標準、高效的服務型機關，實現從管理型向服務型轉變，更好地改進我們的工作。」

資料來源：根據 http://hnrb.hinews.cn/html/2011-09/06/content_395757.htm 整理。

【思考題】

1. 請查閱資料，分析 ISO 9000 質量管理體系在哪些方面提高海洋與漁業廳的行政效能？

2. 你認為 ISO 9000 質量管理體系與海洋與漁業廳的各項管理法規之間是什麼關係？

參考答案要點：

1. 請查閱資料，分析 ISO 9000 質量管理體系在哪些方面提高海洋與漁業廳的行政效能？

主要從行政審批手續簡易程度、業務指導、幹部素質、辦事效率、服務態度等幾個方面提高行政效能。

2. 你認為 ISO 9000 質量管理體系與海洋與漁業廳的各項管理法規之間是什麼關係？

行政管理法規的特點是國家行政主管機關對被管轄對象從設立、生產或服務過程到過程結果，從戰略高度和整體利益出發，對其應具備的條件、應採取的措施和應達到及滿足的結果，提出的一種硬性要求和強制性的規定。它體現的是來自外部的硬性要求和制約機制。從管理的角度，這種外部的監督是必不可少的。但作為一個社會的組織機構，最終實現滿足社會要求的結果，僅靠外部力量是不夠的。而 ISO 9000 質量管理體系正是著眼并作用於構建組織機構內部積極、主動、嚴密的管理系統，煥發組織機構內部自我的追求和實現。而且 ISO 9000 質量管理體系，也把滿足國家法律法規的要求作為體系追求和評價的目標之一（見體系 5.1 標準條款）。

所以說，實施 ISO 9000 質量管理體系是對國家管理法規的補充、完善和延伸，是實現法規要求的有力輔助武器。

【案例三】

海爾的崛起之路

海爾集團原本是一個生產電動葫蘆的集體小企業，通過爭取才獲得中國最後一個生產冰箱的定點資格。經過 12 年的裂變，到 1996 年年底，生產電冰箱 168 萬臺，洗衣機 104 萬臺，空調器 48 萬臺，冰櫃 34 萬臺，形成了七大門類 3,000 多個規格的產品系列，并已把發展範圍伸向金融和生物工程。1984 年，海爾虧損 147 萬元，到 1996 年，

企業銷售收入達 61.2 億元，稅利 4.7 億元，成為擁有 21.2 萬職工、101 個下屬企業的大型集團。其品牌價值達 77.36 億元，僅次於紅塔山和長虹，如今在中國更是家喻戶曉。那麼，海爾集團成功崛起的主要原因是什麼？回答是肯定的，那就是完善的質量管理。

每一家企業都盼著興旺，為實現這個目的，各有各的高招，各有各的利劍。但千招萬劍不能離開一條，就是質量。海爾集團清楚地意識到質量對於企業發展的意義，從創業開始，就緊緊地抓住質量這個綱，以質量立廠，以質量興廠。但是，質量從何而來？海爾人懂得：科學技術是第一生產力。一流的產品需要一流的先進科技作為基礎，否則質量就會成為無源之水、無本之木。海爾人創業 10 多年來，緊緊盯住世界高科技領域的最新目標，把握世界家電高科技發展的趨勢，始終把重視科技發展作為企業的重大經營方針之一，在一切企業行為中，把科技當作頭等大事來抓。海爾正是依靠高科技作為基礎和後盾，使得層出不窮的新產品、新技術推動了市場。一個個具有世界水平、填補國內空白的高科技產品不斷在海爾問世，這都來源於科技人員的無窮的智慧和辛勤的付出。一批批高技術人才紛紛湧向海爾，在海爾這塊天地裡實現著自己的人生價值。

海爾之所以能創出中國的名牌，除了得益於雄厚的高新技術實力和以高科技新產品創造市場的經營理念作為堅實的基礎外，還得益於海爾嚴格的質量管理。

海爾在生產經營中始終向職工反覆強調兩個基本觀點：用戶是企業的衣食父母；在生產製造過程中，他們始終堅持「精細化，零缺陷」，讓每個員工都明白「下道工序就是用戶」。這些思想被職工自覺落實到行動上，每個員工將質量隱患消除在本崗位上，從而創造出了海爾產品的「零缺陷」。海爾空調從未發生過一起質量事故，產品開箱合格率始終保持在 100%，社會總返修率不超過千分之四，大大低於國家的規定標準。許多久居海外的華人使用海爾空調後激動萬分：中國人製造的家電產品是一流的。

而這種成績的取得，正是海爾嚴格管理的結晶。海爾洗衣機生產車間裡曾經發生過這樣一件事情：一天，一名員工在下班前的每日清掃時，發現多了一枚螺絲釘。他驚呆了，因為他知道，多了一枚螺絲釘就意味著是某一臺洗衣機少了一枚螺絲釘。這關係到產品的質量，維繫著企業的信譽。因此，分廠廠長當即下令，當天生產的一千餘臺洗衣機全部復檢。而復檢的結果顯示成品機沒有什麼問題。可原因出在哪裡呢？已經很晚了，員工們誰也沒走，又用了兩個多小時，才查出原來是發貨時多放了一枚。

產品質量是創造名牌的基石。海爾為了抓好產品質量管理，制定了一套易操作的以「價值券」為中心的量化質量考核體系，行使「質量否決權」。簡單地說，如果干一件得一分錢的活，干壞了一件則罰一元錢，即干壞一件等於白干了一百件，并即時兌現。「質量否決權」的管理方式在每一位員工心裡深植了「質量第一」的觀念。生產中，職工把每一道工序都想像成用戶，產品依次流轉，質量層層把關，環環緊扣，保證了出廠的都是全優產品。即使是在電視機、電冰箱、洗衣機等極為搶手的第一次家電消費浪潮中，不少企業日夜加班向市場傾銷產品，「蘿蔔快了不洗泥」，而海爾集團總裁張瑞敏卻領著工人砸了 76 臺質量有問題的冰箱。

正是這種「零缺陷」的質量管理，使得海爾產品的消費投訴率為零。海爾人雖然

不在產量上爭第一，但在質量上爭第一。海爾空調在5年時間內幾乎囊括了國家在空調器上設立的全部獎項。

高質量的產品，還必須有完善的服務，才能使企業立於不敗之地、永存活力，才能創立出真正的世界名牌。尤其是現代管理中，完善的服務更是產品質量的重要組成部分。可以說，沒有好的服務，就談不上有好的產品質量。海爾人正是基於這種認識，在同行業中首家推出海爾國際星級一條龍服務，為消費者提供與其質量和信譽相符的服務。如果想購買一臺海爾冰箱，或者老冰箱更新，只需打一個電話，從型號選擇、現場功能演示，直到送貨上門、跟蹤服務，海爾實行一條龍全過程星級服務。如果購買一臺海爾空調，壓縮機包修五年，比國家規定多出兩年，且終身保證服務；即買即安，24小時服務到位；定期回訪用戶，實行全國質量跟蹤；提供熱情詳盡的技術諮詢服務，保證一試就會；免費送貨，免費安裝，免收材料費。購買海爾洗衣機，能享受到真誠的售前、售中、售後服務。

海爾用圓滿的服務，帶走用戶的煩惱，留下海爾的真誠。不久前，當美國優質服務科學協會在全球範圍內搜集用戶對海爾產品的不滿意見時，最終結果竟然是零。美國人不禁驚呼：海爾人的服務意識將為全球服務行業樹立起典範。海爾集團成為亞洲第一家也是目前唯一一家榮獲國際星級服務頂級榮譽——五星鑽石獎的家電企業，張瑞敏總裁也因此成為美國優質服務科學協會有史以來第一個被授予「五星鑽石個人終身榮譽獎」的中國人。

海爾產品以「零缺陷」的質量、完善的服務占領了國內市場。在全國35個大中城市109家有代表性大商場的銷售統計中，海爾空調和電冰箱的市場佔有率遙遙領先，洗衣機和冷櫃也名列前茅。但是，一種優秀的產品，僅僅占領國內市場還不夠，還要走向世界市場，到世界市場上去檢驗產品的質量。

基於上述認識，海爾把企業現代化、經營規模化、市場全球化作為向國際化邁進的前提。國際化是企業發展的必由之路。海爾人以昂揚的精神，提出了「創海爾最佳信譽，挑戰國際名牌」的口號，并提出了市場國際化的「三個1/3」戰略，即：國內生產國內銷售1/3，國內生產國外銷售1/3，國外生產國外銷售1/3。這種戰略的提出，體現了海爾以世界市場為出發點的遠見卓識。在北京國際家電博覽會、上海國際制冷設備展覽會、第80屆廣州交易會上，海爾家電響徹九州、名揚海外。在德國科隆舉辦的家電博覽會上，中國展臺上的1/2是海爾產品，許多歐洲經銷商紛紛要求經銷海爾產品，萊茵河畔湧起了一股海爾潮。

振興民族工業，挺進國際市場，海爾產品依靠卓越的質量為創國際名牌打下了基礎。從1990年開始，海爾先後通過ISO 9001國際質量保證體系認證和美國UL、德國GS等一系列產品安全認證，在102個國家、地區註冊商標406個。1996年10月，海爾冷櫃在同行業中率先通過了由世界著名認證機構DNV組織的ISO 9001國際認證，取得了通向國際市場的通行證，成為世界的合格供應商。海爾產品信譽已蜚聲海內外，號稱「家電王國」的日本市場也已經注意到海爾產品，海爾將在近期內實現系列家電產品出口1/3的目標。海爾產品的「零缺陷」質量已經得到并將繼續得到國際市場的驗證。海爾將在未來的國際化進程中，給中國民族企業交出一份滿意的答卷，給世界

家電工業開闢出更為廣闊的前景。

虽然海爾距世界 500 强的路可能還很遠，但只要找對路，就不怕路遠。海爾將克服國內市場國際化競爭日益激烈、國際經濟環境惡化、全球金融危機等不利因素，依靠其良好的經營戰略、先進的技術、準確的市場定位、優質的售後服務以及自身的品牌力量、品牌優勢和國內國際市場的美譽度邁進世界 500 强。相信海爾定會早日圓世界名牌之夢。

資料來源：根據 http：//www. 6sq. net/question/72626 整理。

【思考題】

1. 上述案例中海爾是如何執行質量管理體系的？
2. 試分析名牌與質量的關係。

參考答案要點：

1. 上述案例中海爾是如何執行質量管理體系的？

案例中海爾的質量管理主要有以下幾點：

（1）將高科技開發作為產品質量的基礎。海爾人明白科學技術的重要性，一流的產品需要一流的科技作為基礎，因此海爾人在創業之初就狠抓科技發展。

（2）嚴格的經營管理作為產品質量的保證。海爾人始終堅持的「精細化，零缺點」的質量管理，讓海爾在中國贏得了無與倫比的聲譽。

（3）完善的星級服務是海爾產品質量的根本。海爾將售前、售中、售後服務做到了極致，將完善的服務作為企業立於不敗之地的根本。完善的服務是組成產品質量的關鍵部分。

（4）將開拓國際市場作為對產品質量的檢驗。相對來說，國外的家電企業大抵比國內的優秀。海爾在完成了國內領頭羊的目標後，將目光投向了國外，以國外顧客的眼光來檢驗海爾的產品，其產品已達到國際標準。

2. 試分析名牌與質量的關係。

總的來說，質量是一個名牌的基礎，名牌依附產品，產品命系質量。名牌最重要，因而最根本的問題就是質量。名牌質量是一個全方位的概念。它包括產品質量、廣告宣傳質量、售後服務質量、認證機構質量和動態消費質量。名牌與質量的具體關係表現為：

（1）質量是成就名牌的基本保證，是名牌的靈魂和生命。企業要創立名牌，就必須有全面、超前的質量意識。打造名牌所應具備的要素很多，鮮明的個性、深厚的文化內涵等，而這些要素構建的基礎是該品牌能夠為消費者提供優質的產品，滿足消費者的購買需求。它是消費者購買產品的基本目的。如果一個品牌不能夠滿足消費者的基本需求，那麼就談不上它所塑造的個性和文化了。打造名牌產品，首先就是狠抓質量，包括提供一流的售後服務、隨時瞭解和滿足消費者的需求、積極參加質量認證工作、按照國際質量標準保證產品質量，并重視研發投入，以保證產品質量穩步提高。

（2）名牌可以為產品帶來優質效應，這種優質效應反應在名牌的深度擴張和廣度擴張上。在深度上，一種產品一旦成為名牌，那麼其質量信譽就會得到提升。消費者會下意識給名牌賦予優質的屬性，這樣一來就會吸引更多的潛在顧客，培養更多的忠

誠顧客。在廣度上，名牌擴張可以擴大原來的銷售市場和企業品牌知名度。

（3）名牌與質量亦如一根繩子上的螞蚱，一榮俱榮，一損俱損。名牌可以為產品質量帶來相應的暈輪效應，同時產品質量也對名牌起到了重要作用。當產品質量出現問題時，其產生的負面影響會禍及整個品牌，可以使名牌一夜間一文不值；同時，一個名牌的衰落也會給消費者帶來一種質量不行了的感覺。因此，想要打造一個名牌產品，最首要的任務是保證產品的質量。

【案例四】

茅臺的質量神話

2012年4月，世界知名品牌調查公司華通明略公布了「2012全球品牌價值100強」名單，貴州茅臺名列第69位，位列中國知名企業第9位。它不僅是全球酒業僅有的兩家入選企業之一，也是中國西部唯一入選的品牌企業。

茅臺，以質量誠信，獲得了國際認同。

茅臺的「質量是生命」的企業文化理念，通過長期的積澱、提煉與實踐，逐步形成了「以人為本、以質求存、恪守誠信、繼承創新」的核心價值觀，「崇本守道、堅守工藝、貯足陳釀、不賣新酒」的質量觀和「三不準、四服從、十二個堅定不移」的行為準則，在任何時候均嚴格按照《中華人民共和國食品安全法》等法律法規進行生產經營活動。2003年和2011年，公司兩次榮膺國內質量管理的最高獎——全國質量管理獎。

用貴州茅臺酒廠（集團）有限責任公司董事長、貴州茅臺酒股份有限公司董事長袁仁國的話來說，「企業形象的塑造依靠的是過硬的產品品質和對社會的恆久責任，只有當責任的意識成為企業烙印時，企業才會被公眾認可。」正是因為長期堅持「以質量為生命」，堅持全面、全員、全過程的質量管理，才使貴州茅臺成為中國酒類企業的佼佼者。

作為中國具有自主知識產權和獨特文化魅力的民族品牌，貴州茅臺酒是中國白酒行業唯一集綠色食品、有機食品、國家地理標誌保護產品、國家非物質文化遺產於一身的健康食品。特殊的環境、獨特的工藝、卓越的品質、厚重的歷史、深厚的文化、突出的貢獻，使之成為中華「文化酒」的典型代表，成為消費者心目中當之無愧的中國「國酒」。

茅臺酒的釀造一年一個生產週期，經過兩次投料、九次蒸煮、八次發酵、七次取酒，具有高溫制麴、高溫堆積、高溫餾酒、長期貯存的特點。由勾兌師將不同輪次、不同香型、不同酒度、不同酒齡的一百餘個基酒樣品精心勾兌組合，在整個勾兌過程中完全採用酒勾酒方式，不添加任何外加物質。茅臺酒的工藝是世界蒸餾酒中最複雜、最獨特的工藝。

「即使在當前茅臺酒市場供不應求的情況下，我們仍然堅守『貯足陳釀、不賣新酒'的質量觀，堅持一瓶普通茅臺酒從原料進廠到產品出廠至少需要5年的時間。」茅臺總工程師王莉說。

茅臺人對於茅臺酒質量的苛求，表現在生產的全過程。例如：對糧耗與產酒的比例，茅臺始終不渝地堅守「5千克糧食生產1千克酒」的鐵律。茅臺酒生產的糧耗之高，在中國白酒企業中是首屈一指的，這也是茅臺酒香醇的重要原因之一。因為糧耗過低、產量過高，雖然能使酒的成本降低，但極大地影響了酒的質量。根據這一高標準的工藝要求，茅臺酒廠在廠與車間班組簽訂的經濟責任書中，不設超產獎，只設質量獎。這就是人們已瞭解的國酒茅臺的「質量第一」價值觀——產量服從質量，成本服從質量，速度服從質量，效益服從質量。

據王莉介紹，茅臺公司自1994年以來先後通過了質量管理體系、環境管理體系、職業健康安全管理體系、計量檢測管理體系、食品安全管理體系和有機加工質量管理體系認證，并對六大管理體系進行整合運行。公司共建立了包括18類322個管理標準在內的嚴苛管理標準體系，包含14類167個技術標準在內的技術標準體系，涵蓋了從原料進廠到產品出廠的整個過程，有力地保障了產品質量和食品安全。公司對原輔料、器具和產品的技術標準比國家標準要求更嚴，範圍也更寬。目前公司對產品衛生指標的檢測要求遠遠高於國家白酒衛生標準。例如：對酒中重金屬的檢測，國家標準僅要求鉛和錳兩種，而茅臺公司對酒中重金屬元素的監控指標達到35種，幾乎涵蓋了所有的重金屬元素；國家并沒有針對塑化劑的標準，但茅臺公司將10項塑化劑指標納入了出廠產品監控體系。目前茅臺公司擁有國內白酒行業第一家國家認定企業技術中心、行業第一家CNAS認證白酒檢測實驗室，擁有30臺（套）國際先進水平的檢測設備，擁有近200名專職質檢人員和科研人員。

面向中國白酒業機遇與挑戰并存的未來，茅臺人一如既往、堅守傳統，用高質量的美酒回應質疑，鞏固和提升「世界蒸餾酒第一品牌」的地位。

2001年，國酒茅臺成為中國食品行業中唯一通過認證的有機白酒食品。所謂有機食品，是指來自於有機農業生產體系的產品，是根據有機農業生產要求和相應的標準生產加工的。其主要特點是在生產加工過程中不使用任何基因技術，不施用任何農藥、化肥、食品添加劑及防腐劑等化學物質。

有機食品認證，被經濟界權威人士稱為「世界的通行證」，因為此項認證規格高，要求極其苛刻。它包括「有機食品加工認證」和「有機農場轉換認證」兩個方面。認證組的專家們深入茅臺酒原料基地進行實地考察，并對茅臺酒的配製環境、酒的釀造工藝及產品反覆檢驗。結果發現，茅臺人比他們瞭解的更為「挑剔」。作為茅臺酒的主要原料的高粱，并不是一般的高粱，而是原產於當地的糯高粱。這種糯高粱長於紅壤，粒小皮薄、耐蒸煮，澱粉含量高，比一般高粱更適宜釀酒。同樣，小麥也必須是當地原產。

水孕育了萬物。茅臺酒釀造對水的質量的選擇也極其講究，採用了沒有經過任何污染、無色透明、微甜爽口、溶解物少、酸鹼適度、鈣鎂離子含量和硬度均符合優質飲用水標準，且不渾濁、煮沸後無沉澱的赤水河的水……

國酒茅臺始終認為，自己在質量方面取得的成果和業績，只說明過去，決定企業明天和未來的依然是對產品質量始終懷有最虔誠的態度。作為中國的國酒，「貴州茅臺」絕不因過去的成就沾沾自喜，而是要通過國內食品行業出現的安全問題時時敲響

「質量意識」「責任意識」和「危機意識」的警鐘，絕不輕視安全生產過程中的任何極其微小的隱患。

　　反思問題似乎并不簡單。企業的生存和發展誠然需要以穩定不變的高質量來贏得市場和消費者，但企業產品要實現高質量的永恆卻不能故步自封。在這個追求企業產品質量永遠保持生命力的進程中，只有起點，沒有終點。創新是企業獲得產品高質量創造力的源泉。茅臺酒從兩千多年前的枸醬酒走上今天中國「國酒」的至高無上地位，始終如一堅守的就是「質量第一」的責任和使命，并在這個極其漫長的里程中，以最執著的信念、最真誠的付出創造了中國傳統名優白酒品牌——貴州茅臺酒的「質量神話」。

　　資料來源：芮杰. 茅臺質量誠信：每一瓶國酒都融入自信和尊嚴［N］. 重慶日報，2013-01-09（11）.

【思考題】

1. 茅臺在質量保證方面做了哪些方面的努力？

2. 結合茅臺的案例，分析如何建立一個相對完善的質量管理體系？

參考答案要點：

1. 茅臺在質量保證方面做了哪些方面的努力？

茅臺為保證質量，在以下幾個方面做出了努力：

（1）企業高層的重視。企業決策層非常看重質量，并在這之中起到了領導作用，如董事長袁仁國提出了「以質量為生命」的企業發展方針，總工程師王莉堅持「產量服從質量，成本服從質量，速度服從質量，效益服從質量」的價值觀。

（2）全員參與。茅臺的質量神話不僅是因為企業決策層做出了高度重視質量的決策，起到了領導作用，更重要的是企業全體員工的參與。茅臺在採購、加工、生產、銷售等環節都建立了完善的質量管理體系，員工根據體系標準完成質量要求。

（3）完善的管理系統方法。在茅臺沒有超產獎，只有質量獎；在茅臺質量重於一切。

（4）持續改進。在茅臺取得今天的成績的同時，其沒有故步自封，而是積極地反思，取得持續改進。茅臺將通過各種質量管理認證作為其基本標準，在此基礎上不斷前行。

2. 結合茅臺的案例，分析如何建立一個相對完善的質量管理體系？

一個質量管理體系的建立，需做到：企業應組織各級員工尤其是各管理層認真學習現今的質量管理體系的核心標準，為將來的質量管理全員參與工作做好準備；企業領導層根據組織的宗旨、發展方向確定質量方針以及質量目標；組織根據制定的質量方針、質量目標對組織應建立的質量管理體系進行策劃，并保證質量管理體系的策劃滿足質量目標要求；組織在策劃結果的基礎上確定職責與職權；將以上內容編制成質量管理體系文件，搜集多方面的意見進行改進；對質量管理體系文件的發布與學習。整個質量管理體系的運行，需注意兩個方面：一是組織所有質量活動都依據文件要求實施；二是組織在質量管理體系運行一段時間後，應進行審核以及反饋，組織決策層利用反饋來的信息對體系進行合理的調整。

【案例五】

中國醫療機構的質量管理製度

　　ISO 9000，對於我們大多數人并不陌生，許多企業的產品上都有這一質量認證標誌。如今，ISO 9000 不僅在企業界走紅，而且已悄然走進醫院。目前中國衛生系統有數十家醫療單位推行了 ISO 9000 質量認證體系的管理模式。據醫院管理權威人士預測，在未來兩三年內，全國將有更多的醫院朝著 ISO 9000 這個方向努力。

　　應該說，中國的醫療衛生機構在質量管理上有許多成熟的、行之有效的製度和技術操作規程，這是多年來在醫療衛生服務過程中用生命和鮮血換來的經驗教訓的結晶。遺憾的是，有些單位由於忽視管理，對這些製度并沒有嚴格執行，出現了紀律鬆弛、工作馬虎、服務態度差等現象，損害了醫療衛生系統的社會形象。因此，加強醫院管理是衛生改革中值得注意的問題之一。

　　那麼，引進 ISO 9000 質量認證體系，會給醫院管理帶來哪些好處？給患者帶來哪些實惠？前不久記者走訪了領取了這張時髦的「國際通行證」的上海市黃浦區中心醫院，以期找出答案。

　　一、讓醫院管理標準化

　　上海市黃浦區中心醫院儘管只是一家擁有 530 張床位、1,200 餘名醫務人員的二級甲等醫院，但其文件數量就達到了 773 件，所有醫務人員必須嚴格遵守已定為文件的規定。這些文件的落實，則靠內審員不斷地檢查。內審員不僅做到每事必有記錄，而且還制定出糾正措施。為此，醫院首先建立了一支「內審員」隊伍。每一個成員經過 ISO 9000 質量體系內審員培訓，通過考試，取得了國家頒發的「內審員證書」，然後持證上崗檢查。內審員在檢查時，如發現綜合門診中藥房櫥頂草藥袋放置零亂、桌底有積灰、冰箱未除霜等，醫院就會及時發放「不符合項報告及糾正措施跟蹤表」，在表內明確填寫「受審核部門」「受審核接待人員」「不符合事實陳述」，然後由部門負責人和審核員填寫「建議糾正措施計劃」，管理者代表填寫「批准糾正措施計劃」，最後由部門負責人填寫「糾正措施完成情況」，審核員填寫「糾正措施的驗證」。手術室的溫度按要求應控製在一個固定的溫度，但以前無人去檢查。導入了 ISO 9000 後，醫院就有人按時檢查，并將檢查時的溫度數記錄在案。對於手術器械的消毒、急救器械的養護等這些人命關天的項目，除了有文件（製度）的落實外，最主要的還是通過「查」保證製度的落實、文件的貫徹。在病人的醫療費用上，該院在導入 ISO 9000 後，專門成立了「收費審計科」，所有收費項目通過電腦打印出，除了收費審計科進行審計外，ISO 9000 的內審員也定期進行檢查，讓病人明明白白看病。

　　醫院管理是一門科學，管理的好與不好，直接影響病人的利益。為摘扁桃體的病人錯開了心臟，消毒液配比錯誤導致院內感染等類事件無一不是管理不善、有章不循造成的後果。引入 ISO 9000 國際質量認證體系，應該說與現有的醫院管理製度并不矛盾。它是按國際標準建立起一套文件化、程序化的管理模式，以程序化的要求規範醫療工作行為，使其有了標準和依據，是否達到標準不僅有專人檢查而且記錄在案。這

樣就堵住了由於疏忽造成的漏洞，病人的利益得到了保證，同時也幫助管理者擺脫事務纏身的困擾，讓醫院管理走入科學管理的軌道。

上海市黃浦區中心醫院院長沈曉初在談到推行 ISO 9000 質量體系認證時，其最大的一點收穫是深刻地理解了「以顧客為中心」中的「顧客」的含義。醫院面對的是病人，毫無疑問病人即是主要顧客。全院醫務員工必須樹立「顧客」的新理念。而醫院考慮更多的是「顧客」——病人抱怨產生的原因，并從工作流程及工作環節的接口找出處理方法，加以改善，舉一反三，建立預防措施，杜絕同一問題在不同科室發生。記者在上海市黃浦區中心醫院看到，該院確立了「以病人為中心，提供規範、便捷、滿意的優質服務」的 ISO 9000 質量方針，同時明文規定，「醫院應滿足病人的期望和要求，并將其轉化為量化的目標去完成，以獲得病人的滿意」。同時，醫院在醫療活動中應遵守的法律法規要求，也是其應達到的目標。

例如：過去存在病人在診療過程中往返奔波；門診部中午午休；出入院雙休日不辦理結帳手續；病人的各類檢查、化驗報告單反饋長時間不取，造成積壓；就診環境擁擠不堪等諸多弊端。導入 ISO 9000 質量體系後，上述這些弊病很快迎刃而解。最讓病人滿意的是醫院先後推出了一些獨特的做法。針對醫院住院病人老年人居多，特意將老年人睡的病床床腳鋸掉 8 厘米，讓老年病人起居生活比以前方便、舒適。同時在老年病人病區，配備了專用「洗髮車」，方便老年病人洗髮。另外，醫院還主動「攬」責任，對重病患者借用醫生個人信用，由醫生提供擔保，讓病人先住院治療。門診護士主動承擔為患者辦入院手續，并送病人到病房的全程服務。這些措施和行動讓每一位病人從踏進醫院大門開始至走出醫院大門期間的每一步驟、每一服務都按既定的準則完成。這是因為「以病人為中心」已不是一句口號，而是一項製度，是製度就必須毫不猶豫地執行。

在許多醫院我們都會看到「以病人為中心」的大幅標語，但是究竟如何落實并沒有量化目標，難怪許多病人說，「以病人為中心僅是醫院喊的口號」。而推行 ISO 9000 質體系標準，要求醫院把滿足病人的需求轉化為量化的目標去完成。因為「病人不滿意，組織便不存在」的理念，要求醫院各部門想方設法改進病人不滿意的地方，推出一些方便病人的措施，使這一口號從製度上保證讓病人得到實惠。

二、專家的評價

上海第二醫科大學副校長陳志興教授認為，ISO 9000 質量認證的真實含義就是，要求醫院把日常的醫療行為、醫院管理活動標準化、規範化。醫院實施 ISO 9000 質量認證不僅有利於轉變管理者的角色，強化醫務人員團隊合作精神，而且也有利於提高醫院質量管理的能力，降低醫療成本，更重要的是為醫院從傳統的經驗管理向現代化的科學管理轉變創造了條件。還有專家認為，病人總是要挑醫療質量、服務質量上乘的醫院和醫生，而醫院 ISO 9000 質量認證的最終目的就是要使醫院質量管理製度科學化、規範化和合理化，推動醫務員工去追求最完美的服務質量，因此，醫院質量認證最終的受益者是病人。醫院的管理行為、醫療行為受標準化製度和規範操作程序的約束後，醫院的醫療環境、醫療質量、醫療安全等得到了保證，病人的權益當然也就得到了保證。

目前，全國不少醫院都把醫院 ISO 9000 質量體系認證看成醫院的一種自我行為和自覺行動，而不是過去那種為評等級的被動行動。

資料來源：根據 http：//www.100md.com/Html/Dir0/14/25/88.htm；http：//www.laige.com.cn/llyj_1.htm 整理。

【思考題】

1. 通過查閱資料，你認為醫療衛生機構的服務質量應該包含哪些內容？
2. 引入 ISO 9000 為解決醫院目前存在的主要問題提供了怎樣的途徑？

參考答案要點：

1. 通過查閱資料，你認為醫療衛生機構的服務質量應該包含哪些內容？

（1）良好的就醫環境。醫療機構應能提供安靜、整潔和溫馨的就醫環境，應保障冬暖夏涼、方便就診，如為病人提供應急的飲水、衛生間等，避免交叉感染。

（2）清楚、便捷的就醫程序。通過合理優化的設計，最大限度地降低候診、就醫、劃價、收費和取藥的時間，縮短走路距離，減少往返次數，增加各種標誌，如張貼導向圖、路標和就醫程序說明、設立服務臺等。

（3）透明、公開的價格收費。設立收費價目欄，增加收費諮詢臺或電腦查詢。

（4）規範醫療診斷服務用語。進行上崗服務意識和用語的培訓，建立醫療服務監督體系。

（5）提高護理和醫療技術水平。定期培訓、考核，持證上崗，開展內外交流、技術評價和研討，完善各類醫療記錄。

（6）設立並完善患者投訴、申訴和意見反饋受理部門。

（7）不斷地充實各類醫療器械并提高檔次，滿足患者就診要求。

醫療服務工作的質量水平直接影響醫療效果發揮與實現，因此醫療服務質量是整個醫務工作的基礎與核心。保障并不斷提高醫療服務質量是醫療衛生機構長期追求的目標。

2. 引入 ISO 9000 為解決醫院目前存在的主要問題提供了怎樣的途徑？

醫院存在的主要問題：就醫環境不佳、就醫程序繁雜、候診、醫療時間過長；醫療過程服務態度公式化、冷漠，醫務工作者的職業道德、敬業精神有待進一步提高；對醫務工作者的技術培訓、考核、鑒定等要求不太嚴格；服務意識不強、粗心大意、技術水平不高造成的誤診率、醫療事故和醫療糾紛等。這些問題產生的原因最主要的是沒有真正樹立以「患者為關注焦點」的全心全意滿足患者需要的指導方針，缺乏嚴密的、規範的和科學的醫務管理及一套有生命力的自律機制。

ISO 9000 質量管理體系其核心基礎依據的八項質量管理原則第一條就是「以顧客為關注焦點」——組織依存於顧客。因此，組織應當理解顧客當前和未來的需求，滿足顧客要求并爭取超越顧客期望。為實現這一原則，體系標準分別從不同的角度，對組織最高管理者（標準第五章——管理職責）、資源配備（標準第六章——資源管理）、服務過程（標準第七章——產品實現）、顧客意見搜集、反饋、評審和改進（標準第八章的 8.2、8.4、8.5 節）等環節過程，做出了明確和嚴格的規定，以便做到使顧客滿意，并能持續改進和提高。

此外，ISO 9000 質量管理體系採取過程的方法、系統的管理方法和基於事實的決策方法把過去管理中孤立、片面存在的現象行為，通過尋找上下左右的輸入、輸出接口，使各子過程有機連接，并共同融入總過程，形成過程網路。在認識和駕馭各過程之中，採取識別、判定、評審、驗證、確認的系統管理方法，保障過程結果（產品和服務）的符合性和有效性。同時要求，任何決策必須根源於客觀原始的記錄、信息的採集和準確的數據分析。

基於 ISO 9000 質量管理體系的以上優點，在醫務管理中實施 ISO 9000 質量管理體系，可以使醫務管理構成一個嚴密的、科學的、系統的和規範的有機整體，在管理運行中充分調動本體單元中積極、主動的因素，自律與監督相結合，較大程度地提高醫務管理水平，消除目前醫療衛生服務機構存在的常見問題。

第 3 章　全面質量管理及質量管理常用技術

本章學習目標

1. 領會全面質量管理及「三全一多」含義
2. 掌握質量管理基本工具，能夠運用質量管理工具找出產生質量問題的原因
3. 掌握一些質量管理方法，并能運用於預防和解決質量問題

【案例一】

如何降低卷菸端部落絲量

南方卷菸廠坐落於 Y 市北郊，始建於 1970 年的一老字號企業，先後經過兩次技術改造，現已成為一個具有現代化設備、年產卷菸 30 萬大箱、實現稅利 7 億多元的國有中型企業，成為 Y 市經濟發展的主導產業和財政收入的重要支柱。

在幾十年的生產營運過程中，南方卷菸廠一直注重產品質量，隨時關注并及時發現產品的問題和缺陷，致力於改進。

卷菸生產中的一個關鍵問題是，生產出來的卷菸端部有菸絲脫落的現象，這極大地影響了卷菸質量。南方卷菸廠努力找尋原因，發現卷菸端部菸絲的脫落跟菸絲中含有的水分有關，并對不同水分條件下的菸絲卷包後進行測試、統計和分析，結果如表 3.1 所示。

表 3.1　　　　　菸絲水分與端部落絲量

菸絲水分(%)	端部落絲量(毫克/支)	菸絲水分(%)	端部落絲量(毫克/支)	菸絲水分(%)	端部落絲量(毫克/支)
12.20	10.75	11.85	12.78	12.75	5.52
12.07	13.40	12.35	9.85	12.04	11.03
12.30	9.46	12.07	11.20	12.15	10.03
11.83	13.26	12.16	10.30	11.98	11.72
12.67	6.24	12.58	7.62	12.80	5.49

此外，經分析還發現，菸絲水分和貯絲環境與貯絲時間也有著直接關係。貯絲環境過於干燥，那麼生產出來的菸絲水分少、柔韌性差、易碎，會增加卷菸端部的落絲量。如果貯絲時間過長，菸絲的水分也會流失過多。但是，菸絲水分過多，可能使菸

絲填充能力下降、消耗增大，而且還會產生黃斑菸的可能，嚴重影響產品質量。那麼怎樣才能使菸絲的水分含量達到一個最佳值呢？

資料來源：高陽. 質量管理案例分析 [M]. 北京：中國標準出版社，2007：283-295.

【思考題】

1. 請畫出菸絲水分和端部落絲量散布圖，觀察其關聯性。
2. 說明散布圖的作用。
3. 請根據案例資料，為卷菸廠提出降低卷菸端部落絲量問題的措施。

參考答案要點：

1. 請畫出菸絲水分和端部落絲量散布圖，觀察其關聯性。

從散布圖（圖3.1）可以明確看出，在一定範圍內，菸絲水分與端部落絲量檢測值大致呈線性負相關關係。也即是說，菸絲的水分減少會造成菸絲的柔韌性變差，變得易碎，致使在卷菸端部的落絲量增加。我們通過計算相關係數 r，來判斷菸絲水分 X 與端部落絲量 Y 之間的線性相關關係，見表 3.2。

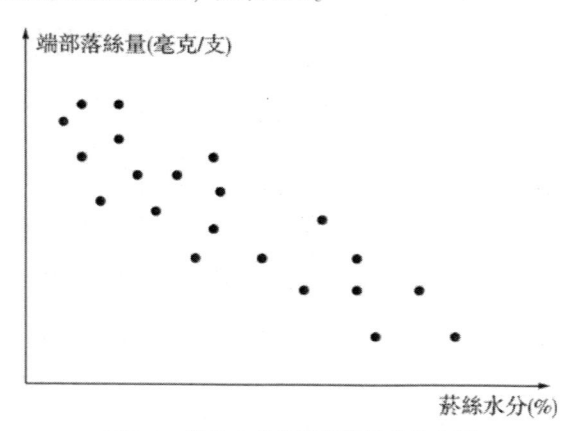

圖 3.1　菸絲水分與端部落絲量散布圖

表 3.2　　　　　　　　　　關係數計算表

n	x_i	Y_i	$X_i - \bar{X}$	$Y_i - \bar{Y}$	$(X_i - \bar{X})^2$	$(Y_i - \bar{Y})^2$	$(X_i - \bar{X})(Y_i - \bar{Y})$
1	12.20	10.75	-0.05	0.84	0.002,5	0.705,6	-0.042
2	12.07	13.40	-0.18	3.49	0.032,4	12.180,1	-0.628,2
3	12.30	9.46	0.05	-0.45	0.002,5	0.202,5	-0.022,5
4	11.83	13.26	-0.42	3.35	0.176,4	11.222,5	-1.407
5	12.67	6.24	0.42	-3.67	0.176,4	13.468,9	-1.541,4
6	11.85	12.78	-0.4	2.87	0.16	8.236,9	-1.148
7	12.35	9.85	0.1	-0.06	0.01	0.003,6	-0.006
8	12.07	11.20	-0.18	1.29	0.032,4	1.664,1	-0.232,2

表3.2(續)

n	x_i	Y_i	$X_i - \bar{X}$	$Y_i - \bar{Y}$	$(X_i - \bar{X})^2$	$(Y_i - \bar{Y})^2$	$(X_i - \bar{X})(Y_i - \bar{Y})$
9	12.16	10.30	-0.09	0.39	0.008,1	0.152,1	-0.035,1
10	12.58	7.62	0.33	-2.29	0.108,9	5.244,1	-0.755,7
11	12.75	5.52	0.5	-4.39	0.25	19.272,1	-2.195
12	12.04	11.03	-0.21	1.12	0.044,1	1.254,4	-0.235,2
13	12.15	10.03	-0.1	0.12	0.01	0.014,4	-0.012
14	11.98	11.72	-0.27	1.81	0.072,9	3.276,1	-0.488,7
15	12.80	5.49	0.55	-4.42	0.302,5	19.536,4	-2.431
合計	183.8	148.65			1.389,1	96.433,8	-11.18
均值	12.25	9.91					

$$r_{xy} = \frac{\sum_{i=1}^{n}(X_i - \bar{X})(Y_i - \bar{Y})}{\sqrt{\sum_{i=1}^{n}(X - \bar{X})^2}\sqrt{\sum_{i=1}^{n}(Y - \bar{Y})^2}} = \frac{-11.18}{\sqrt{1.389,1} \times \sqrt{96.433,8}} = -0.931$$

根據以上判斷規則看本例，本例計算出 $r = -0.931$，其 $|r| = 0.931$，$n-2 = 15-2 = 13$，查相關係數臨界值表，得 $\alpha = 5\%$ 相應的值為 0.514，$\alpha = 1\%$ 相應的值為 0.641，$|r| = 0.931 > 0.641$。據此，可判斷菸絲水分 X 與端部落絲量 Y 之間有十分明顯的線性關係。因為 $r = -0.931$，所以，它們之間具有十分明顯的負相關關係。

2. 說明散布圖的作用。

（1）散布圖是對兩個變量之間的關聯性的一種描述。兩個變量間的相互關聯性越高（正的或負的），圖 3.1 中的點就越趨於集中於一條直線。相反，如果兩個變量間很少或沒有相關性，點將比較分散。點的集中度是對兩個變量之間相關程度的表述，集中度越高則表示相關程度越高；反之亦然。

（2）當不便直接控製某一質量特性值時，如果通過數據統計分析，發現有另一指標與這一質量特性值相關，就可以通過調整這一可控指標來提高產品或服務質量水平。

3. 請根據案例資料，為卷菸廠提出降低卷菸端部落絲量問題的措施。

影響卷菸質量的因素可分為偶然性因素和必然性因素兩大類。偶然性因素的出現沒有規律，對產品質量造成的影響較小；必然性因素則相反，其出現有一定的規律性，一旦發生，將造成嚴重的質量問題。顯然，質量管理的重點應該放在發現、分析和控製必然性因素上。

本例通過散布圖作相關性分析後，發現菸絲水分含量是影響端部落絲量的必然因素，而菸絲水分跟貯絲環境、貯絲時間也有直接關係，因此，可以通過技術措施，保持貯絲環境濕度；通過減少進貨批量，縮短貯絲時間；通過大量試驗，取得可靠的數據資料，來確定一個菸絲水分含量的最佳值，最終達到提高產品質量的目的。

【案例二】

天河物流公司向標杆學習，重塑公司形象

老王是天河物流公司總經理，也是公司的創始人之一。當初，他和幾位同伴一起創建天河物流公司，公司規模雖小，但一直注重改善公司的服務質量，以提供最優的服務為宗旨，贏得了廣泛的顧客和市場佔有率，并將公司規模逐漸做大，每年都能獲得不菲的利潤。

但是，最近老王和公司元老們發現，公司的服務質量出現下滑現象。年輕員工不知道創業的艱辛，看到公司有如此規模，并擁有許多固定的老客戶，便妄自尊大，對顧客的委託敷衍了事、漠不關心。更有甚者，在為顧客搬運重要的易碎物品時，有些搬運工直接將其扔在車上，造成物品在運輸過程中損壞，給顧客造成經濟損失。為此，公司得賠償物品在運輸過程中被摔壞的損失。這也給公司造成巨大經濟損失以及公司形象、信譽等方面的損失，而管理層對這些現象卻視若無睹。這些都令老王痛心疾首。

老王認為是時候應該好好整頓公司的作風，重塑公司形象，重新強調服務質量對公司的長遠發展的重要性了。但是此時的老王雖有雄心壯志，奈何身體已不允許他事必躬親了。老王想從公司的管理層中找出一個有能力、有責任心的年輕幹部來作為接班人培養。他首先想到了楊平。

楊平大學畢業後來到天河公司，一直以來做事踏踏實實。他熱愛公司、對公司忠誠、熱愛自己的崗位，業務能力不斷提升，也有上進心，平時老王對他也很關照；而且他人年輕、精力旺盛，從不對加班有任何怨言。老王希望讓他來解決這次公司遇到的難題，也是對他的一次鍛煉機會。

楊平上任後，認真地分析了現在公司的境遇，確實發現大部分員工不重視工作質量，服務水平不升反降，出現了很多老客戶流失的現象；公司管理層也已經養成了自由散漫的不良習氣，對於公司的質量控製也是聽之任之；公司沒有一套行之有效的獎懲製度，讓員工認為干與不干、干好干壞都是一個結果。這些都是由於公司員工長年沒有接受質量管理培訓，不清楚質量管理對公司發展所起到的關鍵作用。

楊平想到了使用標杆法來解決目前公司的服務質量問題。所謂標杆法（Benchmarking），即不斷尋找和研究一流公司的最佳實踐，并以此為基準與本企業進行比較、分析、判斷，從而使自身得到不斷改進，進入或趕超一流公司，創造優秀業績的良性循環過程。其核心是向業內或業外的最優秀的企業學習。通過學習，企業重新思考和改進經營實踐，創造自己的最佳實踐，這實際上是模仿創新的過程。

楊平瞭解到，任何一家成功企業無不經歷過學習模仿到趕超創新的過程。即使是一些很傑出的企業也在不斷地對自己的短板進行標杆學習。比如通用電氣公司向摩托羅拉學習六西格瑪，可口可樂向寶潔學習客戶研究，海爾學過索尼的製造，聯想幾乎是在惠普模式下長大的，萬科也曾經將索尼、新鴻基作為榜樣等。

楊平想到了行業內的中康物流公司是物流行業中的翹楚，他們雖然規模未大，但是能做到讓每位員工都能對顧客進行微笑服務，顧客每次委託都盡心盡責。楊平把中

康公司作為標杆，將天河公司與之對比，列出了自己公司的種種不足，并把這些不足和他改進公司服務質量的決心公布給公司員工，讓每位員工都知道自己應該努力，應該朝什麼方向努力。

同時，他在公司內部也使用了標杆法。在每個季度，他都會評選出服務質量最好的團隊和部門，進行獎勵。并且讓這個部門把自己的經驗傳授給公司其他部門，并鼓勵大家學習。而且他還列出了開展質量管理培訓的詳細計劃，讓公司員工都能接受質量管理先進理念、質量管理工作方法、質量管理常用工具等方面的學習。

經過一年的努力，公司面臨的上述問題終於有了好轉；很多老客戶也重新認可了天河公司的服務。楊平憑藉自己果敢的精神、旺盛的精力和豐富的理論基礎，既成功地挽救了天河公司，也出色地完成了老王交給他的任務。

資料來源：根據 https://wenku.baidu.com/view/d635f350b7360b4c2f3f640a.html?from=search 整理。

【思考題】
1. 向標杆學習的核心是什麼？怎樣實施才能見成效？
2. 在向標杆學習過程中，需要注意哪些問題？

參考答案要點：
1. 向標杆學習的核心是什麼？怎樣實施才能見成效？

向標杆學習實際上要解決「學什麼，向誰學，怎麼學」這三個問題。根據這三點，標杆學習的實施可以分為五個階段：

（1）決定向標杆學習什麼，界定向標杆學習的明確主題。企業開展標杆學習的關鍵不在於你所在的行業，而是在於企業對標杆學習的認識。企業在選擇標杆之前，需要回答兩個問題：第一，自身目前的狀況是怎樣的；第二，自己今後要往哪兒去。能客觀地回答出這兩個問題，標杆就容易找了。既可以是整體學習標杆，又可以是只學習標杆的某一擅長點，就如通用電氣向摩托羅拉學習六西格瑪、可口可樂向寶潔學習客戶研究那樣。

（2）組成標杆學習團隊，團隊成員各有明確的角色以及責任，引進專案管理工具，制定階段工作目標，并把標杆學習作為企業文化的重要組成部分。

（3）選定標杆學習夥伴，標杆學習的資訊來源，包括被選定為標杆組織的員工、顧問管理、分析人員、政府消息來源、產業報告等。

（4）收集及分析資訊，選擇資訊收集方式，規範收集資訊工作，分析資訊、提出行動建議。

（5）採取改革行動，根據調查收集到的資訊，提出變革建議，并落實到行動中去。

2. 在向標杆學習過程中，需要注意哪些問題？

（1）不能只選大企業，認為大企業就是好，總是瞄準海爾、聯想等。

（2）不能只選概念好的企業，比如瞄準高科技企業，或只選品牌好的企業。其實有很多「隱形冠軍」比那些表面風光的品牌企業經營更好。

（3）不能只找跨國品牌，認為外國的東西就是比國產好。

（4）不能只學習表面，而忽視了對精髓的把握。向標杆學習學的是其背後的邏輯、運行機理，而不是簡單的技藝學習，僅僅學技藝對改造是很有限的。

（5）由於企業自身資源的限制，企業可能對標杆的資訊、認識不夠，從而導致向標杆學習不成功。

（6）不能只學習標杆整體理念，缺乏對標杆的細節學習。向標杆學習須重視實際經驗，強調具體的環節、界面和流程。同時標杆管理也是一種直接的、中斷式的漸進管理方法，既可以「整體」也可以「片斷」。

（7）向標杆學習不能只停留在口號上。

（8）向標杆學習過於急於求成，往往是企業高層昨天才決定了向標杆學習，就希望企業能在今天或者很短的時間內學習超越成功。

向標杆學習是一種有目標的學習過程，通過學習標杆企業，重新思考和設計經營模式；借鑑先進的模式和理念，再進行本土化改造，創造出適合自己的全新最佳經營模式。這實際上就是一個模仿和創新的過程。通過學習標杆企業，能夠明確產品、服務或流程方面的最高標準，然後進行必要的改進來達到這些標準。因此，標杆學習法是一種擺脫傳統封閉式管理的有效工具，幫助企業跨越發展、實現發展目標。

【案例三】

深入推行質量管理，走質量效益之路

某國家機床行業的重點大型骨幹企業，幾年來，屢被國家、省、市及各級主管部門授予各種榮譽稱號。他們不斷深入推行質量管理，走上質量效益之路。

一、強化質量職能，提高全員質量意識

（1）明確了質量與市場的關係。企業由計劃經濟、有計劃的商品經濟逐步走上了社會主義市場經濟的軌道。在激烈的市場競爭中，產品質量是企業生存的關鍵、是企業的生命。產品質量不好，就難以打開銷路和占領市場。可以說，市場競爭是嚴酷無情的。而質量是參與競爭的必要條件和獲得成功的首要因素，是產品占領國內外市場、攻克技術壁壘、走向世界的通行證。正如一位前國家領導人所說：「考驗質量首先靠市場的競爭，企業生產要以市場為導向，根據市場需要來生產，靠市場競爭壓力逼迫企業改善它的質量。」企業只有靠質量，才能適應市場需求，在激烈競爭、瞬息萬變的市場中立於不敗之地；否則，企業終歸要淹沒於市場經濟的海洋之中。

（2）明確了質量與速度的關係。近兩年，機床市場由冷變熱，產品出現了供不應求的局面。面對這一喜人的形勢，一方面要加快速度，增加生產數量；另一方面必須破除「皇帝女兒不愁嫁」的思想，在產品暢銷之時想到滯銷，居安思危，想方設法確保和提高產品質量。質量與數量是辯證統一關係，質量是數量的前提，沒有質量根本談不上數量，這個數量就會等於零；而只講求質量，不講數量、不講速度，生產也就失去了意義。當質量與數量發生矛盾時，必須按各級人員質量責任制履行手續，堅決做到「五不準」，對下道工序、對用戶高度負責。質量是企業永恆的主題，要永遠保持工廠的質量信譽。

（3）明確了質量與效益的關係。質量是效益的基礎和前提，效益是質量的結果。企業要獲得效益，從內部來講就是要提高質量，降低成本，降低消耗，減少不良產品、

廢品損失等；從外部來講要開闢「兩個市場」。前面已講過，開闢市場靠的是質量。沒有好的質量就沒有市場和銷售，也就沒有經濟效益。舉個例子：該廠生產的小機床，售價僅七萬餘元，如果在廣東或福建發生質量問題，僅售後服務人員的往返差旅費就達萬元以上，顯而易見，一臺機床的質量外修費用要吃掉起碼兩臺以上的小機床利潤，效益從何而來？如某客戶在同行業的其他廠家中訂購一臺專機，已交了幾十萬元的預付款，後來聽說該廠也能生產，寧可損失幾十萬的預付款也要到該廠來重新訂貨。實踐證明，質量對效益的作用是無法估量的。

（4）明確了科技與質量的關係。只有依靠科技進步，努力提高產品質量，企業才能有市場、有速度、有效益。質量的保證和提高，必須依靠科技進步。沒有技術引進、技術改造和質量投入，沒有新技術、新工藝、新材料、新設備的應用，保證和提高產品質量就是一句空話。我們都知道，科技進步泛指產品技術水平的提高、製造技術及裝備水平的提高、管理水平的提高、人員素質的提高四個方面。這四個方面的提高，促進了產品質量和經濟效益的提高。只有如此，才能形成「科技進步—產品質量—經濟效益—科技進步」的良性循環，進而走上科技質量效益型的道路。

由於明確了上述四個關係，該廠採取了一系列切實有效的措施：

第一，充實和加強了對質量與質量管理工作的領導。廠長親自直接抓全面質量管理，對該工作全面抓、負全責，并給予質量管理部門組織、協調、監督、考核、獎懲的實權；廠級副手分兵把關配合，形成了總工程師抓質量保證，總經濟師抓質量立法與質量經濟政策，總會計師抓質量成本管理，生產副廠長抓現場管理，人事副廠長抓質量教育的全方位、各系統齊抓共管的新格局。

第二，繼續堅持召開由質管處處長主持的每兩週一次的全質例會，每週一次的生產例會、技術主任例會、技術準備例會也都以質量管理為主。例會一是使廠長能直接瞭解掌握第一手材料，變虛抓為實抓；二是可以實現廠長、全質處長、基層單位一把手三位一體、目標一致、重點突出、工作到位；三是使全廠各單位統籌協調、行動有序、各不撞車、有機高效；四是使質量工作有布置、有檢查、有總結、有獎懲，避免了「走過場」和「口頭重視、行動無實」，進而使全質工作得以深入持久、紮紮實實的開展和強化。

第三，在聘用幹部問題上實行質量否決。要生產質量優良的產品，人的因素至關重要，而幹部則是更重要的因素。為此，廠長責成幹部處和全質處嚴格考核各單位領導，特別是行政一把手的質量意識及其所在單位的全質工作開展情況，并定期匯報；在工廠的各種會議上反覆強調，企業的領導幹部不抓質量就是失職，質量意識不強、質量管理水平不高的人堅決不能聘為一把手。

第四，該廠根據產品質量的形成過程，全方位多層次地完善落實質量職能，使質量工作有章可循、有法可依、人人有責。全質處按職能進行考核并實施獎懲，對員工進行的全面的質量教育和培訓，使全員樹立了強烈的質量意識，同時採取科學的管理和行政加經濟手段的考核，為企業產品質量的穩定和提高奠定了堅實的基礎并提供了可靠的保證。

二、強化質量體系，提高質量管理水平

第一，在宣傳貫徹 ISO 9000 系列標準的基礎上，該廠修訂和完善了《質量職能手冊》《質量信息手冊》《現場管理手冊》和《質量管理標準》，并著手編制了工廠總的《質量手冊》。此外，該廠還根據企業經營機制的轉換對質量職能進行了重新分配，把產品開發、設計、售後服務等八大質量職能分解為 24 個質量體系要素，分配到 30 個主要處室、分廠和車間，從而使各部門、各類人員的質量職能更趨於協調合理。

第二，在產品的質量可靠性方面，成立了可靠性工作領導小組，廠長親自擔任組長，制訂了產品可靠性工程技術措施計劃，包括可靠性管理、強化產品可靠性設計、強化外購件繼電器配套件的質量檢測、維修可靠性管理和自檢驗收等六項對策措施。全質處牽頭，完善了可靠性管理體系和可靠性質保體系，確立了適用的可靠性考核指標，形成了以質量為核心、以可靠性為重點的產品質量管理體系。到目前為止，該計劃所列項目已完成 39 項，措施實現率達到 67%。

第三，加快了採用國際標準的速度，以適應國際市場競爭的需求。在引進技術、合作生產的過程中，該廠堅持按國際標準和高於國際標準的內控標準進行生產，使產品在國際市場上具備了競爭力。近年來，該廠制定了 735 個產品設計標準、1,088 個工藝標準、703 個其他標準。主要產品和出口產品全面貫徹了國際標準和六項基礎精度標準；合作生產的產品採用了國外先進標準，如德國的 DS 標準等；近期出產的新產品還貫徹了 GB 9061-88《金屬切削機床通用技術條件》等標準。由於貫徹了新標準，提高了產品質量水平，該廠生產的 C518A \ C5112A \ C5116A 等名優立式車床，經國家機床產品質量監督檢測中心和國家商檢局聯合鑒定，獲得了出口質量許可證。

第四，進一步加大了質量獎懲力度，確保質量體系運轉的有效性。在加強質量教育的同時，還加大了經濟手段力度，實行質量否決權和重獎重罰，使兩者相輔相成。實踐證明，這是調動職工提高產品質量積極性的一種行之有效的措施。前兩年，該廠制定了一整套質量檢查、考核和獎懲製度。1991 年年初，該廠制定了《提高產品質量的二十條決定》，對質量獎懲、質量否決權等政策措施做出了進一步的補充和完善；又以提高出口產品、數控產品及 C、D 類產品（全新產品和合作生產產品）質量為重點，突出了提高實物質量，加強了從技術準備開始到售後服務為止的全過程質量考核。一是在質量系數 K 值否決權方面（所謂 K 值即廠計劃質量指標與實際指標之比，然後與生產獎金指標相乘，即為該單位實得獎金），變 K 值由部分否定為全部否定生產獎；如果完成工廠下達的質量指標，可得全部生產獎；如完不成則按 K 值比例扣發生產獎，如 K 值低於 0.5，則否定全部獎金。1992 年決定將 K 值與工資掛鉤，不僅否決獎金。二是對質量指標完成較好、降低內外部損失成效突出的，給予質量經濟傾斜。1991 年，該廠拿出了近 16 萬元來進行獎勵。三是該廠拿出全年獎金的 6%，對現場管理進行考核獎罰。此項考核由全質處牽頭，組織生產、安裝、設備、工具、計量、工藝等 14 個部門分 14 條線進行考核并實施獎懲。四是擴大了「質量推進獎」的範圍和金額，對全質工作進行全方位的考核與獎懲。1992 年，工廠拿出幾十萬元作為「質量推進獎」，由質量管理部門按規定進行考核與獎懲。

在上述四項質量考核與獎懲的基礎上，還增設了「用戶貢獻獎」，獎勵將廠外信息

引入廠內、促進工廠質量改進、促進產品質量提高的用戶單位及個人，即花錢買意見。如雲南曲靖機械廠針對立車工作臺內鑄造筋壁容易裂紋一事提出意見，該廠立即進行了質量改進，隨即作為貢獻獎給該廠有關部門郵去100元。對此事，相關媒體還進行了專題報導。隨後該廠又增設了「質量堤壩獎」，全廠職工凡在產品圖樣或技術文件下發至尚未形成質量損失之前，發現產品有內在質量差錯，按比例給予獎勵，以發動全體職工為產品設計挑毛病，形成「全廠共築質量大堤」的良好局面。此外，他們還為300多名質量管理骨幹、質量信得過工人、對全質工作有貢獻的幹部提高了半級工資。各種形式的質量經濟政策，極大地激發了全廠幹部職工提高產品質量的積極性，從而使工廠的質量管理水平不斷提高。

三、強化科技手段，提高質量保證能力

（1）大力開發新產品。該廠採用技貿結合的方式，先後引進了德國濟根公司、多列士公司、義大利茵塞公司的數控重車、數控立車和數控深孔鑽鏜床的設計製造技術，發展一批具有國際先進水平的國家化產品，如 CCK61200X140 數控重車、CR5116D 柔性加工單元等，國際化率都在 95% 以上。他們生產的數控重車和數控立車迅速占領了國內外市場。

（2）加速企業的技術改造。沒有先進的測試儀器和把關設備，保證產品質量就無從談起，就難以贏得國內外客商和用戶的信賴。該廠於「十一五」期間投資 5,394 萬元，採用更新與改造精華相結合的方針，在引進先進技術的同時，先後進口了具有世界一流水平的德國科堡公司 2 米×10 米導軌磨床、沙曼公司的數控鏜銑床加工中心以及齒輪磨床、蝸杆磨床等高精度把關設備，以及進口激光干涉儀、齒輪測量機、電子水平儀、數顯高度規、光亮計等關鍵測試儀器。該廠還購置了一批國產設備和儀器，增添了年產 4,000 噸鑄件的樹脂砂生產線，解決了機床基礎加工、箱件加工、齒輪加工和主軸加工以及精密裝配等技術難關，為提高產品質量奠定了堅實的基礎。

（3）積極採用新技術、新工藝和新材料，進而不斷提高產品質量和生產製造水平。該廠在產品上努力應用數控技術、數顯技術、靜壓技術、滾珠絲杠等先進技術；在設計手段上開展了計算機輔助設計、機床有限元設計和模塊化設計，從而提高了產品水平、加工精密和可靠性，延長了產品使用壽命，擴大了工藝範圍。

（4）針對新產品生產技術上的關鍵問題，開展了科研實驗和技術攻關。2009 年和 2010 年，分別提出了靜壓蝸母牙杆的試製、打孔測量裝置的研究等 9 項重大攻關課題，由廠工會、科技處牽頭實行廠內公開招標、協作攻關，并對攻關有成果的人員實行重獎，從而有效地加快了科研實驗和攻關速度，保證了新產品的質量。

四、強化現場管理，提高產品實物質量

現場管理是全面質量管理的核心和落腳點，是確保產品質量的關鍵所在。在強化現場管理方面，重點抓住了以下四個環節：

（1）以新產品和出口產品為重點，實行「單機全過程質量控制」，運用各種質量控制工具，以預防為主，來確保產品質量。在設計部門重點開展了可靠性設計和目標成本設計；在工藝部門重點開展了消滅過渡工藝和二次工藝評審工作；在主要生產車間開展了「關鍵工序一次投入產出合格、干保險活」活動；針對原材料質量不穩定的現

狀，供應部門在採購前對供貨廠家進行質量保證能力審查，建立質量保證能力認定檔案，強化原材料、機電配套件入廠的檢驗工序等，從而保證了原材料和機電配套件的質量。

（2）廣泛開展群眾性質量管理活動。近年來，在全廠範圍內開展了「黨團員身邊無廢品」「一線工人大練基本功」「個人、機臺、班組質量信得過」等多種形式的競賽活動。1992年，圍繞工廠方針目標中的質量形成全過程的技術、管理、質量、服務等開展活動并努力攻關，為質量改進和提高起到了積極作用。通過這一系列活動的蓬勃發展，形成了一個人人都為提高產品質量爭做貢獻的良好局面。

（3）繼續開展質量稽查活動，強化質量監督。由全質處牽頭，檢查處、銷售處參加組成的廠質量稽查隊，模擬用戶在廠內實行質量監督。除對整機、零部件進行突出抽查外，還根據永華反饋的意見進行產品質量審核。質量稽查隊在抽查中，全質處有權按當月重大事故處理，并取消任單位的全部獎金。這種做法一方面對檢查部門和製造部門進行雙重監督考核；另一方面，通過檢查、審核，找出技術和管理上存在的問題，為質量改進提供依據。

（4）以定置管理為主線，將其貫穿生產、工藝、工具、設備、計量等14條線，由全質處牽頭，對現場進行雙重管理和考核。其每條線都有具體考核辦法，并進行日常考核，由全質處進行監督考核。各生產車間又以此為依據，結合本單位實際，制定了現場管理規定和考核細則，做到了層層分解、層層落實、層層負責。通過上述辦法，逐步實現質量管理、工藝管理、生產管理、定置管理的4個最佳目標，從而為穩定提高產品質量創造有利條件。

由於該廠在取得成績後不停步，進一步加強全面質量管理，近幾年，產品質量穩中有升，一等品率等主要質量指標名列國內同行業之首。三年來，有19個產品接受了各級質量監督部門的反覆抽查，均被評為優等品或一等品。各項質量指標達到了歷史最好水平。1992年僅降低廢品損失就達55萬元，這是一筆實實在在的效益，直接體現在利潤上。通過減少廢品損失、開展目標成本等一系列措施，1992年，該廠質量經濟效益達300萬元。該廠生產的名優立式車床和國產化重車已穩固占領了國內市場，并打入國際市場，其4米雙柱立式車床出口日本、2.4米數控重車出口智利，從而使重型機床高檔產品對發達國家的出口實現了零的突破。

資料來源：李志東. 深入推行質量管理，走質量效益之路［J］. 質量春秋，1993（8）.

【思考題】

1. 結合案例談談提高全員質量管理的含義和怎樣保證全員參與。
2. 你從案例中企業的追求高標準、高質量的行為中得到了什麼啟發？

參考答案要點：

1. 結合案例談談提高全員質量管理的含義和怎樣保證全員參與。

全員質量管理的含義就是企業中每個員工都要參與到質量管理活動中去。企業中每個員工，上至執行總裁，下至一線工人，都處於不同的質量環中，每個人的工作都會影響產品或服務質量。特別地，作為企業最高領導者應對質量管理做出承諾，確定質量方針和目標，營造全員重視質量管理的環境。

為保證全員參與質量管理，應做好以下兩項工作：①實施質量教育和培訓，只有通過培訓和教育，才能讓員工深刻認識到質量管理的重要性，增強質量意識；同時，只有不斷進行教育和培訓，員工才能掌握必要的質量管理知識和技能。②開展群眾性質量管理活動，如開展形式多種多樣的 QC 小組活動，充分調動員工參與質量管理的積極性。

2. 你從案例中企業的追求高標準、高質量的行為中得到了什麼啟發？

該企業明確并處理好了質量與市場、質量與速度、質量與效益、科技與質量的關係，採取了一系列具體可行的措施，如在貫標方面，堅持按國際標準和高於國際標準的內控標準進行生產，提升產品在國際市場的競爭力；全廠上下圍繞質量形成全過程的技術、管理、質量、服務等開展活動，形成人人都為提高產品質量爭做貢獻的良好局面；積極採用新技術、新工藝和新材料，為提高產品質量和製造水平提供了基礎，為出口產品提供了保障；制定了獎懲分明，實施有效的獎懲製度，全方位落實質量職能，使質量工作有章可循、有法可依、人人有責；強化「源頭質量」觀念。最終實現了「科技進步—產品質量—經濟效益—科技進步」的良性循環，進而走上科技質量效益型的道路。

【案例四】

應用質量管理工具技法，提升門急診綜合滿意度

天津市環湖醫院市場部 QC 小組響應天津市人民政府和醫院領導提出的「必須加強人文性服務以滿足不同患者的需求」的號召，於 2011 年 2 月—2012 年 6 月，歷時一年半時間，開展了 QC 小組活動，取得了顯著的效果。小組活動成果在天津市和全國 QC 小組成果發布會上發表，得到了很好的評價。該小組成果在 10 個活動程序中靈活應用質量管理的工具技法，尤其對非數字資料的技法應用較多。以下摘錄其部分內容，供質量管理實踐活動參考。

一、選題理由（見圖3.2）

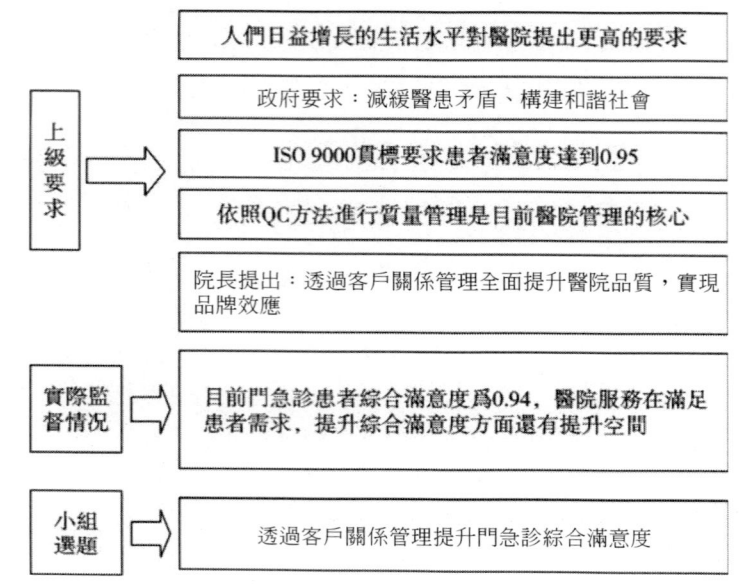

上級要求：
- 人們日益增長的生活水平對醫院提出更高的要求
- 政府要求：減緩醫患矛盾、構建和諧社會
- ISO 9000貫標要求患者滿意度達到0.95
- 依照QC方法進行質量管理是目前醫院管理的核心
- 院長提出：透過客戶關係管理全面提升醫院品質，實現品牌效應

實際監督情況：目前門急診患者綜合滿意度為0.94，醫院服務在滿足患者需求，提升綜合滿意度方面還有提升空間

小組選題：透過客戶關係管理提升門急診綜合滿意度

圖3.2　選題理由

二、現狀調查

根據統計，2010年環湖醫院門急診患者綜合滿意度平均為0.94（參見表3.3），影響滿意度的問題包括6項，參見圖3.3和表3.4。

表3.3　　　　　　2010年1—12月門診病人綜合滿意度統計表

項目 月份	人文服務	醫療質量	護理質量	就醫時間	醫療環境	綜合滿意度
1	0.90	0.91	0.86	0.91	0.92	0.90
2	0.91	0.90	0.89	0.90	0.92	0.90
3	0.91	0.91	0.90	0.91	0.92	0.91
4	0.92	0.92	0.93	0.91	0.94	0.92
5	0.92	0.91	0.94	0.91	0.94	0.92
6	0.93	0.93	0.95	0.93	0.96	0.94
7	0.94	0.93	0.96	0.94	0.96	0.95
8	0.94	0.95	0.96	0.96	0.96	0.95
9	0.96	0.98	0.97	0.97	0.97	0.97
10	0.96	0.98	0.97	0.97	0.97	0.97
11	0.95	0.98	0.98	0.98	0.97	0.97
12	0.96	0.99	0.98	0.98	0.99	0.98
平均值	0.93	0.94	0.94	0.94	0.95	0.94

圖 3.3　排列圖

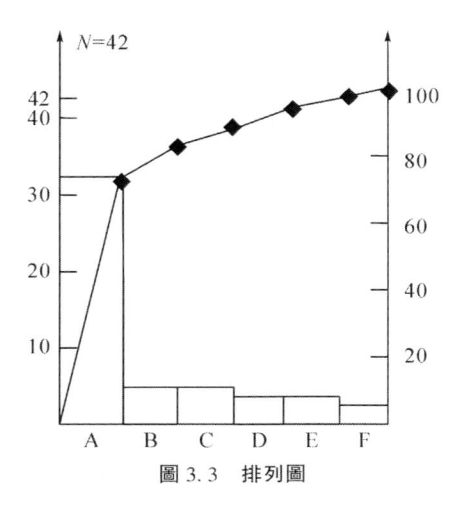

表 3.4　　　　　　　　　　　影響滿意度的問題及統計

序號	項目	頻數（次數）	累計頻數（次數）	累計頻率（％）
A	人文服務	31	31	73.82
B	醫療質量	3	34	80.95
C	護理質量	3	37	88.14
D	就醫時間	2	39	92.83
E	醫療環境	2	41	97.67
F	其他	1	42	100.00

從圖 3.3 可以看出，影響門急診綜合滿意度的主要問題是人文服務，占 73.82%。

三、確定目標（親和圖）

確定目標的親和圖如圖 3.4 所示。

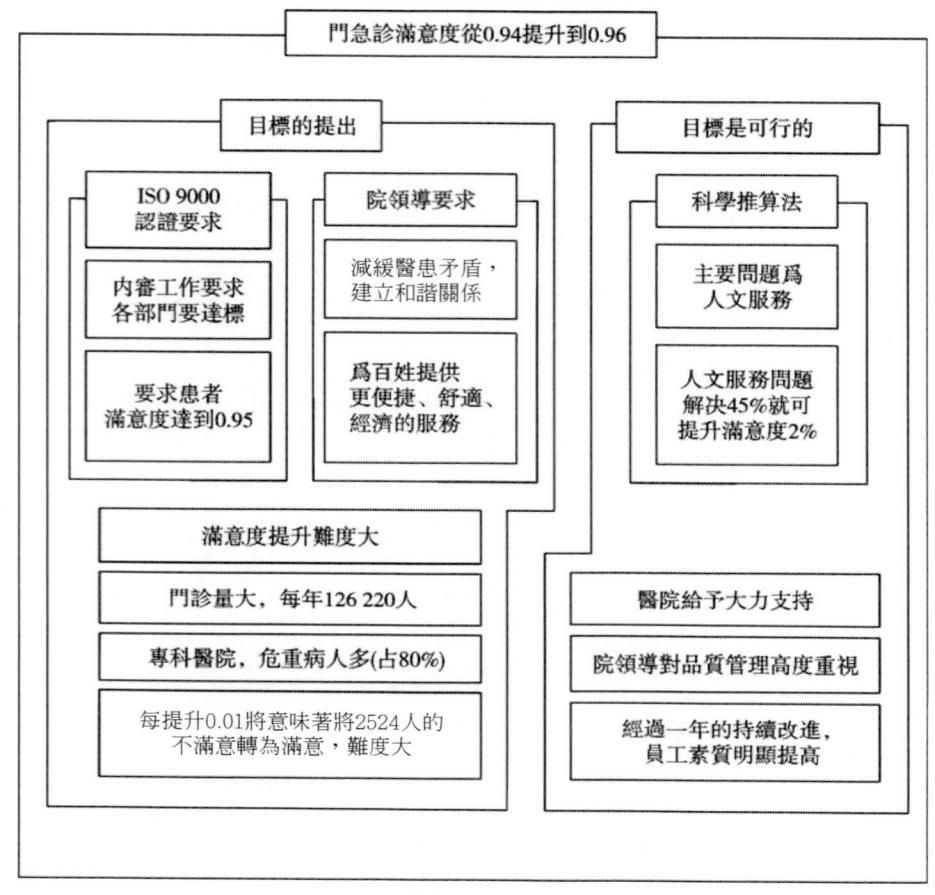

圖 3.4　確定目標（親和圖）

四、分析原因（因果圖）

分析原因的因果圖如圖 3.5 所示。

圖 3.5　分析原因（因果圖）

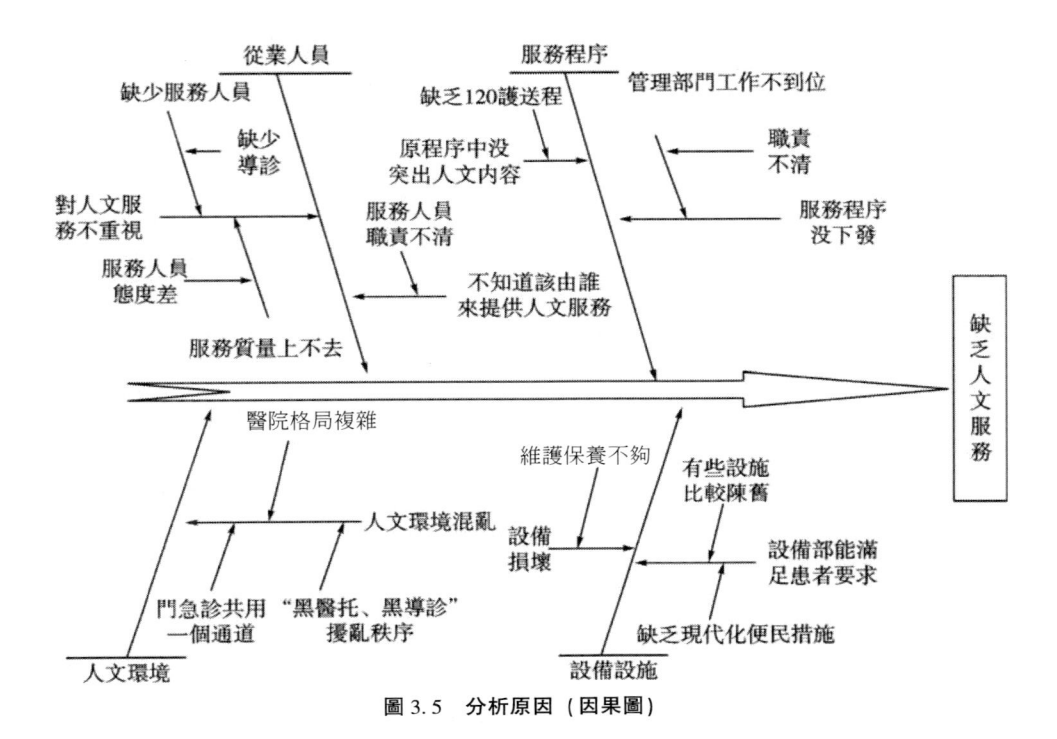

五、確定要因（矩陣圖）

對列舉的末端因素逐一加以確認，本著尊重客觀事實的理念進行現場驗證，并通過矩陣圖確定要因，如表 3.5 所示。

表 3.5　　　　　　　　　　　　　　　確定要因

末端因素	患者(%)	患者家屬(%)	本小組成員(%)	領導(%)	是否為要因
缺乏高效導診隊伍	43	82	92	78	是
服務人員態度差	67	77	68	63	是
服務人員職責不清			39	23	否
缺乏120接送程序	97	100	92		是
管理部門職責不清			46	49	否
設施比較陳舊			36		否
缺乏現代化便民措施	56		73		是
設備維護保養不夠			45		否
醫院格局複雜		47	32	41	否
「黑醫托、黑導診」擾亂秩序	65	76	88	78	是
門急診共用一個通道		22	47	32	否

評估效果：我們通過對患者、患者家屬、本小組成員、領導進行問卷調查，將認為密切相關超過三項的末端因素確定為要因。

六、對策擬定

擬定的對策如表 3.6 所示。

表 3.6 擬定的對策

序號	要因	對策	目標	措施	地點	負責人	完成時間
1	缺乏高效導診	加強導診，重視對患者的幫助	增加導診人員 12 名	①維持相應區域的秩序。②使用平車、輪椅服務。③疏導好區域秩序。	門診 1、2 樓	嚴利 姜亞莉	2011.02—2012.06
2	服務人員態度差	加強對服務人員的素質培訓	加強服務人員培訓，至少每月 1 次	①對全體員工、團幹部、青年突擊手進行「全程溫馨服務」的培訓。②實施酒店式禮儀服務。	門診大廳及所有診室	張海 嚴利 肖慧霞 姜亞莉	2011.02—2012.06
3	「黑醫托」擾亂秩序	加強對「黑醫托、黑導診」的管理	將「黑醫托、黑導診」發生率降到 0	①加強醫院的治安。②督促導診人員，做好相關解釋工作。③張貼警示標誌。	門診大廳及所有樓層	張海 嚴利 肖慧霞 時紅	2011.03—2011.07
4	缺乏 120 接送程序	建立 120 急救接送程序	縮短急救接送時間 50%	①增加急診協診人員。②及時、主動接送 120 急救患者	急診	張海 泰潔 李淑蘭	2011.04—2012.03
5	缺少現代化便民措施	增加現代化便民措施	增加至少 3 項現代化便民措施	①增加飲水罐、手機充電設備。②增加液晶顯示系統。	門診樓、電梯處	張海 嚴利 趙玉榮	2011.06—2011.12

急診協診服務標準流程圖如圖 3.6 所示。

圖 3.6　急診協診服務標準流程圖

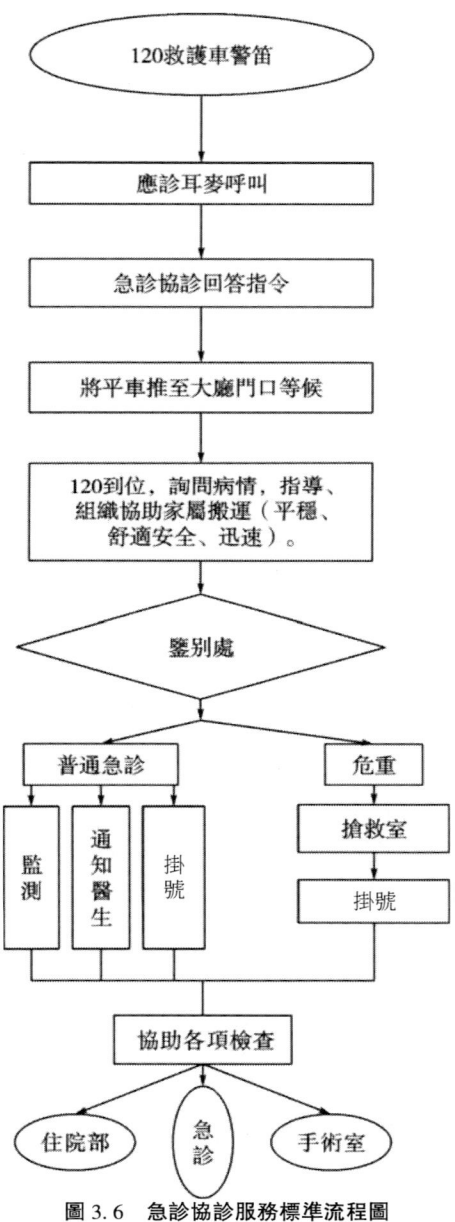

資料來源：董文堯. 質量管理學［M］. 北京：清華大學出版社，2006：204-209.

【思考題】
1. 認真閱讀材料，簡述親和圖的含義及使用方法。
2. 你從案例中得到了什麼啟發？

參考答案要點：

1. 認真閱讀材料，簡述親和圖的含義以及使用方法。

親和圖法也叫 KJ 法，是指將搜集到的大量有關某一主題的意見、觀點、想法，按照它們之間的親和性加以歸類、匯總的一種方法。親和圖主要用於以下幾個方面：認識新事物（新問題、新辦法）；整理歸納想法創意；從現實出發，採取措施，打破現狀；提出新理論，進行根本改造，「脫胎換骨」；統一思想，促進協調。

2. 你從案例中得到了什麼啓發？

質量管理發展到現在已經成為一門成熟的應用性學科。它借鑑了其他學科的可行的原理和方法，也有自己獨特的方法和工具供實踐採用。導致質量問題的原因有很多，解決質量問題是一項繁瑣、複雜的系統工程，關鍵是怎樣熟練、靈活地應用質量管理的方法和工具，去發現問題和解決問題。本案例為我們樹立了一個好的榜樣。

第 4 章　顧客需求管理

本章學習目標

1. 掌握顧客需求的含義，以理解顧客需求在質量管理中的重要性
2. 掌握顧客需求信息的調查方法，能夠運用方法來取得顧客需求信息
3. 瞭解顧客關係管理系統，能夠運用相關理論對不同顧客採取最佳應對措施
4. 掌握顧客滿意度的含義及測評方法，能運用方法來瞭解企業的服務質量管理是否到位

【案例一】

客戶的要求是我們的工作重點

陝西陝焦化工有限公司創始於 1969 年，是集煉焦、化工回收、洗煤、發電等為一體的大型煉焦企業。

有一次，在公司生產的二級冶金焦炭銷往某客戶的過程中，該客戶對公司提出質量異議，要求公司派人前往處理該問題。公司業務人員及質檢人員趕到後，才知道客戶提出了焦炭反應性及反應後強度不合格的質量異議，要求退貨。通常情況下，客戶只是對二級焦炭的灰分、硫分、揮發分、機械強度等指標有要求，而對熱反應性及反應後強度沒有要求。出現此情況後，公司只得將這批產品收回。

以往，客戶通常對二級冶金焦炭沒有熱反應性方面的要求，而該客戶卻提出熱反應性指標不合格要求退貨的要求。經公司詢問調查後發現，該客戶原來的熔爐小，對焦炭反應性及反應後指標沒有要求，但現在他們對原有設備進行了技術改造，已改成大熔爐，所以就對焦炭的熱反應強度指標提出了要求。公司又做了廣泛的客戶調查，發現其他客戶也有改造設備的趨勢。

公司發現了未來市場發展趨勢，積極採取了應對措施，馬上購回了焦炭反應性及反應後強度試驗設備，并投入使用。對有焦炭反應性指標要求的客戶採取先「進行試驗、再發出」的措施，有效預防了焦炭反應性質量異議的發生。此後，熱反應性及反應後強度指標完全達到了客戶的要求。該公司再也沒有類似的情況發生，從而獲得了良好的信譽。

資料來源：高陽. 質量管理案例分析 [M]. 北京：中國標準出版社. 2007：106-107.

【思考題】

1. 結合案例，談談顧客需求調查的意義。
2. 請談談顧客需求調查與顧客關係管理之間的關係。

3. 這篇案例給我們的啟示是什麼？

參考答案要點：

1. 結合案例，談談顧客需求調查的意義。

在案例中，陝西陝焦化工有限公司在客戶對公司提出了質量異議後，馬上採取了應對措施，并通過這次事件，積極地找尋二級焦炭產生質量異議的原因，瞭解到因為顧客使用二級焦炭的方式發生了改變，使公司按原來生產模式生產出來的二級焦炭無法滿足顧客現在的需求。公司調查到顧客的需求，就應該以滿足顧客的需求為目標，改進自身的生產工藝和產品。

顧客的需求是指對顧客自己有用、具有一定價值的需要，當企業未能滿足顧客的某種需求時，顧客對企業的滿意度、忠誠度會下滑。顧客需求調查架起了顧客與企業之間的信息交換橋樑。企業只有通過顧客需求調查，才能發現未來市場發展趨勢以及目前自己產品的不足，進而才能夠採取各種有針對性的應對措施來彌補產品不足，滿足顧客需求，做到真正的「持續改進」。

2. 請談談顧客需求調查與顧客關係管理之間的關係。

它們之間是辯證統一的關係。顧客需求調查是顧客關係管理的一個方面，而顧客關係管理的目的是更好地滿足顧客的需求，從而達到或超過顧客滿意。

在日趨激烈的市場競爭推動下，在日新月異的信息技術支持下，顧客關係管理得到了長足發展，歸納起來，顧客關係管理就是管理理念與管理方法的集成。滿足顧客需求的管理理念是顧客關係管理的出發點，以信息技術為平臺的管理方法構成了顧客關係管理的基礎——顧客關係管理系統，達到甚至超過顧客滿意是顧客關係管理的歸宿。

3. 這篇案例給我們的啟示是什麼？

顧客滿意度調查以及對調查信息的處理，一直以來未被許多企業重視。隨著全球經濟一體化進程的發展，此項工作的重要性逐步凸顯。該案例屬於通過對顧客滿意度信息的有效處理，取得良好效果的個案。我們從中應該學習到，要在市場中取得先機，就必須持續改善產品質量。而建立健全的顧客關係管理系統，擁有多樣的顧客需求調查方法是持續改善產品質量的一個重要基礎。

【案例二】

約翰遜控股公司與其關鍵客戶

約翰遜控股公司是 1885 年由華倫·約翰遜教授建立的一個貿易範圍非常廣泛的公司，一百多年來始終保持著極佳的業績。約翰遜控股公司以 JCI 的標誌在紐約證券交易所上市。1999 年，該公司創造的金融業績包括 161.1 億美元的銷售額、連續 52 年的銷售增長、連續 23 年的股息增長、連續 8 年的淨收入增長，以及自 1885 年以來連續增長的獎金分紅。1999 年，約翰遜控股公司排名就上升到全球 500 強的第 126 位，全世界內近 500 家下屬公司中容納的員工超過了 95,000 人。在同一年，該公司當選為 25 個最理想工作場所之一，并被美國環保署評為年度能源之星。

與絕大多數公司一樣，約翰遜控股公司的控製商務部門也把與客戶建立更好的聯繫看成客戶經理或服務中心技術人員的職責。然而，在實施六西格瑪管理過程中，一些非常重要的大客戶卻對約翰遜控股公司取得的改革成果提出了批評。因此，公司設計并實行了更加有效的客戶聯繫管理方案。

約翰遜控股公司發現的第一個事實是，并沒有關於「關鍵客戶」的明確定義，而且這一觀念與「有多少位客戶是真正的關鍵客戶」有很大的實質差異。這種現象是缺乏明確定義造成的，結果使所有的客戶受到相同的對待。但關鍵客戶向來對公司更加苛求，所以對所有客戶一樣對待實際上非常危險。

一個由高級管理人員組成的小組逐步制定了一套用於描述關鍵客戶的標準。客戶數據庫應用了這套標準，確定并劃分出「關鍵客戶」。一些關鍵客戶被從中挑選出來幫助制訂試驗性的計劃。約翰遜控股公司的控製商務部發展出的用於定義關鍵客戶的標準包括（絕對的）消費收益、再購買的業務和消費份額。

在計劃開始前，約翰遜控股公司的特定員工參加了一個為期半天的專題討論會，學習如何設計并執行這樣的計劃。雖然客戶經理是這一計劃的負責人，但質量部門也給予了有力的支持。

計劃執行過程中的第一個發現是，公司并不如想像的那麼瞭解自己的客戶。一家公司策劃的方案要求，參與的客戶名單必須包括一名客戶，經查卻發現這位客戶早在兩年前就去世了。

試驗性計劃的實行結果明顯超過了期望值。客戶因為公司把精力投入到執行這樣的計劃中感到欣喜。約翰遜控股公司的小組也為更加瞭解客戶而興奮。由此帶來的利益很快反應到公司的收入變化中。因為試驗取得了重大的成功，這項計劃逐漸擴展應用到約翰遜控股公司在北美的所有業務區。

為了滿足關鍵的OEM[①]客戶（如某熔鐵爐公司，他們購買約翰遜控股公司的自動調溫器等部件和產品，以加工生產出自己的產品）的要求，需要創建特殊的客戶聯繫。客戶公司中所有關鍵職位都與約翰遜控股公司控製商務部中的相應職位一一對應。通常情況下，公司至少每月互派一次小組，行政官之間的直面對話則每季度進行一次。這些OEM會議的作用是討論產業的發展趨勢，以及約翰遜控股公司和OEM客戶各自採取的經營策略。

由於約翰遜控股公司控製商務部執行了更加合理的客戶聯繫計劃，所有員工因此掌握了更多與客戶相關的信息。在控製商務部中，確定具體的解決方案或直接處理問題的員工也是客戶小組的一部分。有關客戶實際需要的數據、客戶滿意度調查結果，以及客戶的評論，都能通過公司內部網路傳輸到每位員工手中，使這項便利的、先進的新技術在公司得到廣泛應用。業務區辦公室、辦公區、客戶小組或其他統計工作也能通過這項技術有效處理客戶數據。實現這些改進的重要意義在於，公司不同層次的

---

① OEM，英文全稱 Original Equipment Manufacturer，原指由採購方提供設備和技術，由製造方提供人力和場地，採購方負責銷售，製造方負責生產的一種現代流行的生產方式。現大多是指由採購方提供品牌和授權，由製造方生產貼有該品牌產品的方式。

員工都能獲取并利用這些來自客戶的數據。

資料來源：厄爾·諾曼，斯蒂文·H. 霍廷頓. 以客戶為中心的六西格瑪：聯繫客戶、流程優化與財務結果的紐帶［M］. 王曉芹，徐秀蘭，盧海琪，等譯. 北京：機械工業出版社，2003：150-151.

【思考題】

1. 什麼是「關鍵客戶」？它與「有多少位客戶是真正的關鍵客戶」有何本質上的差異？

2. 從案例中我們可以得到什麼啟示？

參考答案要點：

1. 什麼是「關鍵客戶」？它與「有多少位客戶是真正的關鍵客戶」有何本質上的差異？

在絕大多數企業中，都有一個定義明確的客戶基礎。而在這個客戶基礎之中，有些是很有價值、很重要的客戶。這些客戶通常能為企業帶來大部分利潤和收益。雖然他們的數量可能僅占客戶總和的10%、20%或30%，但是他們卻有可能創造70%、80%甚至90%的總收益。他們經常進行大批量採購。在很多情況下，他們具有很多創新意識。他們與企業有一個共同的願望——希望有更好的產品質量、服務質量，而且也希望獲得更具競爭力的定價。這就是「關鍵客戶」。

「有多少位客戶是真正的關鍵客戶」包括兩部分內容：一部分就是在基礎客戶中，已經成為關鍵客戶的一小部分；另一部分是潛在的或將會成為關鍵客戶的一部分。對於已經成為關鍵客戶的一小部分，由於他們對一個企業的成功至關重要，我們要能梳理出來、區別對待，這是區別「有多少位客戶是真正的關鍵客戶」的根本目的；對於潛在的或將會成為關鍵客戶的一部分，我們要看到其未來對公司業績的影響，採取一些差異化的措施，引導（或培養）其成為關鍵客戶，而不是對所有的客戶用相同的待遇，消耗公司資源。這就是「關鍵客戶」與「有多少位客戶是真正的關鍵客戶」之間的實質差異。圖4.1說明了「客戶基礎」「有多少客戶是真正的關鍵客戶」與「關鍵客戶」的關係。

2. 從案例中我們可以得到什麼啟示？

從案例中，我們可以得到如下啟示：企業與關鍵客戶建立聯繫是非常必要的。六西格瑪中「滿足顧客需求」占了很大的比重。企業只有提供了更好的產品質量、更好的服務質量和更具競爭力的價格，才能獲得顧客更高的忠誠度、滿意度，從而獲得更高、更持久的收益。而這些是以「與關鍵客戶建立聯繫」為基礎的（見圖4.2）。企業只有更加瞭解自己的客戶，知道他們需要什麼、不需要什麼，做到知己知彼，才能走到行業的前沿。約翰遜控股公司不同層次的員工都能獲取并熟知客戶的信息資料，對關鍵客戶與一般客戶分別採取不同的接待方式，提高了工作效率，也提高了業務成交率，這些都是企業可以學習和借鑑的。

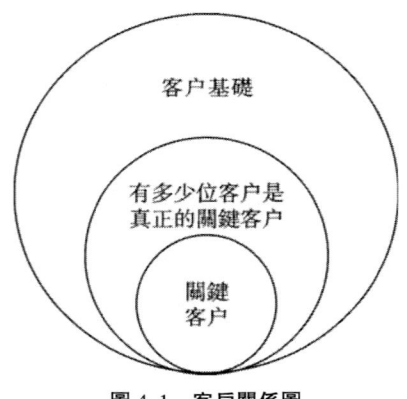

圖 4.1　客戶關係圖

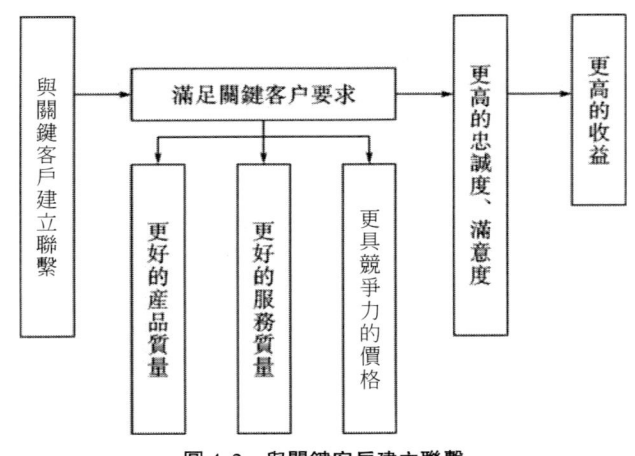

圖 4.2　與關鍵客戶建立聯繫

【案例三】

白酒「塑化劑疑雲」

2012 年 11 月 19 日，21 世紀網披露酒鬼酒「塑化劑超標」，其 50 度酒中鄰苯二甲酸二丁酯（DBP）的含量為 1.08 毫克/千克。

2012 年 11 月 21 日，國家質檢總局公布檢測結果，50 度酒鬼酒 DBP 最高檢出值為 1.04 毫克/千克。

2012 年 12 月 9 日，自稱是茅臺投資者的網友「水晶皇」出具的檢測報告顯示，送檢茅臺含有塑化劑 DEHP 3.3 毫克/千克。衛生部 551 函規定這一物質的最大殘留量為 1.5 毫克/千克。

2012 年 12 月 10 日茅臺公告稱，自送產品至國家食品質量監督檢驗中心、貴州省產品質量監督檢驗院、上海天祥質量技術服務有限公司三家權威檢測機構檢測均符合

標準。

2012年12月13日繼茅臺之後，五糧液、洋河等酒企也陷入塑化劑風波。

塑化劑對於我們來說并不陌生。早在2011年，臺灣地區就發生了波及幾百家廠家、上千種食品的塑化劑污染事件。同年，《食品與健康》雜誌也做了關於塑化劑的選題，從認識塑化劑污染、瞭解塑化劑對人體的危害、預防塑化劑損害人體健康等角度詳解了塑化劑。然而，同樣的問題，在2012年再度卷土重來。而且，這次波及的是與人民生活密切相關的白酒類產品。塑化劑有什麼危害？現代醫學研究已經給出了明確的答案。它具有明顯的生殖毒性，可影響男性生殖系統的發育，造成男孩陰莖短小等症狀；造成女孩性早熟，甚至導致女性乳腺疾病等。中國人素來喜歡飲用白酒，尤其是在天寒地凍的冬天。然而，這次的白酒塑化劑污染事件一出，白酒再也無法讓人暖身，只能寒心了。好端端的白酒，為何會被塑化劑污染呢？有人分析指出，最有可能的情況是如下兩種：第一，在裝卸、儲運等過程中使用的PVC材質的管道或容器導致PVC中的塑化劑析出，從而使白酒中的塑化劑含量超標。如裝卸白酒或酒精的塑料管道以及白酒瓶子所使用的塑料瓶蓋。第二，在白酒中摻入的香精、香料中塑化劑超標。早在此次事件之前，就有人爆料說不少商家為了增加食品的黏稠度非法添加塑化劑。在酒類行業裡也有這種傳言：塑化劑會讓酒的掛壁效果更佳，品質看上去更好。這種做法和之前往牛奶裡加三聚氰胺一樣。不過，已有專家表示，目前沒有科學根據表明增加塑化劑可增強掛壁效果，酒的掛壁其實是由於酒的表面張力造成的，人為添加塑化劑對此并不會產生影響。總之，目前的狀況可謂是撲朔迷離。但可以確定的是，即便白酒中檢出的塑化劑并非商家主動添加的，也是在生產過程中不合理的操作導致的。白酒行業塑化劑超標現象由來已久，有的產品甚至超標十多倍。酒業協會曾就此專門開會討論，但因白酒行業檢驗的國家標準裡沒有塑化劑檢驗這一項，所以并沒有形成相關規定。希望此次的塑化劑事件，能夠促使相關行業及早制定關於塑化劑含量的規定，強化塑化劑檢測，讓人們吃得放心、喝得放心。

資料來源：格物. 白酒塑化劑疑雲［J］. 食品與健康，2013（1）：19.

【思考題】

1. 根據以上案例資料，討論全面質量管理對國民生活的重要性。
2. 從案例中能得到什麼啟示？

參考答案要點

1. 根據以上案例資料，討論全面質量管理對國民生活的重要性。

質量水平的高低可以說是一個國家經濟、科技、教育和管理水平的綜合反應。對於企業來說，質量更是企業賴以生存和發展的保證，是開拓市場的生命線，正可謂「百年大計，質量第一」。

企業如果不關心本企業的產品質量，甚至漠視由質量問題給國民帶來的安全、健康威脅，勢必不能為國民所容忍，必然遭到市場的淘汰。

一個有責任心的企業，應該將國民的安全、健康作為本企業一系列全面質量管理活動的歸宿。質量管理的目的就是要讓全體國民能夠接受本企業提供的最佳的產品或服務，而不是讓顧客花了錢，買到的卻是一個有質量缺陷甚至是有害的產品。

在市場經濟條件下，雖然很多企業強調經濟利益最大化，但是不能一味追求經濟利益而忽視了質量管理，給購買了產品或服務的消費者帶來傷害。這不僅是法律所不能允許的，更是應該受到道德的譴責。相反，只有強調質量，真心地為廣大消費者提供優質產品的企業才能在市場上獲得良好口碑，擁有忠誠顧客，促進企業的持續發展。

2. 從案例中能得到什麼啟示？

在案例中，我們可以看到一些企業受利益驅動，沒有把消費者的需求放在第一位，製造了存在著質量問題的產品，讓消費者蒙受巨大損失。

企業應該以消費者為出發點，進行全員、全方位、全過程的質量管理活動，要時刻把滿足消費者的需求、達到消費者的預期作為質量管理活動的目標。消費者只有在獲得企業提供的全面、優質的服務時，才會提高自己對企業的滿意度，成為企業的長久顧客。

所以，要不斷發現顧客需求，不斷為滿足顧客需求而採取質量改善措施，注重持續改進，讓顧客滿意。這才是企業在激烈競爭的市場中立足的不二法門。

【案例四】

耐克市場的消費者需求

20世紀70年代初的美國，慢跑熱正逐漸興起，數百萬人開始穿運動鞋。但是，當時在美國運動鞋市場上占統治地位的還是阿迪達斯、彪馬和虎牌組成的「鐵三角」，他們並沒有意識到運動鞋市場的這一趨勢。而耐克緊盯這一市場，並選定以此為目標市場，專門生產適應這一大眾化運動趨勢的運動鞋。耐克為打進「鐵三角」，迅速開發新式跑鞋，並為此花費巨資，開發出風格各異、價格不同和多用途的產品。到1979年，耐克通過策劃新產品的上市和強勁的推銷，市場佔有率達到33%，終於打進了「鐵三角」。

在運動鞋市場的最大「戰役」是易變的年輕人市場，而「戰爭」的最前線是城市。年齡在15~22歲的消費者購買量占運動鞋總量的30%，而且他們還能夠影響另外10%的銷售。許多潮流都是從城市發展起來的，耐克公司經常向帶動潮流的少年免費提供運動鞋，這些城市少年則是郊區少年的模仿對象。因此，城市中的潮流很快就能傳播到其他地區。

然而，運動鞋的時尚很難捉摸。例如，20世紀90年代初期，穿運動鞋的時尚是不把鞋帶繫緊，因為自豪的主人希望他的鞋子看起來像剛買回來的。很快，每個人都這樣做了，不過這僅僅是開始，接著有人開始只繫一只鞋的鞋帶；然後，他們把鞋帶去掉；不久後，穿鞋者又開始繫鞋帶了，不過所有的鞋帶是從另一雙鞋子上取下來的；再接著，許多人開始穿兩只不相匹配的鞋子。到了後來，他們注重新穎的、少一點商業氣息的產品，更加注重品牌帶來的文化價值。

耐克公司充分利用了最新的潮流，密切關注著新趨勢及新的競爭對手，發現需求，並不斷滿足需求。耐克公司把流行文化和更輕鬆的生活方式融入運動鞋中，讓人們感覺穿運動鞋不是去運動，而是選擇一種更加舒適的生活方式。

运动鞋的时尚变幻莫测，反应了生活中的不断变化以及购鞋者的生活方式的不断变迁。在市场已经饱和的环境中，只有不断推陈出新、发现需求并满足需求的公司才能得到发展。耐克知道要想赢得运动鞋大战的胜利，必须对消费者心理有深刻的瞭解，利用其敏锐的眼光去观察和选择市场，放手去干，最终成为国际化品牌。

资料来源：菲利普·科特勒，加里·阿姆斯特朗．科特勒市场营销教程［M］．俞利军，译．4版．北京：华夏出版社，2010：117-119.

【思考题】

1. 分析本案例中反应了消费者哪几种心理类型？
2. 结合本案例分析影响消费者购买行为的因素。
3. 试从消费者需求的角度，简要地谈谈耐克公司在运动鞋市场占取领先地位的原因。

参考答案要点：

1. 分析本案例中反应了消费者哪几种心理类型？

（1）求美心理：追求商品的审美价值（寻求新颖的、少一点商业气息的商品）。

（2）从众心理：在购物行为上不由自主的趋向与多数人相一致（城市中的潮流很快就传播到其他地区）。

（3）求新心理：通过对时尚商品的追求来获得一种心理上的满足（消费者不停地变换鞋带系法）。

（4）攀比心理：不甘落后，总想赶上别人或胜过别人（一个人这样做了，每个人都这样做）。

（5）自尊心理：既追求商品的使用价值，又追求精神上的满足（自豪的主人希望自己的鞋子看起来像是）。

2. 结合本案例分析影响消费者购买行为的因素。

（1）个人因素：最直接的影响因素，包含年龄、人生阶段、职业、个性、自我价值观念等因素。运动鞋的主要消费者是15～22岁的青少年。他们通过不停地变换鞋带的系带方式表现自己的个性，有自己的自我观念。

（2）心理因素：知觉，个体为了瞭解外界而收集、整理及解释信息的过程，对购买决策过程有较强烈的影响。带动潮流的青少年穿上耐克公司提供的运动鞋之后，郊区的少年就会产生知觉的选择性注意，从而对消费行为产生影响。耐克公司利用消费者心理的这一特征使得城市中的潮流很快传播到其他地区。

（3）社会因素：社会角色，耐克公司的消费者的社会角色大多数是学生，学生喜欢追求个性、新颖的商品。学生的这一特殊社会角色使得耐克不断更新推出款式多样的商品，满足消费者多样的要求。

（4）文化因素：亚文化，不同的生活经历和环境而价值观相同的人。城市和郊区是两个不同的地域亚文化群，城市的社会文明的发育程度高一些，整体的消费水平就比郊区的高些。

3. 试从消费者需求的角度，简要地谈谈耐克公司在运动鞋市场占取领先地位的原因。

（1）發現需求并滿足需求。耐克先於「鐵三角」發現需求，并根據消費者需求不斷地推出新產品，并滿足消費者的需求。

（2）定位目標消費者，充分分析消費者心理特徵。耐克鎖定目標消費者為青少年，抓住青少年想像力豐富、追求自由、思維活躍、追星意識强烈等心理特徵以及消費者的不同心理類型將自由、活力、個性的元素注入企業文化中并不斷革新產品。

（3）充分認識到影響消費者行為的不同因素。耐克對不同的年齡層、不同的社會角色、不同的文化背景加以區別，使自己的產品不僅在國內市場占據領先地位，也開拓了國際市場，成為全球領先的運動品牌。

第 5 章　設計過程質量管理

本章學習目標

1. 瞭解面向質量的產品設計思想與內容
2. 掌握質量功能展開的具體方法，通過運用此方法來設計和製造滿足顧客需求的產品
3. 掌握可靠性及其度量，熟悉可靠性管理的內容，能夠將其應用到產品的設計過程中
4. 掌握服務設計方法與服務質量控制方法

【案例一】

iPhone（蘋果手機）離綠色設計還有多遠？

在全球政治、經濟、文化不斷發展的今天，越來越多的國家、企業和個人關注綠色設計、倡導綠色設計，也湧現出大量的符合生態可持續發展要求的產品及案例，以供我們借鑑和學習。然而，在經濟發展過程中，一些企業和產品雖然在市場上取得了高額的利潤但離綠色設計的要求還有一段距離。

2015 年下半年，作為全球智能手機行業「霸主」的蘋果公司又迎來了新品發布，iPhone 6s 和 iPhone6s Plus 上市僅 3 天銷量就超過了 1,300 萬部。伴隨著智能手機的購買狂潮，閒置下來的手機又該如何安置？巨大的利益和過度的消費驅使產品的更換週期越來越短，暴露了在綠色設計上的諸多問題，產生了越來越多的電子垃圾。通過頻繁發布新品刺激市場，雖然達到獲得利潤的目的，但明顯偏離了綠色設計中產品可持續發展的理念。

一、更新換代頻繁，縮短產品生命週期

經統計，自 2011 年第四季度到 2016 年第三季度，蘋果公司已發布和預測發布共 9 款手機，iPhone 4s 手機的生命週期平均為 2～2.5 年，但是從 2012 年第三季度到 2016 年第三季度，蘋果又發布了 iPhone 7，平均生命週期只有 0.6 年，這比實際可用的平均生命週期短 1.9～2.0 年，平均縮短 73%。這必然造成能源、原材料和人力的浪費，同時引發有關的生態環境應力。

二、能源和材料浪費，造成生態環境污染

根據 2014 年「互聯網消費調研中心」（ZDC）對蘋果手機使用用戶的調查顯示：蘋果產品的主要使用人群集中於 18～35 歲。其中，26～35 歲年齡段人數占 53.2%；18～25 歲年齡段人數占 24.1%。有 30.9% 的用戶表示新品發布後會選擇立即購買。同

時，在「360手機助手」發布的調研結果中，90後蘋果手機用戶中選擇二次購買的比率高達82%。因此，粗略估算，約有36%的iPhone手機擁有者在新機型發布時會選擇立即購買。國外某知名科技博客針對蘋果手機的環保調查指出，iPhone的全球回收率約為10%，并根據銷量數據，估算了從2011年第四季度到2014年第四季度的3年時間內，由於新品頻繁發布原因而丟棄的手機數量及產生的手機電子垃圾量。粗略估算，有32.5%的手機作為電子垃圾退出使用，因此僅iPhone4s手機就產生3,166萬部電子垃圾，浪費的原材料約為4,445.4噸，占整個原材料消耗的1/3。2013年第三季度末iPhone 5全面停產，隨之而來的是iPhone 5c以及iPhone5s的發售，有2,653萬部手機作為電子垃圾排放到環境中。2014年第三季度末iPhone 6系列手機推出，又帶來821萬部iPhone 5c以及3,174萬部iPhone 5s的棄置。因此，從2011年年末到2014年年末，保守估計頻繁的發布新品產生了約1億部手機電子垃圾，佔有材料約1.2萬噸，平均每年廢棄手機約3,333萬部。以聯合國環境規劃署2012年發布的《化電子垃圾為資源》報告中說明的全球每年廢棄手機約有4億部來估算，蘋果手機所產生的手機電子垃圾量大約占全球廢棄手機總量的8.4%，其中還不包括由於損壞以及意外原因產生的手機的廢棄。研究表明，一塊手機電池所含的物質可以污染3個標準游泳池的水，如果埋在地裡，能使1平方米的土地失去利用價值。因此，依據估算蘋果的iPhone系列廢棄手機量1億部，將會污染1萬公頃土地。國際一個標準的游泳池水量為1,800立方米，iPhone廢棄手機電池平均每年水污染的潛在能力可達1,800億立方米。

此外，根據蘋果官方網站上公布的數據，iPhone4s、iPhone 5s、iPhone 6、iPhone 6 Plus每一部所產生的二氧化碳分別為55千克、65千克、95千克和110千克，如果按照平均每一部手機產生90千克二氧化碳計算，從2011年年末到2014年年末，廢棄手機共產生900萬噸的二氧化碳排放，相當於產生90億度電所排放的二氧化碳。儘管蘋果手機在市場經營中取得了高額利潤，但距離綠色設計要求還有很長的路要走。

資料來源：廉瑩，董雪潘. 綠色設計案例分析［J］. 中國科學院院刊，2016（5）：527-534.

【思考題】
1. 簡述綠色設計的基本要求和主要內容。
2. 實現綠色設計，企業和社會（環境）可以得到哪些好處？
3. 蘋果手機大量的廢舊手機有什麼危害？該採取什麼措施？

參考答案要點：
1. 簡述綠色設計的基本要求和主要內容。
（1）綠色設計的基本要求。綠色設計的基本要求體現在以下四個方面：
①優良的環境友好性。要求產品在生產、使用、廢棄、回收、處置的各個環節都是對環境無害的或危害最小化。
②最大限度地減少資源消耗。盡量減少材料使用量和種類，使產品在其生命週期的各個階段所消耗的能源最少。
③排放最小。通過各種技術或方法減少製造、使用過程中廢棄物的排放量。
④最大化可回收利用。在材料的選擇、產品結構、零件的可共用性等方面提高產品回收利用率。

（2）綠色設計的主要內容。綠色設計包括以下主要內容：
①綠色設計材料的選擇與管理；
②產品的可拆卸性與可回收性設計；
③綠色產品成本分析；
④綠色產品設計數據庫與知識庫管理。

2. 實現綠色設計，企業和社會（環境）可以得到哪些好處？

綠色設計著眼於人與自然的生態平衡，在設計過程的每一個決策中都充分考慮到環境效益，盡量減少對環境的破壞。綠色設計的節能性與生態性特別要求企業生產的產品注重資源的可持續利用以及對生態環境的保護。採用綠色設計的理念有助於避免因設計不當和選材的失誤而造成環境污染與公害。在綠色設計思想中，一個重要的原則是減削、循環、再開發。減削即減少資源的使用或消除產品中的有害物質；循環即對廢產品進行回收處理，循環利用；再開發即提升產品的潛在使用價值，變普通產品為「綠色產品」。

實現綠色設計，企業能盡量減少物質和能源的消耗、減少有害物質的排放，使產品及零部件無公害，更能被消費者接受并喜愛，獲得市場，提高市場佔有率；降低成本，提高經濟效益；產品實現分類并方便回收、再生循環利用，也達到降低消耗，節約成本，提高經濟效益的目標。就社會（環境）而言，實現綠色設計是指在生存於不超過維持生態系統涵容能力的情況下，可持續地利用有限資源；在保持自然資源的質量和其所提供服務的前提下，使經濟發展的淨利益增加至最大；提倡更清潔、有效的技術，來最大限度地減少能源和其他自然資源的消耗，并減少廢料和污染物的排放，極大改善和提高人類的生活質量。

3. 蘋果手機大量的廢舊手機有什麼危害？該採取什麼措施？

（1）廢舊手機產生的危害。

廢舊手機如果被填埋處理，裡面含有的金、水銀、鉛、鎘等重金屬成分就會直接污染土壤及地下水；而如果被簡單焚燒，其產生的氣體會污染空氣，致人中毒，嚴重危害人體健康。

手機更新頻率的提高使得廢棄手機的產生速度越來越快，廢棄手機及配件大多被當作普通垃圾投入垃圾桶中并隨生活垃圾一同處理，可想而知對整個生態環境會造成非常大的影響。

（2）通過回收降低廢舊手機的危害。

廢舊手機材料裡有稀有金屬，如果把所有廢舊手機裡的稀有金屬都提煉出來，這將是一筆巨額的財富。

【案例二】

全友獲「2012綠色設計國際貢獻獎」創全球家具行業先河

2012年10月12日，「第二屆世界綠色設計論壇」在比利時布魯塞爾舉行，全友家居憑藉其在綠色設計、生態環保、公益事業等方面做出的卓越貢獻，榮膺「2012綠色

设計國際貢獻獎」，是全球家具領域內首家獲得該獎項的企業。據全友家居相關負責人介紹，該獎項是全友家居在 2012 年英國倫敦奧運會期間被授予「綠色先鋒企業」稱號之後的又一個綠色環保大獎，標誌著全友家居向綠色家居的目標又邁出了極為重要的一步。

「綠色設計國際貢獻獎」是世界綠色設計論壇設立的國際性、公益性獎項，旨在表彰以綠色設計為手段，推動綠色技術、綠色材料、綠色能源、綠色裝備等的應用，致力於改善人類生存環境做出卓越貢獻的專業人士和專業組織。

全友家居開創綠色產業鏈并且已經擁有了自己的速生林基地，E1 級板材①生產廠、三胺板生產廠，以及代表世界家具製造最高水平的生產設備，採用了最高環保標準的生產輔料，國際水平的綠色人性化賣場設計，完成了一個從家具材料源頭到最終產品銷售整個行業的綠色產業鏈。在 26 年的發展徵程中，全友家居始終秉承「綠色全友，溫馨世界」的理念，與國內、國際知名設計師深度合作，成立了跨國設計團隊，在義大利米蘭、中國成都及深圳設立三個研發中心，匯聚全球頂級藝術智慧，吸取全球綠色設計潮流。

全友家居始終認為，設計是製造環保家具的關鍵。於是，在設計之初就考慮到消費者的健康利益。全友家居和國內、國際相關設計研發機構以及知名設計師深度合作，聯合成立了由中國、義大利、德國、法國、西班牙頂尖設計師組成的跨國設計團隊，從工藝設計上提倡高標準的環保指標；根據不同家具及不同的部位的功能，科學、合理地使用不同的材料，使各種材料揚其長避其短，保證家具在功能、環保、技術和藝術上的完美統一。全友產品在設計中，更多地使用三胺板、密度板等森林資源消耗性較少的材料，并全部使用環境友好型的油漆、可循環使用的包裝材料。全友的產品生產線產生的廢料廢渣全部採取回收重複利用。其不惜花費上億元從丹麥引進全球最先進的粉塵吸收處理裝置，最大限度地減少環境污染，提高廢物利用率。其生產線產生的廢水全部經過污水處理，并達標排放。

「2012 綠色設計國際貢獻獎」，是對全友家居綠色理念的一種認可，更是對全友家居不斷堅持和踐行綠色行為的一種鞭策。當然，全友家居的綠色行動還遠不止於此，我們相信全友家居的綠色之路會越走越寬，并將引領更多企業以綠色科技為手段，推動綠色技術、綠色材料、綠色能源、綠色裝備等的應用，為改善人類生存環境做出更大更多的貢獻。

資料來源：根據 http://www.szfa.com/news/201210/29/7791.html 整理。

【思考題】

結合全友家居的實例，談談如果你是一家電視機生產企業，如何實現產品的綠色設計？

參考答案要點：

電視機的綠色設計可以考慮以下幾個方面：

---

① E1 級板材，即歐洲標準甲醛含量小於 0.8 毫克/升，而目前國家認可的板材甲醛釋放達標標準為甲醛含量小於 1.5 毫克/升。

材料——以可完全回收的聚碳酸酯類為主，配以木質外殼；因技術所限，部分有毒有害材料集成於模塊之中。外包裝為可再生紙，內襯泡類防震物。

結構工藝——通過可拆卸、可回收的模塊化設計，整個產品成為利於拆卸的幾個部分，方便裝配、拆卸、維修、回收。

生產加工——注重生產過程的環境、資源屬性，對木質材料淺加工。

運輸與銷售——提高運輸效率，適度擴大生產網點；貨到後立即拆去包裝，運回再使用。

使用——杜絕輻射污染，採用新技術節能節點。

維修與服務——模塊化生產零部件，再加上易拆卸結構，遍布網點，為消費者創造優秀的服務。

回收處理——優先重用回收零部件，盡量提高材料回收利用率，革新廢棄物的處理工藝，減弱其對環境的影響。

另外，考慮人體生理因素，可採用液晶等先進無輻射技術，保證人體健康；設定電視擺放高度、傾斜度、視距等參考值；遙控器、按鍵等按人體工程學設計，并保證較大自由度，方便抓握、使用。

【案例三】

奇瑞QQ的設計理念

轎車已越來越多地進入大眾家庭，但由於地區經濟發展的不平衡及人們收入水平的差距，對汽車的需求也更加多樣化。由於微型車的品牌形象在汽車市場一向是低端車的代名詞，因此，如何把握消費者的心態，突出微型轎車年輕時尚的特徵與轎車的高檔配置，在眾多的消費群體中進行細分，才能更有效地鎖住目標客戶，以全新的營銷方式和優良的性能價格比吸引客戶。在這種情況下，奇瑞汽車公司經過認真的市場調查，精心選擇微型轎車打入市場。擬開發的新產品以微型客車的尺寸、轎車的配置、令人驚喜的外觀和內飾，年輕人能承受的價格，鎖定時尚男女，成為奇瑞公司占領微型轎車市場成功的關鍵。

奇瑞QQ的目標客戶是收入不高但有知識有品位的年輕人，也兼顧有一定事業基礎、心態年輕、追求時尚的中年人。潛在的客戶是大學畢業兩三年的白領。這些目標客戶群體對新生事物感興趣，富於想像力、崇尚個性，思維活躍，追求時尚。雖然由於資金的原因，他們崇尚實際，對品牌的忠誠度較低，但是對汽車的性價比、外觀和配置十分關注，是容易互相影響的消費群體。奇瑞把QQ定位於「年輕人的第一輛車」，人均月收入2,000元即可輕鬆擁有這款轎車。

在進行平面廣告宣傳的同時，邀請專業汽車雜誌進行實車試駕，對奇瑞QQ的品質進行更深入的真實報導，在具備了強知名度後進一步加深消費者的認知度，促進消費者理性購買。

由上述資料，我們可以得知，奇瑞公司在設計新產品時以研究顧客需求為起點，通過市場研究，將顧客對產品的需求和偏好定義下來并進行分類，然後通過分析所獲

得的信息結合自身企業的特點生產出了奇瑞QQ。這一做法正是符合了質量功能展開（Quality Function Development，QFD）的設計理念。

資料來源：北京大都會廣告藝術公司. 以文化的名義——上汽「奇瑞QQ」營銷方案［J］. 廣告人，2005（10）：20-23.

【思考題】

1. QFD的內涵是什麼？
2. 簡述運用QFD開發家庭轎車的應用過程。
3. 你認為奇瑞QQ成功運用QFD的關鍵是什麼？有什麼啟示？

參考答案要點：

1. QFD的內涵是什麼？

QFD是指面向顧客需求的產品設計方法，其內涵是在產品設計與開發中充分傾聽顧客的聲音。為此，首先利用各種技術瞭解顧客真正的需求是什麼，然後把顧客的需求轉換為技術要求。

2. 簡述運用QFD開發家庭轎車的應用過程。

QFD為顧客開發家庭轎車的應用過程主要分為5步：第1步，確定項目的要求「是什麼」，即搞清楚客戶需要什麼樣的轎車；第2步，將「是什麼」轉化成「怎麼樣」，即確定客戶需要的產品或服務的特性；第3步，用關聯關係矩陣確定「是什麼」和「怎麼樣」之間的關聯關係；第4步，確定產品或服務特性之間的相關關係；第5步，確定產品或服務的技術參數，這一步需要瞭解競爭對手產品的技術性能和擬開發產品的技術性能及技術參數，以及這些技術性能和技術參數與競爭對手產品的差異，以便在設計階段就做到產品高性能、高技術含量、引領前沿。搞清楚以上幾種關係後，項目小組需要在客戶要求、產品特性及其相關關係矩陣的基礎上，進一步確定產品具體的技術參數，也就是QFD矩陣下方「是多少」的問題。當客戶需要的這種轎車的技術參數完全確定後，項目小組按照這些技術參數設計、生產出產品，就能從根本上真正滿足客戶的需求。

當然一個產品的設計不能只顧及顧客的意見。根據客戶需求，可以初步確定整車基本參數，使所設計的汽車滿足現代汽車高水平的駕駛操作性、乘坐舒適性和居住性等要求。在後續的開發過程中基於這些要求還必須充分考慮市場、對競爭對手的分析及企業製造能力分析來確定產品的市場定位，這樣才能保證產品的成功開發。

3. 你認為奇瑞QQ成功運用QFD的關鍵是什麼？有什麼啟示？

奇瑞QQ成功運用QFD的關鍵在於傾聽顧客的意見，捕捉顧客的願望，理解顧客的需求，並將顧客需求特性設計到產品中去，合理確定各種技術要求，並為每一項工程技術特性確定定量的特性值。

啟示：企業產品的設計應該考慮顧客的需求，同時要注意結合企業的技術情況。質量功能展開過程首先聽取消費者意見，然後通過質量屋全面確定各種工程技術特性和間接工程技術特性的值。在質量屋每一項工程技術特性下加上對應的顧客測量值，並根據顧客測量值來設計每項工程技術特性的理想值，即目標值。奇瑞QQ設計者通過市場調查在眾多的消費群體中進行細分，最終將產品的目標客戶準確定位，然後利用

各種技術瞭解顧客真正的需求是什麼，根據顧客的需求設計產品，再以全新的營銷方式和優良的性能價格比吸引客戶，并把顧客的需求轉換為技術要求，設計出的產品才會取得預期的效果。

【案例四】

海爾冰箱可靠性試驗成為博客熱點

將一臺包裝好的海爾冰箱緩緩提升到760毫米的高度，使其瞬間自由落體墜落，整臺冰箱「嘭」的一聲砸在鋼板上，然後至少從6個角度重複10次跌落試驗，全部試驗後如冰箱沒有損壞，則意味著通過該環節測試，產品可以下線，否則需要重新設計，直到通過檢測為止。2009年，在新浪網上有關海爾冰箱可靠性試驗的文章和圖片，吸引了不少網民的關注，成為當時新浪博客的一大熱點。

海爾冰箱的可靠性試驗內容豐富，除了最基本的斜面衝擊試驗、模擬搬運試驗、開關門壽命試驗、跌落試驗、模擬震動試驗以及擠壓受力試驗等，還會在非常苛刻的條件下對冰箱進行長達3個月之久的「折磨」，目的是使冰箱的性能更可靠，使用壽命更持久，滿足各種運輸及使用環境的要求。

海爾冰箱的可靠性試驗是對產品全部功能項的檢測。在海爾中央研究院的監測中心設置了大量的試驗室來模擬一些特殊市場的使用環境，以檢測產品質量。而這些模擬出來的使用環境往往是產品在現實使用過程中很難發生的「極限環境」，於是，海爾冰箱在可靠性試驗中需要不斷挑戰極根。

目前，中國家電行業已越來越重視標準建設。從表面上看，這些都是企業為自己制定的標準，背後卻是為滿足用戶而進行的自我約束。據瞭解，海爾冰箱的可靠性試驗標準已得到中國家用電器標準化技術委員會的授權，由海爾冰箱牽頭，伊萊克斯、美的、新飛等多家企業參與制定的中國電冰箱行業可靠性試驗標準項目已於2007年4月正式啓動。這是繼「家用冰箱保鮮標準」後，海爾又一次主導制定行業標準。

憑著「技術自律」，海爾冰箱不僅填補了國家標準的空缺，還因此加速了中國冰箱行業的標準升級。「如果說國家標準對冰箱性能要求指標是1的話，我們可以將可靠性試驗標準看成2到3，是國家標準指標的3倍。」海爾冰箱相關負責人表示，「國家標準作為一個行業的基礎標準，因為具備很強的穩定性導致修訂相對滯後，海爾在國家標準之上增加可靠性標準，不僅彌補了基礎標準的滯後之處，更重要的是對消費者負責和對產品質量要求的自我提升。」

市場是最公正的裁判，踏踏實實地以消費者為本才是成就品牌的關鍵，而標準的意義則在於引領產業的發展方向，打造市場競爭力。海爾冰箱的可靠性試驗表明，未來的市場競爭，不再是簡單地為消費者提供傳統意義上的產品，更多的是為消費者提供產品的品質保障，讓消費者充分體驗高品質產品所帶來的享受。以海爾在歐洲市場推出的法式對開門冰箱為例，其營銷理念是不僅為歐洲消費者提供一臺冰箱，更重要的是為消費者提供一種新的生活方式。

資料來源：李遠方. 海爾冰箱可靠性試驗成博客熱點　　中國商報，2007-12-07.

【思考題】

1. 如何理解可靠性的概念？
2. 海爾冰箱的可靠性試驗對產品質量保證有什麼作用？
3. 結合海爾的案例談談一個行業標準產生的意義所在。

參考答案要點：

1. 如何理解可靠性的概念？

可靠性是指產品在規定條件下和規定時間內，完成規定功能的能力。可靠性高，意味著壽命長、故障少、維修費用低；可靠性低，意味著壽命短、故障多、維修費用高。為正確理解可靠性概念，應把握以下三個關係：①產品的可靠性與規定條件的關係；②產品的可靠性與規定時間的關係；③產品的可靠性與規定功能的關係。

2. 海爾冰箱的可靠性試驗對產品質量保證有什麼作用？

可靠性試驗是對產品進行可靠性調查、分析和評價的一種手段。試驗有如下作用：①在研製階段用以暴露試製產品各方面的缺陷，評價產品可靠性達到預定指標的情況；②生產階段為監控生產過程提供信息；③對定型產品進行可靠性鑒定或驗收；④暴露和分析產品在不同環境和應力條件下的失效規律及有關的失效模式和失效機理；⑤為改進產品可靠性，制訂和改進可靠性試驗方案，為用戶選用產品提供依據。

海爾冰箱的可靠性試驗是對產品全部功能項的檢測。其作用是為了使冰箱的性能更可靠，使用壽命更持久，滿足各種運輸及使用環境的要求；同時也是為了樹立企業良好的業界形象，獲得消費者信任，爭取更高的市場佔有率。

3. 結合海爾的案例談談一個行業標準產生的意義所在。

標準是對重複性事物和概念所做的統一規定，它以科學技術實踐經驗的綜合成果為基礎，經過有關方面協商一致，由主管部門批准，以特定的形式發布，作為共同遵守的準則和依據。

標準的意義在於它是衡量行業產品質量、衡量企業管理好壞及行業成熟度的標誌，它能有效地規範行業內的企業行為，維護正常的市場競爭秩序，并方便社會公眾對業內行為規範的識別和監督，引導行業健康發展。憑藉「技術自律」，海爾冰箱不僅填補了國家標準的空缺，還因此加速了中國冰箱行業的標準升級。海爾以自身的行動在國家標準之上增加可靠性標準，不僅彌補了基礎標準的滯後之處，更重要的是對消費者負責和對產品質量要求的自我提升，從而促進整個行業的健康發展。

【案例五】

浙江省質量管理創新項目斬金奪銀

德華兔寶寶裝飾新材股份有限公司通過實施「科技木漂白脫色工藝質量創新項目」，實現了對 C 級、D 級單板的劣材優用，有效地減少了原材料浪費。一年來共為企業直接節約成本 452 萬元，同時減少了原木需求。在過去的一年裡，浙江省質監局共推動了像德華這樣的質量管理創新項目 37 個，有 16 個創新項目取得 50 項專利註冊或受理，直接產生經濟效益 4,519 萬元，節約能源 16,864 噸標煤。

質量管理創新是指對傳統質量管理模式、管理方法進行改革、改進和改造以達到進一步優化產品質量、降低生產成本、增加企業效益的質量活動。《浙江省質量管理創新項目管理辦法》從政策、資金上扶持、鼓勵和引導企業積極開展先進質量管理方法的研究、應用和推廣。

「實施質量創新管理，是一項從沙裡淘金的工作。」浙江省質監局副局長楊燁說，浙江省質監部門專門做了一個抽樣調查，共調查了5,200家企業，其中大約有10%的企業導入了質量管理方式，建立了有效的質量損失統計製度，統計出來的質量損失率大約是產值的2%。放在快速增長的粗放經營時代，可能很多人不會在意這點損失，但是在當前整個市場低迷和成本快速上升的情況下，2%的效益是一個巨大空間。這也給質監部門推廣先進質量管理創造了契機。

自質量管理創新項目評選工作啓動以來，越來越多的浙江企業改變過去依靠量的增長求發展的粗放經營管理模式，而採用先進質量管理方法和工具來提高產品的質量和創新性，帶動了企業加大質量投入，促進產品創新，降低消耗并提升質量水平。

浙江偉星新型建材股份有限公司通過導入新方法，解決了電熔管件在使用過程中存在的噴料、冒蒸、連接不牢、打壓滲水、觀察孔倒吸等幾大技術難題，產品一次交驗合格率從87%提升到97%。

浙江雙環傳動機械股份有限公司在「基於質量功能展開的#10147齒輪開發項目」中，把質量功能展開（QFD）作為主導方法，將顧客模糊抽象的需求轉化為技術和工藝的控制方法，根據顧客需求全面完成齒輪的技術特性、生產工藝、生產控制參數的確定。該項目使質量損失率從0.96%降低到0.88%，單個齒輪的利潤從9.6元提升到10.4元，每年增加經濟效益400萬元以上。

但在導入卓越績效模式的過程中，公司發現產品質量管控總是朝著符合性質量去改進，卻忽視了產品的適用性質量，且對改進適用性質量的方法也知之甚少。對於公司內結構複雜的盤類焊接件產品#10147，客戶在使用時經常因其質量存在問題而投訴。公司經過與國外專家交流發現，QFD對於改善產品的適用性質量可以起到關鍵作用，可以將顧客需求轉化為技術特性，并在此之後進行生產工藝的展開，最後擴展至生產控制，形成控制文件。這種層級的關係思維縝密，將顧客需求層層展開，最終反應到生產中來，對於產品的適用性質量改進具有非常重要的現實意義。

基於以上情況，雙環公司於2010年10月導入QFD，專門成立了項目小組，通過QFD建立相關顧客需求、技術特性、生產工藝、生產控制之間的映射關係，實現顧客需求向最終生產控制的轉化；并通過一系列的技術手段和質量管理方法來改進各指標，導出技術特性目標值、生產工藝目標值，以及生產控制措施，形成文件指導書，進一步提高質量，提高一次交檢合格率，降低質量損失率和設備故障率，從而實現更好的經濟效益和管理。

該項目連續實施至2011年12月底，通過不斷的改進，#10147齒輪的技術改進與製造取得了較大的效果，極大地滿足了顧客需求，且客戶反饋良好；同時在經濟效益方面，實現了單位利潤的持續增長。

資料來源：根據http://roll.sohu.com/20120921/n353676849.shtml整理。

【思考題】
1. 結合材料，說明浙江省各企業為何要進行質量管理創新？
2. 簡述質量屋的概念以及建造質量屋的技術路線。
3. 浙江雙環#10147 齒輪開發運用 QFD 的原因何在？

參考答案要點：
1. 結合材料，說明浙江省各企業為何要進行質量管理創新？
一個企業想做大做強，就必須在增强創新能力的基礎上，努力提高產品質量和服務水平。縱觀國內外，每一個長久不衰的知名企業，其產品或服務都離不開過硬的質量。所以，質量是企業的生命和靈魂。任何一個企業要生存、要發展，就必須要千方百計致力於提高產品質量，不斷創新和超越，追求更高的目標。浙江省的各企業意識到質量管理創新的重要性，在質量管理創新項目的帶動下，採用先進質量管理方法和工具來提高產品的質量和創新性，優化了產品質量，降低了企業成本，增加了企業經濟效益，提高了企業的競爭力。

2. 簡述質量屋的概念以及建造質量屋的技術路線。
（1）質量功能展開是在產品設計與開發中充分傾聽顧客的聲音。為此，首先利用各種技術瞭解顧客的真正的需求是什麼，然後把顧客的需求轉換為技術要求。
（2）質量屋（the House of Quality）是實施質量功能展開的一種非常有用的工具。其形狀如房屋的圖形，故稱質量屋。為建造質量屋，可採取以下技術路線：調查顧客需求→測評各項需求對顧客的重要度→把顧客需求轉換為技術要求→確定技術要求的滿意度方向→填寫關係矩陣表→計算技術重要度→設計質量規格→技術性評價→市場競爭性評價→確定相關矩陣。

3. 浙江雙環#10147 齒輪開發運用 QFD 的原因何在？
公司產品質量管控總是朝著符合性質量去改進，忽視了產品的適用性質量，且對改進適用性質量的方法也知之甚少，導致客戶經常因產品質量存在問題對其投訴，而 QFD 對於改善產品的適用性質量可以起到關鍵作用。它可以將顧客需求轉化為技術特性，并在此之後進行生產工藝的展開，最後擴展至生產控製，形成控製文件，QFD 對於改進產品的適用性質量具有非常重要的現實意義，使用 QFD 有利於進一步提高產品質量和合格率，降低產品質量損失率和設備故障率，從而實現更好的經濟效益和管理，實現單位利潤的持續增長，所以浙江雙環#10147 齒輪運用 QFD 進行產品開發。

第 6 章　統計過程控製

本章學習目標

1. 掌握統計過程控製的概念和分布特徵
2. 掌握質量控製圖的繪制方法及控製圖的分析判斷
3. 掌握工序能力指數的計算和工序能力等級判斷及評價
4. 掌握提高工序能力的措施

【案例一】

應用 SPC 軟件工具有效監控食品質量安全

「對食品飲料企業而言，質量安全意味著一切。而正確的 SPC 軟件工具，則是企業捍衛食品安全的重要武器。」盈飛無限國際有限公司中國區總經理王金萍女士在出席「中國食品飲料峰會 2012」時對記者表示。

從三鹿集團牛奶中混入三聚氰胺，到伊利、蒙牛、光明等 22 家牛奶企業相繼「淪陷」。中國奶業遭遇誕生以來最大的信任危機，人們的目光集中在了乳品企業。但在中國，食品安全絕對不只是乳品企業的問題。如僅 2012 年就陸續爆出三全/思念速凍食品細菌門、立頓紅茶農藥殘留超標、喜之郎果肉含防腐劑和「來伊份」垃圾蜜餞等諸多質量事件。「百毒不侵」已成了國人的自嘲用語，而食品安全，從未像今天這樣受人矚目。

食品安全，如果對消費者來說是「吃與不吃」，對政府來說是「管與不管」的問題，那麼對每一個食品飲料企業而言，就是「做與不做」的問題。經濟下行環境[①]中，企業如何在完成利潤增長硬指標的同時，保證產品質量安全？王金萍女士給了我們答案——正確的 SPC 軟件工具[②]。

應用於食品飲料企業的 SPC 軟件具備三大特點：第一，能準確追溯質量安全源頭和走向。在正確的 SPC 軟件中，食品飲料企業的質量/安全工作人員可輕鬆掌握每種配料或成分進入生產過程的精確時間、被消耗的準確地點，以及成品中所含任意成分的

---

① 經濟下行環境是指衡量經濟增長的各項指標都在不斷降低，比如 GDP、PPI、CPI 等，也就是經濟從一個增長趨勢變成一個下降趨勢。

② SPC（Statistical Process Control，統計過程控製）軟件是一種科學的、以數據為依據的質量分析與改進工具。它利用數理統計原理，通過檢測資料的收集和分析，可以達到「事前預防」的效果，從而有效控製生產過程、不斷改進品質。SPC 軟件能為企業科學地區分生產過程中的正常波動與異常波動，及時發現異常狀況，以便企業採取措施消除異常、恢復過程的穩定，達到降低質量成本、提高產品質量的目的。

具體來源、批次、供應商等；同時能夠追溯指定批次或來源的成分、半成品、成品在產線和經銷渠道中的流向。如盈飛無限 SPC 軟件有強大的批次譜系功能，自動保存所有產品的質量追溯記錄，因此食品企業可實時進行雙向追溯，迅速確定缺陷批次并第一時間對問題產品採取隔離、待定等措施，以避免產品流通後帶來的潛在下架或召回風險；同時在最短時間內將質量安全問題造成的對企業和消費者的損失和傷害降到最低。第二，能實現「田間到餐桌」的全供應鏈協同管理。SPC 軟件其獨有的強大供應鏈管理功能使用戶得以隨時查看、掌握供應商質量數據。在供應商發貨之前，企業就可以發現質量隱患，從源頭杜絕安全問題，扭轉以前食品企業對來料質量的把控完全依賴供應商提供的產品資質分析報告的被動局面。第三，能幫助企業全面符合嚴苛的 FDA 等行業管規要求。在國家對食品安全的各項標準的不斷完善和提高當中，應用 SPC 軟件其嚴格的自動監控和強制性加嚴檢驗等功能設置，完全匹配 FDA 嚴苛的管規要求，有效助力食品飲料企業更輕鬆自信地通過危害分析與關鍵環節控制點體系（HACCP）認證，幫助企業嚴格符合美國農業部（USDA）的衛生標準操作程序（SSOP）以及其他嚴格的行業管規要求，保證食品企業順利通過各項認證的同時輕鬆捍衛質量安全。

目前卡夫、瑪氏、可口可樂、百事、雀巢、雅培等食品安全行業典範企業，均為正確的 SPC 軟件工具的受益者。并且，對於行業領軍企業而言，符合行業管規無疑只是入門的門檻；它們當前的質量安全管理已經提升到了應用 SPC 工具有效控制淨含量等質量和經濟指標的高度，在達到和超越行業標準的同時悄無聲息地為企業減少成本浪費、創造有形利潤和經濟價值，從而無須摻雜使假，仍然可以持續打造低價優勢、保持行業競爭優勢。這對食品飲料企業而言顯然是未來生存和發展的「正途」。相信越來越多的國內食品飲料企業也將受益於此種先進質量管理工具，讓國人遠離「什麼都不敢吃了」的困擾。

據悉，國內最大的汽車冷成型異型件供應商——北京新光凱樂汽車冷成型件有限責任公司，通過使用 SPC 軟件，在三年內，其不合格品處理費用降低了 60%，不合格品和返工率降低了 1.2%，平均每臺機器每年為企業節省 13.6% 的生產成本，并從源頭實現了關鍵產品「零缺陷」的生產目標。2010 年度全國質量獎得主——山東濱州渤海活塞有限公司，以其單條產品線為例，2009 年，其 102 線的廢品率平均為 0.76%，在應用 SPC 軟件一段時間後（2010 年 1—10 月），102 線的廢品率下降為平均 0.56%，其中 2010 年 6—10 月，102 線的廢品率降至平均 0.44%。

資料來源：申海鵬．以 SPC 軟件工具捍衛食品質量安全［J］．食品安全導刊，2012（12）：65-66．

【思考題】
1. 簡述統計過程控制的概念和質量變異的數字特徵及其度量。
2. 從眾多企業成功應用 SPC 軟件，談談 SPC 軟件的作用。
3. 統計過程控制的關鍵是什麼？

參考答案要點：
1. 簡述統計過程控制的概念和質量變異的數字特徵及其度量。
統計過程控制，是為了貫徹預防為主的原則，應用統計技術對過程中的各個階段

進行評估和監控，從而滿足產品和服務要求的均勻性（質量的一致性）。統計過程控制是過程控制的一部分，從內容上來說有兩個方面：一是利用控制圖分析過程的穩定性，對過程存在的異常因素進行預警；二是通過計算過程能力指數分析穩定的過程能力滿足技術要求的程度，并對過程質量進行評價。

質量變異并非無規律可循，質量數據總是在一定範圍內變化，數據的集中性和離散性是表徵數據變異最典型的兩個數字特徵。數據圍繞某一中心值而上下波動的趨勢稱為數據的集中性。通常可用平均數、中位數和眾數來度量數據的集中性。在質量管理中，離散性是另外一種綜合指標，表示了這批數據所代表產品的相對分散程度。表徵數據離散程度最常用的特徵量有標準差和極差。

2. 從眾多企業成功應用 SPC 軟件，談談 SPC 軟件的作用。

SPC 軟件應用大量統計方法（不僅僅是控制圖）來測量、分析、改進、控制過程。其作用具體表現為：①監控、分析和管理所有人、機、料、法、環等關聯性因素，分析共同原因與特殊原因；②改善的評估；③減少報表處理的工作量；④找出最大品質問題原因，以便工作更有績效；⑤減少數據在人員傳遞的過程中的變異；⑥分辨數據的真實性；⑦從宏觀到微觀全面真實地瞭解品質狀況，使事後檢驗變為實時預控，提高效率，降低質量損失和風險；⑧建立起工程、品管、製造等三個與品質有直接關係的部門的溝通平臺與通道；⑨幫助企業符合客戶及行業的合規管理要求。

3. 統計過程控制的關鍵是什麼？

①高層管理者的大力支持；②確定產品的品質特性和關鍵的工藝參數，明確需要進行 SPC 控制的關鍵點（各個工序的控制點、控制內容、數據類型及適用的控制圖）；③適時收集數據并保證數據的真實性；④中層幹部有能力分析各種 SPC 圖形，在有良好的品質觀念的基礎上及時分析圖形；⑤使用專業的 SPC 軟件；⑥需要做出詳盡、全面、系統的 SPC 系統規劃。

【案例二】

關注產品質量，增強企業競爭力

起步於 20 世紀 80 年代的吳江七都鎮電線電纜產業是吳江市七大支柱產業之一。吳江也被譽為「中國線纜之鄉」，產品遠銷 20 多個國家和地區。然而，與蓬勃發展的光纜、通信電纜、電力電纜等產品相比，同屬電線電纜的吳江漆包線行業卻面臨競爭激烈、出口局面難以打開、產品利潤率低等問題，特別是在當前全球市場普遍蕭條、人民幣升值、生產成本上漲的情況下，吳江漆包線出口形勢更加不容樂觀。

吳江漆包線企業面臨出口困境有一個重要的原因是無序競爭、惡性競爭、競相壓價，甚至出現產品虛標、以次充好、缺斤少兩的現象，不僅存在質量隱患，也導致產品出口誠信危機。為此，吳江漆包線廠想通過切實抓產品質量，以上乘的產品質量贏得廣大用戶的信賴。

漆包線產品結構和製造工序并不複雜，但這類產品有兩個特點：一是大長度連續化操作，二是產品全部性能都要靠幾分之一，甚至是幾十分之一毫米厚度的那層薄

薄的漆膜來承擔。這兩個特點使漆包線產品成為一種性能變化十分敏感的產品，導體上稍有一點缺陷，如凹坑、毛刺、斑疤、油污等；或漆膜上稍有一點缺陷，如針孔、偏心、銅粉、雜質等，那麼缺陷處漆包線的各項性能就會成倍下降。

為了進行有效的質量管理，吳江漆包線廠希望對產品進行質量控制。表 6.1 是近期該廠漆包線針孔數數據資料，生產過程質量要求每米長的漆包線平均針孔數≤4。

表 6.1　　　　　　　　　　漆包線針孔數據表　　　　　　　　單位：個

組號	樣本	針孔數
1	1.0	4
2	1.0	5
3	1.0	3
4	1.0	3
5	1.0	5
6	1.3	2
7	1.3	5
8	1.3	3
9	1.3	2
10	1.3	1
11	1.3	5
12	1.3	2
13	1.3	4
14	1.3	2
15	1.2	6
16	1.2	4
17	1.2	0
18	1.7	8
19	1.7	3
20	1.7	8
21	2.0	7
22	2.0	8
23	2.0	10
24	2.0	6
25	2.0	8
總　和	35.4	114
平均值	1.42	

資料來源：「中國線纜之鄉」漆包線出口形勢更加不容樂觀 [EB/OL]. [2012-09-27]. http://www.chinabx.com/zx/new_show.asp?id=19326.

【思考題】

1. 根據表6.1中的數據作單位缺陷數控製圖（u控製圖），并對控製圖結果進行分析。

2. 你認為可以採取什麼措施來控製漆包線平均針孔數，提高產品質量？

參考答案要點：

1. 根據表6.1數據作單位缺陷數控製圖（u控製圖），并對控製圖結果進行分析。

（1）計算樣本中單位缺陷數：$u_i = \dfrac{c_i}{n_i}$，$i = 1, 2, \cdots, k$，結果列在表6.2中。

表6.2　　　　　　　　　　樣本單位缺陷數計算表　　　　　　　　單位：個

組號	n_i	c_i	u_i
1	1.0	4	4.0
2	1.0	5	5.0
3	1.0	3	3.0
4	1.0	3	3.0
5	1.0	5	5.0
6	1.3	2	1.5
7	1.3	5	3.8
8	1.3	3	2.3
9	1.3	2	1.5
10	1.3	1	0.8
11	1.3	5	3.8
12	1.3	2	1.5
13	1.3	4	3.1
14	1.3	2	1.5
15	1.2	6	5.0
16	1.2	4	3.3
17	1.2	0	0
18	1.7	8	4.7
19	1.7	3	1.8
20	1.7	8	4.7
21	2.0	7	3.5
22	2.0	8	4.0
23	2.0	10	5.0
24	2.0	6	3.0
25	2.0	8	4.0

表6.2(續)

組號	n_i	c_i	u_i
總和	35.4	114	—
平均值	1.42	—	3.22

(2) 求過程平均缺陷數：

$$\bar{u} = \frac{\sum c_i}{\sum n_i} = \frac{114}{35.4} = 3.22$$

(3) 計算控製界限：$\bar{n} = 1.42$，諸樣本大小 n_i 滿足最大的樣本數量小於 $2\bar{n}$，最小的樣本數量大於 $\bar{n}/2$。所以，可以用 $\bar{n}$ 代表 n 進行計算，故有控製界限為：

$CL = \bar{u} = 3.22$

$UCL = \bar{u} + 3\sqrt{u/n_i} = \bar{u} + 3\sqrt{u/n} = 3.22 + 3\sqrt{3.22/1.42} = 7.74$

$LCL = \bar{u} - 3\sqrt{u/n_i} = \bar{u} - 3\sqrt{u/n} = 3.22 - 3\sqrt{3.22/1.42} < 0$

(4) 製作 u 控製圖：

以樣本序號為橫坐標，樣本不合格品數為縱坐標，依據每個樣本中的不合格品數在圖上描點，作 u 控製圖，如圖 6.1 所示。

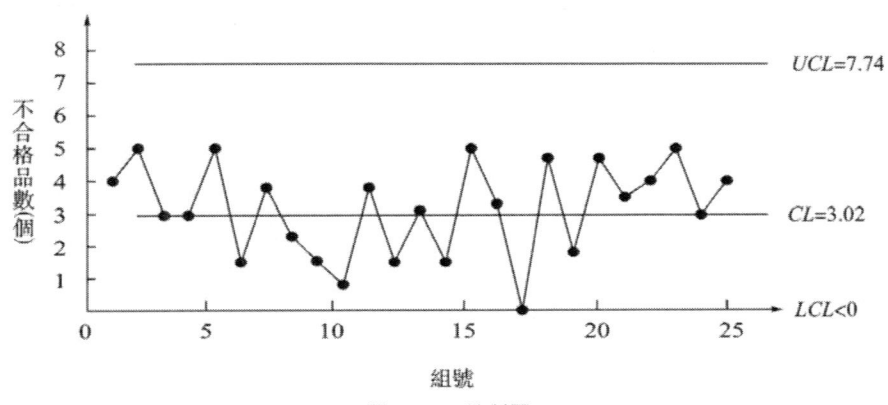

圖 6.1　u 控製圖

(5) 分析生產過程是否處於統計控製狀態。

從圖 6.1 可知，點子的排列無異常，表明生產過程處於統計控製狀態。

(6) 轉化為控製用控製圖。

本例中 Rc，滿足過程質量要求，且生產過程處於統計過程控製狀態，故可以將上述分析轉化為控製用控製圖。

2. 你認為可以採取什麼措施來控製漆包線平均針孔數，提高產品質量？

由於漆包線材料和生產工藝的原因，漆包線針孔不可能完全避免，或者說如果要完全避免成本太高，沒有必要，因此，企業該做的就是將漆包線平均針孔的數量限制在國

家標準或者顧客可以接受的範圍內。由以上分析我們可以知道，該廠的產品質量控製情況較好，但需繼續加強產品質量控製與管理，進一步降低產品不良率、減少損失、降低生產成本；同時，為了增加企業產品競爭力、提高企業效益，產品質量水平要不斷提高；加強設備維護和保養，淘汰落後產能，加快設備更新換代，積極研發新品。

【案例三】

輪胎企業重視質量管理加強自檢

2011年央視「3·15」晚會上，錦湖輪胎被揭露在輪胎製造過程中存在違規生產的問題，這些問題嚴重影響輪胎的質量，給採用其品牌輪胎的汽車帶來了安全隱患。該事件最終是以錦湖公司公開承認本次召回範圍內的輪胎產品在生產過程中沒有嚴格執行企業內部標準，過量使用返煉膠，導致輪胎質量性能下降，并承諾為消除對消費者可能造成的危害，公司將對召回範圍內的輪胎進行免費更換。

自錦湖輪胎出事以後，國內外輪胎行業便站上了風口浪尖。鑒於該事件的影響範圍較廣、社會反應激烈，國內各地主管部門和輪胎企業都給予了高度重視，輪胎企業也紛紛加大了產品自檢力度。

在這樣的背景下，某輪胎生產企業對自己的產品進行了抽檢，具體方法是每半小時抽檢15個輪胎，記錄下總不合格數和單位產品不合格數，并得到了表6.3所列示的結果。

表6.3　　　　　　　　　　輪胎廠抽檢結果匯總表　　　　　　　　　單位：個

子組號	樣本大小 n	不合格品數 pn
1	15	4
2	15	5
3	15	3
4	15	6
5	15	2
6	15	1
7	15	5
8	15	2
9	15	2
10	15	4
11	15	11
12	15	5
13	15	2
14	15	3
總計	210	55

註：每個子組檢查的單位產品數 $n=15$。

資料來源：根據http：//www.chinanews.com/auto/2011/12-14/3532275.shtml整理。

【思考題】
1. 根據表 6.3 中的數據建立 pn 圖（不合格品數控製圖）來研究過程的控製狀態。
2. 請對該廠輪胎質量管理改進給出你的建議。

參考答案要點：
1. 根據表 6.3 中的數據建立 pn 圖（不合格品數控製圖）來研究過程的控製狀態。

計算 $\overline{pn}$：

$$\overline{pn} = \frac{\sum pn}{k} = \frac{55}{14} = 3.93$$

計算 $\overline{p}$：

$$\overline{p} = \frac{\sum pn}{\sum n} = \frac{55}{210} = 0.26$$

計算中心線和控製界限：

$CL = \overline{pn} = 3.93$

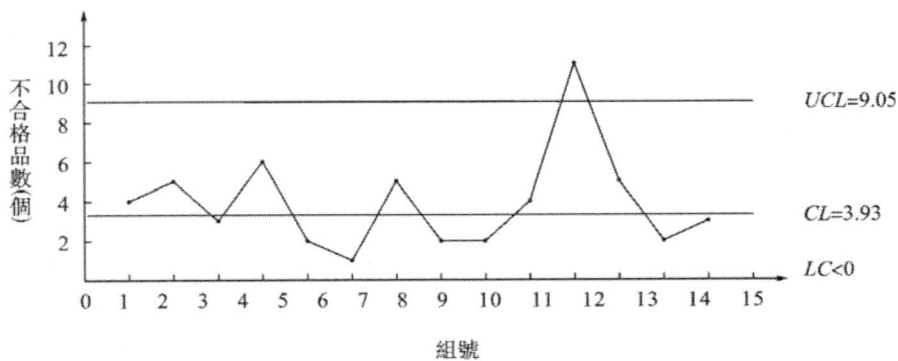

$UCL = \overline{pn} + 3\sqrt{\overline{pn}(1-\overline{p})} = 9.05$

$LCL = \overline{pn} - 3\sqrt{\overline{pn}(1-\overline{p})} < 0$

圖 6.2 不合格品數控製圖

圖 6.2 中繪出了數據點和控製線。從圖 6.2 可以看到，第 11 個點超過控製界限上界。這說明生產過程出現異常現象或處於失控狀態，應該立即查明原因，採取措施，使生產過程盡快恢復到受控狀態，盡可能減少因過程失控所造成的質量損失。

2. 請對該廠輪胎質量管理改進給出你的建議。

從圖 6.2 中可以看出，該廠抽檢的輪胎中存在有質量問題。因此，首先，必須查明該批輪胎是在哪一個檢驗環節不合格，然後針對這一環節出現的問題拿出解決方案；其次，追溯產生質量問題的真正原因；最後，我們發現抽檢的批次中沒有一批是全合格的，可見產品質量有待提高。建議該廠積極引進先進生產技術和設備，提高產品質量；嚴格按照國家和行業標準進行生產，經常控製測試產品質量，確保生產過程處於受控狀態；加強輪胎及車輪產品質量監督管理工作。

【案例四】

SPC 技術在生產電子元器件中的應用

SPC 技術作為一種質量統計過程控制技術，在各類電子企業的生產中被廣泛地應用。它成為當代企業提高生產效率和管理水平的重要內容。由於 SPC 技術的成本較高，且一些小型電子廠技術人員的水平有待提升，SPC 技術的實際應用不是很多。隨著時代的發展，SPC 技術不斷提升，操作也逐漸變得簡單，應用的範圍開始變得普遍起來。

（1）SPC 在場效應管生產過程中的應用。場效應管按結構可分為結型場效應管和絕緣柵場效應管；按導電溝道可分為 N 型溝道和 P 型溝道場效應管；按照柵極數目可分為單柵、雙柵場效應管。

在場效應管生產的過程中，運用 SPC 進行質量管控。首先要建立一個控製圖，建立起來後，要分析生產過程是否持續處於受控狀態。如果控製用控製圖報警，這說明生產過程處於失控狀態。此時，要按相關質量和要求進行分析，採取有力的措施消除故障，從而使得聲體波器件的生產過程重新進入被監控的狀態。然後，對這個狀態進行再確認，如果確定它重新進入被監控狀態，就將分析用控製圖轉化為控製用控製圖，重新對整個過程進行監控，以防再次出現工藝過程不受控製的問題。

經過 SPC 的監控，場效應管的生產質量大幅度提升，穩定性也得到了改善。其效果見表 6.4。

表 6.4　　　　　　　　實施 SPC 前後 C_{pk} 對比

關鍵工序	目標值	摸底值	實施後	變化對比
鍍底電極	保持	1.421	1.493	上升 5.07%
濺射氧化鋅	提高 10%	1.020	1.149	上升 12.65%
鍍上電極	保持	1.387	1.498	上升 8.00%
超聲鍵合	提高 10%	0.690	0.809	上升 17.25%

（2）SPC 技術在厚膜混合集成電路中的應用。厚膜混合集成電路隸屬於電子器件，它是構成微電子電路的重要組成部分。傳統的質量檢測不能保證每個產品都是高質量產品。如果引入 SPC 技術，就會從根本上改變傳統的檢驗方法，不僅能提高檢驗的效率、提升產品的質量，而且可以在生產的過程中對產品進行管控。

在厚膜混合集成電路中，也應該建立起分析用控製圖和控製用控製圖。如果是小批量生產，很難獲取充足的樣本來建立控製圖。這個時候可以採用動態的控製界限方法建立動態控製界限控製圖。通過觀察控製圖上的數據，我們就可以對整個生產過程進行管控。一旦發現異常波動，就及時採取控製技術中的實時反饋控製，加快解決問題的速度，以使得整個生產過程完全處於被監控的狀態。

（3）SPC 在二極管中的應用。半導體二極管幾乎在所有的電路中都要用到，在電路中的作用非常重要。由於二極管的生產工藝比較複雜，每一道工序只有確保質量合格才

能分到下游的電子器件的生產流程中去。正是由於生產的複雜性，二極管在生產過程中的檢測愈加重要。運用 SPC 技術對二極管的生產進行檢測是最有效的一種檢測方法。

在半導體二極管的生產中，首先要建立一個控製圖。建立起來後，要分析生產過程是否持續處於受控狀態。如果控制用控製圖報警，說明生產過程處於失控狀態。此時，要按相關質量和要求進行分析，採取有力的措施消除故障，從而使得聲體波器件的生產過程重新進入被監控的狀態。

二極管生產的每一個環節都很重要，所以，應用 SPC 技術進行實時的管控，可以確保生產的質量都是合格的，可以盡量節省下游電子器件生產的時間。

資料來源：李朋. SPC 技術在電子元器件生產過程中的應用解析 [J]. 硅谷, 2014（11）：90-93.

【思考題】

1. 請簡要分析 SPC 實施原因和特點。
2. 結合本案例，簡述如何有效實施 SPC。

參考答案要點：

1. 請簡要分析 SPC 實施原因和特點。

SPC 強調全過程監控、全系統參與，并且強調用科學方法（主要是統計技術）來保證全過程的預防。SPC 不僅適用於質量控製，更可應用於一切管理過程（如產品設計、市場分析等）。正是它的這種全員參與管理質量的思想，實施 SPC 可以幫助企業在質量控製上真正做到「事前」預防和控製。

SPC 可以幫助企業：

對過程做出可靠的評估；

確定過程的統計控製界限，判斷過程是否失控和過程是否有能力；

為過程提供一個早期報警系統，及時監控過程的情況以防止廢品的發生；

減少對常規檢驗的依賴性，定時觀察以及系統的測量方法替代了大量的檢測和驗證工作。

特點：

全員參與，而不僅僅是依靠少數質量管理人員；

強調使用統計學的方法來保證預防原則的實現；

SPC 不是用來解決個別工序採用何種控製圖的問題，而是強調從整個過程、整個體系出發來解決問題；

能判斷整個過程的異常，及時報警。

2. 結合本案例，簡述如何有效實施 SPC。

目前我們國內許多企業也開始逐步認識和推廣 SPC，但并沒有達到預期的效果，究其原因，主要可以分為以下幾點：①企業對 SPC 缺乏足夠的全面瞭解；②企業對實施 SPC 的前期準備工作重視不夠；③未能有效地總結和借鑑其他企業的經驗。

針對以上原因，要保證 SPC 實施成功，企業應重視如下幾方面的工作：①公司領導的重視；②工程技術人員的認識和重視；③對全員加強質量意識的培訓；④重視數據的收集和異常數據的處理；⑤實施 PDCA 循環，實現持續改進。

第 7 章　抽樣檢驗

本章學習目標

1. 掌握統計抽樣的基本原理
2. 掌握計數抽樣方案的設計原理
3. 掌握計數標準型一次抽樣的步驟
4. 熟悉計數調整型轉移規則
5. 掌握計量抽樣方案的特點
6. 掌握計量抽樣方案的設計方法

【案例一】

大田電器有限公司繼電器進貨抽樣檢驗作業指導書

大田電器有限公司作業指導書		文件編號：WI/IQC/OO1	
標題：繼電器進貨抽樣檢驗計劃	版號：A/0		分發日期：
	頁碼：		分發編號：
一、抽樣計劃設計因素 1. 抽樣標準選擇：選用 GB/T 2828.1—2003。 2. 檢驗項目：性能測試（檢驗標準詳見《繼電器檢驗作業指導書》）。 3. 不合格品分類：不對不合格產品進行分類。 4. 檢驗方式：計件（不合格品百分數檢驗）。 5. 檢驗方法：用繼電器測試儀進行檢測。 6. 批量範圍：3~6 箱（每箱 500 個）作為 1 批，即批量 N=1,500~3,000。 7. 檢驗水平 IL：一般檢驗水平 Ⅱ。 8. 接收質量限 AQL：1.5。 9. 抽樣方案類型：一次。 二、抽樣檢驗方案 1. 正常檢驗一次抽樣方案：125 [5, 6]。 2. 轉移得分抽樣方案：125 [3, 4]。 註：當正常一次抽樣方案 $Ac \geqslant 2$ 時，應由樣本量字碼（此處為 K）和加嚴一級的 AQL（此處 AQL =1.0）檢索出為計算轉移得分所使用的一次正常抽樣檢驗方案。此方案稱為轉移得分抽樣方案。 3. 加嚴檢驗一次抽樣方案：125 [3, 4]。 4. 放寬檢驗一次抽樣方案：50 [3, 4]。				

三、轉移規則
1. 在檢驗開始時應使用正常檢驗。
2. 除需要按轉移規則改變檢驗的嚴格度外，下一批檢驗的嚴格度繼續保持不變。
3. 正常檢驗到加嚴檢驗。
當正在採用正常檢驗時，只要初次檢驗中連續 5 批或少於 5 批中有 2 批是不可接收的，則轉移到加嚴檢驗。
4. 加嚴檢驗到正常檢驗。
當正在採用加嚴檢驗時，如果初次檢驗的接連 5 批已被認為是可接收的，應恢復正常檢驗。
5. 正常檢驗到放寬檢驗。
當正在採用正常檢驗時，如果下列各條件均滿足，應轉移到放寬檢驗。
（1）當前的轉移得分至少是 30 分。
轉移得分的計算：
①在正常檢驗一開始就計算轉移得分。
②當按轉移得分抽樣方案判該批被接收時，則給轉移得分加 3 分，否則將轉移得分重新設定為 0。
（2）供應商交貨及時，中斷供貨不超過半年。
（3）在（1）（2）同時滿足時，可採用放寬檢驗。
6. 放寬檢驗到正常檢驗。
當正在執行放寬檢驗時，如果初次檢驗出現下列任一情況，應恢復正常檢驗。
（1）一批未被接收。
（2）供應商連續兩次交貨不及時或中斷供貨半年以上。
（3）在（1）或（2）任一項出現時，立即恢復正常檢驗。
7. 加嚴檢驗到暫停檢驗。
加嚴檢驗後累計 5 批是不可接收時，應暫停從供應商處進貨，并要求供應商採取糾正措施。
8. 暫停檢驗後的恢復。
供應商採取糾正措施，經我公司 QA 現場審核合格後，通知採購部恢復從該供應商處進貨。
恢復檢驗從使用加嚴檢驗開始。
四、抽樣檢驗流程
1. 倉庫向 IQC 發出「檢驗通知單」。
2. IQC 根據以前的檢驗信息及檢驗嚴格度轉移規則，判斷採用正常、加嚴或放寬檢驗。
3. 根據抽樣檢驗方案中確定的樣本量隨機抽取樣本進行檢驗。
4. 根據檢驗結果，判定整批產品合格與否。
5. 檢查後的處理。
（1）合格批整批接收，辦理入庫手續。
（2）不合格批和不合格品退回供應商（如生產急用，可對不合格批進行 100% 檢驗，合格品辦理入庫手續，不合格品退回供應商）。

編寫：	審核：	批准：

資料來源：張智勇. ISO/TS 16949:2002/QS 9000:1998 配套管理工具實施指南［M］. 北京：中國標準出版社，2007：3.

【案例二】

標準實業有限公司來料檢驗方案作業指導書

(採用 GB/T 2828.1—2003/ISO 2859—1:1999)

標準實業有限公司作業指導書	文件編號：WI/IQC/004	
標題：品管部來料檢驗方案	版 號：A/0	分發日期：
	頁 碼：	分發編號：

一、檢驗方案設計說明
1. ABS、PC 塑料等材料不採用 GB/T 2828.1—2003 進行抽樣檢驗。對這些材料，只抽取少量樣品進行檢驗，根據檢驗結果做出判斷。
2. 對某些材料，採用試做的方法進行檢驗。
3. 對連續供貨、工藝條件成熟、產品質量穩定的供應商所提供的產品，用 GB/T2828.1—2003 規定的抽樣方案進行檢驗。
4. 檢驗項目及要求（略）。

二、檢驗方案設計
1. 塑料類材料檢驗方案
抽 1~5 包進行外觀檢查：[Ac, Re] = [0, 1]。
通知註塑車間試做 1~5 包，抽 5 只進行檢查：[Ac, Re] = [0, 1]。
2. 銅枝類檢驗方案
(1) 抽 3~5 箱，每箱抽一枝，如有 1 枝不合格，則判整批不合格，即：[Ac, Re] = [0, 1]。
(2) 如果來料是散裝而非分箱包裝，則每批抽 5 枝，如其中有 1 枝不合格，則判整批不合格，即：[Ac, Re] = [0, 1]。
3. 冷板類材料檢驗方案
冷板類材料用試的方法檢查，通知衝壓車間試用 1 小塊，如不合格，則做整批退貨處理。
4. 生產輔檢驗方案
助焊劑、鬆香、焊錫、熱熔膠等生產輔料用小量試做的方式進行檢查，試做由 IQC 工程師（IQC：Incoming Quality Control，來料質量控製）、生產部協助進行，試做時不合格，則整批退貨。
5. 電子類材料檢驗方案
(1) 檢驗方案設計說明
①來料數量 $N \leqslant 50$，採用 100%檢驗，合格者入倉，不合格者做退貨處理；
　來料數量 $N \geqslant 51$ 時，採用 GB/T 2828.1—2003 進行抽樣檢驗。
②考慮到材料供應的時斷時續，所以只使用 GB/T 2828.1—2003 中的正常檢驗一次抽樣方案。
(2) 抽樣方案設計因素
①檢驗項目及要求：（略）。
②不合格品分類：（不合格分類見表 7.1）
嚴重不合格品：有一個或一個以上嚴重不合格，也可能還有輕微不合格的單位產品，稱為嚴重不合格品。
輕微不合格品：有一個或一個以上輕微不合格，但不包含嚴重不合格的單位產品，稱為輕微不合格品。

表 7.1　　　　　　　　　電子類材料不合格分類

嚴重不合格	輕微不合格	備註
☆參數、尺寸不符合要求； ☆功能失效； ☆氧化不能上錫； ☆開路、短路、無絲印、缺腳、嚴重破裂	☆零件標記、符號不清晰； ☆輕微脫色	

③檢驗方式：計件（不合格品百分數檢驗）。
④檢驗方法：（略）。
⑤批量範圍：來料數量 $N>35,000$ 時，可拆分成多批處理。要保證每批數量 $N \leqslant 35,000$。
⑥檢驗水平 IL：一般檢驗水平 II。
⑦接收質量限 AQL：
嚴重不合格品 AQL=0.65；
輕微不合格品 AQL=1.5。
抽樣方案類型：正常檢驗一次抽樣方案。
（3）抽樣檢驗方案
①抽樣檢驗方案見表 7.2。
②表 7.2 中對批量 $51 \leqslant N \leqslant 280$ 的情況做了特別處理。規定批量 $51 \leqslant N \leqslant 280$ 時，抽取樣本量 $n=32$，相應判斷標準為：
嚴重不合格品：[Ac, Re] = [0, 1]。
輕微不合格品：[Ac, Re] = [1, 2]。

表 7.2　　　　　　　　電子類材料進料檢查抽樣方案

批量範圍（N）	樣本量（n）	接收質量限（AQL）			
		嚴重不合格品		輕微不合格品	
		0.65		1.5	
		Ac	Re	Ac	Re
51~280	32	0	1	1	2
281~1,200	80	1	2	3	4
1,201~3,200	125	2	3	5	6
3,201~10,000	200	3	4	7	8
10,001~35,000	315	5	6	10	11

6. 其他材料檢驗方案
（1）檢驗方案設計說明
①來料數量 $N \leqslant 50$，採用 100% 檢驗，合格者入倉，不合格者做退貨處理；來料數量 $N \geqslant 51$ 時，採用 GB/T 2828.1—2003 進行抽樣檢驗。
②考慮到材料供應的時斷時續，所以只使用 GB/T 2828.1—2003 中的正常檢驗一次抽樣方案。

（2）抽樣方案設計因素

①檢驗項目及要求：（略）。

②不合格品分類：（不合格分類見表 7.3）

嚴重不合格品：有一個或一個以上嚴重不合格，也可能還有輕微不合格的單位產品，稱為嚴重不合格品。

輕微不合格品：有一個或一個以上輕微不合格，但不包含嚴重不合格的單位產品，稱為輕微不合格品。

③檢驗方式：計件（不合格品百分數檢驗）。

④檢驗方法：（略）。

⑤批量範圍：來料數量 $N>35,000$ 時，可拆分成多批處理。要保證每批數量 $N \leqslant 35,000$。

⑥檢驗水平 IL：一般檢驗水平 II。

⑦接收質量限 AQL：

嚴重不合格品 AQL=1.0。

輕微不合格品 AQL=2.5。

⑧抽樣方案類型：正常檢驗一次抽樣方案。

表 7.3　　　　　　其他類材料不合格分類

物資類別	嚴重不合格	輕微不合格	備註
金屬件	☆尺寸不符合圖紙和樣板要求； ☆尖銳刮手的毛刺； ☆外層電鍍、油漆剝落影響焊接（上錫不良）； ☆變形影響裝配； ☆生鏽情況在 60 毫米距離外目測可見	☆輕微凹痕不造成尖角； ☆外層電鍍、油漆剝落不影響上錫及外觀； ☆輕微生鏽，在 30 毫米距離外目測不察覺	
塑料件	☆尺寸不符合圖紙和樣板要求； ☆缺絲印、錯絲印和顏色； ☆絲印字體、符號不能清楚辨別； ☆破裂、損傷、塞孔、斷柱、變形影響外觀和裝配； ☆手觸毛刺有尖銳刮手感覺，在 1m 距離外目測可見； ☆在 60 毫米距離外目測可見到刮痕、縮水、發白、氣紋	☆不影響裝配及外觀的輕微損裂； ☆在 30 毫米距離外目測不察覺的外觀性問題	
機械組合件	☆參數、尺寸不符合要求； ☆功能失效； ☆缺零件和錯零件； ☆零件變形影響功能和外觀； ☆金屬件鏽蝕	☆絲印不良不影響外觀； ☆輕微污跡不影響功能	
包裝材料	☆包裝材料的字體、圖案、顏色錯誤； ☆在離眼 30 厘米距離處做外觀檢查，立即發現的外觀缺陷，如文字、圖案模糊、污跡等	☆在離眼 30 厘米距離處做外觀檢查，4～5 秒才發現的外觀缺陷，如文字、圖案模糊等	

（3）抽樣檢驗方案

抽樣檢驗方案見表 7.4。

表 7.4 中對批量 $51 \leqslant N \leqslant 150$ 的情況做了特別處理。規定批量 $51 \leqslant N \leqslant 150$ 時，抽取樣本量 $n=20$，相應判斷標準為：

嚴重不合格品：[Ac, Re] = [0, 1]。

輕微不合格品：[Ac, Re] = [1, 2]。

表 7.4　　　　　　　　非電子類材料進料檢驗抽樣方案

批量範圍 (N)	樣本量 (n)	接收質量限（AQL）			
^	^	嚴重不合格品 1.0		輕微不合格品 2.5	
^	^	Ac	Re	Ac	Re
51～150	20	0	1	1	2
151～500	50	1	2	3	4
501～1,200	80	2	3	5	6
1,201～3,200	125	3	4	7	8
3,201～10,000	200	5	6	10	11
10,001～35,000	315	7	8	14	15

7. 特殊情況處理

在抽檢不合格而生產又緊急的情況下，可按 IQC 主管的要求，由抽檢轉為 100% 檢驗。

8. 特殊的檢驗方案（略）

資料來源：陳啓美．國內外企業常用抽樣檢驗與測量技術 [M]．北京：中國計量出版社．2006：98-102．

【案例三】

ABC 電器製造有限公司測量系統分析（MSA）控制程序

ABC 電器製造有限公司程序文件	文件編號：COP28
標題：測量系統分析（MSA）控制程序	版號：A/0
^	頁碼：

1. 目的

通過 MSA（Measurement System Analysis），瞭解測量變差的來源，測量系統能否被接受，測量系統的主要問題在哪裡，并針對問題適時採取糾正措施。

2. 適用範圍

適用於公司產品質量控製計劃中列出的測量系統。

3. 職責

3.1 品管部計量室負責編制 MSA 計劃并組織實施。

3.2 各相關部門配合品管部計量室做好 MSA 工作。

4. 工作程序

4.1 測量系統分析（MSA）的時機

4.1.1 初次分析應在試生產中且在正式提交 PPAP（Production part approval process，生產件批准程序）之前進行。

4.1.2 一般每間隔一年要實施一次 MSA。

4.1.3 在出現以下情況時，應適當增加分析頻次和重新分析：

（1）量具進行了較大的維修時；

（2）量具失準時；

（3）顧客需要時；

（4）重新提交 PPAP 時；

（5）測量系統發生變化時。

4.2 測量系統分析（MSA）的準備要求

4.2.1 制訂 MSA 計劃，包括以下內容：

（1）確定需分析的測量系統；

（2）確定用於分析的待測參數/尺寸或質量特性；

（3）確定分析方法，對計量型測量系統，可採用極差法和均值極差法；對計數型測量系統，可採用小樣法；

（4）確定測試環境，應盡可能與測量系統實際使用的環境條件相一致；

（5）對於破壞性測量，由於不能進行重複測量，可採用模擬的方法并盡可能使其接近真實分析（如不可行，可不做 MSA 分析）；

（6）確定分析人員和測量人員；

（7）確定樣品數量和重複讀數次數。

4.2.2 量具準備

（1）應針對具體尺寸/特性選擇有關作業指導書指定的量具，如有關作業指導書未明確規定某種編號的量具，則應根據實際情況對現場使用的一個或多個量具做 MSA 分析。

（2）確保要分析的量具是經校準合格的。

（3）儀器的分辨力 i 一般應小於被測參數允許差 T 的 1/10，即 $i<T/10$。在儀器讀數中，如有可能，讀數應取至最小刻度的一半。

4.2.3 測試操作人員和分析人員的選擇

（1）在 MSA 分析時，測試操作人員和分析人員不能是同一個人，測試操作人員實施測量并讀數，分析人員做記錄并完成隨後的分析工作。

（2）應優先選擇通常情況下實際使用所選定的量具實施測試的操作工/檢驗員作為測試操作人員，以確保測試方法和測試結果與日後的正式生產或過程更改的實際情況相符。

（3）應選擇熟悉測試和 MSA 分析方法的人員作為分析人員。

4.2.4 分析用樣品的選擇

（1）樣品必須從實際生產或檢驗過程中選擇，并考慮盡可能代表實際生產中存在的所有產品變差（可根據生產特點在一天或幾天內生產出的產品中抽取）。

（2）如果一個量具適用於多個規格產品的尺寸/特性測量，在做該量具的 MSA 分析時，應選擇其中一個過程變差最小的規格產品作為樣品，以避免過大的零件變差造成分析結果的不準確。

（3）給每個樣品編號并加上標籤，但要避免測試操作人員事先知道編號，以確保按隨機順序測量。

4.3 計量型測量系統分析——均值和極差法

當測試用零件多於 300 件且有足夠的時間時，可採用均值和極差法對計量型測量系統進行分析。

4.3.1 數據的收集

採用表 7.5 中的收集數據，數據收集程序如下：

（1）取得包含 10 個零件的一個樣本，代表過程變差的實際或預期範圍。

（2）指定操作者 A、B 和 C，并按 1~10 給零件編號，操作者不能看到這些數字。

（3）讓操作者 A 以隨機的順序測量 10 個零件，并將結果記錄在第 1 行。讓測試人 B 和 C 測量這 10 個零件，并互相不看對方的數據；然後將結果分別填入第 6 行和第 11 行。

（4）使用不同的隨機測量順序重複上述操作過程，把數據填入第 2、7、12 行，在適當的列記錄數據。例如，第一個測量的零件是 7，則將測試結果記錄在標有第 7 號零件的列內。如果需要試驗 3 次，重複上述操作，將數據記錄在第 3、8、13 行。

（5）如果操作者在不同的班次，可以使用一個替換的方法。讓操作者 A 測量 10 個零件，并將讀數記錄在第 1 行；然後，讓操作者 A 按照不同的順序重新測量，并把結果記錄在第 2 行和第 3 行。操作者 B 和 C 的做法同 A 一樣。

4.3.2 收集數據後的計算

量具的重複性和再現性的計算如表 7.5 和表 7.6 所示。表 7.5 是數據表格，記錄了所有研究數據。表 7.6 是報告表格，記錄了所有識別信息和按規定公式進行的所有計算。

收集數據後的計算程序如下：

（1）從第 1、2、3 行中的最大值減去它們中的最小值；把結果記入第 5 行。在第 6、7、8 行，第 11、12、13 行重複這一步驟，并將結果記錄在第 10 和 15 行（見表 7.5）。

（2）把填入第 5、10、15 行的數據變為正數。

（3）將第 5 行的數據相加并除以零件數量，得到第一個操作者的測量平均極差 $\bar{R}_a$。同樣對第 10、15 行的數據進行處理得到 $\bar{R}_b$ 和 $\bar{R}_c$（見表 7.5）。

（4）將第 5、10、15 行的數據（$\bar{R}_a$、$\bar{R}_b$、$\bar{R}_c$）轉記到第 17 行，將它們相加并除以操作者數，將結果記為 $\bar{\bar{R}}$（所有極差的平均值）（見表 7.5）。

（5）將 $\bar{\bar{R}}$（平均值）記入第 19、20 行，并與 D_3 和 D_4 相乘得到控制下限和上限。注意：如果進行 2 次試驗，則 D_3 為零，D_4 為 3.27。單個極差的上限值（UCL_R）填入第 19 行。少於 7 次測量的控制下限值（LCL_R）等於零。

（6）對於極差大於計算的 UCL_R 的數據，應讓同一操作者對原來所使用的零件進行重新測量，或剔除那些值并重新計算平均值。根據修改過的樣本容量重新計算 $\bar{\bar{R}}$ 及限值 UCL_R。應對造成失控狀態的特殊原因進行糾正。

（7）將行（第 1、2、3、6、7、8、11、12、13 行）中的值相加。把每行的和除以零件數并將結果填入表 7.5 中最右邊標有「平均值」的列內。

（8）將第 1、2、3 行的平均值（排在最後一列）相加除以試驗次數，結果填入第 4 行的標有 $\bar{X}_a$ 的空格內。對第 6、7、8 行，第 11、12、13 行重複這個過程，將結果分別填入第 9 和第 14 行的標有 $\bar{X}_b$、$\bar{X}_c$ 的空格內（見表 7.5）。

（9）將第 4、9、14 行的平均值（指 $\bar{X}_a$、$\bar{X}_b$、$\bar{X}_c$）中最大和最小值填入第 18 行中適當的空格處，并確定它們的差值，將差值填入第 18 行標有 $\bar{X}_{DIFF}$ 的空格內（見表 7.5）。

（10）將每個零件每次測量值相加并除以總的測量次數（試驗次數乘以操作者數）。將結果填入第 16 行零件均值 $\bar{X}_P$ 的欄中（見表 7.5）。

（11）用最大的零件平均值（$\bar{X}_P$）減去最小的零件平均值（$\bar{X}_P$），將結果填入第 16 行標有 R_P 的空格內。R_P 是零件平均值的極差（見表 7.5）。

（12）將 16 行中的值相加除以零件數得所有測量值的總平均值 $\bar{\bar{X}}$。

（13）將 $\bar{R}$，$\bar{X}_{DIFF}$ 和 R_P 的計算值轉填入報告表格的欄中（見表 7.6）。

（14）在表格（見表 7.6）左邊標有「測量系統分析」的欄下進行計算。

（15）在表格右邊標有「總變差%」的欄下進行計算。

（16）檢查結果確認沒有產生錯誤。

註：表 7.6 中的總變差 TV 可用 1/6 公差（即 $1/6T$）替換。相應地，「%總變差（TV）」改變為「%公差（T）」。

4.3.3 計算結果的分析

測量系統是否被接受由%GRR 和 ndc 決定。

（1）%GRR（Gauge Repeatability and Reproducibility，量具的重複性和復現性）決定準則

①%GRR<10%表示測量系統可接受。

②%GRR 在 10%~30%表示在權衡應用的重要性、量具成本、維修的費用等基礎上，可以考慮接受。

③%GRR>30%表示測量系統不能接受。應努力找出問題所在，并加以糾正，然後進行測量系統分析。

（2）分級數 ndc（Number of Distinct Categories，可區分類別數）決定準則

ndc 應該大於或等於 5，即 ndc≥5。

ndc≥5 說明測量系統有足夠的分辨力。

4.4 計量型測量系統分析——極差法

當測試用零件少於 300 件或測試用零件雖超過 300 件但缺乏足夠的分析時間時，可採用極差法對計量型測量系統進行分析。

4.4.1 數據的收集與計算

（1）選擇 A、B 兩位操作者和 5 個樣品。

（2）每個操作者隨機測量每個零件各一次，測量結果記錄在表 7.7 中。

（3）計算出每個樣品的極差 R_i（即操作者 A 獲得的測量結果與操作者 B 獲得的測量結果的絕對差值）。

$R_i = |A - B|$

式中 A——操作者 A 的測量結果；

B——操作者 B 的測量結果。

（4）計算出平均極差 $\bar{R}$。

$\bar{R} = \sum R_i / 5$

（5）計算測量變差 GRR。

$GRR = \bar{R} / d_2^*$

式中：$d_2^* = d_2(2, 5) = 1.19$。

（6）計算測量變差 GRR 占過程總標準差（或 1/6 公差，即 1/6T）的百分率%GRR。

$\%GRR = \dfrac{GRR}{過程總標準差} \times 100\%$

註：式中過程總標準差可用 1/6 公差（即 1/6T）替換。

4.4.2 計算結果的分析

評價測量系統是否被接受由%GRR 決定，其判斷準則如 4.3.3 所示。

4.5 計數型測量系統分析——小樣法

（1）確定兩位操作者 A、B，并選擇 20 個零件。

註：在選取 20 個零件時，可有意識地選擇一些稍許低於或高於規範限值的零件。

（2）每位操作者隨機地將每個零件測量兩次，將結果記錄在表 7.8 中。

表中用符號「NG」表示不合格品，「G」表示合格品。

（3）對量具進行分析評價。

如果每個零件的測量結果（每個零件 4 次）一致，則接受該量具，否則應改進或重新評價該量具。如果不能改進該量具，則拒收并應找到一個可接受的替代的測量系統。

5. 支持性文件

（無）

6. 記錄

（略）

表 7.5　　量具重複性和再現性數據表（均值和極差法）

評價人/試驗次數		零件										平均值
		1	2	3	4	5	6	7	8	9	10	
1. A	1	0.65	1.00	0.85	0.85	0.55	1.00	0.95	0.85	1.00	0.60	0.83
2.	2	0.60	1.00	0.80	0.95	0.45	1.00	0.95	0.80	1.00	0.70	0.825
3.	3											
4.	均值	0.625	1.000	0.825	0.900	0.500	1.000	0.950	0.825	1.000	0.625	$\bar{X}_a = 0.827$
5.	極差	0.05	0.00	0.05	0.10	0.10	0.00	0.00	0.05	0.00	0.10	$\bar{R}_a = 0.045$
6. B	1	0.55	1.05	0.80	0.80	0.40	1.00	0.95	0.75	1.00	0.55	0.785
7.	2	0.55	0.95	0.75	0.75	0.40	1.05	0.90	0.70	0.95	0.50	0.75
8.	3											
9.	均值	0.550	1.000	0.775	0.775	0.400	1.025	0.925	0.725	0.975	0.525	$\bar{X}_b = 0.767,5$

表7.5(續)

評價人/試驗次數	零件										平均值
	1	2	3	4	5	6	7	8	9	10	
10. 極差	0.00	0.10	0.05	0.05	0.00	0.05	0.05	0.05	0.05	0.05	$\bar{R}_b = 0.045$
11. C 　　1	0.50	1.05	0.80	0.80	0.45	1.00	0.95	0.80	1.05	0.85	0.825
12.　　　2	0.55	1.00	0.80	0.80	0.50	1.05	0.95	0.80	1.05	0.80	0.83
13.　　　3											
14.　　均值	0.525	1.025	0.800	0.800	0.475	1.025	0.950	0.800	1.050	0.825	$\bar{\bar{X}}_c = 0.827,5$
15.　　極差	0.05	0.05	0.00	0.00	0.05	0.05	0.00	0.00	0.00	0.05	$\bar{R}_c = 0.030$
16. 零件平均值 ($\bar{X}_P$)	0.567	1.008	0.800	0.825	0.458	1.017	0.942	0.783	1.008	0.667	$\bar{\bar{X}} = 0.807,5$ $R_P = 0.559$
17.　($\bar{R}_a = 0.045$) + ($\bar{R}_b = 0.045$) + ($\bar{R}_c = 0.03$) / (評價人數量 = 3) = 0.12/3 = 0.04											$\bar{R} = 0.04$
18.　($\max \bar{X} = 0.827,5$) − ($\min \bar{X} = 0.767,5$) = $\bar{X}_{DIFF}$											0.06
19.　($\bar{R} = 0.40$) × ($D_4 = 3.27$)* = UCL_R											0.13
20.　($\bar{R} = 0.40$) × ($D_3 = 0.00$)* = LCL_R											0.00

註：$D_4 = 3.27$（兩次試驗），$D_4 = 2.58$（三次試驗）；$D_3 = 0$（不大於7次試驗）。UCL_R代表R的限值。圈出那些超出極限的值，查明原因並糾正。同一評價人採用最初的儀器重複這些讀數，或者剔除這些值並由其餘觀測值再次平均並計算R和極限值。

表7.6　　**量具重複性和再現性分析報告（均值和極值法）**

零件號和名稱：彈片	量具名稱：千分尺	日期：2012-08-15
測量參數：厚度	量具編號：L088	分析人：
規格要求：0.60~1.00毫米	量具規格：0.02毫米	
根據數據表：$\bar{R} = 0.40$，$\bar{X}_{DIFF} = 0.06$，$R_P = 0.559$		
測量系統分析		%總變差（TV）
重複性——設備變差（EV） $EV = \bar{R} \times k_1$ 　　= 0.40×4.56 　　= 0.18 	試驗次數 | k_1 2 | 4.56 3 | 3.05	$\% EV = (EV/TV) \times 100\%$ 　　= (0.18/0.93)×100% 　　= 19.3%

表7.6(續)

重複性——評價人變差（AV） $$GRR = \sqrt{(\bar{X}_{DIFF} \times k_2)^2 - (EV^2/nr)}$$ $= \sqrt{(0.06 \times 2.70)^2 - [0.18^2/(10 \times 2)]}$ $= 0.16$	評價人數量	2	3	$\%AV = (AV/TV) \times 100\%$ $= (0.16/0.93) \times 100\%$ $= 17.2\%$ $n=$零件數量 $r=$試驗次數
	k_2	0.707, 1	0.523, 1	

重複性和再現性（GRR） $$GRR = \sqrt{EV^2 + AV^2}$$ $= \sqrt{0.18^2 + 0.16^2}$ $= 0.24$	零件數	k_3	$\%GRR = (GRR/TV) \times 100\%$ $= (0.24/0.93) \times 100\%$ $= 25.8\%$
零件變差（PV） $PV = R_P \times k_3$ $= 0.559 \times 1.62$ $= 0.90$	2 3 4 5 6 7	3.65 2.70 2.30 2.08 1.93 1.82	$\%PV = (PV/TV) \times 100\%$ $= (0.90/0.93) \times 100\%$ $= 96.8\%$
總變差（TV） $$TV = \sqrt{GRR^2 + PV^2}$$ $= \sqrt{0.24^2 + 0.90^2}$ $= 0.93$	8 9 10	1.74 1.67 1.62	$ndc = 1.41 \times (PV/GRR)$ $= 1.41(0.90/0.24)$ $= 5.29$ ≈ 5

分析結論：
① %$GRR = 25.8\%$，在 10%~30%，故該測量系統只能勉強可用；
② 所有的極差均處於受控狀態（即在 UCL_R 和 LCL_R 之間），這說明所有操作者是一致的，并且用同樣方式使用量具；
③ $ndc = 5$，說明測量系統有足夠的分辨力。

表7.7　　　　　　　　　　　量具研究表（極差法）

操作者 A：××	操作者 B：××	日期：2012-08-02
零件編號及名稱：彈片	測量參數：寬度	尺寸規格：0.40~1.00 毫米
量具名稱：遊標卡尺	量具規格：0~125 毫米	量具編號：L088

零件	操作者 A	操作者 B	極差 $R_i = |A - B|$
1	0.85	0.80	0.05
2	0.75	0.70	0.05
3	1.00	0.95	0.05
4	0.45	0.55	0.10
5	0.50	0.60	0.10

平均極差 $\bar{R}$：$\bar{R} = \sum R_i/5 = 0.35/5 = 0.07$
測量變差 GRR：$GRR = \bar{R}/d_2^* = 0.07/1.19 = 0.058, 8$
過程總標準差（或公差）： 過程總標準差 $= 0.077, 7$（本案例中已知）

表7.7(續)

測量變差 GRR 占過程總標準差（或 1/6 公差）的百分率%GRR：
$\%GRR = \dfrac{GRR}{過程總標準差} \times 100\% = \dfrac{0.058,8}{0.077,7} = 75.68\%$

測量系統分析結論：
%GRR=75.685%>30%，故測量系統不能接受，需要改進

註：
1. d_2^* 在案例中已給出，它取決於操作人數（m=操作人數）和零件數（g=零件數）。 2. 過程總標準差可用 1/6 公差（$1/6T$）替換。

表 7.8　　　　　　　　　　計數型測量系統分析表（小樣法）

操作者 A：		操作者 B：		分析人：		日期：	
零件編號及名稱：			測量參數：			尺寸規格：	
量具名稱：			量具編號：			量具規格：	

零件 \ 測試次數	操作者 A		操作者 B	
	1	2	1	2
1	G	G	G	G
2	NG	NG	NG	NG
3	G	G	G	G
4	G	G	G	G
5	G	G	G	G
6	G	G	G	G
7	G	G	G	G
8	G	G	G	G
9	G	G	G	G
10	G	G	G	G
11	G	G	G	G
12	G	G	G	G
13	G	G	G	G
14	G	G	G	G
15	G	G	G	G
16	G	G	G	G
17	G	G	G	G
18	G	G	G	G
19	NG	NG	NG	NG
20	G	G	G	G

分析結論：
☒量具可接受　　□量具不可接受　　□其他

資料來源：陳偕美．國內外企業常用抽樣檢驗與測量技術［M］．北京：中國計量出版社，2006：188-193．

【案例四】

深圳市樂聲揚電子有限公司抽樣檢驗作業指導書

深圳市樂聲揚電子有限公司	文件編號	WI-PG-001
	版本編號	A/0
文件名稱：抽樣檢驗作業指導書	頁碼	
	生效日期	2010-08-15

1. 目的
　　為了明確抽樣檢驗標準，使抽樣檢驗作業有依可循，提高產品品質，特制定此作業規範。
2. 適用範圍
　　適用於本公司進料檢驗、半成品檢驗及成品檢驗。
3. 定義
3.1　AQL（Acceptable Quality Level）：合格質量水平。
3.2　缺陷（CR）：不能滿足預期的使用要求。
3.2.1　嚴重不良（MAJ）：指影響或降低產品使用性能及功能結構或外觀嚴重不良的不良缺陷。
3.2.2　輕微不良（MIN）：指不影響產品性能的輕微缺陷。
3.3　合格判定數（Ac）與拒絕數（Re）：按既定的品質標準檢測樣本，按檢測的不合格數與允許數（Ac）、拒絕數（Re）比較，判定該批產品合格與否。
3.4　不良品的分析和定義
　　不良品是指在製品單位內含有一個或一個以上缺陷，一般分為以下兩類：
　　嚴重不良品是指含有一個或以上的嚴重缺陷，此外亦可指同時含有多個輕微缺陷。
　　輕微不良品是指含有一個或以上的輕微缺陷，但不含有嚴重缺陷。
4. 抽樣計劃實施細則
4.1　樣本的抽取
4.1.1　當送檢批包裝為一包/一箱/一袋/一棧板（棧板：為方便零散物品的擺放和出貨要求而制成的底座，一般為方形或長方形）等，要分層、分部位進行樣本抽取。
4.1.2　當送檢批包裝為兩包/兩箱/兩棧板或以上時，不但要隨機對不同的包/箱/棧板進行抽樣，同樣要對抽取的包/箱/棧板分層、分部位進行抽取。
4.2　樣本的檢驗
　　根據客方標準和公司內部標準，對樣本逐個檢查，并累計不合格總數。
4.3　檢驗合格或不合格的判斷
4.3.1　判斷方法
　　根據合格品質水平和檢查水平確定抽樣方案。只有按所確定的抽樣方案判斷為合格時，才能最終判斷該批檢查合格，否則為不合格。
4.3.2　樣本大於或等於批量的規定
　　當抽取方案的樣本大於或等於批量規定時，將該批量看作樣本大小，抽樣方案的判斷數保持不變。
4.4　抽樣計劃及抽樣方案
4.4.1　進料檢驗抽樣計劃和允許水準
4.4.1.1　正常檢驗（除可靠性測試項目外）採用 MIL-STD-105E II 級單次抽樣計劃。
4.4.1.2　抽樣時應採用隨機抽樣，參照 4.1 進行。
4.4.1.3　原材料、輔料、外發半成品和成品檢驗一般採用本公司通用允許水準：AQL 按 MAJ 0.65，MIN 1.0，當客戶水準高於本公司允許水準，半成品和成品檢驗採用客戶允許標準。
4.4.2　制程檢驗抽樣計劃和允許水準

4.4.2.1　IPQC（InPut Process Quality Control，制程控製）原則上每2小時巡迴檢查一次。
4.4.2.2　巡檢抽樣頻率和允許標準
　　　　每小時每工作崗位不少於20PCS（一種單位的英文縮寫，即 pieces），發現輕微不良知會操作員，嚴重不良問題1~2PCS，則要求暫停生產并知會車間負責人，并隔離該時間段生產的產品并全檢。
4.4.2.3　半成品批量檢驗計劃和允收水準
　　　　抽樣計劃參照4.4.1.1和4.4.1.2。
　　　　允收水準 AQL 按 MAJ 0.65，MIN 1.0。當客戶允收水準高於本公司允收水準，半成品檢驗採用客戶允收水準。
4.4.3　成品及出貨檢驗抽樣計劃和允收水準
4.4.3.1　抽樣計劃參照4.4.1.1和4.4.1.2。
4.4.3.2　通用允收水準 AQL 按 MAJ 0.65，MIN 1.5。
4.4.3.3　當客戶允收水準高於本公司允收水準，成品檢驗採用客戶允收水準；當客戶允收水準低於本公司允收水準時，則按4.4.3.2。
5. 附件
5.1　　MIL-STD-105E 抽樣計劃樣本字代碼
5.2　　MIL-STD-105E 正常檢查一次抽樣方案

資料來源：根據 http://www.doc88.com/p-94051830871.html 整理。

【案例五】

科銳機械技術有限公司產品抽樣檢驗作業指導書

科銳機械技術有限公司	文件編號	OP. 8.2.4-05
	版本編號	A/0
產品抽樣檢驗作業指導書	頁碼	
	生效日期	2006-02-03

1. 目的
　　指導檢驗員正確地按 AQL 抽樣計劃進行物料、半成品、成品的抽樣檢驗，確保物料、成品檢驗的判定符合 AQL 標準的要求。
2. 範圍
　　適用於本公司封隔器與橋塞產品的進料、半成品、成品檢驗。
3. 職責
　　檢驗員負責 AQL 抽樣計劃的執行。
4. 定義
4.1　AQL：（Acceptable Quality Level）接收質量限，是供方能夠保證穩定達到的實際質量水平，是用戶能接受的產品質量水平。
4.2　CR：（Critical）致命缺陷。
4.3　MAJ：（Major）嚴重缺陷，也稱主要缺陷。

4.4　MIN：（Minor）輕微缺陷，也稱次要缺陷。
5. 作業細則
5.1　抽檢方案依據接收質量限（AQL）檢索的逐批檢驗抽樣計劃（GB/T 2828.1-2012）及抽樣表，其中檢查水平為一般檢查水平Ⅱ級。
5.2　樣本的抽選
　　按簡單隨機抽樣（見GB/T 3358.1-2009），從批中抽取作為樣本的產品。但是，當批由子批或（按某個合理的準則識別的）層組成時，應使用分層抽樣。按此方式，各子批或各層的樣本量與子批或層的大小是成比例的。
5.3　抽取樣本的時間
　　樣本可在來料時、批生產出來以後、批生產期間或庫存重檢時抽取。兩種情形均應按5.2抽選樣本。
5.4　二次或多次抽樣
　　如在實際運作中，需要使用二次或多次抽樣時，每個後續的樣本應從同一批的剩餘部分中抽選。
5.5　正常、加嚴和放寬檢驗
5.5.1　檢驗的開始
　　除非負責部門另有指示，開始檢驗時應採用正常檢驗。
5.5.2　檢驗的繼續
　　除非轉移程序（見5.5.3）要求改變檢驗的嚴格度，對連續的批，正常、加嚴或者放寬檢驗應繼續不變。轉移程序應分別地用於各類不合格或不合格品。
5.5.3　轉移規則和程序（見附件）
5.5.3.1　正常到加嚴
　　當正在採用正常檢驗時，只要初次檢驗中連續5批或少於5批中有2批是不可接收的，則轉移到加嚴檢驗。本程序不考慮再提交批。
5.5.3.2　加嚴到正常
　　當正在採用加嚴檢驗時，如果初次檢驗的接連5批已被認為是可接收的，應恢復正常檢驗。
5.5.3.3　正常到放寬
　　當正在採用正常檢驗時，如果下列各條件均滿足，應轉移到放寬檢驗：連續至少15批檢驗合格，生產穩定，負責部門認為放寬檢驗可取。
5.5.3.4　放寬到正常
　　當正在執行放寬檢驗時，如果初次檢驗出現下列任一情況，應恢復正常檢驗：一個批未被接收，生產不穩定或延遲，認為恢復正常檢驗是正當的其他情況。
5.5.3.5　暫停檢驗
　　如果在初次加嚴檢驗的一系列連續批中未接收批的累計數達到5批，應暫時停止檢驗。直到供方為改進所提供產品或服務的質量採取行動，且負責部門承認此行動可能有效時，才能恢復GB/T 2828本部分的檢驗程序。恢復檢驗應按（5.5.3.2）條款，從使用加嚴檢驗開始。
5.6　IQC抽樣檢驗標準：
　　來料原材料、半成品檢驗按接收質量限：AQL=0.01（CR），AQL=1.0（MAJ），AQL=2.5（MIN）。
5.7　OQC抽樣檢驗標準：
5.7.1　成品檢驗按接收質量限：AQL=0.01（CR），AQL=1.0（MAJ），AQL=2.5（MIN）。

5.7.2 客方或客戶代理驗貨：
　　如客方有自己的抽樣標準（AQL）且有正式文件，則我公司OQC抽檢（AQL）按客方AQL（MAJ和MIN）標準進行，但如果客方要AQL≤2.5（MAJ）時，OQC則按客方要求抽樣，而不加嚴一個級別。

5.7.3 客方有特殊（AQL）要求，但客方沒有驗貨或沒有代理驗貨，且有正式文件，OQC抽檢則按客方的抽樣檢驗接收質量限的要求進行。

5.7.4 客方無特殊（AQL）要求，但客方沒有驗貨或沒有代理驗貨，則OQC驗貨時按本公司接收質量限：AQL=0.01（CR），AQL=1.0（MAJ），AQL=2.5（MIN）標準進行。

5.8 單次基本抽樣檢驗方法

5.8.1 IQC收到進料驗收通知單，或OQC進行成品檢驗時，可將同一規格的物料合并批次進行抽樣檢查。

5.8.2 當AQL抽樣數小於等於或超過訂單批量時，則用全數檢驗。（成品數量 $N \leqslant 50\text{PCS}$ 時應全數檢驗）。

5.8.3 當AQL為採用箭頭朝上或朝下的第一個抽樣計劃，則改變抽樣數（隨MAJ定義改變抽樣數，MIN不變）。

5.8.4 根據接收質量限和檢查水平所確定的抽樣方案及樣品檢查的結果，若在樣品中發現的不合格數小於合格判定數，則判定該批為合格批；若在樣本中發現的不合格數大於或等於不合格判定數，則判定該批是不合格批。

5.8.5 當抽樣活動完成後，須為被檢驗過的批量的物料、半成品、成品加以檢驗狀態標示。

5.9 正常單次抽樣一般檢驗水準項目

5.9.1 物料、半成品、成品基本檢驗。

5.9.2 物料、半成品、成品外觀檢驗。

5.9.3 物料、半成品、成品包裝方式檢驗。

5.10 特殊抽樣方法

　　從正常單次抽樣的樣本數裡，按AQL表中的特殊檢驗水準S-2抽取樣本對相關參數進行檢驗，按S-4抽樣數對相關特性進行檢驗。

5.11 AQL 一般/特殊檢驗水準項目及缺陷定義

5.11.1 外觀檢查：一般檢驗水準Ⅱ級，缺陷等級（MIN）。

5.11.2 結構尺寸檢查：特殊檢驗水準S-2，缺陷等級（MAJ/MIN）。

5.11.3 產品資料核對：一般檢驗水準Ⅱ級，缺陷等級（CR/MAJ/MIN）。

5.11.4 產品設定的參數檢查：特殊檢驗水準S-2，缺陷等級（CR/MAJ）。

5.11.5 產品試裝檢查：特殊檢驗水準S-4，缺陷等級（CR/MAJ）。

5.11.6 產品可靠性檢查：每批，缺陷等級（CR/MAJ）。

5.11.7 安規/安全檢查：新產品生產前/舊產品至少每年一次，缺陷等級（CR）。

6. 相關文件

見《GB/T 2828.1—2012 計數抽樣檢驗程序 第1部分：按接收質量限（AQL）檢索的逐批檢驗抽樣計劃》

見《GB/T 3358.1—1993 統計學詞彙及符號 第1部分：一般統計術語與用於概率的術語》

7. 附件（轉移規則）

圖 7.1　抽樣檢驗轉移規則

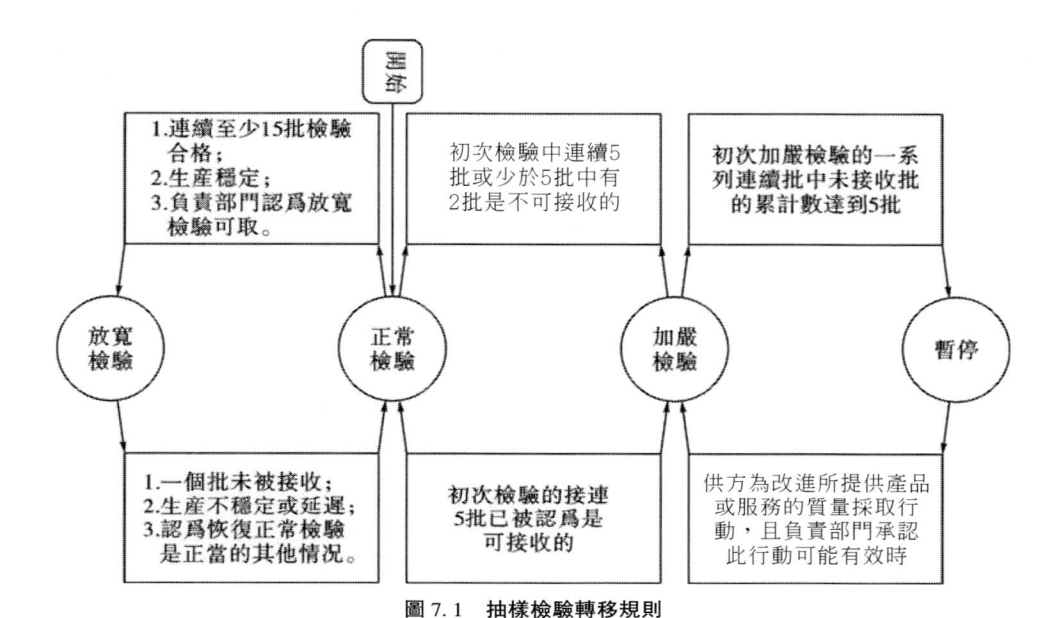

資料來源：根據 http：//wenku.baidu.com/view/66bebf240066f5335a812174.html 整理。

【案例六】

天極數碼有限公司硒鼓抽樣作業指導書

天極數碼有限公司	文件編號	AF-WI-QC019
	版本編號	A/0
硒鼓抽樣作業指導書	頁碼	
	生效日期	2012-06-25

1. 目的

　　制定激光碳粉盒產品零配件檢驗、半成品、在製品、成品、外購成品、直銷品的檢驗方法與抽樣標準。

2. 範圍

　　適用於所有激光碳粉盒產品的檢驗。

3. 職責

（1）品質部負責產品檢驗工作，并保存品質記錄與相關打印測試記錄。

（2）生產部門協助及配合完成產品檢驗工作。

（3）由品質部負責產品品質狀況的最終判定。

4. 零配件來料檢驗項目與抽樣標準

表 7.9   零配件來料檢驗項目表

檢查項目	檢驗方法	備註
外觀檢查	實物與標示相符，外觀無異物損壞現象	
配合性打印測試	裝配打印效果測試/壽命及頁產量測試	可參考客戶要求

表 7.10   零配件來料抽樣標準表

（依據 GB/2828.1—2013 採用一般檢驗水平 I 級，AQL：1.0）

批量（PCS）	外觀 抽檢數量（PCS）	配合性打印測試 抽檢數量
2~8	2	抽檢 1PCS 打印一套稿
9~15	2	抽檢 1PCS 打印一套稿
16~25	3	抽檢 1PCS 打印一套稿
26~50	5	抽檢 1PCS 打印一套稿
51~90	6	抽檢 2PCS，其中 2PCS 打印一套稿，1PCS 打印至1,000頁
91~150	8	抽檢 2PCS，其中 2PCS 打印一套稿，1PCS 打印至1,000頁
151~280	13	抽檢 2PCS，其中 2PCS 打印一套稿，1PCS 打印至1,000頁
281~500	20	抽檢 2PCS，其中 2PCS 打印一套稿，1PCS 打印至1,000頁
501~1,200	32	抽檢 4PCS，其中 2PCS 打印一套稿，2PCS 打印至1,000頁
1,201~3,200	50	抽檢 4PCS，其中 2PCS 打印一套稿，2PCS 打印至1,000頁
3,200 以上	80	抽檢 4PCS，其中 2PCS 打印一套稿，2PCS 打印至1,000頁

5. 半成品、在製品、成品以及直銷產品檢驗項目與抽樣標準（抽樣標準針對普通客戶）

表 7.11　　　　　半成品、在製品、成品以及直銷產品檢驗項目表

檢驗項目	檢驗方法	備註
外觀檢查	1. 半成品：①粉倉、廢粉倉部分註塑件無明顯破損、海綿、毛氈、刮片粘貼、打膠符合作業指導卡相關要求；②出粉刀的裝配符合作業要求，裝配顯影輥後轉動靈活；③裝配時無漏裝齒輪和其他零配件。 2. 在製品：保護蓋是否能正常開啓，粉盒外觀無明顯異物、粘膠、破損現象，感光鼓轉動正常，無漏粉現象。 3. 成品：包裝彩盒、彩標、條碼符合客戶以及相關要求，無漏粉現象。	目視檢查塞尺以及輔助工具
打印測試	1. 半成品抽檢打印效果（一套稿），檢查是否存在打印品質問題，如色淺、週期斑點、黑/白點、豎線、橫線、底灰等問題，可根據客戶要求進行判斷。 2. 在製品、成品依據表 7.12 中的抽樣標準進行抽檢打印，判斷標準與半成品的一致。	打印品質可參考客戶要求

表 7.12　　　　　黑色產品、直銷品抽樣標準表

（依據 GB/2828—2013 採用一般檢驗水平 I 級，AQL：1.0）

批量（PCS）	半成品加粉測試 IPQC（PCS）	壽命測試 IPQC（PCS）	測試頁數	OQC 成品抽檢加粉測試	備註
1~15	全檢外觀	/	/	/	/
16~25	4	/	/	/	/
26~50	5	1	P1000	1	新產品 100%壽命測試
51~150	6	1	P1000	1	新產品 100%壽命測試
151~280	10	2	P2000	2	新產品 100%壽命測試
281~500	16	3	P3000	2	新產品 100%壽命測試
501~1,200	27	4	80%壽命	3	新產品 100%壽命測試
1,201~3,200	40	10	80%壽命	5	新產品 100%壽命測試
3,201~10,000	60	20	80%壽命	8	新產品 100%壽命測試

表 7.13　　　　　　　　　彩色產品、直銷品抽樣標準表

（依據 GB/2828—2013 採用一般檢驗水平 I 級，AQL：1.0）

批量（SET）	半成品拉封條測試 IPQC（SET）	成品測試 OQC（SET）	測試頁數	備註
1~19	全檢外觀	/	/	新產品 100%壽命測試
20~50	1		P1000	新產品 100%壽命測試
51~150	3		P1000	新產品 100%壽命測試
151~280	7		P2000	新產品 100%壽命測試
281~500	10	1	P3000	新產品 100%壽命測試
501~1,200	20		50%壽命	新產品 100%壽命測試
1,201~3,200	30		50%壽命	新產品 100%壽命測試
3,201~10,000	50		50%壽命	新產品 100%壽命測試

6. 外購成品檢驗項目與抽樣標準

表 7.14　　　　　　　　　外購產品檢驗項目表

檢驗項目	檢驗方法	備註
外觀檢查	實物與標示相符，無漏粉，無外觀損壞現象	/
配合性打印測試	裝配打印效果測試/壽命及頁產量測試	可參考客戶要求

表 7.15　　　　　　　　　外購產品抽樣標準表

（依據 GB/2828.1—2013 採用一般檢驗水平 I 級，AQL：1.0）

批量（PCS）	加粉測試（PCS）	拉封條測試（PCS）	測試頁數（PCS）	備註
1~15	全檢外觀	/	/	/
16~25		/	/	/
26~50	3	/	P1000	打印 1 套稿
51~150	5	1	P1000	/
151~280	10	1	P1000	/
281~500	15	2	P1000	/
501~1,200	20	3	P1000	/
1,201~3,200	25	5	P1000	/
3,201~10,000	35	8	P1000	/

資料來源：根據 http://wenku.baidu.com/view/f10db700e87101f69e31954a.html 整理。

第 8 章　質量經濟分析

本章學習目標

1. 掌握產品質量水平與質量經濟性
2. 掌握質量成本構成的主要內容及相關關係
3. 掌握質量成本核算與分析方法
4. 掌握質量成本分析與報告的內容
5. 掌握質量損失函數與管理的含義
6. 瞭解提高質量經濟性的途徑

【案例一】

某橡膠廠 7 月份質量成本分析報告

一、概況

某橡膠廠為老國有企業，在產品實現過程中，存在手工和半機械操作的工藝條件、尺寸精度及物流性能不易控制，產品性能波動大，膠料、膠布的報廢量大等問題。於是，廠領導決定，實施改進措施。措施之一就是開展成本管理，以加強管理和培訓、減少損失為主要途徑。

為此，在廠長主持下，全質辦組織，財務部、計劃部及相關部門參加策劃，并決定：

①全質辦歸口組建「質量成本小組」，以策劃、組織、開展和協調質量成本管理工作。

②確定質量成本 4 個科目和 22 個細目。

③在車間和有關科室設置質量成本核算員（由原核算員兼任），形成全廠的質量成本統計核算網路。

④根據該廠實際，制定《質量成本管理辦法》等相關文件，設計質量成本管理所需的原始記錄和憑證。

⑤在財務部門原有帳目的基礎上，增設相關科目，形成質量核算體系。

二、7 月份質量成本分析報告

由於該廠有一定的管理基礎和經驗，經過半年的質量成本管理後，該廠提出質量成本分析報告。

(1) 7 月份質量成本匯總表見表 8.1。

表 8.1　　　　　　　　　　質量成本統計匯總表（7月）

項目	細目	本月 金額（元）	占總額（%）	和去年同期比較（%）	比較基數	
內部故障成本	廢品損失	125,548.71		49.48	產值（元）	23,491,000.00
	返工損失	21,688.39		8.55	銷售額（元）	25,044,206.50
	降級損失	40,994.08		16.15	總成本	14,293,739.34
	復檢損失	167.00			內部故障成本/銷售額	188,399.44/25,044,206.50=0.75%
	停工損失	1.26			外部故障成本/銷售額	4,183.36/25,044,206.50=0.02%
	事故處理費				質量成本/產量	253,757.34/25,044,206.50=1.01%
	合計	188,399.44			質量成本/總成本	253,757.34/14,293,739.34=1.78%
外部故障成本	賠償費用					
	申訴費用					
	三包服務費	4,183.36	1.65			
	退貨損失					
	折價損失					
	合計	4,183.36	1.65			
鑒定成本	採購品檢驗費	993.30	0.39			
	過程檢驗費	3,151.00	1.24			
	成品檢驗費	22,095.50	8.71			
	破壞性試驗費	29,762.28	11.73			
	儀器校準維修費	3,273.40	1.29			
	合計	59,275.48	23.36			
預防成本	質量計劃工作費					
	新產品評審費	1,162.00	0.46			
	質量分析評比費	30.16				
	質量情報費	66.50				
	工序能力研究費					
	培訓費	640.40	0.25			
	合計	1,899.06	0.75			
質量成本合計		253,757.34				

（2）7月份質量成本分析。

①本月發生總額為253,757.34元，占總成本（14,293,739.34）的1.775%，占銷售額的1.01%。

②本月故障成本最高，占質量成本的75.89%，其中，內部損失占故障成本的74.24%。根據經驗模式質量成本曲線理論分析，是處於質量改進區域。

③從本月各部門的質量成本排列圖（見圖8.1）看，質量成本額較大的部門為煉膠、硫化車間和成形車間。內部故障損失約占質量成本的65.63%，其中，廢品損失和降級損失約占質量成本的49.47%，其分布見圖8.2。

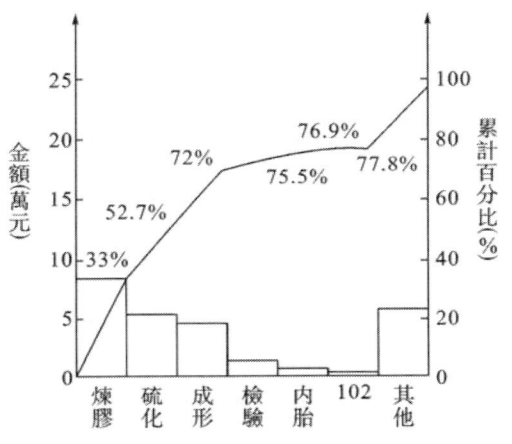

圖8.1　7月各部門質量成本排列圖

註：本月質量總成本為253,757.34元。

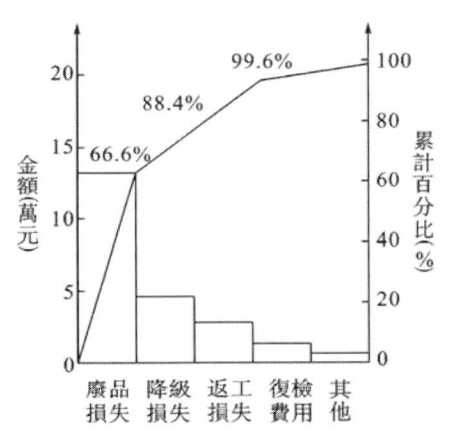

圖8.2　7月內部故障成本排列圖

註：本月故障成本為188,399.44元。

內部故障損失的主要內容及分布如下：

煉膠車間：簾布報廢、混膠報廢。

硫化車間：外胎降低和報廢。

成形車間：簾布、復膠布及色布報廢等。

三、下半年質量成本分析報告

下半年質量成本分析報告的內容包括：通過上半年實行質量成本管理并實施改進措施後，下半年（8—12月）的銷售額有所增長，且質量成本比7月份低，下降率平均為21.86%，5個月的節約金額為277,402元，見表8.2（以7月份質量成本為基數）。

表8.2　　　　　　質量成本節約金額月分布情況（8—12月）

項目	月份					
	8	9	10	11	12	8—12
質量成本節約金額（元）	33,886	44,127	52,218	57,315	89,856	合計277,402
質量成本較上月下降比率（%）	13.35	17.39	20.58	22.59	35.41	平均21.86

8—12月質量成本分析如下：

（1）下半年（8—12月）故障成本分析見表8.3。在12月份，故障成本占質量成本的54%，已經接近50%，其趨勢已從改進區域向適宜區域接近。見圖8.3。

表8.3　　　　　　　　故障成本占質量成本的比重分析　　　　　　　單位:%

月份	項目				
	內部故障	外部故障	鑒定成本	預防成本	合計
7	72.24	1.65	23.36	0.75	73.89
8	69.20	3.90	26.03	0.87	73.10
9	75.61	1.42	87.00	0.65	77.03
10	60.43	6.80	31.53	1.24	67.23
11	64.92	3.23	31.22	0.63	68.15
12	53.11	1.74	45.10	0.05	54.85

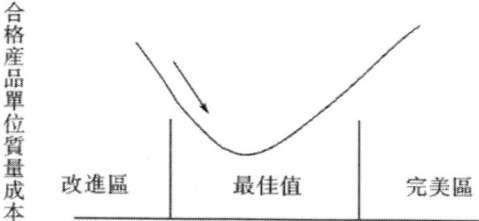

圖8.3　質量成本曲線圖

（2）從部門質量成本（見圖8.1）看，最多的依次是煉膠車間、硫化車間、成形車間和檢驗科。

（3）內部故障損失（見表8.4），可以看出廢包布從6.976下降到1.568，廢膠從5.8下降到0.594，但廢簾布下降還不太明顯，還有降低的機會。

表8.4　　　　　　　　　　內部故障成本統計表

項目	月份						8—12月平均
	7	8	9	10	11	12	
廢品損失（元）	125,549	121,022	122,352	92,149	10,075	9,842	71,088
降級損失（元）	40,994	15,887	24,707	16,805	15,944	12,614	17,191
廢品損失占質量成本（%）	49.48	55.04	58.37	48.20	51.30	48.71	52.32
返工損失（元）	21,688	14,927	9,196	5,548	8,495	8,670	9,367.20

表8.4(續)

項目	\multicolumn{7}{c	}{月份}
	7	8	9	10	11	12	8—12月平均
廢簾布（噸）	12.527	12.105	11.188	10.500	10.643	9.630	10.813
廢包布（噸）	6.976	7.274	5.801	4.800	3.530	1.568	4.595
廢膠（噸）	5.800	1.500	1.000	0.800	1.057	0.594	0.990

（4）外胎的外觀合格率比7月份略有上升，見表8.5。

表8.5　　　　　　　　外胎外觀合格率統計表　　　　　　　　單位：%

項目	\multicolumn{7}{c	}{月份}
	7	8	9	10	11	12	8—12月平均
綜合外胎	99.61	99.78	99.78	99.80	99.80	99.77	99.79
9.00~20	99.65	99.78	99.77	99.87	99.89	99.81	99.82
11.00~20	99.82	99.84	99.73	99.64	99.77	99.79	99.75
9.00R20	99.57	99.48	99.29	99.31	99.14	99.83	99.41
子午外胎	99.37	99.76	99.12	99.31	99.14	99.83	99.43
丁基外胎	99.68	99.56	99.60	99.75	99.67	99.61	99.64
9.00~20內	99.63	99.61	99.46	99.80	99.57	99.66	99.62
11.00~20內	99.78	99.58	99.87	99.73	99.74	99.68	99.72

（5）內、外胎的成品的廢品和副品分析比7月份略有下降，見表8.6。

表8.6　　　　　　　　內外胎的廢品和副品統計表　　　　　　　　單位：個

\multicolumn{2}{c	}{項目}	\multicolumn{7}{c	}{月份}
		7	8	9	10	11	12	8—12月平均
外胎	廢品	45	33	28	23	29	26	27.8
	副品	161	93	85	84	77	80	83.8
內胎	廢品	133	153	79	81	112	66	98.2
	副品	124	193	205	90	109	139	147.2

外胎廢品的主要問題是脫層、稀簾子；

外胎副品的主要問題是缺膠氧泡等；

內胎的主要問題是大裂、氧泡垃圾洞等。

（6）質量成本對比分析，其數據核算見表8.7。

表 8.7　　　　　　　　　　　　　質量成本對比分析表

項目	月份					
	7	8	9	10	11	12
產值（元）	23,491.000	24,459.000	23,801.000	23,474.000	24,468.000	21,703.000
銷售額（元）	25,044.207	25,982.522	25,212.722	25,003.310	26,171.592	22,813.961
總成本（元）	14,293.739	14,769.981	14,129.155	14,013.210	14,921.330	13,510.586
質量成本（元）	253.757	219.871	209.630	210.539	196.380	163.901
質量成本/產值（%）	1.08	0.90	0.88	0.90	0.80	0.76
質量成本/總成本（%）	1.78	1.49	1.48	1.50	1.32	1.21
質量成本/銷售額（%）	1.01	0.85	0.83	0.84	0.75	0.72
內部故障成本/銷售額（%）	0.75	0.59	0.63	0.49	0.49	0.38
外部故障成本/銷售額（%）	0.017	0.033	0.010	0.055	0.020	0.010
故障成本/質量成本（%）	75.90	73.10	70.70	67.00	68.00	54.85

從表 8.7 可以看出 12 月份質量成本占總成本的 1.21%，占銷售額的 0.72%，故障成本占質量成本的 54.85%（分別較 7 月份的 1.78%、1.01% 和 75.90% 明顯下降，說明質量成本管理發展趨勢良好）。

（7）質量成本改善的原因分析。

①實施了 7 月份的建議措施，取得較好的效果。

②實施了內控標準，對報廢實行控製考核，效果較好。

③將質量成本納入財務成本職責範圍。

（8）結論。

通過上述分析和報告可看到，該廠由於技術和管理兩方面的努力，質量成本工作取得了初步成效。這證明實施質量成本管理是企業降低物耗、提高經濟效益的重要途徑。

資料來源：楊文培．現代質量成本管理 [M]．北京：中國計量出版社，2006：110-115.

【思考題】

1. 根據 7 月份的質量成本分析報告，提出合理的質量成本改進建議和措施。

2. 根據該廠 7 月份和下半年的質量分析報告，討論該廠在下一年度為了更好地進行質量成本管理，應注意哪些問題或採取哪些措施。

參考答案要點：

1. 根據 7 月份的質量成本分析報告，提出合理的質量成本改進建議和措施。

（1）重點解決故障成本中的廢品損失。其辦法是成立攻關小組，嚴格工藝紀律；

（2）提高外觀合格率，降低返工、降級損失。其辦法是成立輪胎氣泡攻關小組，嚴格按配方配料，通過培訓提高工人的質量意識和操作技能。

2. 根據該廠 7 月份和下半年的質量分析報告，討論該廠在下一年度為了更好地進行質量成本管理，應注意哪些問題或採取哪些措施。
（1）煉膠車間和成型車間繼續降低廢簾布、廢膠布損失；
（2）內胎和硫化車間嚴格控製外觀合格率；
（3）在第一季度中進行質量審核工作，以發現問題，採取改進措施；
（4）從第二季度起，將質量成本由統計核算轉化為會計核算。

【案例二】

美國某服裝製造廠年度質量成本報表

美國某時裝公司是婦女及少女服裝的製造廠，於 1950 年建立。由於該時裝公司 60% 的銷貨業務發生在兩個忙季——復活節之前和初秋——公司以往一直追隨季節性生產計劃，并且一直銷量不大。於是，公司做了以下兩個重大決策：第一個決策是改變季節性生產為全年性均衡生產；第二個決策是改變銀行業務關係，轉入國家保險銀行，主要因為該公司具有大量的銀行結餘，保險銀行在前兩年曾主動聯繫業務。

但在當年復活節之後，該公司發現有相當多的未能出售的庫存成品。公司老板認為問題在於該公司歷史上第一次對婦女服裝開發的新式樣不能滿足顧客需求，尤其在裙子的長度上沒有做出足夠的調整，并且質量成本方面還有待改進，結果使公司的復活節春季銷售量大大低於以往週期的銷貨水平。

下面就是該公司當年的質量成本報告（見表 8.8）：

表 8.8　　　　　　美國某服裝製造廠年度質量成本報告

	內容	金額（美元）	占質量總成本百分比（%）
質量損失成本	滯銷壓庫	3,276	0.37
	返修品	73,229	8.22
	裁剪不當	2,228	0.25
	裁剪報廢	187,428	21.03
	顧客調、退、換	408,200	45.79
	產品降級處理	22,838	2.56
	顧客不滿	不可計量	
	顧客改買產品	不可計量	
	合計	697,199	78.21

表8.8(續)

內容		金額（美元）	占質量總成本百分比（%）
質量評定成本	進貨檢驗	32,655	3.66
	初檢	32,582	3.66
	復檢	25,200	2.83
	成品抽檢	65,910	7.39
	合計	156,347	17.54
預防成本	生產線質量控製	7,848	0.88
	公司質量控製	30,000	3.37
	合計	37,848	4.25
質量總成本	總計	891,394	100.00

資料來源：張公緒. 新編質量管理學 [M]. 北京：高等教育出版社，1998：286-287.

【思考題】

結合所學知識，對上述質量成本報表（見表8.8）進行分析。

參考答案要點：

（1）每年的質量總成本接近90萬美元，說明大有潛力可挖。

（2）質量損失成本占質量總成本的78.21%，其中用戶調換、退換和剪裁報廢所占比例最大。

（3）質量損失成本是質量評定成本的約5倍，因此，首先必須削減質量損失成本。

（4）預防成本花費數量太少，只占4.25%。

（5）還有一些不能定量表示的結果，如質量不好引起「顧客改買其他廠家產品」等。為了提醒注意，故在表中列出這些因素。

【案例三】

某企業質量成本統計與分析報告

某企業是國內一家集汽車研發、製造、銷售和服務於一體的專業汽車公司，下面是該公司的2011年5月到2012年4月的質量成本分析報告。

一、成本統計

本年銷售收入為431.8萬元，不良質量成本為2,830元，不良質量成本在本年銷售收入中所占比例為0.07%。

表 8.9　　　　　　　　2011 年 5 月—2012 年 4 月質量成本統計表

項目		本年累計	
		金額（元）	占總成本比例（%）
內部成本	報廢損失	2,380	84
	返工損失	450	16
	因質量問題導致的停工損失	0	0
	質量事故處理費	0	0
	合計	2,830	100
外部成本	質量處罰	0	
	質量事故損失費	0	
	損失費	0	
	合計	0	

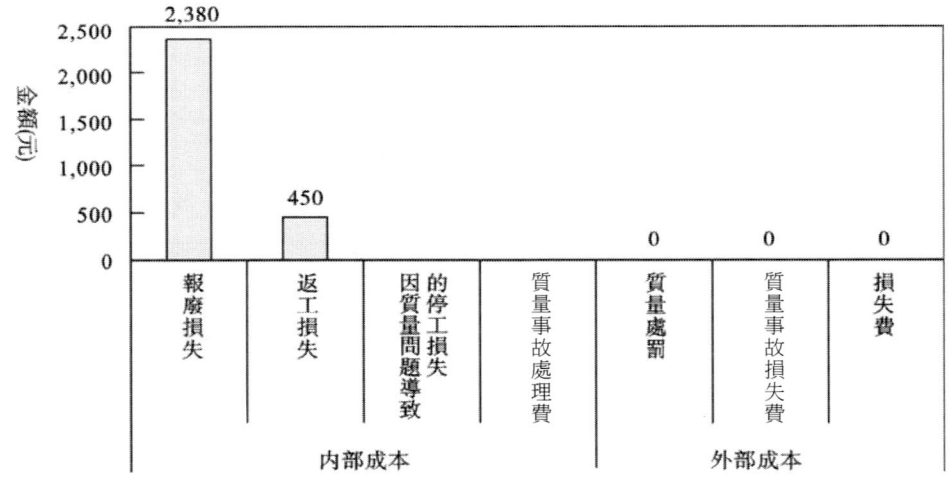

圖 8.4　**不良質量成本項目統計分析圖**

總結：如圖 8.4 所示，本月不良質量成本損失主要來自報廢損失，并由此導致返工處理等損失，以上不良質量成本合計 2,830 元，占銷售額的 0.07%。

二、原因分析

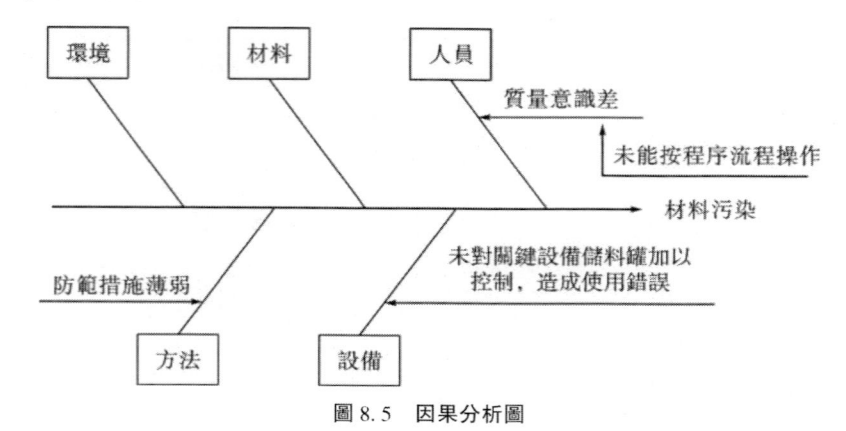

圖 8.5　因果分析圖

如圖 8.5 分析，影響產品污染的主要原因在於：

（1）未對關鍵設備加以嚴格控制，操作者未經培訓或未經授權造成設備操作失誤；

（2）工人質量意識不夠，沒有嚴格按程序流程進行操作；

（3）原材料在投料前，質檢員未對其進行檢驗。

資料來源：根據 http://wenku.baidu.com/view/1b38443367ec102de2bd896ehtml 整理。

【思考題】

根據上述材料，對該汽車企業存在的問題，提出可行的改進措施。

參考答案要點：

（1）應對關鍵設備嚴格控制，設備操作者應經過培訓上崗，并建立授權機制，非授權人員不得進行設備操作；

（2）盡快制訂質量意識培訓計劃，召集所有生產一線員工進行質量意識培訓，并進行有關考核，對培訓效果進行評估；

（3）完善質量管理製度，增加原材料投料前檢驗工序，防患於未然。

【案例四】

某公司 2012 年 1 月質量成本分析

目前公司產品品質非常脆弱，品質問題已成為制約公司持續發展的瓶頸之一。為了擺脫這個困境，公司針對 2012 年 1 月的質量成本進行了分析（見表 8.10 和表 8.11）。

表 8.10　　　　　　　　　　2012 年 1 月質量成本統計表

分類	項目	實際發生費用
預防成本	質量培訓費（元）	0
	質量管理活動費（元）	0
	質量改進措施費（元）	0
	質量評審費（元）	0
	工資及福利費（元）	47,977.85
鑒定成本	試驗檢驗費（元）	0
	質量檢驗部門辦公費（元）	31,004.51
	工資及福利費（元）	150,645.24
	檢驗設備維護折舊費（元）	2,665.9
內部損失	廢品損失（元）	4,682
	返工損失（元）	0
	停工損失（元）	0
	降級費用（元）	1,606
	內部事故處理費（元）	0
外部損失	顧客索賠費用（元）	0
	退貨費用（元）	104,579.21
	折價損失（元）	0
	保修費（元）	105,154.94
	合計（元）	448,315.65
	本月銷售收入（元）	9,864,413.62
	質量成本率（%）	4.54
	損失成本率（%）	2.19
	預防成本率（%）	10.70
	鑒定成本率（%）	41.11
	內部損失率（%）	1.40
	外部損失率（%）	46.78
	質量成本目標（%）	5
	損失成本目標（%）	1

表 8.11　　　　　　　　　　2012 年 1 月質量成本綜合報表

項目		上月	本月計劃	本月實際	比較	
					與上月差額	與計劃差額
預防成本	質量培訓費（元）	0	0	0	0	0
	質量管理活動費（元）	0	500	0	0	-500
	質量改進措施費（元）	0	500	0	0	-500
	質量評審費（元）	0	3,000	0	0	-3,000
	工資及福利費（元）	96,434.65	80,000	47,977.85	-48,456.8	-32,022.15
	合計（元）	96,434.65	84,000	47,977.85	-48,456.8	-36,022.15
鑒定成本	試驗檢驗費（元）	0	2,000	0	0	-2,000
	質量檢驗部門辦公費（元）	0	500	31,004.51	31,004.51	30,504.51
	工資及福利費（元）	170,083	100,000	150,645.24	-19,437.76	50,645.24
	檢驗設備維護折舊費（元）	0	4,100	2,665.9	2,665.9	-1,434.1
	合計（元）	170,083	106,600	184,315.65	14,232.65	77,715.65
內部損失	廢品損失（元）	6,538	1,000	4,682	-1,856	3,682
	返工損失（元）	0	1,000	0	0	-1,000
	停工損失（元）	0	0	0	0	0
	降級費用（元）	2,624	5,800	1,606	-1,018	-4,194
	內部事故處理費（元）	0	1,000	0	0	-1,000
	合計（元）	9,162	8,800	6,288	-2,874	-2,512
外部損失	顧客索賠費用（元）	25,770	1,500	0	-25,770	-1,500
	退貨費用（元）	0	7,666.67	104,579.21	104,579.21	96,912.54
	折價損失（元）	199,816	10,000	0	-199,816	-10,000
	保修費（元）	320,313.17	261,959.33	105,154.94	-215,158.23	-156,804.39
	合計（元）	545,899.17	281,126	209,734.15	-336,165.02	-71,391.85
	總計（元）	821,578.82	480,526	448,315.65	-373,263.17	-32,210.35
	銷售收入（元）	27,402,871.77	33,096,000	9,864,413.62	-17,538,458.15	-23,231,586.38
	主業務成本（元）	21,889,497.71	/	6,135,721.19	-15,753,776.52	
	淨利潤（元）	1,031,381.97	/	4,882,996.05	3,851,614.08	
	利潤率（%）	3.76	/	49.50	45.74	
	預防成本率（%）	11.74	17.48	10.70	-1.04	-6.78
	鑒定成本率（%）	20.70	22.18	41.11	20.41	18.93

表8.11(續)

項目	上月	本月計劃	本月實際	比較 與上月差額	比較 與計劃差額
內部損失成本率（%）	1.12	1.83	1.40	0.29	-0.43
外部損失成本率（%）	66.45	58.50	46.78	-19.66	-11.72
故障成本率（%）	67.56	60.34	48.19	-19.38	-12.15
銷售收入外部損失率（%）	1.99	0.85	2.13	0.13	1.28
質量損失成本率（%）	2.03	0.88	2.19	0.16	1.31
質量成本率（%）	3.00	1.45	4.54	1.55	3.09

分析結果：

（1）本月質量成本率4.54%，接近目標5%；與上月相比上升了1.55%；

（2）銷售收入雖與上月相比，大幅度下降64%，但利潤率卻由上月的3.76%上漲到49.50%，上漲了45.74%；

（3）從上月基本月質量成本來看，影響最大的因素是鑒定成本的增加（主要是1月份採購了一批卡鍵油缸檢具）；

（4）預防成本、內部損失和外部損失成本均有所下降。這說明生產部、品質管理部對質量控制方面有所提升。但質量損失成本率2.19%與目標1%仍有一定的差距，望持續改進。

資料來源：根據http://wenku.baidu.com/view/2a389a5a312b3169a451a4f1.html 整理。

【思考題】

據材料顯示，該公司1月份的質量損失率為2.19%，超出了目標1%。針對此種情況，可採取哪些措施來降低損失率。

參考答案要點：

（1）售後服務費用、售後服務人員的服務費用偏高，建議售後服務部對其進行分析改進；

（2）產品質量方面，建議技術部、品質管理部、生產部重點對相關問題進行探討；

（3）持續改進與預防分析建議，生產部對1月份廢品損失和降級損失情況進行分析改進。

【案例五】

某冰箱廠質量成本分析報告

某冰箱廠將質量成本分析作為企業經濟活動分析的組成部分，在季、月度中與生產成本同時進行分析，為檢查計劃和改進管理，提供具體的信息。

一、開展分析的準備工作

對於分析的準備，他們認為，無論進行任何類別方式的分析，都必須事先佔有素

材、數據。要充分利用數據進行全面分析，從中找出問題所在，引起人們重視。為了提高分析價值，推動管理，必須做好以下工作：

（1）注重平時的素材數據的收集。

（2）重視會計結果，要進行一般性的對比以及基數和結構的分析。要善於從一般中發現數據反常，抓住反常現象，再做調查。

（3）對專題分析，首先根據要求確定分析重點，抓住關鍵進行剖析。

（4）對影響質量的主要原因，尋求改進措施，要進行投資計算，改後效果計算，借以充實分析內容。同時，注意分析形式，要形象、直觀、有效、文字簡潔、圖表兼用，要真正使分析達到有的放矢。

二、分析方法及形式

以 2012 年 3 月份的分析為例，在月度分析中，多用列表法，進行有關經濟指標和結構的比率分析，也可進一步從質量成本的形成責任區域分析，找出發生問題的主要單位、主要產品或零件。

1. 質量成本與產值等指標的比例分析

經過質量成本與產品總成本比例分析發現（見表 8.12），質量成本占總成本的 5.97%，比上一年同期（5.25%）上升了 0.72%。

表 8.12　　　　　質量成本與產值等指標的比例分析表（2012 年 3 月）

資料 （3 月實際）	工業產值完成 294 萬元	實現銷售收入 333.80 萬元	全部商品總成本 349.95 萬元	質量成本 20.89 萬元
比例計劃	質量成本與工業總產值比 （20.89/294）×100% = 7.11% 質量成本與總成本比 （20.89/349.95）×100% = 5.97% 內部損失占產值之比 （9.27/294）×100% = 3.15%		質量成本與銷售收入比 （20.89/333.8）×100% = 6.26% 內部損失占銷售收入比 （9.27/333.8）×100% = 2.77%	

2. 質量成本要素分析

經過結構分析，發現內部損失占總質量成本的 44.36%（見表 8.13），比計劃的 37.5% 超過 6.86%，超過三年來任何時期的比值。

表 8.13 質量成本要素分析資料表

(2012 年 3 月)

在項內的地位	成本要素	金額（元）	結構比（%）占本項比例	結構比（%）占總質量成本的比例	備註
	一、預防費用	26,886.71	100.00	12.87	
2	1. 質量工作費	7,537.20	28.03	3.61	
1	2. 質量培訓費	9,696.03	36.06	4.64	6
6	3. 質量獎勵費	835.00	3.11	0.40	
3	4. 產品評審費	4,112.00	15.29	1.97	
4	5. 質量措施費	3,305.48	12.29	1.58	
5	6. 工資及附加費	1,401.00	5.21	0.67	
	二、鑒定費用	53,008.70	100.00	25.37	
	1. 檢測試驗費	5,409.08	10.20	2.59	
	2. 特殊試驗費	13,296.24	25.08	6.36	4
	3. 檢測設備折舊	3,709.87	7.00	1.78	
	4. 辦公費	1,132.66	2.14	0.54	
	5. 工資及附加費	29,460.85	55.58	14.10	2
	三、內部損失	92,681.91	100.00	44.36	
	1. 廢品損失	79,800.99	86.10	38.19	1
	2. 返修損失	4,041.35	4.36	1.93	
	3. 停工損失	1,349.36	1.46	0.65	
	4. 事故分析處理	6,633.77	7.16	3.18	
	5. 產品降級損失	856.44	0.92	0.41	
	四、外部損失	36,354.78	100.00	17.40	
	1. 索賠費用	0.00	0.00	0.00	
	2. 退貨損失	0.00	0.00	0.00	
	3. 保修費	25,854.78	71.12	12.37	3
	4. 訴訟費	0.00	0.00	0.00	
	5. 產品降價損失	10,500.00	28.88	5.03	5
	合計	208,932.10		100.00	

3. 內部損失區域分析

從責任區域分析，找到四車間、二十一車間為內部損失的主要單位（見表 8.14），約占內部總損失（9.27 萬元）的 72.2%（見圖 8.6）。因此，進一步檢查該單位廢品

單，并針對問題提出控制措施。

表 8.14　　　　　　　　內部損失區域分析工作表　　　　　　　單位：元

單位	內部其他損失	廢品損失	合計	備註
一車間	322.00	3,876.20	4,198.20	
二車間	117.16	1,508.88	1,626.04	
三車間	30.09	455.34	485.43	
四車間	6,666.43	37,479.47	44,145.90	
五車間	230.00	5,714.64	5,944.64	
六車間	322.30	364.26	686.56	
七車間	0.00	4,262.49	4,262.49	
八車間	93.00	91.37	184.37	
廿一車間	3,041.52	19,873.92	22,915.44	
廿五車間	0.00	5,502.77	5,502.77	
廿六車間	248.14	550.83	798.97	
下料工段	0.00	13.06	13.06	
輔助車間	279.20	107.76	386.96	
經營部門	1,531.08	0.00	1,531.08	
合計	12,880.92	79,800.99	92,681.91	92,681.91

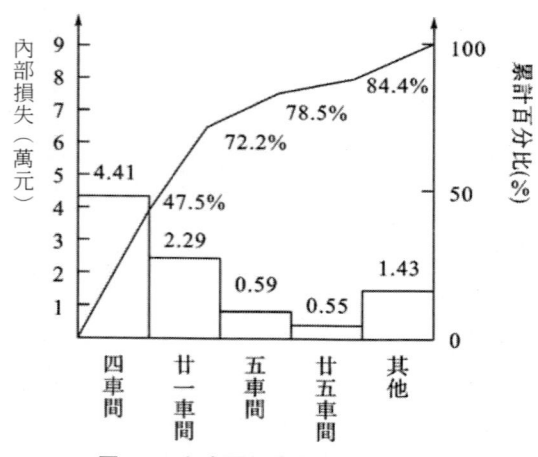

圖 8.6　各車間部門內部損失排列圖

三、發現問題的處理

分析不是企業管理的目的，利用分析資料，達到提高質量、改進管理，才是核算分析工作的根本目的。因此，本著「算為管用」的原則，首先把分析發現的主要矛盾，

及時送給廠主管領導，同時抄送質管部門；其次是抓住主要問題，協助管理部門進一步瞭解情況，提出積極可行的改進措施，并給予適當的經費支持，促其實現。

例如，2012 年 3 月，經過分析發現，四車間報廢冰箱損失 4.24 萬元，占廠冰箱廢損的 57%，當月蒸發器報廢 1,073 件，損失 2.26 萬元，廢品率達 12.34%，占該產品的 60.28%。主要原因是操作工藝執行不嚴，責任性差。他們將這一嚴重情況及時反饋給領導和質辦，并建議實行工序內控指標，凡合格率達 85% 以上給予優質獎，每張材料加獎一元。於是，質辦制定內控經獎辦法，并堅持上崗檢查。執行第一個月，廢品由 3 月份的 1,073 件下降到 113 件。

又如，在兩年前從質量成本計算中發現，冰箱箱體發泡工序物耗超定額 2.8 千克的 45%，且約有 20% 出現箱體填充不實，因此報廢損失很大。經質量成本 QC 小組進一步調查瞭解和分析，找出其主要原因是人工配料不準、攪拌不均；其次是由於一臺一配料，只能多配，但配多了凝固後不能再用，既影響質量又增大消耗。歸結一點是工藝落後。因此，該廠積極組織進口發泡機的調運、安裝調試工作，并做好模具的檢修，使該工程提前了三個半月投產。這一措施取得的效果是，質量合格品率上升到 95% 以上，物耗降到定額 2.8 千克，按月產 2,000 臺計算，僅發泡材料就節約 14.25 萬元。

資料來源：根據 http://wenku.baidu.com/view/d177af0eeff9aef8941e064d.html 整理。

【思考題】

本例中對質量成本進行了較詳盡的分析，最後也針對所存在的問題提出了具體的解決辦法。結合材料，談談在質量管理中實施質量成本分析有何意義？

參考答案要點：

（1）質量成本是指企業為了保證和提高產品或服務質量而支出的一切費用，以及因未達到產品質量標準，不能滿足用戶和消費者需要而產生的一切損失。質量成本一般包括一致成本與不一致成本。前者是指為確保與要求一致而做的所有工作，後者是指由於不符合要求而引起的全部工作。這些工作引起的成本主要包括預防成本、鑒定成本、內部損失成本和外部損失成本。其中預防成本和鑒定成本屬於一致成本，而內部損失成本和外部損失成本又統稱為故障成本，屬於不一致成本。

（2）通過質量成本數據的收集和核算，可以初步掌握不同產品由於質量未達到標準要求所造成的損失，如材料中所顯示的內部損失過重，已超標 6.86%，但這不是開展質量成本管理的主要目的。開展質量成本管理的根本目的是，通過質量成本分析，找出影響質量成本的關鍵因素，擬定解決辦法，從而不斷降低成本、提高產品質量和經濟效益。本材料中舉例給出了具體的處理辦法，如發現報廢冰箱的處理。因此，質量成本分析是質量成本管理的關鍵環節，抓好這一環節，對提高質量成本管理的有效性有著重大作用。

【案例六】

某交通通信公司11月份質量成本分析報告

某交通通信公司，系設計、製造工業專用金屬部件、機箱機櫃、汽車整車零部件、汽車電子產品以及高速鐵路機車等車輛用零部件的製造商。該企業是機電裝置 OEM（Original Equipment Manufacturer，原始設備製造商，貼牌加工）廠商，屬外向型、國際型企業，主要為世界一些跨國公司的在華企業提供產品及相關服務。

公司主要產品與服務：精密衝壓件、高級鈑金件、電氣（器）機箱、機櫃、機電一體化裝置 OEM 加工，高速鐵路車輛行車控製用零部件、汽車整車用鈑金件、零部件以及汽車電子產品用精密零部件等。公司產品在國內行業中有明顯的優勢，國際市場有較強的競爭實力。產品的表面處理（鍍鎳、鋅、錫、金、銀、氧化著色、電泳、絲網印刷、靜電噴塗、噴漆等）均通過國家軍需產品質量監督檢驗中心的認證，產品符合 RoHS（Restriction of Hazardous Substances Directive 2002/95/EC，危害性物質限制指令）要求，已達到國際標準水平。

該公司11月份質量成本清單如表8.15所示。

表 8.15　　　　　　　　　　11月質量成本清單　　　　　　　　　　單位：元

項目		金額
預防成本	質量管理人員的工資	8,400
	內部審核	30
	內部培訓	337.5
	外部培訓	0
	供應商審核	600
	體系認證	322
	產品認證	972
	客戶審核	395
	合計	11,056.5
鑒定成本	專職 QC 人員的工資	7,200
	量測設備	5,220
	合計	12,420
內部故障成本	原材料報廢	34,699.21
	成品報廢	265.73
	人力成本	2,362.83
	合計	37,326.77

表8.15(續)

	項目	金額
外部故障成本	顧客索賠費用	0
	顧客退回產品	0
	合計	0
總計		60,803.27

　　該公司 11 月質量成本的構成如表 8.16 和圖 8.7 所示。

　　本月故障總成本占總成本的 61.39%，預防和鑒定成本占總成本的 38.61%。

表 8.16　　　　　　　　　　11 月質量成本構成表

項目		金額（元）	占總質量成本的比例（%）
正常成本	預防成本	11,056.50	18.18
	鑒定成本	12,420.00	20.43
不良成本	內部故障成本	37,326.77	61.39
	外部故障成本	0.00	0.00
總質量成本		60,803.27	100.00

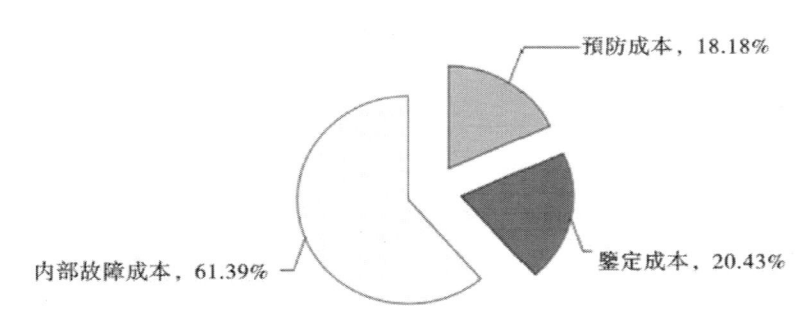

圖 8.7　11 月質量成本結構圖

　　該公司 11 月不良質量成本分析如表 8.17 和圖 8.8 所示。

表 8.17　　　　　　　　　　11 月不良成本構成表

項目		金額（元）	占總不良成本的比例（%）
內部故障成本	原材料報廢	34,699.21	92.961
	成品報廢	265.73	0.711,9
	人力成本	2,361.83	6.327,4
外部故障成本	顧客索賠費用	0.00	0
	顧客退回產品	0.00	0
總不良成本		37,326.77	100

圖 8.8　11 月不良質量成本值

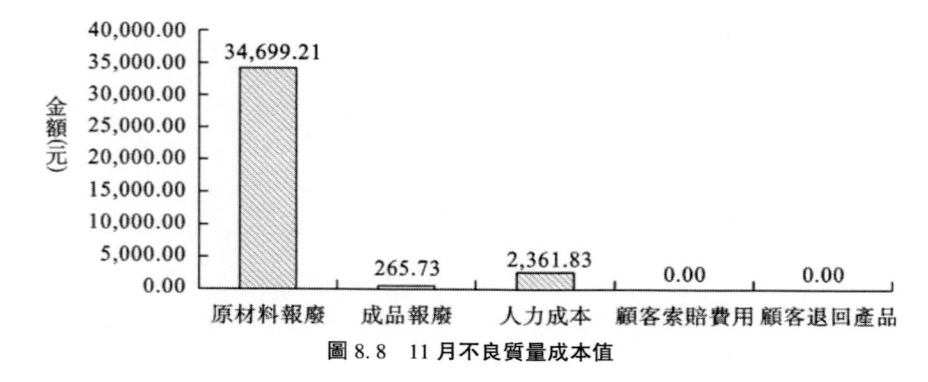

影響質量成本的關鍵因素：

從以上數據分析可知，該公司 11 月影響質量成本的關鍵因素是內部故障成本，占了總成本的 61.39%，其中導致內部故障成本居高不下的主要原因是在製品報廢損失，分析如表 8.18 和圖 8.9 所示。

表 8.18　　　　　　　　　　11 月故障成本構成表

項目	金額（元）	占內部故障成本的比例（%）
庫存原材料報廢	25.74	0.074
生產原材料報廢	8,830.01	25.447
在製品成品報廢	25,843.46	74.479
內部故障成本總計	34,699.21	100

圖 8.9　11 月故障成本結構圖

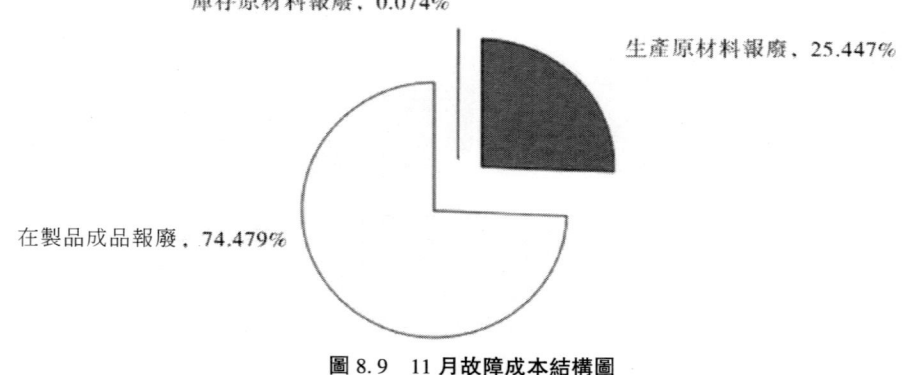

與銷售業績相比較：

該公司 11 月銷售額為 2,139,679 元，總質量成本約占銷售額的 2.84%，超過了目標 2.30%。

資料來源：根據 http://wenku.baidu.com/view/1aad1f360b4c2e3f572763b6.html 整理。

【思考題】

根據材料中對該公司11月的質量成本的分析，我們可以得出那些結論。

參考答案要點：

（1）該公司11月的質量成本構成不合理，故障成本占總成本的61.39%，預防和鑒定成本占總成本的38.61%，後續工作應降低故障成本，增加預防和鑒定成本。

（2）該公司11月的質量成本處於質量改進區，損失成本是影響11月質量成本達到最佳的主要因素。因此，質量管理工作的重點應放在加強質量預防措施，加強質量檢驗，以提高質量水平、降低內外部損失成本。

（3）該公司11月的質量成本與銷售額的比值超出目標0.54（2.84%-2.30%）個百分點，需要從控制故障成本、提高銷售額來達到預期質量目標。

第 9 章　六西格瑪管理

本章學習目標

1. 瞭解六西格瑪的產生和發展
2. 掌握六西格瑪管理的含義
3. 瞭解六西格瑪管理培訓的基本內容
4. 掌握實施六西格瑪管理的 DMAIC 模式
5. 瞭解精益六西格瑪管理的成功要素

【案例一】

摩托羅拉的 TCS

一、摩托羅拉的 TCS 卡

如果您是摩托羅拉的正式員工，您就一定會獲得一張小小的塑料卡片，這就是摩托羅拉的「TCS 卡」。摩托羅拉的員工都隨身攜帶著它，以時刻記住摩托羅拉的價值體系。

這張卡片上的第一句話就是摩托羅拉公司的基本目標：「每個員工的首要任務——顧客完全滿意。」即不論您在摩托羅拉從事什麼工作、在何崗位、職務高低、大家的目標是一致的，都是為了顧客的完全滿意。基於此，摩托羅拉公司確定了員工的主要處事理念、工作目的和進取方向。

主要處事理念是必須遵循以禮待人、誠信不渝。主要的工作目的是必須達到同行業之最。主要進取方向是必須堅持六西格瑪品質，全面壓縮運轉週期、產品、工藝與環保卓越優先，增加企業利潤，人人擁有參與、協作和創新的工作環境。

二、摩托羅拉的 TCS 活動

如果說摩托羅拉的 TCS 卡是外在的形式，那麼摩托羅拉的 TCS 活動就是內在的改善業務的行動。摩托羅拉自 1989 年開始，與六西格瑪管理相呼應，展開了全公司範圍的顧客完全滿意（Total Customer Satisfaction，TCS）活動。這項活動的目的是創造和促進一種追求盡善盡美的風氣，這項活動在摩托羅拉深入人心，轟轟烈烈。

TCS 已經成為摩托羅拉員工的價值體現和企業文化的精髓，旨在超越顧客的期望。TCS 的內涵體現了摩托羅拉的主要信念、主要目標和主要理念。這已成為摩托羅拉人言行的一部分。

摩托羅拉現在分布在全球的公司已有 7,000 個左右的 TCS 團隊（小組）。它們活躍在摩托羅拉的所有子公司，給摩托羅拉創造著積極向上的活力。有趣的是，在夏天，當你走在一個大城市的街頭，沒準就看到有人穿有「TCS」字樣的 T 恤。這些 T 恤可能

就是摩托羅拉員工的競賽服裝或參加小組活動的紀念品。

為鼓勵和表彰 TCS 價值在摩托羅拉各工廠、銷售處、分銷中心及子公司各部門的模範作用，摩托羅拉於 1990 年開展了 TCS 團隊競賽。摩托羅拉的 TCS 團隊競賽每年都獎勵數千個小組，因為它們在各自的 TCS 活動中大大提高了顧客的滿意度，實現了 TCS 的目標。

摩托羅拉的 TCS 理念甚至對摩托羅拉的供應商和分銷商也產生了巨大的影響。摩托羅拉為了實現顧客完全滿意的目標，就必須確保每個零部件的質量。為達到這一目的，摩托羅拉把 TCS 活動擴展到了供應商。摩托羅拉知道，如果供應商不能提供優質產品，摩托羅拉就不可能生產出優質產品。

資料來源：何曉群. 六西格瑪及其導入指南 [M]. 北京：人民大學出版社，2003：81-82.

【思考題】

1. 結合案例材料說明六西格瑪管理與顧客滿意的關係。
2. 談談摩托羅拉是如何識別顧客心聲的。
3. 結合案例材料說明摩托羅拉六西格瑪管理中成功的關鍵因素是什麼？從中我們可以得到什麼啟示？

參考答案要點：

1. 結合案例材料說明六西格瑪管理與顧客滿意的關係。

答：顧客滿意即「顧客對其要求已被滿足的程度的感受」。顧客是公司的核心，產品質量由顧客定義，顧客期望獲得有關產品性能、可信性、競爭價格、及時支付、服務、清晰正確的交易處理及更多事項的信息保證。六西格瑪管理要求企業站在顧客的立場上來審視企業所有業務，在產品或服務的整個設計、開發、製造、銷售及售後服務等質量形成的全過程中傾聽顧客意見，瞭解顧客需求，以滿足顧客期望為起始點，以獲得顧客滿意為終點，通過對顧客需求和交易過程所產生的商業信息的瞭解，發現顧客的感受。而六西格瑪管理理念正是從顧客的立場出發，把缺陷看成改進的機會，通過持續改進，不斷提高顧客價值，達到顧客滿意，實現顧客滿意和企業盈利的雙贏局面。可見，六西格瑪管理與顧客滿意之間是相輔相成的關係。

2. 談談摩托羅拉是如何識別顧客心聲的。

答：摩托羅拉自 1989 年開始，展開了全公司範圍的顧客完全滿意活動。其目的是創造和促進一種追求盡善盡美的風氣，TCS 活動在摩托羅拉深入人心，轟轟烈烈。TCS 團隊競賽的受益者表面是競賽成功的 TCS 團隊，其實最終受益者是摩托羅拉和顧客。摩托羅拉以這樣的方式向顧客昭示：「摩托羅拉每個員工的首要任務——顧客完全滿意」。大街上有人穿有「TCS」字樣的 T 恤，無時無刻不提醒著顧客摩托羅拉公司的基本目標，也免費為摩托羅拉做著有力的代言。而在這期間，摩托羅拉的公司理念也逐漸深入顧客內心，讓顧客獲得更好的消費體驗。

3. 結合案例材料說明摩托羅拉六西格瑪管理中成功的關鍵因素是什麼？從中我們可以得到什麼啟示？

答：摩托羅拉六西格瑪管理中成功的關鍵因素是，以目標為 3.4PPM 的管理哲學，并以突破式的策略，始終堅持并以顧客完全滿意為原則。不論你在摩托羅拉從事什麼工作、在何崗位、職務高低、大家的目標是一致的，就是為了顧客的完全滿意。而六西格瑪基

本原理就是站在顧客的角度，為顧客的消費需求深思熟慮。從六西格瑪基本原理中我們可以清楚地知道，六西格瑪是以滿足顧客為核心：①滿足顧客需求的產品；②很高的顧客滿意度。而滿足顧客需求的產品則是以合適的價格、更高的顧客忠誠度、更高的市場份額為基礎的，這樣才能為企業創造更高的收益。高的顧客滿意度以改進流程、縮短週期、降低劣質、降低廢棄頻率和返工率為依託，來達到更低的總成本。二者結合才能為企業創造更好的收益（見圖9.1）。摩托羅拉的TCS作用并影響著摩托羅拉各工廠、銷售處、分銷中心及子公司各部門，甚至供應商和分銷商，對這些環節的產品質量也進行了嚴格要求。

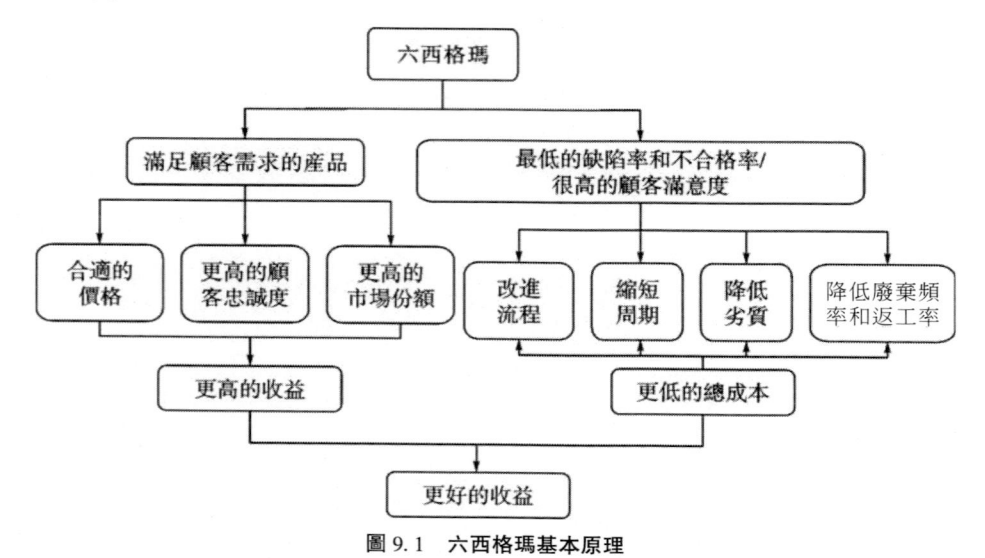

圖9.1　六西格瑪基本原理

從中我們可以得到以下啟示：①企業應站在顧客的角度設身處地為他們著想，滿足顧客的要求。這樣才能達到企業的目標，最終使顧客和企業二者達到雙贏的局面。②六西格瑪中「滿足顧客需求」占了很大的比重。只有提供了更好的產品質量的服務質量和更具競爭力的價格，才能獲得顧客更高的忠誠度、更高的滿意度，從而為企業獲得更高、更好的收益，并在同行業中獲得競爭力優勢。③企業只有充分瞭解客戶的需求，知道他們需要什麼，不需要什麼，做到知己知彼，才能走到行業的前沿。

【案例二】

六西格瑪實施案例：降低儀表表面褶皺缺陷率

世通汽車裝飾公司儀表板表面褶皺缺陷率高引起返工，且對產品質量影響很大。為此，公司成立六西格瑪項目小組解決存在的問題。具體實施步驟如下：

一、定義階段（D）

1. 現狀描述

儀表板表面褶皺缺陷發生率相當高，2010年1—4月平均褶皺缺陷發生率為16%，4月高達26.5%。另外，由於褶皺造成的損失也遠遠高出其他原因造成的損失，以2010年2月為例（產量為2,465件）：月廢品損失達73,398元，其中，褶皺廢品報廢損失為37,883元，占50%左右；另外，月返修損失達2,189元，其中，褶皺返修損失為1,572元，占72%。

2. 關鍵質量特性

（1）產品表面有褶皺，影響產品外觀。

（2）客戶對褶皺有抱怨。

3. 缺陷形成的原因

真空成型的表面在發泡工序後，表面沒有完全伸展，在有效部位產生可見褶皺。

4. 項目目標

（1）短期目標：減少褶皺缺陷，將褶皺報廢損失率降低50%，褶皺缺陷發生率控製在8%以下，在2010年9月實現項目短期目標。

（2）長期目標：褶皺報廢損失率降低90%。

5. 經濟效益

（1）經濟效益以每月產量2,500件計算，達到目標價值所節約的原材料和人力。

（2）每年50%改進＝236,730元。

（3）每年90%改進＝426,114元。

（4）減少用戶抱怨。

（5）提高生產能力。

6. 項目工作計劃

（1）成立六西格瑪團隊，確定負責人2人、黑帶及團隊成員9人（包括財務人員）。

（2）對團隊成員進行六西格瑪基礎知識培訓。

（3）利用頭腦風暴法、魚刺圖分析查找可能的原因。

（4）制定措施，確定負責人，跟蹤整改。

（5）分析措施與效果之間的關係，進一步改進。

二、測量階段（M）

（1）建立專用記錄表，對本體發泡後褶皺發生情況做詳細記錄，包括生產日期、褶皺發生部位、操作者、褶皺發生程度等。

（2）明確缺陷標準，記錄時正確區分缺陷類型。

三、分析階段（A）

1. 項目小組討論形成共識

（1）從「頭腦風暴法」入手，尋找根本原因（收縮率、硬度、不同顏色的對比等）。

（2）詳細記錄缺陷，尋找規律。

（3）採取措施，跟蹤結果。

2. 儀表板工藝流程圖（見圖9.2）

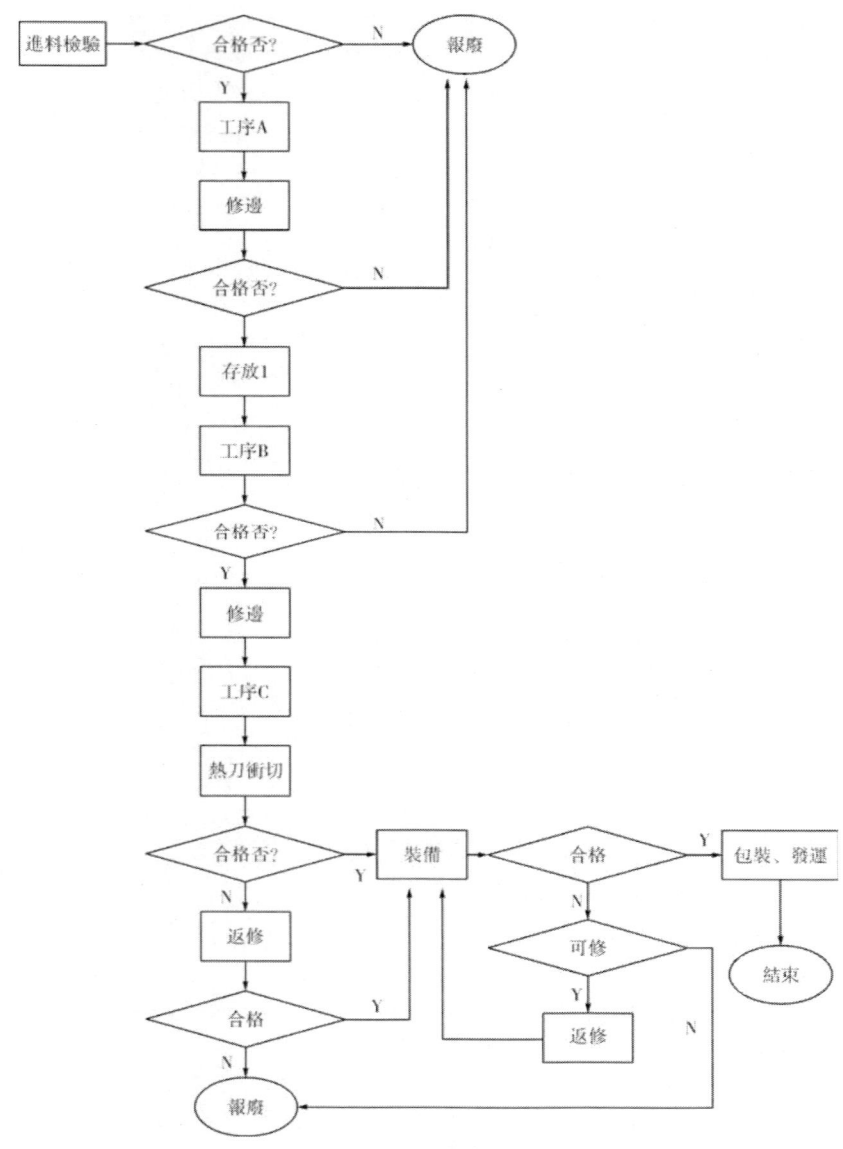

圖9.2 儀表板工藝流程圖

3. 儀表板表面褶皺原因分析（見圖9.3）

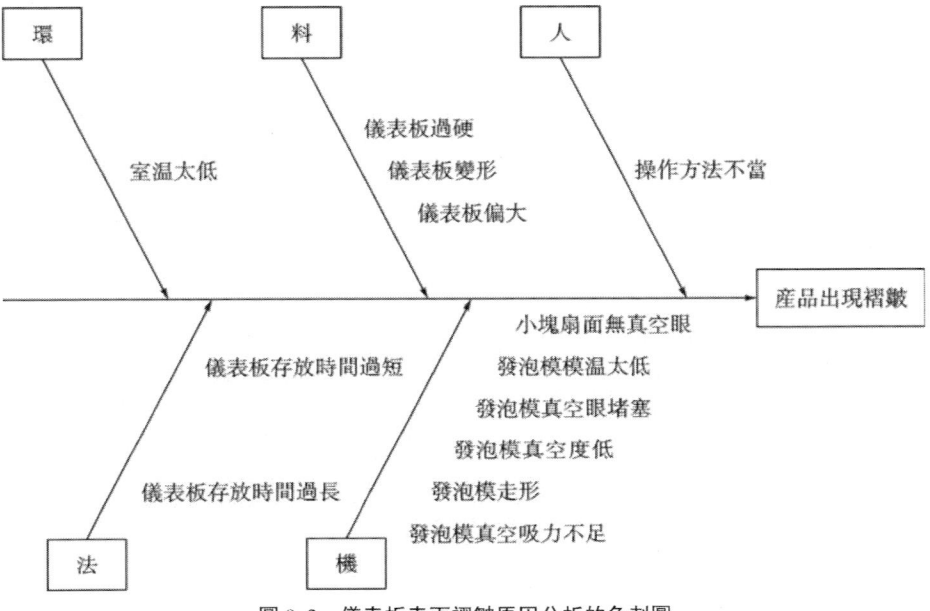

圖9.3　儀表板表面褶皺原因分析的魚刺圖

4. 儀表板表面褶皺缺陷記錄結果（見圖9.4和表9.1）

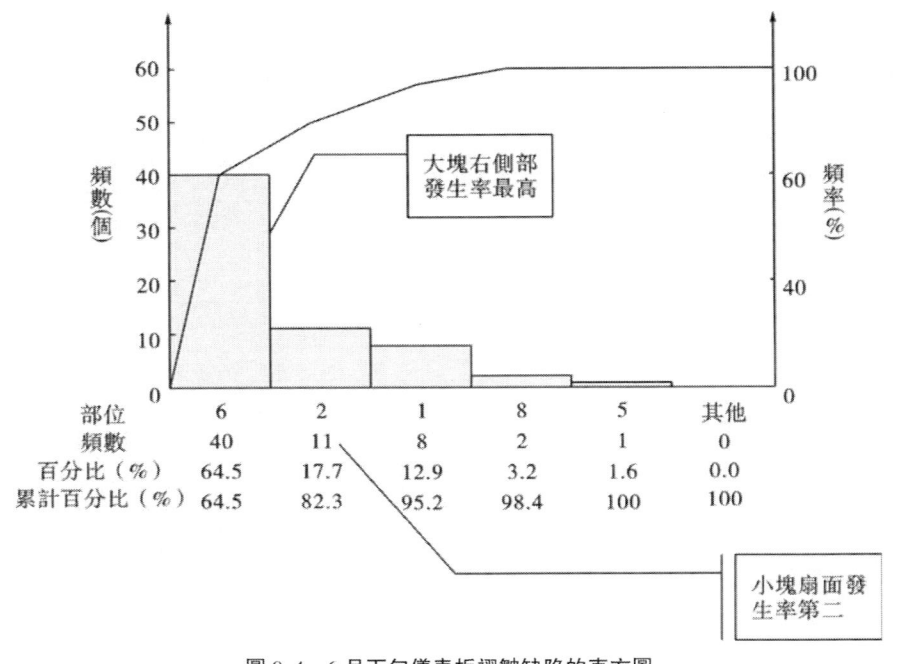

圖9.4　6月下旬儀表板褶皺缺陷的直方圖

部位	6	2	1	8	5	其他
頻數	40	11	8	2	1	0
百分比（%）	64.5	17.7	12.9	3.2	1.6	0.0
累計百分比（%）	64.5	82.3	95.2	98.4	100	100

表 9.1　　　　　　　　6月下旬儀表板表面褶皺缺陷記錄　　　　　　單位：次

褶皺發生部位	累計發生數	程度小	程度中	程度大
（1）小塊左上側部	8	6	1	1
（2）小塊扇面	11	3	3	5
（3）大塊扇面左側	0			
（4）大塊扇面中部	0			
（5）大塊扇面右側	1			
（6）大塊右側部	40	36	2	2
（7）大塊右下部	0			
（8）小塊左下部	2	1	1	

5. 表皮顏色與儀表板褶皺報廢記錄結果（見表9.2）

假設檢驗結果表明，表皮灰色與米色褶皺發生率無明顯差別。

使用假設檢驗比較表皮灰色與表皮米色褶皺報廢率。

灰色開模數：$n=4,756$，報廢數=49，報廢率 $p_1=0.010,3$

米色開模數：$m=3,236$，報廢數=49，報廢率 $p_2=0.012,4$

$n+m=8,001$，總報廢率 $p=\dfrac{89}{8,001}=0.011,1$

表 9.2　　　　　　　　表皮顏色與儀表板褶皺報廢記錄

月份	灰色開模數（個）	報廢數（個）	米色開模數（個）	報廢數（個）
1	200	5	151	6
2	1,083	17	1,382	14
3	1,237	6	426	4
4	1,021	8	916	12
5	1,224	13	361	4
合計	4,765	49	3,236	10
報廢率（%）	1.03		1.24	

u 檢驗統計量：

$$u=\dfrac{p_2-p_1}{\sqrt{\left(\dfrac{1}{n}+\dfrac{1}{m}\right)\times p\times(1-p)}}$$

$$=\dfrac{0.012,4-0.010,3}{\sqrt{\left(\dfrac{1}{4,765}+\dfrac{1}{3,236}\right)\times 0.011,1\times(1-0.011,1)}}$$

$$=\dfrac{0.002,1}{0.023,89}=0.869,6$$

$|u|=0.869,6<1.96=u_{0.975}$。假設檢驗結果表明，表面灰色與米色褶皺報廢率無

顯著差異（α＝0.05）。

6. 成型後表皮收縮率試驗結果（見表9.3）

方法說明：專門對真空成型後表面的收縮情況進行了衡量。成型後，裁取大塊扇面中部、大塊扇面左側、小塊扇面共三塊，試樣尺寸分別為 200 毫米×200 毫米、200 毫米×200 毫米、100 毫米×100 毫米。裁取後立即測量橫向及縱向尺寸。測量時間控制在成型後 20 分鐘內，在成型後 18 小時、42 小時再次測量，計算表面收縮率。

表9.3　　　　　　　　　成型後表皮平均收縮率試驗成果

時間（小時）　平均收縮率（％）	縱向	橫向
18	0.38	0.16
42	0.59	0.21
18～42	0.21	0.05

測量結果顯示：

（1）縱向（表皮縱向為本體長度方向）收縮率大於橫向收縮率。

（2）橫向收縮快，在成型後 18 小時基本收縮完畢。

（3）縱向收縮慢，在成型後 18～42 小時仍有 0.21％ 的收縮，而成型後 18 小時的收縮率為 0.38％。

7. 結論

（1）成型後在一段時間內一直處於收縮狀態，特別是大塊尺寸變化明顯。

（2）根據測得的收縮率可計算，在成型後 18 小時，長度方向大塊縮短了 3～4 毫米，小塊縮短了 0.44 毫米；成型後 42 小時，長度方向大塊可能縮短了 5～6 毫米，小塊縮短了 0.5 毫米。因此，放置時間是一個不容忽視的問題，選擇適當的放置時間具有實際的作用。

8. 儀表板褶皺產生的主要原因

（1）懸掛方法與存放時間。

（2）發泡工藝參數（包括真空度、真空眼分布及清潔、模具嚴密性等）。

四、改進階段（I）

1. 改進真空成型後表皮懸掛方法（見表9.4、圖9.5、圖9.6）

表 9.4　懸掛方法改進前後的對比

項目	懸掛方法改進前 2010年 7月	懸掛方法改進後（2010年） 8月1日	8月2日	8月3日	8月6日	8月7日	8月8日	8月9日	8月10日	8月12日	8月13日	8月14日	8月15日	8月1—15日
開模數（個）	1,814	119	112	130	105	135	90	190	162	80	130	125	68	1,466
褶皺返修數（個）	179	8	17	15	6	15	11	9	10	0	13	13	6	123
褶皺報廢數（個）	22	2	1	2	1	1	0	0	0	0	1	0	0	8
褶皺返修率（%）	9.87	6.72	15.18	11.54	5.71	11.11	12.22	4.74	6.17	0	10	10.4	8.82	8.51
褶皺報廢率（%）	1.21	1.68	0.89	1.54	0.95	0.74	0	0	0	0	0.77	0	0	0.55
廢品率（%）	3.09	4.2	1.79	1.54	1.9	1.48	3.33	0.53	4.84	1.25	6.15	3.2	0	2.63

（1）將大小塊分開懸掛，大塊在下小塊在上；大塊原夾持部位在上側邊，現夾在左右側邊。懸掛時注意將表皮盡可能平成自然形狀，特別是小塊扇面。

（2）合理安排生產計劃，控制表皮存放時間，將存放時間控制在1~2個工作日。

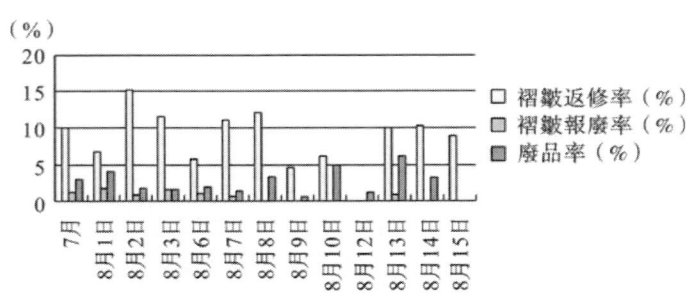

圖9.5 懸掛方法改進前後褶皺返修率、報廢率及廢品率的對比

假設檢驗結果表明：在 $\alpha=0.05$ 的水平下，懸掛方式改進前後褶皺報廢率為：

$$u = \frac{0.012,1 - 0.005,5}{\sqrt{\left(\frac{1}{1,814} + \frac{1}{1,446}\right) \times 0.009,2 \times (1 - 0.009,2)}}$$

$= 1.961 > 1.96$

有了顯著下降，但褶皺返修率與總報廢率分別為：

$$u = \frac{0.098,7 - 0.085,1}{\sqrt{\left(\frac{1}{1,814} + \frac{1}{1,446}\right) \times 0.092,64 \times (1 - 0.092,64)}}$$

$= 1.332 < 1.96$

$$u = \frac{0.030,9 - 0.026,3}{\sqrt{\left(\frac{1}{1,814} + \frac{1}{1,446}\right) \times 0.028,83 \times (1 - 0.028,83)}}$$

$= 0.778,3 < 1.96$

沒有顯著下降。

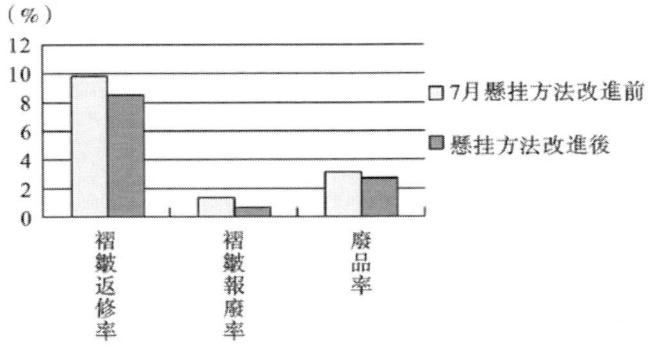

圖9.6 懸掛方法改進前後褶皺返修率、報廢率及廢品率的對比

2. 改進真空系統（改進模具，見表9.5、圖9.7）
(1) 徹底清潔發泡模具真空眼。
(2) 增加大塊側部、小塊側部真空眼。
(3) 將大塊、小塊側部真空眼與主氣路打通。
(4) 修補發泡模具邊緣，增加模具密封性，提高真空度。

表9.5　　　　　　　　　模具改進前後的對比

項目	模具修改前8月1—15日	模具修改後8月18—31日
開模數（個）	1,466	992
褶皺返修數（個）	123	7
褶皺報廢數（個）	8	1
褶皺返修率（％）	8.51	0.71
褶皺報廢率（％）	0.55	0.1
廢品率（％）	2.63	2.02

假設檢驗結果表明：在 $\alpha=0.05$ 的水平下，模具修改前後褶皺返修率、褶皺報廢率有了明顯下降，但廢品率沒有明顯改善。

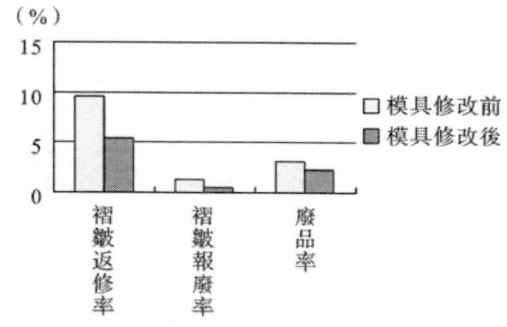

圖9.7　模具修改前後褶皺返修率、報廢率及廢品率的對比

3. 驗證數據（見表9.6、圖9.8）

表9.6　　　　　　　　　7—8月儀表板表面褶皺缺陷趨勢

項目	2010年7月	2010年8月
開模數（個）	1,814	2,438
返修數（個）	179	130
褶皺報廢數（個）	22	9
褶皺返修率（％）	8.87	5.33
褶皺報廢率（％）	1.21	0.37
廢品率（％）	3.09	2.27

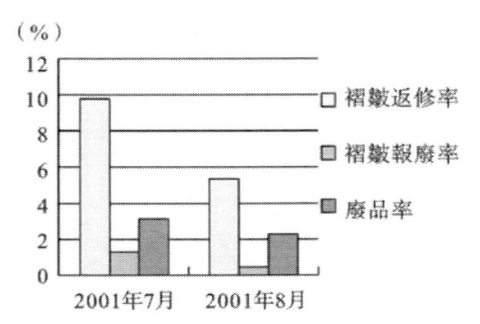

圖 9.8　7 月、8 月褶皺返修率、報廢率及廢品率對比

　　假設檢驗結果表明：通過項目改進，儀表板褶皺返修率、報廢率有了顯著下降（$\alpha = 0.05$），廢品率也有了一定的改善。
　　五、控制階段（C）
　　（1）更新反應計劃（班前徹底清潔發泡模具，定期疏通發泡模具真空眼，控製存放時間等內容）。
　　（2）更改作業指導書（改進懸掛方法）。

資料來源：唐曉芬. 六西格瑪成功實踐　實例薈萃［M］. 北京：中國標準出版社，2002：12-18.

【思考題】
1. 在分析階段採取了什麼方法來尋找原因？收效如何？
2. 該項目怎樣判斷缺陷率高的原因？
3. 該項目還存在什麼問題？
4. 世通汽車裝飾公司通過 DMAIC 獲得的實質性的成效中，我們可以得到什麼啟示。

　　參考答案要點：
　　1. 在分析階段採取了什麼方法來尋找原因？收效如何？
　　項目團隊主要採用了頭腦風暴法。團隊成員積極開動腦筋，對表面褶皺成因提出了很多設想，其中少部分被否定了，如表面顏色對褶皺無影響；而大部分通過假設檢驗被肯定了，如懸掛方法對報廢率有顯著影響，模具清潔對褶皺的返修率和報廢率都有影響。這些對提高產品質量和降低成本有直接影響。
　　2. 該項目怎樣判斷缺陷率高的原因？
　　在進行判斷時，不論肯定與否定都是通過假設性檢驗做出的，這樣得出的結論較為科學、客觀。克服了「看一看」就得出結論，缺少依據、容易誤判的弊端。
　　3. 該項目還存在什麼問題？
　　項目在降低返修率和報廢率上取得了明顯效果，但廢品率改善還不明顯，項目團隊需要繼續努力，將此作為下一個項目改進的目標。
　　4. 世通汽車裝飾公司通過 DMAIC 獲得的實質性的成效中，我們可以得到什麼啟示。
　　世通汽車裝飾公司通過項目改進，儀表褶皺返修率、報廢率有了顯著下降，廢品

率也有了一定的改善。褶皺返修率由 9.87% 下降到 5.33%；褶皺報廢率由 1.21% 下降到 0.37%；廢品率由 3.09% 下降到 2.27%，大幅度降低了企業的總成本。

我們從中得到的啟示：當一個六西格瑪項目完成後，不但能有效地提高過程和產品的質量，而且有助於發現新的改進項目；特別是當一個項目揭示出同一產品或過程的改進機會時，人們會義無反顧地投入新的改進項目之中。這樣，六西格瑪就會進入一種持續改進的良性循環之中，每完成一個六西格瑪項目，過程質量和產品質量就提高一步，質量經濟效益就增長一步。這樣堅持數年，由量的累積到達質的飛躍，使過程和產品的不合格趨近於零，實現六西格瑪的目標，使企業不斷發展壯大，成為最優秀的企業。

【案例三】

金寶電子：步伐穩健地行走於六西格瑪之路

2000 年 12 月，第十屆臺灣質量獎的頒獎典禮上，在評審「質量不折不扣」的理念下，金寶電子以多年來追求質量的決心與成就脫穎而出，獲得該獎。細察金寶電子追求質量的努力、實施質量的過程，得以知道這個獎得來實至名歸。

金寶電子自 1994 年起，就在董事長許勝雄的領導下，努力實施六西格瑪的質量策略。六西格瑪曾經協助許多世界級企業展現驚人的成績。它曾經使通用電氣（GE）公司邁向營運的高峰，被杰克韋爾奇稱為通用公司所採用的最重要的管理措施，也是西方企業力抗日本企業反敗為勝的法寶。

在未實行六西格瑪前，金寶電子所產生的產品錯誤率頗高，無法達到客戶滿意，容易引起顧客抱怨，產品缺乏競爭力。為了提高競爭力，金寶電子決定導入六西格瑪管理。當時金寶電子派遣了一批人員到美國接受六西格瑪的訓練課程，其中成員包含總經理、數位副總經理及相關人員，陳乃源也是其中之一。

受訓回國後，陳乃源全身心投入金寶電子執行六西格瑪的架構規劃。陳乃源指出：「實踐六西格瑪的基本原則，是以顧客需求為出發點，一切改善都必須以顧客需求為主，講求從製造過程開始改進，而不是看產品產出最後的結果，因為產品事後的修補往往要花費更多的成本，質量改善最重要的是從根源做起，也就是在設計時就減少錯誤的機會。尤其是在產品生命週期急速縮短的今天，已沒有時間讓你嘗試錯誤了，也無法再像過去一樣等生產過程結束後再統計錯誤，必須在設計時就減少錯誤的發生，把線上的製造能力都計算、考慮進去，讓產品符合標準，將製造流程改善，一次就做好，使得後續不至於有錯誤發生。」金寶電子按照下面四點，執行六西格瑪架構規劃，已達到六西格瑪的目標。

1. 致力教育培訓達成全員共識

在執行六西格瑪的過程中，金寶電子在全面質量管理（TQM）的架構下，確定質量方針，擬定了中長期的質量目標與策略，使質量方針、目標與策略分解落實到各部門去執行，且有董事長領導高階主管按期稽核，親至現場診斷并做提案改善。同時運用諸如 SPC、MSA、DOE、QFD、FMEA、QCC、ZD 與提案製度、IE 作業改善、田口質

量工程等各種質量方法，達到各階段所設定的質量目標。

陳乃源說：「六西格瑪牽涉到的并非只是質量而已。它牽涉到組織文化的改變。事實上，它就是一種組織變革。要推行六西格瑪，首先就必須透過教育訓練，改變組織內既有的思維模式。」

由於執行六西格瑪需要許多專業技能以及質量知識，因此金寶電子在公司內部成立了訓練機構，開設了許多培訓課程，包括 SPC、MSA、DOE、QFD、FMEA、田口方法、ISO、質量成本 QCOST、基本統計、顧客滿意、同步工程、價值工程、綠色設計等，受訓成員包括各部門主管、工程師與職員。除一系列的教育培訓課程之外，公司也針對何謂六西格瑪對全員進行教育，讓全體員工瞭解何謂六西格瑪，讓他們學習六西格瑪的技巧，同時啓發員工的新觀點及創意。

2. 步伐穩健履行六西格瑪管理

自 1944 年決定開始推行六西格瑪（6σ）時，金寶電子當時質量標準只達 3.5σ，也就是每百萬件產品中，還有 22,700 個可能存在缺陷；直至 1995 年，金寶電子達到了 4σ 的目標，也就是每百萬件產品可能缺陷數下降為 6,210 個；1999 年，更達到 4.74σ，也就是每百萬件產品中可能的缺陷數下降到 600 個，與此同時，金寶電子也獲得了臺灣質量獎的肯定。2000 年，金寶電子以達到了 5.04σ，即每百萬件產品缺陷數只有 197 件。由 22,700 件至 197 件，金寶電子六西格瑪之路，一步一個腳印，扎紮實實地走過來，成果也明明白白地呈現出來。金寶電子在 2002 年達到六西格瑪的目標，每百萬件產品只有 3.4 個缺陷數，近乎零缺點，見表 9.7。

表 9.7　　　　金寶電子 1994—2002 年質量標準與 DPMO

年份	質量標準	每百萬次的缺陷數（DPMO）/個
1994	3.5σ	22,700
1995	4σ	6,210
1999	4.74σ	600
2000	5.04σ	197
2002	6σ	3.4

3. 用數字說話

六西格瑪是一種高度依賴統計的質量管理方法。統計數字是執行六西格瑪的重要工具，以數字來說明一切。所有的生產表現、執行能力等都會量化為具體的數字，由數字說話，成果一目了然。決策者及經理人可以從各種統計報表的具體數字中找出問題在哪裡，而改善的成果都需以統計與財務數據作依據。諸如產品合格率、客戶抱怨、節省的成本等，在報表上都清清楚楚地展現出來。這些具體的統計資料，除了是目前金寶每月一次檢查的重點之外，也是很多大客戶在下訂單之前考量的因素。因此，只要將數據攤開了，讓數字說話，要假也假不了。

4. 領導者的定位及角色

任何新政策都需要領導者的支持與引導，六西格瑪更是不例外。當初，金寶電子

就是在許勝雄的堅持下，開始了經理人出國學習、各部門方針展開、全員一起投入實踐六西格瑪的過程。在這個過程中，領導人以身作則，將公司「重視六西格瑪、非做不可」的心態傳達給各階層專業經理人，改變他們的思維觀念。這是成功實踐六西格瑪很重要的關鍵。金寶電子，從先前由董事長領導高階主管至各部門去執行稽核、診斷并做提案改善，以及每月一次的檢查，最高主管從未缺席，上行下效，金寶電子展現出來的成績，領導人功不可沒。

隨著質量的躍進，金寶電子達成了六西格瑪的終極目標，但是目標的達成并不代表腳步的停頓與靜止。就如同陳乃源所言：「客戶對質量的要求只會越來越嚴格，質量改善是永無止境的，追求質量沒有結束的時候。」

資料來源：秦靜，方志耕，闞葉青. 質量管理學［M］. 北京：科學出版社，2005：346-349.

【思考題】

1. 為什麼說六西格瑪是一種組織變革？
2. 金寶電子是如何實施六西格瑪管理的？
3. 金寶電子成功實施六西格瑪的原因是什麼？取得了哪些實質性的成效？

參考答案要點：

1. 為什麼說六西格瑪是一種組織變革？

六西格瑪涉及的不僅僅是質量，而且還涉及組織文化的改變。它是對組織成員的觀念、態度和行為的改變，通過教育訓練（包括 SPC、MSA、DOE、QFD、FMEA、田口方法、ISO、質量成本 QCOST、基本統計、顧客滿意、同步工程、價值工程、綠色設計等），來改變組織內既有的思維模式。當然，通過對員工的培訓來達到改變員工的思維模式是遠遠不夠的。任何組織變革都需要領導者的支持與引導，六西格瑪更是不例外。在員工們都排斥六西格瑪的時候，領導者就需作為一個好的變革的溝通者、行動的領導者，這樣上行下效，金寶電子的六西格瑪目標終於達成了全員的共識。正如金寶電子副經理陳乃源所說，「六西格瑪是一種組織變革」。

2. 金寶電子是如何實施六西格瑪管理的？

金寶電子在實施六西格瑪管理過程中，花費了不少的心力。

（1）派遣了一批人員到美國接受六西格瑪的訓練課程，其成員包含總經理、數位副總經理及相關人員，讓領導班子對六西格瑪有一定的認知，從而潛心致力於六西格瑪的架構規劃。

（2）致力教育訓練達成全員共識，對員工進行六西格瑪教育，讓全體員工瞭解何謂六西格瑪，讓他們學習六西格瑪的技巧。告知員工，六西格瑪并不只是一種質量的標準而已，而是一種工作的哲學，必須將之內化成員工的習慣，養成員工一次就做好，一次就做對的工作觀。

（3）以通用電氣作為學習的標竿，當成比較與學習的對象，有了目標，才知道自己前進的方向，才有源源不斷的動力。

（4）將所有的生產能力、執行能力等都量化為具體的數字，由數字說話，成果一目了然。這樣方便管理層以及員工知道我們在哪些方面進步了，再接再厲。在哪些方面還存在不足，需進一步努力。

（5）領導人的決斷力，讓六西格瑪很快滲透到金寶電子公司的各處，公司所展現出來的成績，領導人功不可沒。

3. 金寶電子成功實施六西格瑪的原因是什麼？取得了哪些實質性的成效？

（1）金寶電子成功實施六西格瑪有以下幾個原因：

①認識到自身的不足。1994年，金寶電子的質量標準只達到3.5σ，缺陷率高，影響企業在市場上的競爭力。正因為認識到這些不足，金寶電子的領導班子才決定努力實踐六西格瑪的質量策略。

②樹立了可以學習的標杆企業——通用電氣。六西格瑪曾經使通用電氣公司邁向高峰，因而金寶電子選擇通用電氣為比較學習的對象。當然，每個企業都有其自身獨特的地方，金寶電子也并非完全照抄通用電氣，這也是其成功實施六西格瑪的另一制勝法寶。

③卓越的領導者。金寶電子副總經理陳乃源全身心投入執行六西格瑪的架構規劃，以及針對何謂六西格瑪對員工進行教育，為金寶電子質量傾註了不少的心力。金寶電子的董事長許勝雄領導經理人出國學習、全體員工一起投入實踐六西格瑪，他領導高階主管至各部門去執行稽核、診斷并做提案改善，更值得敬佩的是他以及他所領導的主管從未缺席。從這些可以看出領導班子對六西格瑪的重視。任何新政策都需要領導者的支持與引導。只有領導者重視了，員工才會不排斥新政策，進而慢慢地接受新政策，最終為實現新政策而奮鬥。故而，金寶電子成功實施六西格瑪，領導者功不可沒。

④優秀的員工。只有卓越的將軍，而無優秀的士兵，一切也只是紙上談兵。自從採取全面展開的目標方針以後，從總經理到各部門主管，從工程師到生產線上作業員，他們都不斷地自我充實與學習各種可以達到六西格瑪目標的資訊與知識，嘗試各種質量方法，并且積極主動參加各種培訓，如SPC、MSA、DOE、QFD、FMEA、田口方法、ISO、質量成本QCOST、基本統計、顧客滿意、同步工程、價值工程、綠色設計等。由於這些員工的不懈努力，金寶電子的質量達到了近乎零缺點。

（2）金寶電子公司取得實質性成效如下：

①1994年，金寶電子質量標準只達到3.5σ，而在2002年，完全達到了六西格瑪的目標，每百萬件產品只有3.4個缺陷數，近乎零缺點。

②金寶電子實施六西格瑪後，不僅得到了客戶的肯定，成本也大幅度降低。公司在導入六西格瑪管理之前，主要花費在沒有一次將事情做對而在事後耗費補救成本過多，導入六西格瑪管理後，這項費用所占比例由以前的14%降低為2%，而質量成本占總成本比例也由導入前的3%降低為不到2%。

綜上，金寶電子經過8年來致力追求質量的決心與成就，質量達到近乎零缺點是通過了公司上下全員的努力而完成的。

【案例四】

通用電氣公司實施六西格瑪管理體系的成功經驗

六西格瑪管理起源於摩托羅拉公司，是一種在通用電氣獲得巨大發展并被世界

80%的500強企業所採用的追求卓越的系統的解決問題方法。

通用電氣公司多年以來一直是世人所關注的焦點，一直被譽為美國乃至世界最受推崇、最受尊敬的公司。通用電氣公司取得如此驕人的業績，其成功的關鍵就是不斷地進行改革。而從1995年實施「六西格瑪管理」以來，通用電氣公司更上一層樓，公司的營業利潤從1995年的66億美元飆升為1999年的107億美元。通用電氣公司在1995年這樣分析自己實施六西格瑪管理的必要性：通用電氣公司的典型過程是每百萬次中產生大約35,000個不合格，這聽起來似乎很多，也確實不少。但是，這是目前大多數成功的公司常見的不合格水平。這種不合格水平介於$3\sigma \sim 4\sigma$。通用電氣公司的年收入超過700億美元，這就意味著每年有70億~100億美元的損失，這種損失大部分產生於報廢、零件返工以及交易中的錯誤。如果六西格瑪管理每年能產生70億~100億美元的節約，這無疑是一筆巨大的財富。除了經濟原因之外，六西格瑪管理還伴隨著質量的大幅度提高、員工士氣的提高、市場佔有率的提高、顧客滿意度的提高、競爭能力的提高，這些是更重要的回報。但是，實施六西格瑪的目標是艱鉅的，為了在2000年達到六西格瑪，必須做到平均每年將差錯降低84%。

1995年年末，通用電氣公司提出了附帶200個項目和龐大培訓方案的六西格瑪管理實施計劃。事實上，1996年共完成了3,000個項目，培訓了3萬名職工。整個計劃投資2億美元，在質量方面帶來的經濟回報1.7億美元（與投入相接近）。1997年，通用電氣公司投資3億美元，計劃進行6,000個項目，實際上做了11,000個項目，培訓了約10萬名職工，獲得了6.2億美元的回報（扣除3億美元的投資後，六西格瑪管理帶來的節約額是3.2億美元）。1998年年末，進行了37,000個項目，六西格瑪管理帶來的節約額是7.5億美元。1999年，進行了47,000個項目，六西格瑪管理的節約額是15億美元。到2000年，六西格瑪管理為通用電氣公司帶來了總收益超過了150億美元。通用電氣公司的利潤率從1996年的14.8%，上升到2000年的18.9%。（見圖9.9、圖9.10、圖9.11）

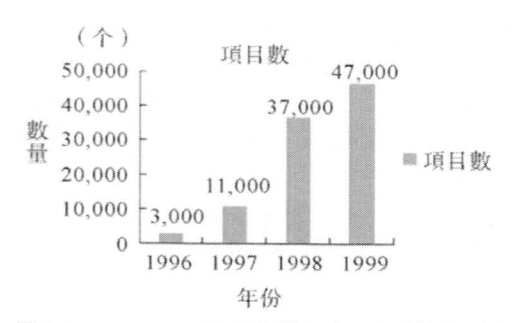

圖9.9 1996—1999年通用電氣公司完成的項目數

六西格瑪管理如此巨大的經濟利益是怎麼產生的呢？通過通用電氣公司實施六西格瑪項目的某些做法，人們可以看到其中的一些秘密。

在通用資產公司，員工在一年中接到顧客的電話大約30萬個，其中24%的電話因為人不在或者忙不過來，而不得不使用語音信箱或顧客再次撥打電話。但是當員工根

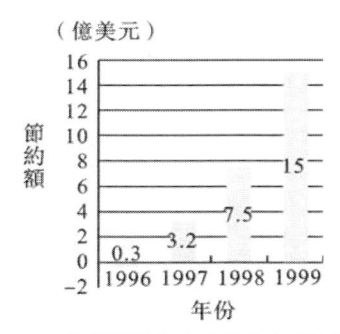

图 9.10　1996—1999 年通用电气公司实施六西格玛管理的节约额

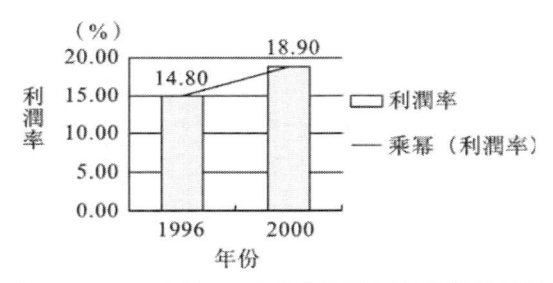

图 9.11　1996 年与 2000 年通用电气公司利润率比较图

据语音信箱回电时，那位顾客却正在与其他公司接洽，通用电气公司因此丢掉了生意的先机。一个六西格玛小组接到这个改进项目后，首先进行调查、收集数据。他们发现，42 个分部中的一个分部，在接打电话方面近乎达到了 100% 的程度。该小组分析了这个分布的系统、运作流程、设备、布局安排和员工配备情况，并将其克隆给另外的 41 个分部。现在，第一次拨打电话就能找到通用电气公司人员的概率已经达到了 99.9%。顾客的电话中约有 40% 能给公司带来生意，据此推算仅这一个项目的回报就可以达到数百万美元。

合同都规定有交货期。过去的大多数情况下，通用电气公司与客户商定一个交货期，然后按商定的日期交货。实施六西格玛管理后，通用电气公司从顾客需求出发重新考虑交货期。例如，飞机引擎维修的周期应该是引擎从飞机上拆下来，一直到引擎修好后安上飞机，直到飞机能再次起飞的时间。于是，通用电气公司在每一份订单上都附上启用日期的标签，使所有人都一目了然。真正从顾客考虑出发后，飞机引擎维修的周期从原来的 80 天减少到 5 天，顾客切身感受到了六西格玛管理的好处。2000 年，通用电气公司在 50 家航空公司做了 1,500 个飞机引擎项目，帮助顾客获得了 2.3 亿美元的经营利润。同理，顾客买 CT 扫描仪的周期应是原来的交货期再加上 CT 扫描仪第一次为病人服务的时间。2000 年，通用电气公司的医院系统的项目近 1,000 个，为医院创造了 1 亿美元以上的利润。

通用电气公司在整个公司范围内应用六西格玛管理的第一阶段，主要着眼于降低成本、提高生产力、调整有问题的工艺流程。工厂经理可以用六西格玛管理减少废品

損失，增強產品的穩定性，解決設備問題，提高生產能力；人力資源經理可以利用六西格瑪管理減少聘用員工所需要的時間；維修工人可以利用六西格瑪管理更好地理解顧客的需求，調整自己的服務，增強顧客滿意。在一個極端的例子中，有一個工廠發現，通過應用六西格瑪管理，能大大地提高工廠的生產能力，以至於在10年內無須做生產能力方面的投資。

通用電氣公司應用六西格瑪管理的第二階段，重點是應用六西格瑪設計新產品。應用六西格瑪設計并投放市場的第一個新產品是新型CT掃描儀。過去用傳統的CT掃描儀掃描左胸部需要3分鐘，現在只需要10秒。在3年裡，醫藥系統共啓動了22種運用六西格瑪設計的產品。2001年，醫藥系統的全部收入中有50%以上來自於六西格瑪設計的新產品，每一種投放市場的新產品都是引用六西格瑪設計的。

六西格瑪管理就是這樣創造了當代質量管理的神話：產品質量幾乎沒有不合格，過程不合格趨近於0。過去認為不可能的事，現在卻真的做出來了。過去的傳統理論認為：產品質量和過程質量提高到一定程度，生產成本將大幅度上升，在經濟上不合算；現在六西格瑪管理讓高質量與低成本和高效益完美地結合起來。質量管理在過去主要是工程師的事，現在則成了最高管理者和所有經理人員最關注的焦點。因為質量是市場與工人之間最直接的橋樑，質量管理直接將企業的所有活動與滿足顧客需求接軌，直接表現為贏得顧客信任、增加訂單、增加利潤，而且不斷地增強企業的競爭力，使企業不斷創造出新的增長點。

資料來源：於啓武. 質量管理學 [M]. 北京：首都經濟貿易大學出版社，2003：438-441.

【思考題】

1. 請總結出通用電氣公司實施六西格瑪管理體系的成功經驗。
2. 通用電氣公司成功實施六西格瑪管理對我們有何啟示？

參考答案要點：

1. 請總結出通用電氣公司實施六西格瑪管理體系的成功經驗。

（1）通用電氣公司利用六西格瑪，著重提高客戶滿意度，降低成本，提高質量，加快流程速度，調整有問題的工藝流程，減少生產週期（如飛機引擎維修的週期、CT掃描儀的後期等），改善資本投入，也就是使企業營運成為一個最低成本、最高質量、最高速度的生命體，以達到最大的財務效果。

（2）以客戶為中心，以過程控製為根本。

（3）加強了企業對標準設計定位與達標精度的測量，注重數據、量化管理。

（4）要求任何過程或動作都要有明確的目標和動機，一切不創造價值的過程均被視作浪費，追求極大的財務效果。

（5）重流程設計、改善和優化技術，並將六西格瑪系統推廣到所有流程中。把六西格瑪當作管理體系來建設，而不能簡單地當作一種工具。

（6）解決任何問題依照工具模式——DMAIC流程，即界定、測量、分析、改進、控製五個程序；同時，以課題項目方式展開活動，以科學的方法解決問題。

（7）理念普及上升到對解決問題的專業人才的甄別，重視人力培養。

（8）營造「群策群力」的和諧文化，這其實是通用電氣公司在採用六西格瑪期間

最亮眼的地方。

而通用電氣公司在實現六西格瑪的目標過程中，每年完成的項目數不斷增多，而其節約額反而不斷增加，產生的經濟效益非常巨大。可以看出六西格瑪管理給通用電氣公司帶來的好處。

由案例中三個圖可知，實施六西格瑪管理給通用電氣公司帶來很大的經濟利益。但六西格瑪管理帶來的好處不僅僅局限於經濟效益，還帶來了其他更重要的回報，如質量的大幅度提高、顧客滿意程度的提高、市場佔有率的提高、競爭能力的提高、員工士氣的提高等。

2. 通用電氣公司成功實施六西格瑪管理對我們有何啟示？

（1）通用電氣公司實施六西格瑪之所以取得成功，是因為它具備一個基本完善的組織架構，如信息系統、內部溝通機制、人力資源及財務、供應商管理、客戶關係管理、流程監督、項目管理、數據管理基礎、企業基本認證體系等，這些基本元素實際上就像金字塔的塔基，為六西格瑪的順利展開打下了堅實基礎。所以，對要實施六西格瑪管理的中國企業來講，必須有完善的組織構架。

（2）通過不斷設計六西格瑪，有系統地將工具、方法、過程和小組人員組合在一起，更有效地控製產品質量、降低成本，為企業增加利潤。

（3）實施精益六西格瑪，減小業務流程的變異，提高過程的能力和穩定性，提高過程或產品的穩健性；減少在製品數量、減少庫存、降低成本；縮短生產節拍、縮短生產準備時間、準確快速理解和響應顧客需求。

（4）通用電氣公司用了 5 年時間來完成六西格瑪管理。可見，實施六西格瑪管理是一個艱鉅的目標，企業切記好高鶩遠，不要認為一朝就能完成。

【案例五】

提高混合氣體的充氣效率

某公司向廣大用戶提供多種不同氣體的罐裝氣，針對高級消防氣體的罐裝充氣效率低的情況，採用六西格瑪方法，按 DMAIC 原理，合理應用多種統計分析工具，找出主要缺陷，通過 FMEA 分析和試驗設計，進行切實的改進，顯著提高了充氣效率，降低了生產成本。

（一）界定階段

1. 菸烙盡氣體（高級消防氣體）標準

・成分（摩爾比）：

二氧化碳	$8\% \pm 0.4\%$
氬氣	$40\% \pm 2\%$
氮氣	$52\% \pm 2\%$
水分	$<50 \times 10^{-6}$

・物料：

二氧化碳	99.5%

液氮　　　　　　　　　99.995%
液氬　　　　　　　　　99.997%
・充氣方法：根據質量、壓力
・分析方法：GC-TCD
・產出：300 氣缸/月
・員工結構和關鍵數據：

氣缸檢驗員：　　　　　2
氣缸清理：　　　　　　4
氣缸充氣：　　　　　　9
產品分析：　　　　　　2
SG 充氣：　　　　　　 2
充氣效率：　　　　　　98 個氣缸/（人×天）
分析效率：　　　　　　64 中成分/（人×天）
不合格率：　　　　　　0.056%
充氣損耗：　　　　　　液氧　　　4%
　　　　　　　　　　　液氮　　　14%
　　　　　　　　　　　液氬　　　11%
　　　　　　　　　　　二氧化碳　11%

2. 項目要求

・現狀描述

SG 試驗室中菸烙盡充氣的低生產率

高成本和低效率

SG 產出 300 氣缸/月

成本是 42,000 元/月（不包括物料成本）

單位成本＝42,000/300＝140（元/氣缸）

SG 試驗室的充氣效率：15 分鐘/氣缸

・項目目標

在工業氣體臺架中衝入菸烙盡氣體，并達到 ANSUL 標準

日期：2001 年 9 月—2001 年 12 月

工業氣體產出 22,000 氣缸/月、成本為 141,000 元/月（不包括物料成本）

單位成本＝141,000/22,000＝6.4（元/氣缸）

充氣效率：90 分鐘/臺架（20 氣缸）

節約成本：(140-6.4)×300＝40,080（元/月）

3. 項目小組組成

・項目負責人：1 人

・組員：3 人

・銷售、財務部門支持

(二) 測量階段
1. 流程簡圖（如圖 9.12 所示）

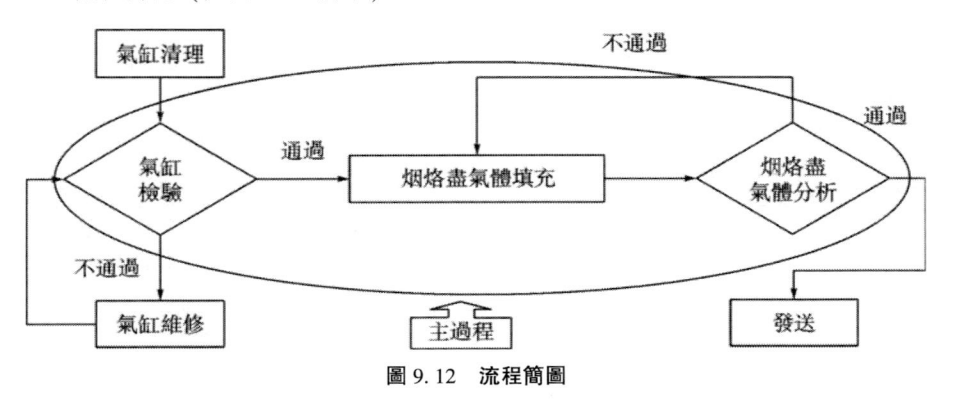

圖 9.12　流程簡圖

2. 主流程圖（如圖 9.13 所示）

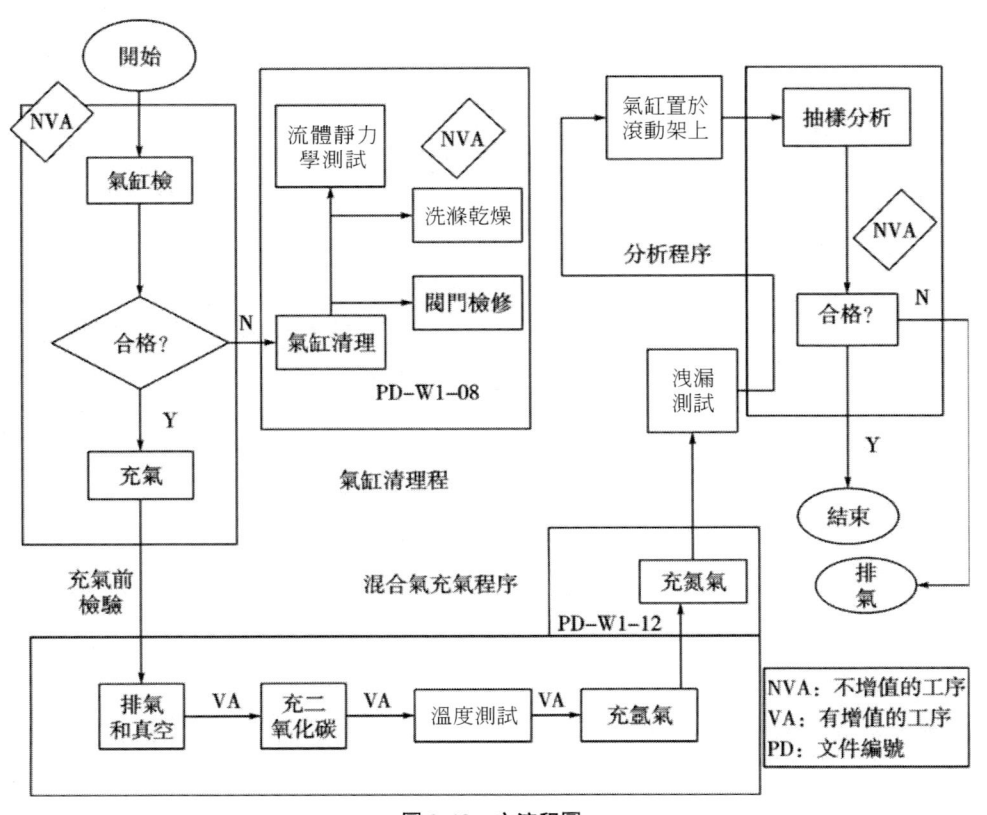

圖 9.13　主流程圖

3. 改進前數據

· 二氧化碳百分比（如圖 9.14 所示）

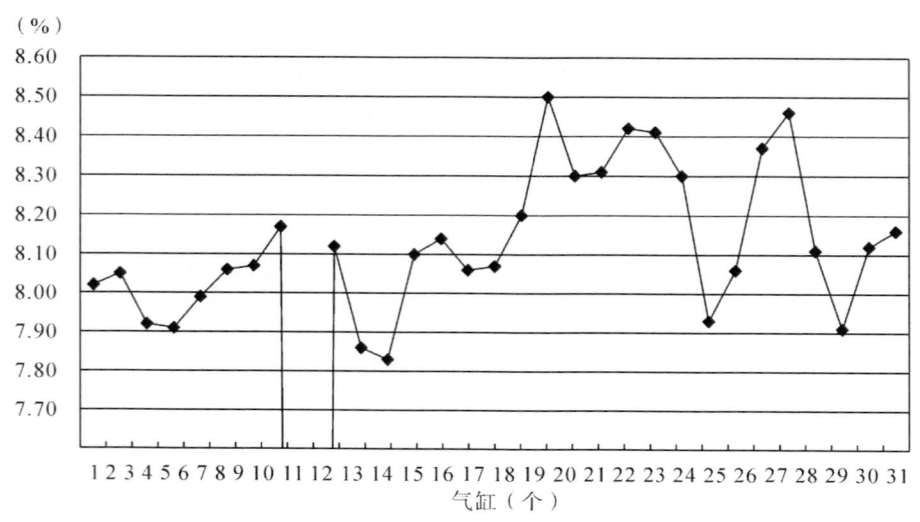

圖 9.14　改進前的二氧化碳百分比

· N_2 百分比（如圖 9.15 所示）

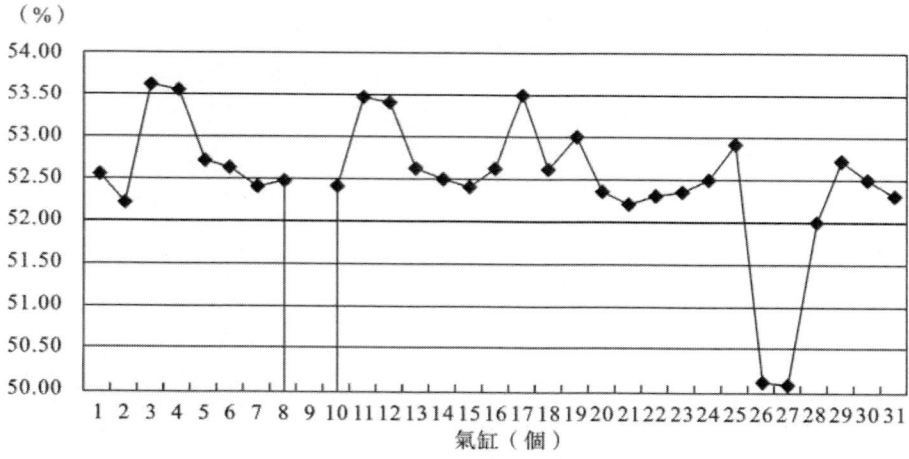

圖 9.15　改進前的氮氣百分比

· 濕度（如圖 9.16 所示）

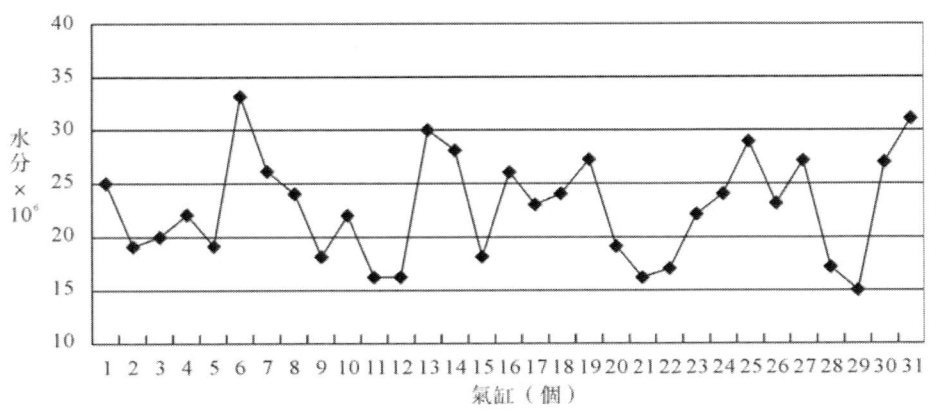

圖 9.16　改進前的溫度

· 充氣壓力（如圖 9.17 所示）

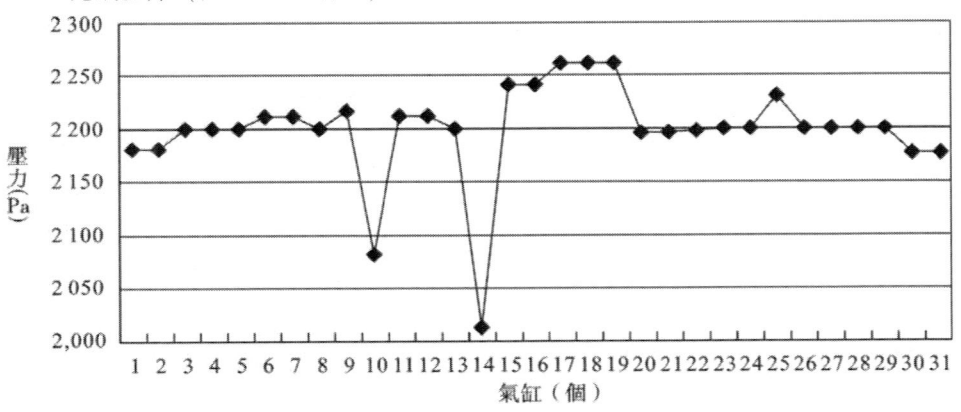

圖 9.17　改進前的充氣壓力

（三）分析階段

1. 缺陷的三維柱形圖（如圖 9.18 所示）

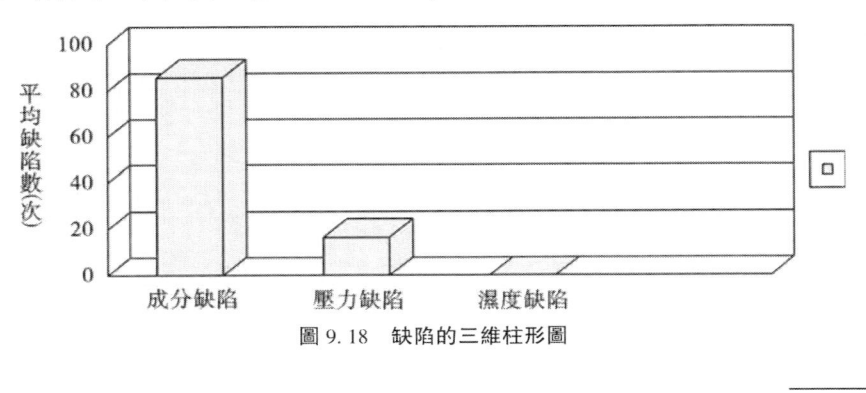

圖 9.18　缺陷的三維柱形圖

2. 缺陷的因果圖分析（如圖 9.19 所示）

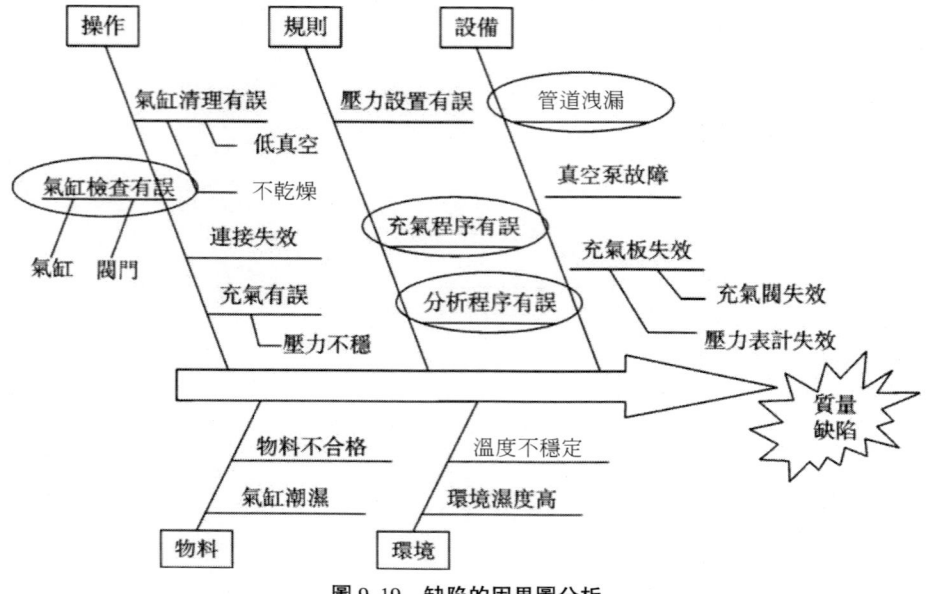

圖 9.19 缺陷的因果圖分析

3. 主要缺陷
- 閥門缺陷
- 管道泄漏
- 氣缸清理和排氣
- 壓力保持時間不足
- 氣缸滾動時間不足

4. FMEA 分析（如表 9.8 所示）

表 9.8　　　　　　　　　　　　　　FMEA 分析

潛在失效	B	潛在缺陷	潛在缺陷原因	測量	A	控制方法	E	風險
不合格產品	5	壓力低	泄漏	泄漏測試	2	壓力儀表	1	10
	5	濕度高	氣缸清理未達到標準	控制時間	1	計算時間	1	5
				控制水溫	1	溫度儀表	1	5
			真空度低	管道泄漏	1	定期泄漏測試	3	15
				儀表測試	1	檢定	1	5
	5	成分錯誤	未達到 SOP 標準	培訓	3	產品分析	3	45
			儀表失效	檢定	1	檢定	1	5
			混合物不穩定	滾動氣缸足夠的時間	2	產品分析	3	30

(四) 改進階段

1. 試驗設計（如表9.9、表9.10、表9.11、表9.12所示）

表9.9　　　　　　　　　　試驗設計的因子水平表

水平	因子 A	因子 B
	壓力持續時間（分鐘）	氣缸滾動時間（分鐘）
1	10	15
2	15	30
3	20	45

表9.10　　　　　　　　　　試驗設計的結果

序號	A 持續時間	B 滾動時間	二氧化碳（%）	序號	A 持續時間	B 滾動時間	二氧化碳（%）
1	1	1	7.15	6	2	3	8.16
2	1	2	7.53	7	3	1	7.82
3	1	3	7.62	8	3	2	8.10
4	2	1	7.86	9	3	3	8.15
5	2	2	8.09				

表9.11　　　　試驗設計中3種水平得到的二氧化碳平均含量的比較

方法	A 持續時間	B 滾動時間	方法	A 持續時間	B 滾動時間
I	7.477	7.643	III	8.023	7.977
II	8.037	7.907	R	0.560	0.334

表9.12　　　　　　　　　　試驗數據的方差分析表

來源	偏差平方和	自由度	均方和	F 值	P 值
A	0.634,96	2	0.317,48	772.24	0.000
B	0.185,36	2	0.092,68	225.43	0.000
E	0.001,64	4	0.000,41		
T	0.821,96	8			

說明兩個因子都是高度顯著的，序號6（A_2B_3）壓力持續時間15分鐘，氣缸滾動時間45分鐘，能夠以更高的效率提供穩定的混合氣。

2. 改進後的流程圖（如圖9.20所示）

3. 改進後的二氧化碳含量（如圖9.21所示）

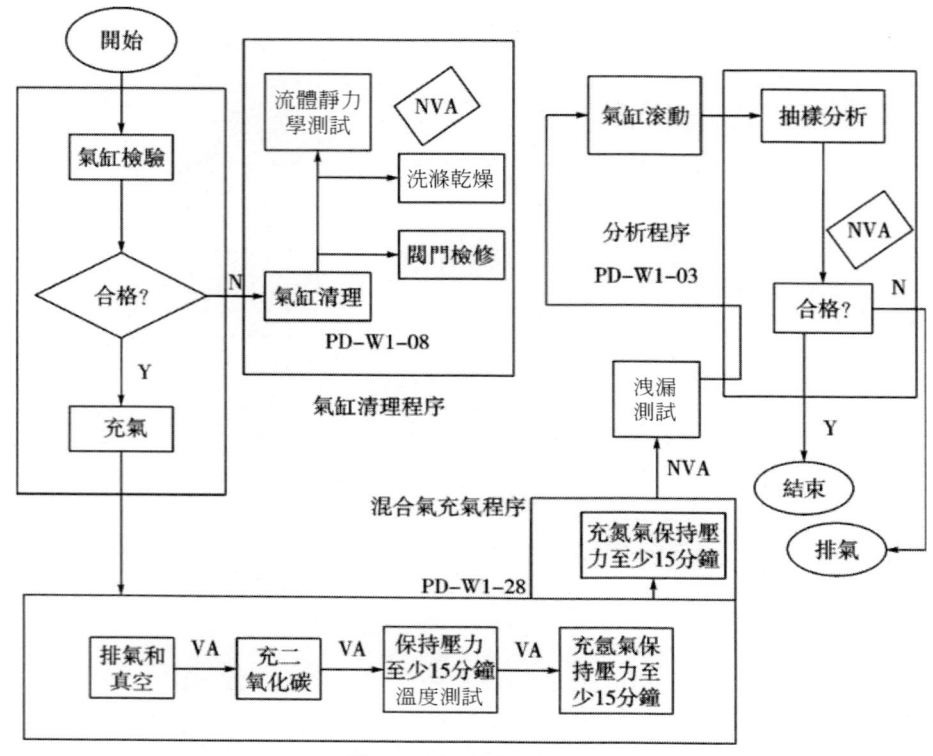

圖 9.20 改進後的流程圖

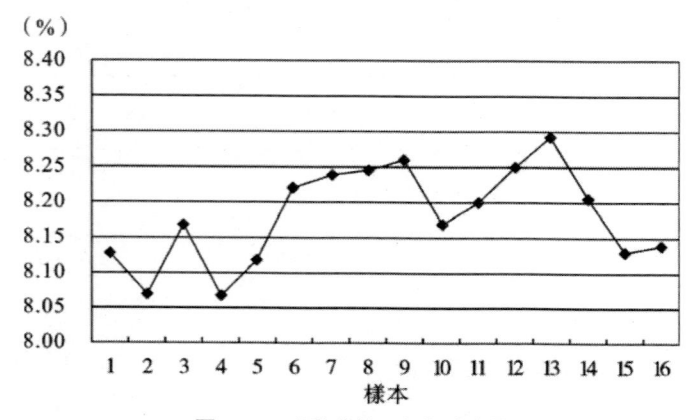

圖 9.21 改進後的二氧化碳含量

（五）控制階段
1. 修改蒸烙盡充氣程序
用 PD-W1-28 代替 PD-W1-12
2. 培訓操作者

3. 用統計過程控制圖監控產品質量
4. 自評、自控（如表 9.13 所示）

表 9.13　　　　　　　　　　　　自評、自控

控制方法	負責人和最後期限	成果				
^	^	行動	嚴重度	頻度	不易探測度	風險順序數
氣缸檢查	A B 08/10	閥門和壓力儀表檢驗	8	2	8	128
泄漏測試	C 08/10	定期維修	6	2	8	96
在充氣時保持壓力和時間	C 08/10	培訓和記錄	6	2	9	108
滾動氣缸足夠的時間	D 08/10	培訓和記錄	6	2	9	108

資料來源：唐曉芬. 六西格瑪成功實踐 案例薈萃 [M]. 北京：中國標準出版社，2002：45-52.

【案例六】

中興公司六西格瑪管理成功實施案例分析

中國很多企業為了達到可持續發展，使企業不斷進步，提高企業的經濟效益，聽從管理顧問和管理諮詢師的建議運用六西格瑪理念改變企業管理模式。以下介紹的就是中興的案例。

中興連續三年被美國《商業周刊》評為「世界上增長最快的通信設備製造商」，其合同銷售率也正以每年 34% 的速度迅速遞增。不過，它也擺脫不了「大家的煩惱」——通信設備製造行業的盈利能力快速下降，暴利時代一去不復返。

中興董事長侯為貴一定仔細思量過老對手任正非的提問：「公司所有員工是否考慮過，如果有一天，公司銷售額下滑、利潤下滑甚至會破產，我們怎麼辦？」

2001 年，IT 的冬天，通用電氣走進了中興的視線，六西格瑪走進了侯為貴的視線。中興開始了六西格瑪的企業整形手術。

「這是對企業的一場大手術。老板下了死命令：2002 年所有部門經理以上的管理幹部必須得通過綠帶認證，否則就地免職。」邱回憶。

至少到目前為止，六西格瑪在中興已獲成功。根據公司內部財務測算：2001 年下半年，中興的六西格瑪戰略為公司帶來了 1,076 萬元的財務收益；2002 年，4,024 萬元；2003 年，這個數字更是飆升至 1.49 億元。

「這樣的收益曲線根本不是線性的，更像是跳躍式發展。」邱得意揚揚。

1,500 人的試點

2001 年中期，侯為貴聘請了一位通用電氣的六西格瑪黑帶大師，來深圳給公司所

有經營委員會成員洗腦。

「外邊人都認為，像華為或者中興這樣的企業，人員素質都非常高，所以企業行事自然也就規範。實際上，內部人都明白，完全不是這樣。連年的高速增長和市場繁榮使得公司無暇顧及內部管理，很多事情都是非常的粗放，內部有些事你們聽了都會吃驚。」一位在中興有著長達十幾年經驗的資深人士告訴記者。

2001年11月，中興從研發、市場、綜合管理、物流等部門選了27名業務骨幹，開始全面實施第一期黑帶培訓。這個項目委託給摩托羅拉大學，41天的課程，價碼是170萬元人民幣，跨度長達11個月。

「老總對六西格瑪的功效也心存狐疑。」邱說，所以中興選擇康訊公司做試點。康訊電子是中興旗下的一家主要生產單板機的公司，也是整個公司採購和生產製造中心，有員工1,500多人。

六西格瑪的實施在康訊公司取得了「震驚」的成果。最為顯著的一個項目就是「焊接直通率」。「原來我們的廢品率很高，這與焊接工藝是息息相關的。一塊電路板上有很多個焊點，每個焊點都要考慮焊盤的大小、錫膏的厚度、溫度，要保證每個焊點是良好的，不要虛焊。」通過六西格瑪的實施，幾個月後，康訊的「焊接直通率」從原來的90%升至99%以上。接下來，中興迅速確立了長期在內部實行六西格瑪的戰略，并立刻在原來的組織架構上直接成立了六西格瑪戰略委員會和六西格瑪辦公室。實際上就是公司的經營戰略委員會，一套班子「領導著」幾塊牌子。侯為貴掛帥，直接負責人就是日後成為中興通訊總經理的殷一民。

中興開始認真研究通用電氣的情況。當年韋爾奇面對的是一個等級森嚴的、企業文化趨於保守僵化的通用電氣公司，而六西格瑪倡導的正是無邊界團隊和跨部門團隊流程，有助於打破這個局面。

IBM業務諮詢服務事業部首席顧問劉學敏認為：「中興這樣的企業與通用電氣有類似之處，都建立了一個執行力很強的企業，但同樣都需要『改變公司的DNA'。」劉曾任職於通用電氣。

「三合一」流程

2003年，整個中興開始了一場組織架構的大變革。

原先中興是所有職能部門一起動手，共同去「賣」產品，但最終往往是沒有人真正對產品負責；出了問題，也不知道是哪個環節的問題。從2003年4月開始，直到年底，中興初步完成了一場組織架構的調整：組建了橫跨所有的職能部門的產品經營團隊。該團隊負責協調工作，直接對產品負責。

「不同的營運商有不同需要，所以我們按照產品來重新劃分，完全以客戶為導向。同時也要在不同部門之間，加入不同的考評元素，確保各個部門的利益平衡。」邱解釋道。

一個簡單的例子，中興的三個部門——直接面對營運商的營銷事業部、負責研發和生產的產品事業部和有採購任務的康訊，是三個地位等同的經營實體。營銷事業部主要考慮客戶的需要，關心的是客戶要什麼和什麼時間要提貨；產品事業部是公司研發的基本單位，考慮產品技術發展的要求，以產產品為主，也有部分庫存問題；康

訊作為採購部門，主要考慮的是如何降低採購成本和降低庫存。三個部門利益訴求不一樣，而中興通訊採取的又是單位實體的經濟責任制的考核方法，因此它們各自都有自身的「小算盤」，缺乏相互協助，但是這三者在業務流程上又有先後順序。這樣的矛盾在公司營運中很難避免。

針對此矛盾，中興迅速確立了兩個標準：一方面對於外部客戶，三個部門必須要有共同的行為指向；另一方面在內部流程上，中興倡導要把下游工序當成客戶來對待，也就是說康訊必須滿足產品事業部提出的需要；另外康訊也要考慮採購成本、質量、供貨週期；產品事業部則要根據營銷事業部提出的要求來研發、制定產品；營銷事業部收集到的客戶需求信息要迅速反饋給各個部門。於是，中興在考核上做了相應的調整，比如在對康訊的考核中，產品事業部的滿意度是其中一項衡量標準；營銷事業部則對各個產品事業部打分，評分內容包括是否以客戶為導向、技術支持力度是否到位、產品質量如何，最終進行排名。

中興「不作為」?

六西格瑪的項目有的涉及流程改善，有的涉及具體業務的改進，如對企業內部設計、商務洽談、採購、對供應商的質量控制等方面的改進。在過去的兩年中，中興已經實施了約1,000個項目，帶來的直接經濟收益超過2億元。

「我們已經很滿意。企業的經營思維發生了很大變化——以客戶為導向、懂得一切讓數據說話。這能體現在企業營運效率、產品質量、服務質量等各個環節。最重要的是給了大家一個信心——原來我們可以逐步走向世界一流。」邱的表情略帶幾分誇張。

在他眼中，六西格瑪已經為中興帶來了巨大的收益。

2002年下半年，他做了一個服務器機櫃國產化的項目。當時中興拿到的服務器機櫃都是IBM原裝生產，價格為2萬元人民幣。「這個是標準化的器件，不管什麼樣的機房，擺放在什麼位置，都只有這樣統一的規格。我們無法去滿足客戶的個性化需求。當時的問題就是價格貴、交貨週期長、售後服務也成問題。」

當時，邱帶領了一個六西格瑪小組，研究了機櫃的精度、公差配合、縫隙大小、光潔度、耐磨性等，并設計了一系列規格尺寸，研究了各種性能參數；此外，還在國內尋找能生產這種產品的廠家，綜合考量了價格和服務週期。「我們不僅要設計，而且還要幫助我們的供貨商去提高供貨水平。」他說。

最後，這些服務器機櫃的價格被降低到不超過8,000元，而像這樣的機櫃，中興每年需求量超過1,000臺。如此小的一個動作，就節省了1,200萬元。

另外，中興開始以數據說話。「在以前，中興的內部管理實際是很糟糕的。人事培訓記錄、人員招聘中的面試記錄全部找不到。生產過程中的故障記錄，通常也沒有保留，都不知道被扔到哪裡去了。」一位老員工告訴記者。

「每當公司做年度市場計劃時，我們通常都是拍腦袋決定當年的市場佔有目標，然後給各個經營單位下任務，老板一個人說了算。所以實際上，我們每年計劃完成情況與事前的計劃差異出入是很大的。」邱說，「中興在每個區域的佔有率是多少，營運商分營後，在每個營運商那裡，我們的佔有率又是多少，這些對於我們公司的經營策略很有影響的數據都幾乎沒有。」

現在中興的所有經營單位都有責任去瞭解每一個營運商在每一個區域的投資計劃，要瞭解對方的預算如何做；其次，各個經營單位都要明晰所負責的區域市場以及當地的產品佔有率；最後將數據匯總到中興的市場決策中心，依照一個具體的模型，進行預測與分析，然後再反饋到各級單位。

與此同時，中興將考核指標全部量化，包括員工滿意度、敬業程度、員工壓力、薪資滿意度以及管理諮詢幹部任職資格是否合格等，設計一系列指標來讓員工打分，用數據來保證公平。

「其實中興可以做得比這個好得多，它有 78 個黑帶，根據我們的測算，一個黑帶項目，至少能為公司一年節約 50 萬元人民幣。在國外的跨國公司，這個數字一般是 10 萬～25 萬美金。」普羅維智資訊的總裁戈澤寧博士說。他也是來自美國通用電氣，在 2002 年，擠走了摩托羅拉，接手中興的這個六西格瑪項目。

戈澤寧把中興的「不作為」歸結為中興過分「不注重經濟效益」。「我們也在為西門子中國實施此項目，它的目標就非常明確，實施六西格瑪就是為了每年能產生近兩千萬歐元的效益。這可能還是內資與外資企業的最大不同吧。」

「其實六西格瑪是差不多同一時間進入中國與歐洲的。現在它在歐洲已是波瀾壯闊，但中國企業卻仍舊是星星點點，大多數企業無動於衷。六西格瑪需要企業領導人長期且堅定的堅持，不能搞一朝天子一朝臣。此外，中國企業也沒有西方公司的那種骨子裡的變革的文化。中興能走到今天這一步，也算個特例。」戈澤寧說。

資料來源：根據 http://www.docin.com/p-1451808637.html 整理。

【思考題】
1. 中興公司是如何開展六西格瑪管理的？
2. 實施六西格瑪戰略對中興公司有何意義？
3. 結合所學知識和材料，說說六西格瑪管理有哪些特點？

參考答案要點：
1. 中興公司是如何開展六西格瑪管理的？

公司領導人開始探索新的企業可持續發展道路，六西格瑪進入其視線，中興開始了六西格瑪的「企業整形手術」；要求中興的管理人員全部通過綠帶考試，并請來通用電氣的黑帶大師來培訓；以子公司進行試點，取得良好效果；確立長期在內部實行六西格瑪戰略；進行組織結構大變革，組建產品經營團隊。

2. 實施六西格瑪戰略對中興公司有何意義？

通過六西格瑪小組，成功降低了企業成本，為中興帶來經濟效益；中興開始依數據進行管理，以數據為依託，建立具體模型，有助於預測和分析，發現現存的問題和潛在的問題。六西格瑪在中興的實施使中興不斷進步，轉變了企業管理模式，走上了可持續發展道路。

3. 結合所學知識和材料，說說六西格瑪管理有哪些特點？

（1）以項目策劃和實施為主線

六西格瑪管理離不開「項目」，從選擇和確定項目目標開始，到界定項目的範圍和條件，再經過項目的實施，最後是取得項目的成果并進行總結；正是通過這一系列與項目

有關的活動，六西格瑪管理實現了產品質量水平和過程質量水平的改進。因此，項目的策劃和實施是貫穿六西格瑪活動的主線，離開了「項目」就不存在六西格瑪管理了。

（2）以數據和數理統計技術為基礎

六西格瑪管理強調依據數據進行管理，并充分運用定量分析和統計思想。六西格瑪管理的命名，已說明了六西格瑪管理與數據和數理統計技術密不可分的關係。無論是「漸變」還是「突變」式的改進，都要對現狀進行分析，發現存在的問題和潛在的問題等。

改進的基礎離不開數據和數理統計技術，如平均值 u、標準差 σ、不合格品率 p、合格率 q、故障率 $\lambda(t)$ 等，均用數量化的方法尋求質量改進，因此，六西格瑪管理是以數據和數理統計技術為基礎的。

（3）以科學的工作程序為模式

六西格瑪管理強調面向過程，并通過減少過程的變異或缺陷實現降低成本與縮短工期。作為一種完整的、科學的質量管理方法，六西格瑪管理應包括「六西格瑪改進」（DMAIC）和「六西格瑪設計」（DFSS）兩個重要方面，六西格瑪的過程改進流程是在實踐中總結并建立的。它採用的是 DMAIC 模式，包括定義、測量、分析、改進、控制五個階段的工作。它所採用的是一種科學的、規範的、容易理解的、有可操作性的步驟和方法。

六西格瑪設計則是對企業進行更進一步的改進，通過重新建立或「設計」一個新的過程來進行流程改進。所以，六西格瑪管理是通過一系列六西格瑪設計或六西格瑪改進項目實現的，每個項目均應完成相應五個階段的工作。

（4）以零缺陷和卓越的質量為追求目標

六西格瑪管理旨在讓組織建立「零缺陷」這樣一種文化。「零缺陷」不僅與設計和製造過程相關，而且與服務乃至組織內部所有過程相聯繫。從三西格瑪到六西格瑪，百萬單位不合格品率從 2,700 PPM 下降到 0.001,8 PPM（無偏離時），或從 66,810 PPM 下降到 3.4 PPM（偏離為 1.5σ 時），質量水平分別提高了 150 萬倍和近兩萬倍。六西格瑪管理提出了極高的質量標準，也就是追求無缺陷、追求卓越質量、追求「一次成功」。這種追求是以科技進步和科學方法的運用為基礎的，并非好高騖遠、可望而不可即。

（5）以滿足顧客需求為導向

六西格瑪管理強調以顧客為關注焦點，并將持續改進、顧客滿意、企業經營目標緊緊地聯繫起來。六西格瑪管理的一個非常重要的理念，就是任何一個實施六西格瑪管理的項目或問題的解決，都要從顧客的需求出發，讓顧客滿意，追求顧客忠誠。它是六西格瑪管理的兩個「核心特徵」之一。因此，在推行六西格瑪管理時，時刻要心系顧客，以滿足顧客需求為導向。

（6）以取得經濟效益為目的

六西格瑪管理的另一個「核心特徵」，就是「使組織運作所耗費的資源成本最小，以取得組織優良的經濟效益」。這個核心特徵，強調在六西格瑪活動的全過程中關注成本，把成本的降低作為目的，使組織經營風險降到最小，從而取得的經濟效益最高。這是六西格瑪活動的重要特色。

第二篇
質量管理實訓

第 10 章　質量管理概論

一、實訓目的

本章內容具有較強的綜合性，通過實訓，增強學生對質量管理基本概念和基本理論的學習和理解。

二、實訓組織

按教學班級將學生分成若干小組，每一小組 5~6 人為宜，小組中要合理分工，組隊時注意小組成員在知識、性格、技能等方面的互補性，選舉一位小組長以協調小組的各項工作。

三、實訓內容與要求

調查或收集兩個知名、成功企業的案例資料，分析其質量管理水平，對比其在企業績效、產品質量、市場佔有率、企業公眾形象等方面的差異，以加深對質量管理課程的理解和質量管理重要性的認識。每小組完成 3,000 字左右的實訓報告。

第 11 章　質量管理體系

對 ISO 9001 2015 標準的實施要點的理解

一、實訓目的

通過實訓，增強學生對 ISO 9001:2015 標準的實施要點的理解，并能在以後的實際工作中，將組織的情況與 ISO 9001:2015 標準相結合；培養學生分析問題、解決問題的能力。

二、實訓組織

以個人為單位進行。

三、實訓內容與要求

學生可自行準備某公司的質量手冊或由任課教師提供資料，在仔細閱讀案例資料的前提下，體會該公司的質量方針、質量目標、質量策劃、質量控製、質量保證和質量改進等活動，收集該公司在建立質量管理體系前後的經營業績，分析數據，觀察質量管理體系的建立為企業帶來的效果，體會建立質量管理體系的作用。撰寫 2,000 字左右的體會。

模擬質量認證程序

一、實訓目的

模擬活動，讓學生體到會實施質量認證的程序和技術，以及認證的嚴肅和嚴謹；使學生瞭解組織要通過認證要做的準備工作以及通過認證後應做的工作；培養學生將理論知識轉化為分析問題、解決問題的能力。

二、實訓組織

將學生分成兩組，一組扮演被認證企業（4~5 人），另一組扮演認證單位（2~3 人）。各自準備角色和所需要的相關資料、表格。

三、實訓內容與要求

參加認證的企業模擬應做的準備工作，認證人員模擬認證程序。結束時由學生發表對模擬實訓的感受，兩組分別提交一份 2,000 字左右的心得體會。

第 12 章　全面質量管理及質量管理常用技術

全面質量管理的重要性

一、實訓目的

通過案例分析，讓學生確切地理解全面質量管理的含義以及實施全面質量管理對企業的重要性。培養學生將理論知識轉化為分析問題、解決問題的能力。

二、實訓組織

按教學班級學生人數來確定數個小組，每一小組人數以 5~6 人為宜，小組中要合理分工，組隊的時候要注意小組成員在知識、性格、技能方面的互補性，選舉一位小組長以協調小組的各項工作。

三、實訓內容與要求

結合一些知名的成功企業的案例，分析理解實施全面質量管理的企業，在產品質量、工作質量、企業在顧客心中形象等方面的變化，理解實施全面質量管理的重要性。案例可以由學生自行準備，也可以由任課老師指定。每小組完成 3,000 字左右的實訓報告。

質量管理、改進工具的運用

一、實訓目的

訓練學生綜合運用所學質量改進知識及質量改進工具解決企業面臨的現實質量問題。掌握運用排列圖、因果圖、直方圖等質量管理老工具和系統圖、矩陣圖、親和圖、關聯圖等新工具，解決企業生產中的實際問題，培養分析判斷能力、邏輯推理能力，做到學能所用。

二、實訓組織

按教學班級學生人數來確定數個小組，每一小組人數以 5~6 人為宜，小組中要合

理分工，組隊的時候要注意小組成員在知識、性格、技能方面的互補性，選舉一位小組長以協調小組的各項工作。

三、實訓內容與要求

以小組為單位收集合適的案例，學習案例中別人用質量管理新、老工具解決實際問題的做法，寫出 2,000 字左右的心得體會；或針對案例中存在的現實問題，運用恰當的質量管理工具，分析質量問題形成原因，提出解決問題或控製問題繼續惡化的方法，寫出 3,000 字左右的實訓報告。

第 13 章 顧客需求管理

以顧客為關注焦點

一、實訓目的

訓練學生樹立以顧客為關注焦點的意識,理解一個組織在經營上取得成功的關鍵是生產和提供的產品能夠持續符合顧客的要求,并得到顧客的滿意和信賴。培養學生發現、識別顧客需求的能力,使其學會如何與顧客進行良好的溝通。培養學生解決實際問題的分析判斷、邏輯推理能力及迅速反應能力。

二、實訓組織

以個人為單位完成實訓。

三、實訓內容與要求

實訓需結合知名成功企業的案例,案例可以由學生自行準備,也可以由任課老師指定。結合案例使學生充分理解「以顧客為關注焦點」是質量管理的首要原則,不論是製造業、服務業,還是事業單位、政府機關,都要有「組織依存與顧客」的質量觀。它是社會發展的動力,也是物質文明和精神文明的一種標誌。學會把顧客作為日常生產、活動、工作中時刻關注的焦點,理解、識別和確定顧客當前和未來的需求。寫出3,000字左右的心得體會,其題目為「在××工作中應用『以顧客為關注焦點'原則的體會」「結合××崗位,談談如何以『以顧客為關注焦點'」……

服務質量調查

一、實訓目的

訓練學生明白服務質量與產品質量的不同,服務質量管理比產品質量管理要求更高、更難。要求學生綜合運用所學質量管理知識,明確服務質量的來源,瞭解顧客滿意度指標的構成,理解影響組織服務質量的主要因素,從而提出解決問題的方法和途徑,使學生學會系統地思考企業的服務質量問題,培養學生分析判斷能力和邏輯推理能力。

二、實訓組織

以小組為單位進行，每一小組人數以 5～6 人為宜，小組中要合理分工，組隊的時候要注意小組成員在知識、性格、技能方面的互補性，選舉一位小組長以協調小組的各項工作。

三、實訓內容與要求

各小組成員可選擇本小組熟悉的企業或產品，有針對性地設計合理、全面、適用的服務質量調查問卷、顧客滿意度調查問卷等；去市場上進行問卷發放、填寫、回收；對收回的調查問卷進行統計分析，在小組充分討論的基礎上，得出調查結果，提出改進服務質量和提高顧客滿意度的措施，并撰寫一份 3,000 字以上的調查報告。各組的調查報告可由每個小組的組長主題發言在全班進行交流。

第 14 章　設計過程質量管理

質量功能展開

一、實訓目的

訓練學生瞭解質量功能展開（QFD）是一種把顧客對產品的需求進行多層次的演繹分析，進而轉化為產品的設計要求、零部件特性、工藝要求、生產要求的質量工程工具。質量功能展開（QFD）立足於市場上顧客的實際需要，開展質量策劃，確定設計指標體系，并提前揭示後續加工過程中存在的問題，採取相應對策，定量地實現顧客需求，提高顧客滿意度。學生需要掌握 QFD 的實施步驟并能繪製質量屋。

二、實訓組織

按教學班級學生人數確定若干小組，每小組 6~7 人為宜，并進行以下分工。
總經理：負責資源（含人員）調配、進度安排、產品設計說明書的起草。
營銷部經理（1~2 人）：負責顧客需求調查（制出顧客需求重要度調查表并進行測評），協助總工程師把顧客需求「翻譯」為產品要求（即技術規範），實施新產品的市場競爭性分析及評價。
總工程師（1~2 人）：負責把顧客需求「翻譯」為產品要求（即技術規範），確定滿意度方向，確定關係矩陣，計算及分析技術重要度，確定目標特徵值，進行產品技術性評價，確定技術要求間相互關係。
生產主管：協助總工程師制定技術要求和質量規格。
設計師：負責質量屋的繪製及美化，製作 PowerPoint 演示文稿。

三、實訓內容和要求

（1）每個小組選擇一種熟悉的、結構簡單的產品。
（2）根據選定的產品，設計製作市場調查問卷。
（3）在一定區域範圍內進行較廣泛的市場調查和訪談（樣本不少於 80 個，確定好被調查對象，不要詢問被調查者不太瞭解的事物），收集用戶對該產品性能、質量、存在的缺陷、價格等方面的情況，做出數據基本統計與分析，為顧客需求分析、產品重要度分析、市場競爭性分析、技術重要度分析做充分的準備，擬找到對這一產品改進的方案或方向。

（4）編制產品設計、改進說明書。產品設計、改進說明書包括設計思路及過程、產品推介。

（5）如果針對一種服務項目，要求同時使用服務藍圖并進行質量控製點的分解。

（6）提交的成果有：①產品完整的質量屋（圖）；②產品設計說明書。

容差設計

一、實訓目的

訓練學生瞭解容差設計的目的是在產品技術參數設計階段，從經濟性角度考慮并確定產品各個參數合適的容差；瞭解檢驗工序核心職能；掌握健壯設計質量控製方法。

二、實訓組織

3~5 人為一個小組，走訪附近一個企業，深入到該企業產品設計部門、生產部門和質檢部門，選擇一個產品，瞭解其性能及在生產、使用方面的相關技術參數的公差要求、限度，收集詳細的資料。

三、實訓內容和要求

結合走訪企業相關部門收集到的某產品製造容差及返工損失，再結合該產品使用說明書規定的公差，與製造容差進行對比，計算改進公差等的經濟性。撰寫 3,000 字左右的實訓報告，可涉及以下內容：為什麼對影響大的參數給予較小的容差（如用較高質量等級的元件替代較低質量等級的元件）；在容差設計階段既要考慮進一步減少在參數設計後產品仍存在的質量損失，又要考慮縮小一些元件的容差將會增加的成本，需要權衡二者的利弊得失後做出決策；檢驗工序不能只記錄通過或不通過，還應記錄質量特性的具體數值；不能只給出不合格率，還要以質量損失理論為依據給出科學質量水平的數據；運用健壯設計質量控製方法，實時監控反饋產品的質量波動，進行工藝參數的調整；在減少總損失的前提下使質量特性越來越接近目標值，條件具備時，減少容差範圍。

第 15 章 統計過程控製

運用 Excel 繪製產品質量的過程控製圖

一、實訓目的

訓練學生熟練掌握、運用 Excel 繪製各種產品質量的過程控製圖的方法與步驟;會觀察、評價和應用控製圖,發現生產過程中存在的問題,并提出解決思路。

二、實訓組織

以個人為單位獨立完成本次實訓。

三、實訓內容和要求

根據表 15.1 至表 15.4 的資料要求,寫出詳細的操作步驟、過程截圖,對結果做出結論并提出改進建議。對每個題目都需要寫出一份 2,000 字左右的實訓報告。

1. 某一企業生產的標準件的尺寸公差為 24.967~24.988 毫米。為了控製產品的質量,從連續生產工序中每隔半小時抽檢製品一次,每次抽撿 5 件,共抽 25 次,測得數據如表 15.1 所示。試用 Excel 繪製產品質量過程控製的 $\bar{X} - S$ 圖,分析控製狀態并提出改進建議。

表 15.1　　　　　　　　　　標準件的數據表　　　　　　　　　　單位:毫米

組號	測定值					$\overline{X_i}$	S_i
	x_1	x_2	x_3	x_4	x_5		
1	24.987	24.985	24.980	24.970	24.980		
2	24.980	24.970	24.980	24.970	24.985		
3	24.980	24.980	24.980	24.985	24.985		
4	24.985	24.970	24.980	24.980	24.975		
5	24.985	24.970	24.980	24.980	24.988		
6	24.980	24.980	24.985	24.980	24.985		
7	24.988	24.980	24.975	24.988	24.975		
8	24.980	24.980	24.970	24.980	24.980		
9	24.987	24.980	24.980	24.980	24.980		

表15.1(續)

組號	測定值					$\overline{X_i}$	S_i
	x_1	x_2	x_3	x_4	x_5		
10	24.980	24.985	24.970	24.970	24.988		
11	24.980	24.980	24.980	24.970	24.980		
12	24.970	24.980	24.980	24.980	24.980		
13	24.970	24.980	24.985	24.970	24.980		
14	24.980	24.985	24.985	24.970	24.980		
15	24.980	24.975	24.980	24.980	24.985		
16	24.980	24.970	24.988	24.980	24.975		
17	24.980	24.980	24.980	24.980	24.970		
18	24.985	24.970	24.980	24.980	24.980		
19	24.980	24.970	24.985	24.980	24.970		
20	24.980	24.985	24.985	24.980	24.980		
21	24.980	24.980	24.975	24.985	24.970		
22	24.980	24.980	24.988	24.980	24.980		
23	24.985	24.980	24.985	24.980	24.980		
24	24.975	24.988	24.975	24.980	24.985		
25	24.970	24.980	24.980	24.985	24.985		

資料來源：王明賢，董玉濤，等．現代質量管理 [M]．北京：清華大學出版社，2011：221．

2. 某制藥廠某種藥用材料的單消耗數如表15.2所示，做出 X-R_S 控製圖。

表 15.2　　　　　某制藥廠藥用材料 A 的單消耗數量表

字樣號	1	2	3	4	5	6	7	8	9	10
X	3.76	3.49	3.75	3.66	3.62	3.64	3.59	3.58	3.67	3.63
R_S	—	0.27	0.26	0.09	0.04	0.02	0.05	0.01	0.09	0.04
字樣號	11	12	13	14	15	16	17	18	19	20
X	3.67	3.63	3.66	3.81	3.97	3.64	3.67	3.60	3.61	3.61
R_S	0.04	0.04	0.03	0.15	0.16	0.33	0.08	0.07	0.01	0.00
字樣號	21	22	23	24	25					
X	3.60	3.68	3.66	3.62	3.61					
R_S	0.01	0.08	0.02	0.04	0.21					

3. 為控製某種零件的外觀質量，收集了 100 個樣本，其不合格數量如表 15.3 所示，做出 pn 控製圖。

表 15.3　　　　　　　　　　　　不合格品數量表

樣本	1	2	3	4	5	6	7	8	9	10
不合格	3	2	0	4	0	3	4	3	2	6
樣本	11	12	13	14	15	16	17	18	19	20
不合格	1	4	1	0	2	3	1	4	1	3
樣本	21	22	23	24	25					
不合格	4	2	0	5	3					

4. 某鑄件的 20 個樣本表面的砂眼數，如表 15.4 所示，做出 c 控製圖。

表 15.4　　　　　　　　某鑄件的 20 個樣本表面的數量表

樣本	1	2	3	4	5	6	7	8	9	10
砂眼	3	2	1	2	1	3	1	2	2	1
樣本	11	12	13	14	15	16	17	18	19	20
砂眼	3	1	1	2	1	2	3	2	1	1

過程能力指數分析

一、實訓目的

訓練學生掌握過程能力指數的表示方法及其在各種情況下的計算方法，通過對過程能力指數的計算，來瞭解過程或工序的生產能力有多大，相應的不合格率是多少。如果生產能力太低，就必須採取措施加以改進，解決企業生產過程能力不足等實際問題，提出提高工序能力指數的途徑。使學生學會系統思考企業的生產問題，培養學生分析判斷能力、邏輯推理能力。

二、實訓組織

以個人或小組為單位進行。

三、實訓內容和要求

1. 可根據所使用教材的章節末案例，計算過程能力指數，判斷工序的生產能力級別和相應的不合格率，分析造成該結果的原因，并提出改進建議。完成一份 2,000 字左右的實訓報告。

2. 以小組為單位，選擇自己熟悉的企業深入調查，取得翔實的資料，計算該企業目前的過程能力指數和相應的產品不合格率，分析造成該結果的原因，在小組充分討論的基礎上，提出改進措施。各小組提交一份 3,000 字左右的實訓報告。

第 16 章　抽樣檢驗

一、實訓目的

訓練學生運用統計抽樣的基本原理，結合企業具體產品的抽樣檢驗指導書進行抽樣操作，并對檢驗結果做出接收或拒收的結論。瞭解各種抽樣檢驗指導書的要素、要求、格式等。

二、實訓組織

以教學班級為單位，組織學生到學校附近的工廠參觀實習。

三、實訓內容和要求

組織學生到學校附近的工廠參觀實習，使學生瞭解該廠產品種類、產品性能、生產工藝流程、產品質量要求、技術要求、執行標準；查閱抽樣檢驗指導書，并能到現場觀看或結合該廠的抽樣檢驗指導書，親身實踐抽樣檢驗的過程。

詢問工廠師傅或檢驗人員，從事檢驗工作需要哪些特殊知識、技能和品質要求。參觀實習後，每位學生提交 2,000 字左右的實習報告。

附：檢驗指導書

附件 1

××廠汽車儀表電鍍前零件表面質量檢驗指導書

一、目的
為檢驗員提供檢驗規則和方法，指導其正確檢驗。
二、適用範圍
機櫃結構件發外電鍍前檢驗。
三、檢驗工具
1. 目測
2. 30%的鹽酸
3. 目視檢測條件
在自然光或光照度在 300～600 勒克司的近似自然光下（如 40W 日光燈），相距為 600～650 毫米，觀測時間為 10 秒，且檢查位於被檢查表面的正面，視線與被檢查表面呈 45～90 度進行正常檢驗。要求檢驗者的矯正視力不低於 1.2。

四、鍍前表面質量要求及檢驗

1. 油污：表面不允許有嚴重油污，但允許有均勻透明的防銹潤滑油膜。

2. 鍍前劃傷：指電鍍之前因操作不當、對明顯缺陷進行粗打磨等人為造成的基體材料上的劃傷或局部摩擦痕跡，一般呈直線型。

3. 鍍前凹坑：由於基體材料缺陷、在加工過程中外來金屬屑的影響，而在材料表面留下的小淺坑狀痕跡。

4. 拋光區：對基材上的腐蝕、劃傷、焊接區、鉚接區等部位進行機械打磨拋光後表現出的局部高光澤、光亮區域，無磨痕。

5. 銹蝕：允許輕微不連續點狀浮銹，不允許腐蝕麻點、帶狀或成片銹蝕。

判斷方法：用30%鹽酸浸泡3~5分鐘後，用水沖洗乾淨，在距離40W日光燈1~1.5米處，目測原銹蝕處，不得有花紋（斑）、凹坑、麻點、未除去的銹斑，其表面狀態應和未銹蝕的表面狀態基本一致（在不同的角度目測，可有微小差異）。

6. 零件表面不得有漆層、氧化皮（熱軋板、焊縫）。

7. 表面應無毛刺、裂紋、壓坑等因操作不良導致的人為損傷。

8. 焊接區應無焊料剩餘物、焊渣、熔融飛濺物等。焊縫表面應致密，不得呈疏鬆狀；零件不得有變形。

9. 對於基材花斑、鍍前劃痕、焊接後的表面不平整，均可以採取打磨拋光的方式加以去除，但拋光區不能留下有深度感的打磨條紋（即採用較細的磨料），且打磨後的基材必須符合零件尺寸要求。因拋光區的光澤與周圍區域不同，所以不能在整個表面布滿小面積的拋光區。

10. 對於機械加工過程中形成的正常模具壓印，不屬於劃傷缺陷；但必須保證其與零件邊緣輪廓平行或者具有一定的規律性，且手指觸摸無凹凸感。

11. 在壓鉚、焊接的背面所呈現出的凹凸痕跡，屬於正常的加工痕；但在要求較高裝飾性的表面（如門板正面）應做適當的掩飾處理。

五、包裝及防護

對於小件，必須採用塑料袋裝；對於規則的工件（如立柱），其表面要求較嚴，同樣要採取塑料袋裝；對於較大的或較重的工件，層與層之間，必須採用紙皮隔開，堆放整齊，不能過高；所有的電鍍產品必須刷涂防銹油。

附件2

××通信技術有限公司鍍鋅檢驗指導書

一、外觀標準

鍍層應當是連續、完整、均勻、光亮、色彩鮮豔，不應有粗糙（包括電流大或光亮劑少造成的燒焦）、漏鍍、發霧、爆裂、起泡和清洗不淨等污染，以及鈍化膜擦傷或掉膜現象（低檔滾鍍產品除外）。

1. 色彩：白鈍為銀白色，為單一色彩；藍白鈍（藍鈍）為青白色，為單一色；黃鈍為金黃色，為單一色；彩鈍為彩虹色，允許多彩并存，只能以批次為單位，進行顏

色對比，對比均勻度，但主調色彩可調，主要有綠色和紅黃色（可在網上或在其他專業書籍上查閱相關圖片）。

2. 鍍層質量：鍍層連續、完整要求被鍍面的鍍層無漏鍍、無露底。

3. 檢驗要求：

（1）方式：目測。

（2）檢驗頻次。

自檢：連續（不需記錄）。專檢：2次/批（需記錄）。

（3）檢驗容量

自檢：100%（不需記錄）。專檢：10件/次（需記錄）。

二、厚度標準

1. 鍍層厚度要根據工藝設計和使用條件而定，一般為7微米以上，範圍在8~25微米。

2. 高低區厚度差別不大於50%，具體要求應結合技術設計要求制定。

3. 厚度等級分為3級：1級為15~25微米，2級為8~15微米，3級為5~10微米。

4. 檢驗要求：

（1）方式：塗層測厚儀。

（2）檢驗頻次。

自檢：2次/批（不需記錄）。專檢：2次/批（需記錄）。

（3）檢驗容量。

自檢：5件/次（不需記錄）。專檢：5件/次（需記錄）。

三、結合力標準

適用範圍：針對外部質量反饋產品結合不好的工件以及有特殊加工要求和過程（如在裝配時發生彎曲、鉚合）的工件，需做折彎試驗和熱震試驗。

1. 折彎法：用臺鉗將樣件固定，反覆折彎至斷裂。有片狀脫落為結合力不好，粉末狀脫落為脆性大，都為不合格。

檢驗要求：

（1）方式：臺鉗、活動扳手。

（2）檢驗頻次。

專檢：1次/班（需記錄）。

（3）檢驗容量。

專檢：2件/次（需記錄）。

2. 熱震法：將被測件放入烘箱，200℃保溫2小時，取出放入室溫的水中，驟冷，不應該起泡脫皮。

檢驗要求：

（1）方式：烘箱、水桶。

（2）檢驗頻次。

專檢：1次/班（需記錄）。

（3）檢驗容量。

專檢：3件/次（需記錄）。

3. 橡皮擦拭法：鈍化膜經過老化後，用無顆粒的軟橡皮擦拭10次後，不能有因擦拭引起的轉化膜脫落、漏白為標準。

檢驗要求：

（1）方式：

軟橡皮擦拭。

（2）檢驗頻次。

專檢：1次/班（需記錄）。

（3）檢驗容量。

專檢：2件/次（需記錄）。

四、鈍化膜防腐試驗標準（見表16.1）

表16.1　　　　　　　　鈍化膜防腐試驗標準

轉化膜種類	耐蝕性		其他性能	備註
	NSS試驗/小時（中性鹽霧試驗）	評級標準		
Cr^{6+}黃鈍	96	不出現白銹	按GB/T9800	
Cr^{6+}彩鈍	72	不出現白銹	按GB/T9800	
Cr^{6+}白鈍	24	不出現白銹	按GB/T9800	
Cr^{3+}彩鈍	72	不出現白銹	按GB/T9800	
Cr^{3+}藍白	48	不出現白銹	按GB/T9800	

檢查要求：

（1）方式：鹽霧試驗箱。

（2）檢驗頻次。

每種鈍化產品1次/月（需記錄）。

（3）檢驗容量。

大件：2件/次（需記錄）。小件：3件/次（需記錄）。

附件3

××公司塑料件外觀檢驗規範

一、目的及適用範圍

1. 為了保障產品的質量，建立和規範塑料件製品的檢驗方法，對塑料件產品生產及出廠的外觀檢驗提供科學、客觀的方法，以保證檢驗結果一致性、全面性及準確性。特制定此塑料件外觀檢驗規範。

2. 本檢驗規範適用於本公司的塑料件的檢驗與驗收。

二、術語

1. 翹曲（彎曲、變形）：主要是因為成型品的收縮不均，而造成成型品內部形成

應力，一旦脫模，成型品內部應力鬆弛就造成形狀的改變。

2. 縮水（塌坑、平面凹陷）：由於材料收縮，產品局部整體表面下陷。這是在成型品表面呈現凹陷的現象，主要原因是材料在冷卻固化時，體積收縮引起的。

3. 流痕（波紋、流紋）：熔融材料在射入成型空間時，由於溫度下降急冷固化，材料的黏度增高，流動性降低。尤其是在成型品表面，材料的固化速度最快，在受到後續樹脂的推動下，會形成以澆口為中心、垂直於射出方向的波紋。

4. 缺料（短射）：射出的熔融樹脂，在射入模穴中時，對模穴的某一角落無法完全充填，從而造成不滿模的情況。

5. 氣泡（空孔）：是指成型品內部產生空隙的現象。對透明的成型品而言，嚴重影響成型品外觀。這是由於成型品在料厚部分中心處冷卻最慢，所以材料會在中心部產生空孔。另外，熔融材料若含有水分或揮發性氣體，則也會在靠近成型品表面時，有空孔或氣泡的產生。

6. 噴痕（噴流、冷料）：是指材料在射出時，從澆口進入模穴中，熔融材料呈曲折的帶狀固化現象。在成型品的表面會形成蛇行狀的流痕。其形成主要原因是，由於材料射入模穴時，材料的溫度過低或冷卻太快，使材料的前端迅速固化。接著受到隨後進入的熱材料壓縮，從而造成明顯的流動紋路。這種不良現象，在側面澆口較容易發生。

7. 熔接縫（結合線、合膠線）：產品在成型過程中，兩股以上的融熔料相匯合的接線，是熔融材料在合流的部分，由於流動的樹脂前端無法完全合流所產生的條紋。目視及手感都有感覺。

8. 斷裂（裂痕）：塑料局部斷開後的缺陷。成型品的表面會產生毛髮狀的裂紋。形成裂痕的原因大致有三種：

（1）成型品有殘留應力或應力變化；

（2）成型品受到外力作用以致產生應力集中；

（3）受化學藥品，吸水作用或樹脂再生等成型環境影響。

9. 白印：由於內應力，在產品表面產生與本色不同的白色痕跡。

10. 滋邊（毛刺、披風、溢料）：產品非結構部分產生多餘的料，是熔融材料在流入合模面時，如果有空隙存在，則材料會流入空隙中形成毛邊。

11. 封堵：應該通透的地方由於滋邊造成不通。

成型品的殘留應力，大都是因為射出太飽、不均勻厚度產生的收縮差異，或脫模時不良的頂出動作造成的。

12. 氣絲：由於種種原因，氣體在產品表面留下的痕跡與底面顏色不同并發亮，帶有流動樣。

13. 油絲：油痕、油污（包括脫模式劑）在產品表面留下的痕跡，使該部位發光并帶有流動樣。

14. 銀絲（料花、銀痕）：在成型品表面，材料流動方向上產生的銀色的條紋，主要原因是材料干燥不充分，含有水分。

15. 拉毛：因摩擦而產生的細皮，附在塑料表面的現象。

16. 異色點：與本身顏色不同的雜點或混入樹脂中的雜點暴露在表面上。

17. 表面光澤不良（表面霧狀）：成型品的表面，失去材料原有的光澤性，而在表面有模糊暗淡的色澤，或形成乳白色的薄層。如對透明材料而言，光澤不良會使其透明性降低。其形成原因主要有兩點：

（1）模具表面拋光不良。當模具拋光不良時，由於模具表面不夠光滑，所以材料充填後，會造成表面凹凸不平，以致影響表面光澤。

（2）材料熔膠溫度或模溫過低。因為熔膠溫度或模溫過低，造成材料一射入模穴中就迅速固化，以致無法使表面的光澤性良好。模溫是影響成型品表面光澤性的一個重要因素。

18. 脫模不良：成品在脫模時很難和模具分離的現象。如果強行把成品從模穴中取出，則可能使成品發生白化、變形或龜裂。造成脫模不良的主要原因有：

（1）模具製作不良，容易在射出時產生毛邊；

（2）成型條件不適當；

（3）成型品脫模時，會附在模具的定模上；

（4）頂出系統不良，脫模銷位置不適當等。

19. 燒焦和黑條：

（1）燒焦的現象通常發生在成型品的合模線部位，或是在成型品的最後成形的部位產生。這主要是由於模穴中的空氣不能順利排出而受到射入材料的壓縮，此氣體壓縮將造成大量熱能放出，從而使某部位的材料發生燒焦的現象。

（2）黑條的現象是由於材料在料筒中的溫度過高，在未射出前已有裂解產生。所以在射出成型時，會沿著材料流動方向呈現黑色的條紋。

三、檢驗

1. 原料報驗：開機打樣測試，觀察製品的顏色、材質、外觀是否合格。

2. 塑料件的材質就是成型塑料產品所用的原材料，塑料產品的材質一般不做檢驗，由原材料的供貨商提供材料的質量保證書，以保證所用的材料符合圖面或合同的要求。在發生質量異常時，若經分析是原材料物性的不良，可依據質量保證書進行追溯和索賠。

3. 產品封樣：試產時由客戶指定專人對製品外觀、結構、顏色、材質予以承認。

4. 首件檢驗：把封樣件作為生產線生產標準。

5. 塑料件的配合面100毫米範圍內不直度、不平度小於0.5毫米。

6. 塑料件的配合面、型腔內表面、外露面不得有翹曲（彎曲、變形）、縮水（塌坑、平面凹陷）、流痕（波紋、流紋）、缺料（短射）、氣泡（空孔）、噴痕（噴流、冷料）、熔接縫（結合線、合膠線）、斷裂（裂痕）、白印、滋邊（毛刺、披風、溢料）、封堵、氣絲、油絲、銀絲（料花、銀痕）、拉毛、異色點、表面光澤不良（表面霧狀）、脫模不良、燒焦和黑條、泛白雜物及線性毛塵等缺陷。

7. 尺寸

按產品圖的尺寸做量測，依據尺寸公差做出正確的判斷。量測尺寸時需注意：

（1）不要提供不準確數據和假數據。

（2）按圖紙要求建立基準，注意圖紙的版本和尺寸。

（3）量測尺寸之原則：外大內小，兩邊取中（避開毛邊和彎曲部位）。即測外邊尺寸時取最大值，測內邊尺寸時取最小值，測中點尺寸時取中間值。但如果要求比較嚴格或測量邊比較長時，要記錄最大值和最小值。

8. 顏色

（1）塑料產品顏色的檢驗通常分為目測和色差儀測試兩種方式。在做目視檢驗時要注意檢驗的環境、光線等，最好能在光源箱中做比對檢驗。

（2）在用色差儀檢驗時，要注意儀器是否在校驗有效期內，所用的標準樣和比較樣是否清潔、表面是否有劃傷等。若目視檢驗判定有分歧時，以色差儀的讀值數據為準。

第 17 章　質量經濟分析

一、實訓目的

　　使學生理解質量經濟分析的實質是以經濟方法為手段，以經濟效益為目的，探求產品（或服務）的適用性；能夠運用質量成本知識，理解質－本－利是質量經濟分析的基本內容，是全面質量管理活動的經濟性表現，是衡量質量管理體系有效性的重要因素。培養學生質量成本意識，使其系統地思考企業的質量成本問題，并能撰寫圖文并茂的產品質量經濟分析報告。

二、實訓組織

　　以個人或小組為單位完成實訓。

三、實訓內容與要求

　　可以結合教學錄像、案例、具體企業調查資料進行。認真觀看教學錄像、仔細閱讀案例資料，或採取多種調查形式獲取所需資料（這種形式可以小組為單位，每組 5~6 人為宜）。分析其質量成本構成內容及合理性，尋找造成問題的原因，提出降低質量成本的方法。每人或每組完成 5,000 字左右的質量成本分析報告，題目自擬、範圍自定。

第 18 章　六西格瑪管理

一、實訓目的

實訓的目的是使學生理解六西格瑪管理是一種全新的管理企業的方式。它既是對不合格品的一種測量評價指標，又是驅動經營績效改進的一種方法論和管理模式，以尋求同時增加顧客滿意和企業經濟增長的經營戰略途徑。學生應充分瞭解六西格瑪管理的特點，掌握展開六西格瑪的全部要素、過程及操作方法，認識實施六西格瑪管理的必要性和可行性。

二、實訓組織

按教學班級學生人數確定若干個小組，每小組以 6~8 人為宜，組建小組時候要注意小組成員在知識、性格、技能方面的互補性，小組成員需要合理分工。選舉一位小組長以協調小組的各項工作；小組成員要針對實訓內容，廣泛收集資料和數據，及時統計資料并進行研討，及時發現問題，對第二天所需要的資料做補充，這樣一直下去，直到實訓任務的完成。

三、實訓內容和要求

在學校周邊選擇一家企業（生產型和服務型企業均可，類型不限），深入該企業瞭解其推行的六西格瑪管理過程，包括推行六西格瑪的前提條件、六西格瑪組織與領導、高層管理層的承諾、建立六西格瑪團隊的活動和六西格瑪的改進小組、角色與職責、六西格瑪資源與預算，六西格瑪 DMAIC 改進模式、六西格瑪項目選擇和評估及六西格瑪常用工具的應用等，展示六西格瑪的魔力。此外，讓學生對中國各行業採用六西格瑪的趨勢做出判斷。

1. 每小組撰寫一份 5,000 字左右的調查報告（對於推行六西格瑪成功的企業，總結其踐行六西格瑪的經驗；對於推行六西格瑪不成功的企業，提出其今後在六西格瑪實踐中的改進建議）。

2. 開展教學大班交流會，每小組需推薦 1 名同學上臺，交流本組實訓過程的發現和完成的成果，并展示小組的實訓報告。在這個過程中，同學們可以相互提問及辯論。

第三篇
質量管理習題集

第 19 章　質量管理概論習題

一、名詞解釋

1. 質量
2. 要求
3. 顧客滿意
4. 質量管理
5. 質量控製
6. 質量保證
7. 過程
8. 產品

二、填空題

1. 產品是指活動或過程的_____。
2. 持續改進是對「_____」的最好的詮釋。
3. 產品質量特性包括：性能、_____、可靠性、_____和經濟性。
4. 服務質量特性一般包括：_____、時間性、_____、經濟性、_____和文明性六個方面。
5. 質量環是指對產品質量的_____、形成和_____過程進行的抽象描述和理論概括。
6. 過程是一組將_____轉化為_____的相互關聯或相互作用的_____。
7. 質量策劃致力於制定_____并規定必要的_____和相關資源，以實現質量目標。
8. 質量職能是指為了使產品具有滿足_____需要的質量而進行的_____的總和。
9. 質量方針是組織的_____正式發布的該組織總的質量_____和_____。

三、單項選擇題

1. 質量是一組（　　）滿足要求的程度。
   A. 特性　　　　　　　　　B. 固有特性
   C. 賦予特性　　　　　　　D. 資源特性

2. 質量定義中「特性」的含義是指（　　）。
   A. 固有的　　　　　　　　　　B. 賦予的
   C. 潛在的　　　　　　　　　　D. 明示的
3. 組織的顧客和其他相關方對組織產品、過程和體系的要求是不斷變化的，這反應了質量的（　　）。
   A. 廣泛性　　　　　　　　　　B. 時效性
   C. 相對性　　　　　　　　　　D. 主觀性
4. 從質量工程的角度看，作為產品質量產生、形成和實現過程中的第一環是（　　）。
   A. 採購　　　　　　　　　　　B. 設計
   C. 市場研究　　　　　　　　　D. 產品試製
5. 質量概念涵蓋的對象是（　　）。
   A. 產品　　　　　　　　　　　B. 服務
   C. 過程　　　　　　　　　　　D. 一切可單獨描述和研究的事物
6. 在PDCA循環四個階段中，把成功的經驗加以肯定，制定成標準、規程、製度的階段是（　　）。
   A. P階段　　　　　　　　　　 B. D階段
   C. C階段　　　　　　　　　　 D. A階段
7. 推動PDCA循環的關鍵在於（　　）。
   A. 計劃階段　　　　　　　　　B. 檢查階段
   C. 處理階段　　　　　　　　　D. 執行階段
8. PDCA循環的方法適用於（　　）。
   A. 產品實現過程　　　　　　　B. 產品實現的生產和服務提供過程
   C. 質量改進過程　　　　　　　D. 構成組織質量管理體系的所有過程
9. 只能事後「把關」的質量管理階段是（　　）。
   A. 產品質量檢驗階段　　　　　B. 全面質量管理階段
   C. 統計質量管理階段　　　　　D. 現代化管理階段
10. 開創了統計質量控製這一領域的質量管理專家是（　　）。
    A. 戴明　　　　　　　　　　　B. 休哈特
    C. 朱蘭　　　　　　　　　　　D. 石川馨

四、多項選擇題

1. 質量管理主要包括的內容是（　　）。
   A. 質量方針和目標的制定　　　B. 質量策劃
   C. 質量控製　　　　　　　　　D. 質量保證
   E. 質量改進與持續改進
2. 現代質量管理發展經歷了（　　）三個階段。
   A. 質量檢驗階段　　　　　　　B. 統計質量控製階段

C．質量改進　　　　　　　　　D．全面質量管理服務
3. 質量檢驗階段的「三權分立」是指哪三權？（　　）
   A．設計　　　　　　　　　　B．製造
   C．跟蹤　　　　　　　　　　D．檢驗
   E．改進
4. 戴明「PDCA 循環」中，PDCA 各字母對應的含義是指（　　）。
   A．計劃　　　　　　　　　　B．需求
   C．實施　　　　　　　　　　D．檢查
   E．處理
5. 美國質量管理大師朱蘭除了具有代表性的「螺旋曲線」外，還提出了質量管理的三元論，即（　　）。
   A．質量計劃　　　　　　　　B．質量控製
   C．質量檢驗　　　　　　　　D．質量改進
   E．質量總結
6. 以下各項中，質量管理專家提出的質量管理方面的理論，對應正確的是（　　）。
   A．朱蘭——螺旋曲線　　　　B．戴明——質量循環
   C．克勞斯比——零缺陷　　　D．費根鮑姆——全面質量管理
   E．桑德霍姆——PDCA 循環法
7. 以下各項中，屬於「PDCA 循環」計劃階段的步驟有（　　）。
   A．找出所存在的問題　　　　B．尋找問題存在的原因
   C．探究問題的根源　　　　　D．找出其中的主要原因
   E．針對主要原因，研究、制定改進措施
8. 按照零缺陷概念，克勞斯比認為：「任何水平的質量缺陷都不應存在，為有助於公司實現共同目標，必須制訂相應的質量管理計劃。」下面屬於他的觀點有（　　）。
   A．高層管理者必須承擔質量管理責任并表達實現最高質量水平的願望
   B．管理者必須持之以恆地努力實現高質量水平
   C．管理者必須用質量術語來闡明其目標是什麼，以及為實現這一目標，基層人員必須做什麼
   D．每一次就做對最經濟
   E．每個人都盡到自己的工作職責

五、判斷題（正確的填寫 T，錯誤的填寫 F）

1. 質量是指產品或服務滿足顧客需求的程度。　　　　　　　　　　　　（　　）
2. 從質量和企業關係方面看，提高質量是企業生存和發展的保證。　　　（　　）
3. 由於質量特性是人為變換的結果，因此，我們所得到的或確定的質量特性實質上只是相對於顧客需要的一種代用特性。這種變換的準確性直接影響著顧客的需要能否得到滿足。　　　　　　　　　　　　　　　　　　　　　　　　　　　（　　）

4. 美國質量管理專家朱蘭博士從顧客的角度出發，提出了著名的「適用性」觀點。他指出，「適用性」就是產品符合規範或需求的程度。　　　　　（　）

5. 費根鮑姆在 1961 年首次提出全面質量管理的概念。　　　　　　　（　）

6. 國際標準化組織把產品分成了四個大類：硬件、軟件、服務、流程型材料。
　　　　　　　　　　　　　　　　　　　　　　　　　　　　　　（　）

7. 質量檢驗階段是一種事後把關型質量管理，因此不是積極的質量管理方式。
　　　　　　　　　　　　　　　　　　　　　　　　　　　　　　（　）

8. 質量策劃明確了質量管理所要達到的目標以及實現這些目標的途徑，是質量管理的前提和基礎。　　　　　　　　　　　　　　　　　　　　　（　）

9. 質量控製致力於提供質量要求會得到滿足的信任。　　　　　　　　（　）

10. 質量改進意味著質量水準的飛躍，標誌著質量活動是以一種螺旋式上升的方式不斷提高。　　　　　　　　　　　　　　　　　　　　　　　　（　）

六、簡答題

1. 簡述戴明「PDCA 循環」。
2. 簡述戴明著名的 14 條質量管理要點。
3. 簡述質量檢驗階段的主要特徵和不足之處。
4. 簡述統計質量控製的不足之處。

七、論述題

1. 談談你對朱蘭「螺旋曲線」的理解。
2. 結合實例說明如何切實有效地建設企業質量文化？
3. 試說明企業如何實踐可持續質量管理？
4. 克勞斯比提出的零缺陷管理有何意義？

第 20 章　質量管理體系習題

一、名詞解釋

1. 文件
2. 管理體系
3. 質量管理體系
4. 質量管理體系策劃
5. 質量手冊
6. 質量計劃
7. 程序文件
8. 作業指導書
9. 記錄

二、填空題

1. 質量管理體系是在質量方面＿＿＿＿＿＿和＿＿＿＿＿＿組織的管理體系。
2. ISO 9001：2000 標準將質量管理體系活動分為＿＿＿＿＿＿、＿＿＿＿＿＿、＿＿＿＿＿＿和＿＿＿＿＿＿四大過程。
3. ＿＿＿＿＿＿是質量管理的一部分，致力於增強滿足質量要求的能力。
4. 由於組織的顧客和其他相關方對組織產品、過程和體系的要求是不斷變化的，這反應了質量的＿＿＿＿＿＿。
5. 卓越績效評價是對組織＿＿＿＿＿＿的評價。
6. 卓越績效評價準則包括＿＿＿＿＿＿、戰略、＿＿＿＿＿＿、資源、＿＿＿＿＿＿、測量與改進和＿＿＿＿＿＿七大類目的要求，包括＿＿＿＿＿＿和＿＿＿＿＿＿兩個方面。

三、單項選擇題

1. 世界上第一個質量管理體系和質量保證系列國際標準是在（　　）年首次發布的。
    A. 1994　　　　　　　　　　B. 1987
    C. 2000　　　　　　　　　　D. 1988
2. 下列標準中，（　　）不屬於 2000 版 ISO 9000 族核心標準。
    A. ISO 9000 質量管理體系基礎和術語
    B. ISO 9001 質量管理體系要求
    C. ISO 9004 質量管理體系業績改進指南

D. ISO 10012 測量控製系統

3. 2000 版 ISO 9000 族標準適用的範圍是（　　）。
   A. 小企業　　　　　　　　　　B. 大中型企業
   C. 製造業　　　　　　　　　　D. 所有行業和各種規模的組織

4. 2000 版 ISO 9000 族標準的理論基礎是（　　）。
   A. 持續改進原理　　　　　　　B. 系統理論
   C. 八項質量管理原則　　　　　D. 十二項質量管理體系基礎

5. 認證機構向組織頒發質量管理體系認證證書，證書的有效期一般為（　　）。
   A. 一年　　　　　　　　　　　B. 二年
   C. 三年　　　　　　　　　　　D. 四年

6. 中國標準的性質分為強制性和（　　）兩種。
   A. 參考性　　　　　　　　　　B. 推薦性
   C. 建議性　　　　　　　　　　D. 參照性

7. 認證是（　　）依據程序對產品、過程或服務符合規定的要求給予的書面保證。
   A. 第一方　　　　　　　　　　B. 第二方
   C. 第三方　　　　　　　　　　D. 國家行政主管部門

8. 2000 年版 ISO 9000 族標準由四項核心標準及若干份支持性技術報告構成。四項核心標準中 ISO 9001 是（　　）。
   A. 質量管理體系——要求　　　B. 質量管理體系——指南
   C. 質量體系審核指南　　　　　D. 質量管理體系——概念和術語

9. 行業標準是對（　　）的補充。
   A. 企業標準　　　　　　　　　B. 國家標準
   C. 地方標準　　　　　　　　　D. 國際標準

10. 習慣上，把產品質量認證和質量體系認證通稱為（　　）。
    A. 質量認證　　　　　　　　　B. 過程認證
    C. 產品質量檢驗　　　　　　　D. 型式試驗

11. 組織建立、實施、保持和持續改進質量管理體系的目的是（　　）。
    A. 提高組織的知名度
    B. 證實組織有能力穩定地提供滿足要求的產品
    C. 增進顧客滿意
    D. B+C

12. GB/T 19001 標準規定的質量管理體系要求是為了（　　）。
    A. 進一步明確規定組織的產品要求
    B. 統一組織的質量管理體系文件和結構
    C. 統一組織的質量管理體系過程
    D. 穩定地提供滿足要求的產品并增進顧客滿意

四、多項選擇題

1. ISO 9000 標準產生的必然性（　　）。
   A. 客觀條件：科學技術進步和生產力水平的提高
   B. 實踐基礎：質量保證活動的成功經驗
   C. 理論基礎：質量管理學的發展
   D. 現實要求：經濟一體化的世界範圍內的貿易往來
   E. 生存和發展保障：日益激烈的國際競爭

2. ISO 9000:2000 族標準的特點（　　）。
   A. 堅持「顧客滿意，持續改進」的核心理念
   B. 引入過程方法，致力於把「顧客滿意，持續改進」落到實處
   C. 面向所有組織，通用性更強
   D. 結構簡化，可操作性更強
   E. 質量管理體系和環境管理體系的相容性

3. 文件的具體價值在於（　　）。
   A. 滿足顧客要求和質量改進
   B. 提供適宜的培訓
   C. 使質量管理體系具有重複性和可追溯性
   D. 提供主觀證據
   E. 評價質量管理體系的有效性和持續適宜性

4. 影響認證註冊價值的主要因素體現在（　　）。
   A. 審核活動的基礎、確保活動的實施
   B. 審核活動的特性，通過管理體系的標準體現出來
   C. 審核製度的完整性和誠信，表現為規範化、程序化的製度
   D. 審核員的素質，是影響審核活動的關鍵因素
   E. 審核的反饋製度，是確保最終審核活動實施的因素

5. 質量管理體系的基本要求（　　）。
   A. 質量管理體系的集合性　　　B. 質量管理體系的關聯性
   C. 質量管理體系的目的性　　　D. 質量管理體系的適應性
   E. 質量管理體系的反饋性

6. 質量管理體系策劃的主要內容包括（　　）。
   A. 產品設計　　　　　　　　　B. 產品分析
   C. 組織結構分析　　　　　　　D. 識別并確定過程
   E. 配置資源

7. 質量目標應（　　）。
   A. 定量可測量
   B. 與質量方針保持一致
   C. 是組織在質量方面已達到的目的

D. 在組織的相關職能和層次上都制定
E. 包括滿足產品要求所需的內容
8. 「文件」是指「信息及其承載媒體」。根據定義，文件可以包括（　　　）。
A. 指南　　　　　　　　　　　B. 記錄
C. 規範　　　　　　　　　　　D. 程序
E. 質量手冊
9. 管理評審是為了確保質量管理體系（　　　）。
A. 適宜性　　　　　　　　　　B. 充分性
C. 拓展性　　　　　　　　　　D. 靈活性
E. 有效性
10. GB/T 19580《卓越績效評價準則》標準有助於組織（　　　）。
A. 取得認證　　　　　　　　　B. 獲得長期的市場競爭優勢
C. 作為卓越績效自我評價的準則　D. 提高其整體績效和能力

五、判斷題（正確的填寫 T，錯誤的填寫 F）

1. 質量管理體系是為實現質量方針和質量目標而建立的管理工作系統。（　　）
2. ISO 9001 標準與 ISO 9004 標準所描述的質量管理體系具有相似的結構和一致的過程模式，因此這兩個標準有著相似的目的和適用範圍。（　　）
3. 系統地識別和管理組織所應用的過程，特別是這些過程之間的相互作用可稱之為「管理的系統方法」。（　　）
4. ISO 9001 標準規定的質量管理體系要求是對有關產品要求的補充。（　　）
5. 卓越績效評價準則和 ISO 9001 一樣，都是符合性評價標準。（　　）
6. 在自願性認證情況下，產品未經認證，不許銷售，否則依法懲處。（　　）
7. 標準是認證的基礎，是開展質量認證活動必須具備的基本條件。（　　）
8. 質量保證活動的成功經驗為 ISO 9000 族標準的產生奠定了基礎。（　　）
9. ISO/TC 176 是指質量管理和質量保證技術委員會。（　　）
10. ISO/TC 207 是人類工程學技術委員會。（　　）
11. CNAS 是中國合格評定國家認可委員會的簡稱。（　　）
12. CNAS 負責對全國認證機構（包括各類管理體系認證機構和各類產品認證機構）的認可工作。（　　）
13. 中國從 1988 年 10 月開始就等同採用國際標準，制定國家標準。（　　）
14. 型式試驗是指按規定的試驗方法對產品的樣本進行試驗，以證明樣品符合標準或技術規範的要求。（　　）
15. 產品質量認證分為強制性認證和型式試驗。（　　）

六、簡答題

1. ISO 9000:2000 標準所倡導的八項質量管理原則是什麼？
2. 簡述 ISO 9000:2000 標準的適用範圍。

3. 為了有計劃、有步驟地建立和實施質量管理體系并取得預期效果，有哪些工作步驟？
4. 簡述持續改進活動的內容。
5. 簡述質量管理體系評價的類型。
6. 對質量管理體系評價的目的是什麼？
7. 質量認證有何作用？
8. 獲得 ISO 9000 認證應符合什麼基本條件？
9. 簡述 ISO 9000 認證的程序。
10. 程序文件包括哪些內容？
11. 何為強制性產品認證？

七、論述題

1. ISO 9000 族標準堅持了「顧客滿意，持續改進」的核心理念，談談你的認識。
2. 最高管理者在質量管理體系建設中應起的作用是？
3. 試述質量管理體系評價。

第 21 章　全面質量管理及質量管理常用技術習題

一、名詞解釋

1. 全員質量管理
2. 全方位質量管理
3. 檢查表
4. 親和圖法
5. 矩陣圖法
6. 矩陣數據分析法
7. 標杆法

二、填空題

1. ISO 8402:1994 將全面質量管理定義為「一個組織以_____為中心，以_____為基礎，目的在於通過讓_____和本組織所有成員及社會受益而達到長期成功的管理途徑。」
2. 全過程質量管理強調必須體現兩個思想：一是預防為主、不斷改進的思想，二是_____。
3. 全面質量管理要求把管理工作的重點從「事後把關」轉移到「_____」上來；從管結果轉變為管_____。
4. 質量教育培訓是指在實施質量管理的過程中，為了讓員工的工作及其結果_____，并考慮員工個體的_____，所需進行的教育培訓活動。
5. 質量教育是指致力於介紹新的質量概念和原理，幫助人們_____，喚醒意識的學習過程。
6. QC 小組是指在生產或工作崗位上從事各種勞動的職工，圍繞企業的_____、方針目標和_____的問題，以改進質量、_____、提高人的素質和_____為目的組織起來的，運用質量管理的_____開展活動的小組。
7. QC 小組活動的特點突出表現為明顯的_____、廣泛的_____、高度的_____和嚴謹的_____。
8. 根據選題性質的不同，QC 小組的活動分為「_____」和「_____」兩種類型。
9. QC 小組活動課題分為五種類型，即「_____」「_____」「_____」「管理型」「創新型」。

10. 直方圖中各個矩形在橫軸中表示_____，縱軸表示落入該區間數據的_____。

11. 直方圖中數據組的標準差 S 越大，表示數據的_____越大，數據波動越大。

12. 排列圖的目的是尋找引發80%質量問題的_____。

13. 散布圖是研究_____出現的兩組_____之間關係的簡單示意圖。

14. 散布圖中，當 x 增加，y 也增加，而且點子分布比較密集，點子雲呈線性，稱為_____。

三、單項選擇題

1. 全面質量管理的基礎工作包括（　　）。
   A. 質量信息工作　　　　B. 事中控製
   C. 質量改進工作　　　　D. 質量評審工作

2. 最早提出全面質量管理概念的是（　　）通用電氣公司質量總經理費根鮑姆。
   A. 中國　　　　　　　　B. 日本
   C. 美國　　　　　　　　D. 德國

3. 全面質量管理改變了過去「管結果」為「管因素」的做法，同時實現了（　　）的做法。
   A. 改變分工為主到分工為次　　B. 主次因素同時抓
   C. 改變分工為主到協調為主　　D. 企業自我管理和第三方全面管理

4. 頭腦風暴法是採用（　　），收集數字資料的一種集體創造思維的方法。
   A. 問卷方式　　　　　　B. 會議方式
   C. 現場採訪方式　　　　D. 個人思考方式

5. 常用於尋找產生質量問題的原因的圖是（　　）。
   A. 直方圖　　　　　　　B. 排列圖
   C. 因果圖　　　　　　　D. 散布圖

6. 以下哪個常用工具可用於明確「關鍵的少數」。（　　）
   A. 排列圖　　　　　　　B. 因果圖
   C. 直方圖　　　　　　　D. 調查表

7. 在散布圖中，當 x 增加，相應的 y 減少，則稱 x 和 y 之間是（　　）。
   A. 正相關　　　　　　　B. 不相關
   C. 負相關　　　　　　　D. 曲線相關

8. 由於刀具磨損所形成的直方圖是（　　）直方圖。
   A. 平頂型　　　　　　　B. 鋸齒型
   C. 偏向型　　　　　　　D. 正常型

9. 排列圖的作用之一是識別（　　）的機會。
   A. 質量管理　　　　　　B. 質量進步
   C. 質量控製　　　　　　D. 質量改進

10. 把不同材料、不同加工者、不同操作方法、不同設備生產的兩批產品混在一起時，直方圖形狀為（　　）。
  A. 對稱型　　　　　　　　　　B. 孤島型
  C. 雙峰型　　　　　　　　　　D. 偏向型

11. QC 小組以穩定工序質量、改進產品質量、降低消耗、改善生產環境為目的所確定的活動課題是（　　）。
  A. 攻關型課題　　　　　　　　B. 創新型課題
  C. 現場型課題　　　　　　　　D. 管理型課題

12. 通常所說的 QC 小組活動的「四個階段」包含（　　）個步驟。
  A. 6　　　　　　　　　　　　B. 7
  C. 8　　　　　　　　　　　　D. 10

13. QC 小組活動成果發表的作用是（　　）。
  A. 聯誼交流，相互啓發，共同提高
  B. 展示 QC 小組活動的技巧和方法，推廣應用
  C. 鼓足士氣，滿足小組成員自我實現的需要
  D. A+B+C

14. QC 小組活動起源於（　　）。
  A. 日本　　　　　　　　　　　B. 美國
  C. 德國　　　　　　　　　　　D. 挪威

15. 質量教育培訓可分為（　　）的培訓。
  A. 高層管理者　　　　　　　　B. 管理人員和關鍵崗位的員工
  C. 特定職能部門人員和廣泛的員工　　D. 以上各類人員和層次

16. 對研發人員和質量工程師可進行（　　）培訓，使其掌握能勝任工作的崗位技能。
  A. 質量功能展開、失效模型及影響分析
  B. 顧客滿意測量技術
  C. 質量成本分析
  D. 供應商戰略

四、多項選擇題

1. 全面質量管理包括（　　）。
  A. 全員質量管理　　　　　　　B. 全過程質量管理
  C. 全方位質量管理　　　　　　D. 全因素質量管理
  E. 多種多樣的質量管理工具或方法

2. 屬於比較常用的質量管理工具和方法的有（　　）。
  A. 質量管理七種老工具
  B. 質量管理七種新工具
  C. QC 小組活動、頭腦風暴法、標杆法、顧客需求調查和滿意度測評

    D. 質量控制、統計過程控制
    E. 抽樣檢查和驗收
3. 當直方圖出現（　　）情況時，工序處於失控狀態。
    A. 偏向型分布　　　　　　　　B. 鋸齒型分布
    C. 雙峰型分布　　　　　　　　D. 凹凸型分布
    E. 孤島型分布
4. 以下各項中，屬於「質量管理七種新工具」的有（　　）。
    A. 關聯圖法　　　　　　　　　B. 控制圖法
    C. 系統圖法　　　　　　　　　D. 直方圖法
    E. 矩陣圖法
5. 下面屬於親和圖的繪制步驟的有（　　）。
    A. 確定主題，成立相應的活動小組　　B. 收集資料
    C. 整理所收集的資料　　　　　D. 資料歸類
    E. 繪制親和圖
6. 系統圖法主要用於（　　）。
    A. 在新產品研製開發中，用於設計方案的展開
    B. 在質量保證活動中，用於質量保證事項和工序質量分析事項的展開
    C. 在跟蹤調查中，用於活動改進的實施
    D. 在信息反饋階段，用於信息反饋事項的實施
    E. 結合因果圖，更為系統地分析所要解決的問題
7. QC小組活動的特點包括（　　）。
    A. 參與的自願性　　　　　　　B. 領導的合理性
    C. 管理的民主性　　　　　　　D. 方法的科學性
    E. 取證的適用性
8. 在運用頭腦風暴法時，應注意（　　）。
    A. 禁止評論他人構想的好壞，把對方案的評判放在最後階段，此前，不得對別人的意見提出批評或評價
    B. 最傳統的方法是最受歡迎的
    C. 最狂妄的想像是最受歡迎的，思想越激進越好
    D. 重量不重質，強調對想法的梳理，而不管其是否適當和可行
    E. 探索取長補短和改進辦法
9. 頭腦風暴法的工作步驟有（　　）。
    A. 明確課題　　　　　　　　　B. 成立專家小組
    C. 腦力激盪　　　　　　　　　D. 觀點的收集、分析和整理
    E. 觀點的實施
10. 以下各項中，質量管理專家提出的質量管理工具對應正確的是（　　）。
    A. 直方圖——費根鮑姆　　　　B. 親和圖——川喜二郎
    C. 排列圖——帕累托　　　　　D. 散布圖——朱蘭

E. 因果圖——石川馨

11. 用於過程控製活動的質量工具有（   ）。
    A. 關聯圖　　　　　　　　　　B. 直方圖
    C. 因果圖　　　　　　　　　　D. 過程能力分析

12. QC 小組實施改進，解決問題除運用專業技術外，所涉及的管理技術主要有三個方面，包括（   ）。
    A. 遵循 PDCA 循環　　　　　　B. 以事實為依據，用數據說話
    C. 採用標準　　　　　　　　　D. 應用統計方法及其他多種工具方法
    E. 發揮領導作用

五、判斷題（正確的填寫 T，錯誤的填寫 F）

1. 全面質量管理的思想之一是要求質量與經濟相統一。（   ）
2. 排列圖上各項目的排列是按頻數大小從右到左排列，其他一項排列位置由其頻數大小決定。（   ）
3. 平頂型直方圖的形成可能由單向公差要求或加工習慣等引起。（   ）
4. 鋸齒型直方圖形成的原因是分組過多、測量儀器精度不夠、讀數有誤等。（   ）
5. 分層的目的是將混在一起的不同來源的數據區別開來，有利於查找產生質量問題的原因。（   ）
6. 作散布圖時，兩個變量間的線性相關程度越低，圖中的點子越趨於集中在這條直線附近。（   ）
7. 圍繞某一主題，搜集大量意見、觀點、想法，按照它們之間的親和性加以歸類、匯總的方法，叫親和圖法或 KJ 法。（   ）
8. 最早提出全面質量管理概念的是美國的戴明博士。（   ）
9. 全面質量管理強調「始於識別顧客的需要，終於滿足顧客的需要」，顧客就是指外部的最終的顧客。（   ）
10. QC 小組活動是組織的自主行為，推進 QC 小組活動健康持久地發展，是領導和有關部門的職責。（   ）
11. QC 小組的課題來源於上級下達的指令性課題和質量部門推薦的指導性課題。（   ）
12. QC 小組等同於行政班組，其組建需經行政批准。（   ）
13. QC 小組活動成果評價更注重經濟效益方面。（   ）
14. 現場型 QC 小組的課題以解決技術關鍵問題為目的。（   ）
15. 應針對組織的各級、各類人員的工作需求確定質量教育培訓內容。（   ）
16. 培訓需求的識別與確定是培訓工作的首要環節，應綜合考慮組織發展的各個方面。（   ）

六、簡答題

1. 質量教育培訓的作用是什麼？
2. 實施質量教育培訓的四個階段活動有哪些？
3. 什麼叫 QC 小組？其特點表現在哪些方面？
4. QC 小組活動遵循 PDCA 循環，其基本步驟有哪些？
5. 調查表的作用是什麼？應用調查表的主要步驟是什麼？
6. 因果矩陣的作用是什麼？
7. 什麼是頭腦風暴？其作用是什麼？
8. 親和圖的主要作用是什麼？
9. 簡述標杆法的工作步驟。
10. 簡述箭條圖法和矩陣數據分析法的步驟。

七、論述題

1. 試說明全過程質量管理的含義以及如何才能實現全過程質量管理？
2. 如何才能做到全方位質量管理？
3. 就某一工作或學習中所遇到的質量管理問題，試利用因果圖分析造成這一問題的原因，找到關鍵原因，并給出解決方案。

第 22 章　顧客需求管理習題

一、名詞解釋

1. 顧客滿意
2. 顧客忠誠
3. 顧客滿意指數
4. 感知力量

二、填空題

1. 顧客滿意的特徵是 _____、_____、_____、_____、_____。
2. 顧客滿意指數模型中的六個變量分別是 _____、_____、_____、_____、_____、_____。
3. 顧客滿意戰略是在 _____、_____、_____等發生深刻的變化背景下產生的。
4. 顧客滿意由 _____、_____、_____三個要素構成。
5. 顧客滿意，顧客心理、言語忠誠，顧客行為忠誠兩兩之間就顧客群體而言，存在 _____性。

三、單項選擇題

1. 顧客滿意我們一般採用（　　）表示。
   A. CI　　　　　　　　　　　B. CS
   C. CL　　　　　　　　　　　D. CSI
2. 顧客滿意指數的理論模型是由美國密歇根大學商學院質量研究中心費耐爾博士於（　　）提出的。
   A. 1979 年　　　　　　　　　B. 1985 年
   C. 1989 年　　　　　　　　　D. 1992 年
3. 美國的國家顧客滿意指數用（　　）表示。
   A. SCSB　　　　　　　　　　B. ACSI
   C. DK　　　　　　　　　　　D. CSI
4. 顧客滿意指數測評指標體系由（　　）個層次構成。
   A. 二　　　　　　　　　　　B. 三
   C. 四　　　　　　　　　　　D. 五

5. 在顧客滿意指數測評中，將（　　）指標展開即構成了調查問卷中的問題。
   A. 二級　　　　　　　　　　B. 三級
   C. 四級　　　　　　　　　　D. 五級
6. 服務的內容是發生在組織和（　　）上的一系列活動。
   A. 滿足顧客的需要　　　　　B. 無形產品的交付
   C. 顧客參與性　　　　　　　D. 顧客接觸面
7. 服務的（　　）完全取決於顧客的主觀感受，難以進行客觀的評價。
   A. 功能質量　　　　　　　　B. 技術質量
   C. 形象質量　　　　　　　　D. 感知質量

四、多項選擇題

1. 顧客滿意由（　　）等要素構成。
   A. 理念滿意　　　　　　　　B. 行為滿意
   C. 視聽滿意　　　　　　　　D. 規模滿意
2. 顧客滿意的特徵有（　　）。
   A. 主觀性　　　　　　　　　B. 相對性
   C. 社會性　　　　　　　　　D. 階段性
3. 顧客忠誠與顧客轉移表現為（　　）。
   A. 對立性　　　　　　　　　B. 統一性
   C. 相對性　　　　　　　　　D. 層次性
4. 顧客忠誠是顧客對某種產品或服務重複或連續購買的（　　）指向的總和。
   A. 期望　　　　　　　　　　B. 心理
   C. 言語　　　　　　　　　　D. 行為
5. 企業的行為滿意包括（　　）的滿意。
   A. 行為機制　　　　　　　　B. 行為規則
   C. 行為模式　　　　　　　　D. 感覺機制
6. 卡諾模型中的顧客需求包括（　　）。
   A. 基本型需求　　　　　　　B. 期望型需求
   C. 心理型需求　　　　　　　D. 興奮型需求
   E. 情感型需求
7. 處理顧客抱怨時，應該堅持（　　）的原則去處理。
   A. 承認顧客抱怨的事實
   B. 感謝顧客的批評指正
   C. 快速採取行動，補償顧客的損失
   D. 評估補償顧客抱怨的具體措施的實施效果
   E. 跟蹤調查顧客抱怨的處理效果
8. 顧客滿意度的測評的實施步驟包括（　　）。
   A. 制訂工作計劃　　　　　　B. 設計調查表格

C. 填寫表格
D. 編寫測評報告
E. 收集反饋意見

9. 顧客滿意度調查常用的方法有（　　）。
A. 面談調查法
B. 電話調查法
C. 網路調查法
D. 郵遞調查法
E. 電子通信法

10. ACSI 模型包含的結構變量為（　　）。
A. 顧客期望
B. 感知質量
C. 感知價值
D. 顧客滿意度
E. 顧客形象

11. ECSI 模型包含的結構變量為（　　）。
A. 企業形象
B. 顧客願望
C. 感知質量
D. 感知價值
E. 顧客忠誠度

12. CCSI 模型包含的結構變量為（　　）。
A. 企業形象
B. 感知質量
C. 感知價值
D. 顧客滿意度
E. 顧客忠誠度

五、判斷題（正確的填寫 T，錯誤的填寫 F）

1. 顧客抱怨是一種滿意程度低的最常見的表達方式，但沒有抱怨并不一定表明顧客很滿意。（　　）

2. 轉換成本是指顧客從現有廠商處購買商品轉向從其他廠商處購買商品時面臨的一次性成本。顧客轉換成本較高時，顧客的行為忠誠會較低。（　　）

3. 服務質量是產品生產的服務或服務業滿足規定或潛在要求（或需要）的特徵和特性的總和。（　　）

4. 服務質量既由服務的技術質量、職能質量、形象質量和真實瞬間構成，也由感知質量與預期質量的差距所體現。（　　）

5. 服務定位不需要進行市場細分，便可以鎖定目標顧客群，并瞭解顧客的需求和期望。（　　）

6. 服務的條件是必須與顧客接觸。這種組織與顧客之間的接觸，可以是人員的，也可以是貨物的。（　　）

7. 根據統計，一個不滿的顧客的背後有 25 個不滿的顧客。（　　）

六、簡答題

1. 簡述顧客滿意戰略產生的時代背景。
2. 顧客滿意等同於顧客忠誠嗎？
3. 簡述顧客滿意度測評的意義。

4. 簡述顧客滿意度測評指標體系的構成。
5. CRM 系統的目的和功能是什麼？
6. 顧客抱怨的原因有哪些？如何解決顧客抱怨？
7. 卡諾模型把顧客需求分為三類，其管理含義何在？

七、論述題

1. 有人認為：「因為企業 80% 的利潤是由 20% 的少數顧客帶來的，所以我們要把絕大部分精力放在少數的關鍵顧客上，而對那些只為企業帶來麻煩的極少數顧客可以採取任其流失的辦法分流。」你認為這種說法是否正確？闡述你的理由。

2. 談談你對「顧客滿意」概念的理解。

第 23 章　設計過程質量管理習題

一、名詞解釋

1. DFX
2. 質量屋
3. 可靠性
4. 維修性
5. 保障性
6. 測試性
7. 可用性

二、填空題

1. 質量的市場屬性主要表現為_____、_____、_____、_____。
2. 由消費需求要求項目轉換成需求質量，採用的是_____。
3. 在計劃質量確定中，絕對權重值等於_____、_____和_____的乘積。
4. 設計質量確定是在對_____和_____比較分析基礎上進行的。

三、單項選擇題

1. 下述各項中，關於質量與可靠性的表述中，正確的是（　　）。
   A. 質量是產品可靠性的重要內涵
   B. 可靠性是產品質量的重要內涵
   C. 可靠性與產品質量無關
   D. 產品可靠，質量自然就好
2. 產品可靠性與（　　）無關。
   A. 規定時間   B. 規定條件
   C. 規定功能   D. 規定維修
3. 產品典型的故障率曲線中不包括（　　）階段。
   A. 早期故障階段   B. 報廢故障處理階段
   C. 偶然故障階段   D. 耗損故障階段
4. 產品固有可靠性與（　　）無關。
   A. 設計   B. 製造

C. 使用 D. 管理

5. 惠普公司對產品設計與成本之間關係的調查表明：產品總成本的（　　）取決於最初的設計，75%的製造成本取決於設計說明和設計規範。

A. 60% B. 70%
C. 75% D. 80%

6. 在產品投入使用的初期，產品的故障率較高，且具有隨時間（　　）的特徵。

A. 逐漸下降 B. 迅速下降
C. 先降低後提高 D. 保持不變

7. 某產品由 5 個單元組成串聯繫統，若每個單元的可靠度均為 0.95，該系統可靠度為（　　）。

A. 0.77 B. 0.87
C. 0.97 D. 0.67

8. 在質量功能展開（QFD）中，首要的工作是（　　）。

A. 客戶競爭評估 B. 技術競爭評估
C. 決定客戶需求 D. 評估設計特色

9. 在質量功能展開（QFD）中，質量屋的「屋頂」三角形表示（　　）。

A. 技術要求之間的相關性 B. 顧客需求之間的相關性
C. 技術要求的設計目標 D. 技術要求與顧客需求的相關性

10. 某可修復產品發生 5 次故障，每次修復時間分別為 48 分鐘、27 分鐘、52 分鐘、33 分鐘、20 分鐘。則平均修復時間（MTTR）為（　　）分鐘。

A. 180 B. 36
C. 150 D. 90

四、多項選擇題

1. 以下各項中，屬於 DFX 方法的有（　　）。

A. DFM B. DFT
C. DFB D. DFA
E. DFW

2. 綠色設計的基本要求體現在（　　）。

A. 優良的環境友好性 B. 最大限度地減少資源消耗
C. 排放最小 D. 污染較小
E. 最大化可回收利用

3. 為了能夠正確地理解可靠性概念，我們應當把握（　　）關係。

A. 產品的可靠性與規定條件的關係
B. 產品的可靠性與規定方法的關係
C. 產品的可靠性與規定時間的關係
D. 產品的可靠性與規定功能的關係
E. 產品的可靠性與規定用途的關係

4. 維修類型主要包括（　　）。
    A. 恢復性維修　　　　　　　　B. 部分維修
    C. 預防性維修　　　　　　　　D. 整體維修
    E. 全面維修
5. 測試性主要表現在（　　）。
    A. 自檢功能強
    B. 測試方便
    C. 兼容性好
    D. 便於使用外部測試設備進行檢查測試
    E. 易於進行跟蹤反饋
6. 影響可信性的因素包括（　　）。
    A. 測試性　　　　　　　　　　B. 可靠性
    C. 維修性　　　　　　　　　　D. 保障性
    E. 反饋性
7. 可靠性特徵量包括（　　）。
    A. 可靠度　　　　　　　　　　B. 平均故障時間
    C. 平均故障修復時間　　　　　D. 維修度
    E. 可用度
8. 服務具有（　　）的特點。
    A. 服務是無形的　　　　　　　B. 服務需求具有不確定性
    C. 服務不能存儲　　　　　　　D. 服務過程的可視性
    E. 服務易於提供
9. 服務設計的基本要求有（　　）。
    A. 與組織的使命和目標相一致
    B. 能滿足客戶的需求
    C. 有統一的服務宗旨
    D. 所設計的服務對顧客來說是有價值的
    E. 所設計的服務是穩健的
10. 為了使服務流水線獲得成功，我們應該堅持（　　）的原則。
    A. 充分授權　　　　　　　　　B. 勞動分工
    C. 用技術代替人力　　　　　　D. 服務大眾化
    E. 服務標準化

五、判斷題（正確的填寫 T，錯誤的填寫 F）

1. 大量統計資料表明，產品質量的好壞，約 80% 是由產品設計質量決定的。
（　　）

2. 惠普公司對產品設計與成本之間的關係調查表明，產品總成本的 40% 取決於最初的設計。
（　　）

3. 質量屋的「屋頂」三角形表示技術要求之間的相關性。   （   ）
4. 質量功能展開是指把顧客對產品的需求進行多層次的演繹分析，并將其轉化為產品的設計要求、零部件特性、工藝要求、生產要求的質量工程工具。它用來指導產品的健壯性設計和質量保證。   （   ）
5. 可靠性是指產品在規定的條件下和規定的時間內完成規定功能的能力。（   ）
6. 可靠性高的產品其質量必然很好。   （   ）
7. 在失效率為常數的情況下，平均壽命等於失效率的倒數。   （   ）
8. 偶然失效期的失效率幾乎是常數，這表明系統的失效在任何時候都是一樣的，與時間無關。   （   ）
9. 并聯繫統的單元數目愈多，則系統的可靠性就愈高。   （   ）
10. 可靠性可通過可靠度、失效率、平均無故障間隔時間、故障平均修復時間、維修度、有效度等指標來衡量。   （   ）

六、簡答題

1. 簡述產品全生命週期的成本影響因素。
2. 簡述 DFE 的主要內容。
3. 設計過程質量管理的主要內容有哪些？
4. 簡述質量屋的主要組成部分以及如何構建質量屋？
5. 什麼是產品的維修性？兩種維修類型的區別？
6. 綜合保障工程的主要任務是什麼？
7. 簡述如何提高產品設計的可靠性。
8. 什麼是故障模式及影響分析？簡述它的用途。
9. 什麼是故障樹和故障樹分析？簡述故障樹分析的主要用途。
10. 如何才能有效地設計服務系統？

七、論述題

1. 「技術重要度的確定是構建質量屋最引人入勝的一步。」談談你對這一說法的理解。
2. 談談你對服務流水線的理解。
3. 試根據浴盆曲線分析產品維護管理的策略。

第 24 章　統計過程控製習題

一、名詞解釋

1. 總體
2. 樣本
3. 數據的集中性
4. 極差
5. 週期性波動
6. 工序能力
7. 工序能力指數
8. 技術標準

二、填空題

1. 控製圖是美國貝爾電話研究所的＿＿＿＿博士於 1942 年提出來的，所以也稱＿＿＿＿控製圖。
2. 控製圖中常說的兩種錯誤分別是指＿＿＿＿和＿＿＿＿。
3. 計數值數據通常服從＿＿＿＿分布和＿＿＿＿分布。
4. 計件值控製圖分為＿＿＿＿控製圖和＿＿＿＿控製圖兩種，也簡稱為＿＿＿＿控製圖和＿＿＿＿控製圖；計點值控製圖分為＿＿＿＿控製圖和＿＿＿＿控製圖兩種，又簡稱為＿＿＿＿控製圖和＿＿＿＿控製圖。
5. 當工序能力指數的範圍為 $1.33<C_p\leqslant 1.67$ 時，工序能力等級為＿＿＿＿級。
6. 抽樣後在控製圖上打點，出現連續 7 點上升，被稱為＿＿＿＿。
7. 抽樣後在控製圖上打點，連續 3 點中有 2 點超過 2σ 線，被稱為＿＿＿＿。
8. 某車床加工機軸，機軸的技術要求為 50 ± 0.05 毫米，那麼技術標準的中心為＿＿＿＿。

三、單項選擇

1. 中心極限定理說明，不論總體的分布狀態如何，當 n 足夠大時，它的樣本平均數總是趨於正態分布。這裡 n 是指（　　）。
   　　A. 產品批量　　　　　　　　B. 抽樣次數
   　　C. 抽樣樣本量　　　　　　　D. 抽樣間隔
2. 用於表示相鄰兩個觀察數據相差的絕對值的是（　　）。
   　　A. 極差　　　　　　　　　　B. 移動極差

C. 標準偏差 D. 中位數
3. 根據控製圖判定工序正常，這時（ ）。
   A. 只可能犯第一類錯誤 B. 只可能犯第二類錯誤
   C. 第一類和第二類錯誤都可能犯 D. 不會錯判
4. 在正態分布情況下，工序加工產品的質量特性值落在六西格瑪範圍內的概率或可能性約為（ ）。
   A. 99.73% B. 95.45%
   C. 68.27% D. 80.25%
5. 在計量值控製圖中，計算簡便，但效果較差的是（ ）。
   A. 均值-極差控製圖 B. 中位數-極差控製圖
   C. 單值-移動極差控製圖 D. 連續值-極差控製圖
6. 過程性能指數（ ）進行計算。
   A. 要求在沒有偶然因素下 B. 要求在未出現重大故障狀態下
   C. 要求必須在穩態條件下 D. 不要求在穩態條件下
7. 某廠加工手錶齒輪軸，為控製其直徑，應採用（ ）。
   A. 不合格品率控製圖 B. 均值-極差控製圖
   C. 不合格數控製圖 D. 不合格品數控製圖
8. 當工序能力指數在 $1<C_p\leq 1.33$ 時，工序能力等級為（ ）級。
   A. 特 B. 1
   C. 2 D. 3
9. 當質量特性值的分布中心與規格中心重合時，過程能力指數（ ）。
   A. $C_p>C_{pk}$ B. $C_p=C_{pk}$
   C. $C_p<C_{pk}$ D. 無對應關係
10. 公式 $C_p=T/6\sigma$ 的應用前提是（ ）。
    A. 分布中心與標準中心重合 B. 分布中心與標準中心不重合
    C. 無論重合與否 D. 工序不存在質量波動
11. 控製圖的橫坐標一般表示（ ）。
    A. 項目 B. 質量特性
    C. 自變量 D. 時間或樣本號
12. $\bar{X}$ 控製圖中連線（ ）點遞進或遞減，應判別為異常。
    A. 6 B. 7
    C. 8 D. 9
13. 控製圖主要用於（ ）。
    A. 評價工序的質量特性
    B. 發現不合格
    C. 及時反應和區分正常波動和異常波動
    D. 顯示質量波動分布狀態

四、多項選擇題

1. 統計質量控製發展為統計過程控製時，實現了質量管理（　　）。
   A. 從定性描述為主轉變為定量分析為主
   B. 從事前控製為主轉變為事後檢驗為主
   C. 從事後檢驗為主轉變為事前控製為主
   D. 從產品檢驗為主轉變為過程控製為主
   E. 從過程控製為主轉變為產品檢驗為主

2. 下面屬於數據抽樣方法的有（　　）。
   A. 隨機抽樣　　　　　　　　B. 抽簽法
   C. 分層抽樣　　　　　　　　D. 系統抽樣
   E. 計算機生成法

3. 通常用（　　）來度量數據的集中性。
   A. 平均數　　　　　　　　　B. 方差
   C. 極差　　　　　　　　　　D. 中位數
   E. 眾數

4. 質量控製圖主要以（　　）來控製產品質量。
   A. 產品報廢率　　　　　　　B. 不合格品數
   C. 不合格品率　　　　　　　D. 缺陷數
   E. 缺陷率

5. 如果沒有樣本點出界，但有多個樣本點接近控製上限或控製下限，說明生產過程有失去控製的趨勢。特別地，當（　　）發生時，可以認為生產過程已經處於失控狀態，應予以糾正。
   A. 連續3個樣本點中有2個及以上接近邊界
   B. 連續4個樣本點中有3個及以上接近邊界
   C. 連續6個樣本點中有3個及以上接近邊界
   D. 連續7個樣本點中有3個及以上接近邊界
   E. 連續10個樣本點中有4個及以上接近邊界

6. 較多的樣本點出現在中心線的一側時，生產過程處於失控狀態，或有失控的趨勢。特別地，當出現（　　）時，就應立即查明原因，採用措施解決。
   A. 連續出現7個樣本點在中心線一側
   B. 連續13個樣本點中有10個及以上出現在中心線一側
   C. 連續14個樣本點中有12個及以上出現在中心線一側
   D. 連續17個樣本點中有14個及以上出現在中心線一側
   E. 連續20個樣本點中有16個及以上出現在中心線一側

7. 影響工序能力指數的三個變量是（　　）。
   A. 產品質量特性　　　　　　B. 公差範圍
   C. 中心偏移量　　　　　　　D. 標準差

8. 當控製對象為均值和離散程度時，控製圖可選（　　）。

A. p 圖 B. $\bar{X}-R$ 圖
C. u 圖 D. $\tilde{X}-R$ 圖

9. 生產質量波動的原因是（　　）。
   A. 主要原因　　　　　　　　B. 客觀原因
   C. 偶然原因　　　　　　　　D. 異常原因
10. 提高過程能力指數的途徑是（　　）。
    A. 對過程因素進行控制，減少過程因素的波動
    B. 調整計算方法，擴大樣本抽樣量
    C. 調整產品質量特性的分布中心，減少中心偏移量
    D. 在必要的情況下，調整公差

五、判斷題（正確的填寫 T，錯誤的填寫 F）

1. 控製圖上出現異常點時，就表示有不良品發生。　　　　　　　（　　）
2. 過程在穩定狀態下就不會出現不合格品。　　　　　　　　　　（　　）
3. 數據的最大值和最小值之差叫作極差。　　　　　　　　　　　（　　）
4. 控製圖的控製線就是規格界限。　　　　　　　　　　　　　　（　　）
5. 控製圖通常包括控製上限、控製均值和中心線。　　　　　　　（　　）
6. $\bar{X}$ 控製圖的控製上限為（$\bar{X}+m3A2\bar{R}$）。　　　　　　　　　　（　　）
7. $\bar{X}$ 控製圖的優點是應用範圍廣、敏感性強。　　　　　　　　（　　）
8. 六西格瑪越大，說明工序能力越大。　　　　　　　　　　　　（　　）
9. 抽樣後在控製圖上打點，連續 7 點在中心線同一側，被稱為鏈狀。（　　）
10. 質量波動是完全可以避免的，只要控製住以往影響過程（工序）質量的六個因素。　　　　　　　　　　　　　　　　　　　　　　　　（　　）
11. 運用控製圖可以分析和掌握數據的分布狀況。　　　　　　　　（　　）
12. 運用控製圖有利於及時判斷工序是否處於穩定狀態。　　　　　（　　）
13. 控製過程就是把波動限制在允許的範圍內，超出範圍就要設法減少波動并及時報告，遲到報告就有可能引起損失。　　　　　　　　　　　　（　　）
14. 要提高過程能力指數必須減少該過程質量特性值分布的標準偏差。（　　）

六、簡答題

1. 影響質量水平的因素有哪些？
2. 把質量變異的原因劃分為偶然性原因與必然性原因的管理意義何在？
3. 試說明隨機抽樣、分層抽樣和系統抽樣所適用的場合。

七、論述題

1. 談談你對質量變異的認識。
2. 你是怎樣理解兩類錯誤（虛發警報、漏發警報）？
3. 談談你對工序等級及工序能力評價的認識。

第 25 章　抽樣檢驗習題

一、名詞解釋

　　1. 全數檢驗
　　2. 抽樣檢驗
　　3. 合格判定數
　　4. 不合格判定數
　　5. 合格質量水平
　　6. 生產者風險
　　7. 消費者風險

二、填空題

　　1. 在確定 AQL 的值時，應考慮所檢產品特性的重要程度（其不合格率對顧客帶來的損失和對顧客滿意度的影響），并應根據產品的_____分類，分別規定不同的_____值。

　　2. 一般 A 類不合格（品）的 AQL 值應遠遠_____ B 類不合格（品）的 AQL 值，B 類不合格（品）的 AQL 值應_____ C 類不合格（品）的 AQL 值。

　　3. 在 GB/T 2828.1 中，檢驗水平有兩類：_____ 和_____。一般檢驗包括 I、II、III 三個檢驗水平，無特殊要求時均採用_____。

　　4. 抽樣方案的檢索首先根據_____和檢驗水平，從樣本字碼表中檢索出相應的樣本量字碼，再根據_____和_____，利用附錄的抽檢表檢索抽樣方案。

　　5. 在 GB/T 2828.1 中規定，無特殊情況時，檢驗一般從_____開始，只要初檢批中，連續 5 批或不到 5 批，就有 2 批不接收，則應從下批起轉到_____。

　　6. 在某電器件出廠檢驗中採用 GB/T 2828.1，規定 AQL = 1.5%，檢驗水平為 II，$N = 2,000$，那麼正常檢驗一次抽樣方案為_____。

　　7. 如果連續 10 批進行加嚴檢驗仍然不能轉為正常檢驗，則_____。

三、單項選擇題

　　1. 破壞性檢驗不宜採用（　　）。
　　　　A. 免檢　　　　　　　　　　B. 全檢
　　　　C. 抽檢　　　　　　　　　　D. 部分檢驗
　　2. 在下面列出的數據中，屬於計數數據的是（　　）。
　　　　A. 長度　　　　　　　　　　B. 化學成分

C. 重量　　　　　　　　　　　D. 不合格品數

3. 按檢驗的質量特性值劃分，檢驗方式可以分為（　　）。
   A. 計數檢驗和計量檢驗　　　　B. 全數檢驗和抽樣檢驗
   C. 理化檢驗和感官檢驗　　　　D. 破壞性檢驗和非破壞性檢驗

4. 適合於對產品質量不瞭解的孤立批的抽樣檢驗方案是（　　）。
   A. 標準型抽樣方案　　　　　　B. 挑選型抽檢方案
   C. 調整型抽檢方案　　　　　　D. 連續生產型抽檢方案

5. 有關特殊檢驗說法錯誤的有（　　）。
   A. 特殊檢驗規定了四個檢驗水平　B. 用於檢驗費用較高的場合
   C. 用於不允許有較高風險的場合　D. 批產品質量特別穩定的場合

6. 計數抽樣檢驗方案中，下列哪個指標越小，OC 曲線越陡。（　　）
   A. N　　　　　　　　　　　B. n
   C. d　　　　　　　　　　　D. Ac

7. GB 2828—2003 中，檢驗水平 Ⅰ、Ⅱ、Ⅲ 判別優質批與劣質批的能力依次是（　　）。
   A. Ⅰ＞Ⅱ＞Ⅲ　　　　　　　　B. Ⅰ＜Ⅱ＜Ⅲ
   C. Ⅰ＜Ⅱ＞Ⅲ　　　　　　　　D. Ⅰ＞Ⅱ＜Ⅲ

8. GB 2828—2003 中，判別數組用（　　）表示。
   A. [Ac, Be]　　　　　　　B. [Ac, Ce]
   C. [Ac, De]　　　　　　　D. [Ac, Re]

9. 已知產品批量 N = 1,000，採用 GB 2828—2003 標準驗收，合同規定 AQL = 2.5%，檢查水平為 Ⅱ。求正常檢驗一次抽樣方案（　　）。
   A. [80，6]　　　　　　　　　B. [80，7]
   C. [80，5]　　　　　　　　　D. [80，2]

10. 在 GB/T 2828.1 中，以不合格品百分數表示質量水平時，AQL 的範圍是（　　）。
    A. 1.0～100　　　　　　　　B. 0.01～10
    C. 0.01～100　　　　　　　 D. 0.1～1,000

11. 兒童食用尺寸不合理的果凍時可能會導致窒息而危及生命安全，那麼這種果凍產品存在（　　）。
    A. 設計缺陷　　　　　　　　B. 製造缺陷
    C. 告知缺陷　　　　　　　　D. 衛生缺陷

12. 一般地說，二次正常檢驗抽樣方案的平均樣本量與一次正常檢驗抽樣方案的平均樣本量（　　）。
    A. 大　　　　　　　　　　　B. 小
    C. 相同　　　　　　　　　　D. 不確定

四、多項選擇題

1. 全數檢驗主要適用於（　　）。
   A. 檢驗對象為影響產品質量的重要特性項目
   B. 用戶反饋較少的項目
   C. 批量很小，檢驗項目較少，失去抽樣的意義
   D. 相對於漏檢不合格品所造成的損失，檢驗費用較少
   E. 生產過程出現了嚴重失控狀態，需要對已生產出來的產品進行全數檢驗

2. 抽樣檢驗主要適用於（　　）。
   A. 修復性檢驗
   B. 破壞性檢驗
   C. 允許有某種程度不合格品存在的情況
   D. 大批量、連續性生產的產品，由於產量大，不可能實施全數檢驗
   E. 生產過程長期處於受控狀態，通過抽樣檢驗絕大多數被判定為合格批，為節省檢驗費用可以採用抽樣檢驗

3. 根據抽樣的次數，我們把抽樣方案分為（　　）。
   A. 一次抽樣方案　　　　　　　　B. 二次抽樣方案
   C. 三次抽樣方案　　　　　　　　D. 多次抽樣方案
   E. 全數抽樣方案

4. 我們可以根據（　　）來確定 AQL。
   A. 用戶要求　　　　　　　　　　B. 過程評價
   C. 缺陷類別　　　　　　　　　　D. 缺陷數量
   E. 檢驗項目數量

5. 計量抽樣檢查具有（　　）的特點。
   A. 需要事先知道質量特性值的分布
   B. 與計數抽樣相比，計量抽樣給出的質量信息更多，是根據不同質量指標的樣本均值或樣本標準差來判斷一批產品是否合格，而不是根據樣本中的缺陷數來判斷一批產品是否合格
   C. 在保證同樣質量要求的前提下，計量抽樣所需的樣本量比計數抽樣要少，可以節省時間、減少費用，特別適用於具有破壞性的檢驗項目或檢驗費用較高的檢驗項目
   D. 一個抽樣方案只能用於一個質量指標的檢驗
   E. 一個抽樣方案可以用於多個質量指標的檢驗

6. 根據對質量目標的期望，我們把計量抽樣方案分為（　　）。
   A. 要求下公差界限的抽樣方案　　B. 要求上公差界限的抽樣方案
   C. 要求中公差界限的抽樣方案　　D. 要求雙向公差界限的抽樣方案
   E. 要求極值公差界限的抽樣方案

五、判斷題（正確的填寫 T，錯誤的填寫 F）

1. 在允許有某種程度不合格存在的情況下，對於數量較小的產品，可以進行抽樣檢驗。（　）
2. 抽樣檢驗的主要目的是挑選每個產品是否合格。（　）
3. 質量缺陷的分級最早是由美國貝爾電話公司提出。（　）
4. 缺陷是指產品或服務未滿足與期望或規定用途有關的要求。（　）
5. 重缺陷是指產品有嚴重降低產品實用性能的缺陷或可能危及人的生命。（　）
6. 不合格判定數 Re 或 e 是在抽樣方案中，預先規定的判斷批產品不合格的樣本中最小不合格數。（　）
7. AQL 在 10 以下時，可表示不合格品率和每百單位缺陷數。（　）
8. 調整型抽樣檢驗中，「一般檢查水平」的 I、II、III 級的樣本大小依次遞減。（　）
9. 檢驗水平 I 級用於費用較高的情況，對應樣本少；檢驗水平 III 級用於費用較低的情況，對應樣本多。（　）
10. 特殊檢查水平用於破壞性檢查或費用較高的檢查。因為抽取的樣本較少，又叫小樣本檢查。（　）
11. 按照缺陷類別不同來確定 AQL 的值時，越是重要的項目，驗收後的不合格造成的損失越大，AQL 值就應該越大。（　）
12. GB 2828—2003 中規定，檢驗的嚴格度有放寬、特寬和正常檢驗。（　）
13. 標準型抽樣檢驗適合於對產品質量不瞭解的孤立批的檢查驗收。（　）
14. 在進行加嚴檢驗時，如果連續 5 批經初次檢驗合格，則從下一批檢驗轉到正常檢驗。（　）
15. ISO 2859 抽樣方案包括正常抽樣方案、加嚴抽樣方案和放寬抽樣方案，通過一組轉移規則將三個方案聯繫起來，構成完整的計數調整型抽樣方案系統。（　）
16. 沒有投訴意味著顧客滿意。（　）

六、簡答題

1. 什麼是接收概率和操作特性曲線？
2. 為什麼說理想的抽樣方案并不存在？
3. 可行抽樣方案的基本思想是什麼？
4. 可行抽樣方案取決於哪些參數？這些參數的含義何在？
5. N，n，c 分別對 OC 曲線產生什麼影響？
6. 簡述計數標準型一次抽樣的步驟。
7. 簡述計數調整型抽樣方案的基本思想。
8. 簡述設置檢查水平的出發點。
9. 簡述計數調整型抽樣方案的轉移規則和抽檢程序。

七、論述題

1. 為什麼說可行抽樣方案是在平衡供需雙方利益的基礎上確定的？
2. 為什麼說百分比方案和雙百分比方案均不合理？
3. 為什麼說計數檢查與計量檢查要配合起來使用？

第 26 章　質量經濟分析習題

一、名詞解釋

1. 質量成本
2. 預防成本
3. 鑒定成本
4. 內部損失成本
5. 外部損失成本
6. 外部質量保證成本
7. 質量成本數據

二、填空題

1. 在直接質量成本構成中，鑒定成本占全部質量成本的_____。
2. 質量成本分析的內容包括_____分析和_____分析。
3. 內部故障成本率（%）= _____ / 質量總成本×100%
4. 質量成本分析中的結構指標包括_____、_____、_____和外部故障成本各占質量總成本的比例。
5. 在質量控製區域，故障成本大約為_____，而預防成本大約為_____，是一種理想狀態。
6. 鑒定成本是指評定產品是否符合（或）滿足規定質量要求而進行的試驗、_____和_____費用

三、單項選擇題

1. 顧客調查費用應計入（　　）。
    A. 鑒定成本　　　　　　　　B. 預防成本
    C. 內部故障成本　　　　　　D. 外部故障成本
2. 質量評審費屬於（　　）。
    A. 預防成本　　　　　　　　B. 鑒定成本
    C. 內部故障成本　　　　　　D. 外部故障成本
3. 質量檢驗部門辦公費應該計入（　　）。
    A. 預防成本　　　　　　　　B. 鑒定成本
    C. 內部故障成本　　　　　　D. 外部故障成本
4. 產品交貨後，因產品不能滿足規定的質量要求所造成的損失是（　　）。

A. 內部故障成本　　　　　　　　　　B. 外部故障成本
　　　C. 外部質量保證成本　　　　　　　　D. 鑒定成本
　5. 內部故障成本是指（　　）因產品未能滿足規定的質量要求所造成的損失。
　　　A. 交貨後　　　　　　　　　　　　　B. 包裝後
　　　C. 包裝前　　　　　　　　　　　　　D. 交貨前
　6. 據企業資料統計，一般對於實施 3σ 質量管理的企業而言，質量成本要占企業總銷售額的（　　）。
　　　A. 25%~40%　　　　　　　　　　　　B. 10%
　　　C. 15%~25%　　　　　　　　　　　　D. 15%
　7. 質量成本的降低可以通過提高（　　）質量得以實現。
　　　A. 維修　　　　　　　　　　　　　　B. 檢驗
　　　C. 管理　　　　　　　　　　　　　　D. 外部
　8. 無形質量成本屬於（　　）。
　　　A. 直接質量成本　　　　　　　　　　B. 間接質量成本
　　　C. 鑒定成本　　　　　　　　　　　　D. 預防成本
　9. 在直接質量成本構成中，內部故障成本占全部質量成本的（　　）。
　　　A. 25%~40%　　　　　　　　　　　　B. 20%~40%
　　　C. 10%~50%　　　　　　　　　　　　D. 0.5%~5%
　10. 在直接質量成本構成中，外部故障成本占全部質量成本的（　　）。
　　　A. 25%~40%　　　　　　　　　　　　B. 20%~40%
　　　C. 10%~50%　　　　　　　　　　　　D. 0.5%~5%
　11. 在直接質量成本構成中，預防成本占全部質量成本的（　　）。
　　　A. 25%~40%　　　　　　　　　　　　B. 20%~40%
　　　C. 10%~50%　　　　　　　　　　　　D. 0.5%~5%
　12. 下列各項費用中，屬於內部故障成本的是（　　）。
　　　A. 降價費　　　　　　　　　　　　　B. 工序控製費
　　　C. 不合格品處理費　　　　　　　　　D. 進貨測試費
　13. 劣質成本的構成是（　　）。
　　　A. 內部故障和外部故障成本
　　　B. 不增值的預防成本+鑒定成本+內部故障和外部故障成本
　　　C. 不增值的預防成本+內部故障和外部故障成本
　　　D. 鑒定成本+內部損失和外部故障成本

四、多項選擇題

　1. 質量成本由（　　）組成。
　　　A. 內部運行質量成本　　　　　　　　B. 外部運行質量成本
　　　C. 外部質量保證成本　　　　　　　　D. 內部質量保證成本
　　　E. 質量總成本

2. 內部運行質量成本由（   ）組成。
   A. 預防成本　　　　　　　　B. 鑒定成本
   C. 內部損失成本　　　　　　D. 外部損失成本
   E. 維修成本
3. 外部質量保證成本包括（   ）。
   A. 按合同要求，向顧客提供的特殊附加質量保證措施、程序、數據等所支付的專項措施費用及提供證據費用
   B. 按合同要求，對產品進行的附加驗證試驗和評定的費用
   C. 為滿足顧客要求，進行質量體系認證所發生的費用等
   D. 為滿足顧客要求，進行品牌創新所發生的費用等
   E. 為滿足顧客要求，進行跟蹤維護所發生的費用等
4. 質量成本分析的內容有（   ）。
   A. 質量總成本分析　　　　　B. 質量總成本明細分析
   C. 質量總成本構成分析　　　D. 質量成本構成分析
   E. 質量成本明細分析
5. 質量成本分析的定量方法有（   ）。
   A. 指標分析法　　　　　　　B. 質量成本趨勢分析法
   C. 排列圖分析法　　　　　　D. 靈敏度分析法
   E. 精確度分析法
6. 質量特性波動的損失有（   ）。
   A. 企業的損失　　　　　　　B. 生產者的損失
   C. 顧客的損失　　　　　　　D. 社會的損失
   E. 國家的損失

五、判斷題（正確的填寫 T，錯誤的填寫 F）

1. 質量成本是指確保和保證滿意的質量而產生的費用和沒有獲得滿意的質量而導致的有形和無形的損失。　　　　　　　　　　　　　　　　　　　　（　　）
2. 按質量成本存在的形式可分為質量成本和隱含質量成本。　　　（　　）
3. 產品報廢損失費、返修費、索賠費及退貨損失費都屬於內部故障成本。（　　）
4. 質量成本就是為了提高產品質量所需要的費用。　　　　　　　（　　）
5. 隱性質量成本是指未列入國家現行成本核算製度規定的成本開支範圍，通常不是實際發生和支出的費用，但又導致企業效益減少的費用。　　　　　　（　　）
6. 顧客發現產品質量問題所引起的信譽損失等相關的成本，是隱性質量成本。
   　　　　　　　　　　　　　　　　　　　　　　　　　　　　　（　　）
7. 在質量改進區域，故障成本通常大於 70%，預防成本通常小於 10%，可以通過適當增加預防成本，達到降低質量總成本的目的。　　　　　　　　　（　　）
8. 在質量過剩區域，故障成本通常小於 40%，預防成本通常大於 50%，可以通過適當增加預防成本，達到降低質量總成本的目的。　　　　　　　　　（　　）

9. 無形損失是指由於顧客不滿意而發生的未來銷售的損失，如因顧客不滿意而失去顧客、喪失信譽，從而失去更多銷售機會或增值機會所造成的損失。　　　（　　）

10. 無形損失不是實際的費用支出，常常難以統計和定量，因此它對組織的影響不是太大。　　　（　　）

11. 質量損失函數描述了質量特性偏離目標值所造成的損失。　　　（　　）

12. 質量損失包括對生產者、使用者、社會所造成的全部損失之和。　　　（　　）

六、簡答題

1. 預防成本、鑒定成本、內部損失成本和外部損失成本分別包含哪些內容？

2. 分別說明質量改進區、質量控製區和質量至善區的特徵以及分別處在這些區域時，質量管理的重點。

3. 怎樣設置質量成本科目？

4. 什麼是質量成本原始憑證？把質量成本原始憑證規範化、標準化的意義是什麼？

5. 把質量成本劃分為顯見質量成本和隱含質量成本的依據是什麼？

6. 什麼是質量成本分析的指標分析法的價值指標、目標指標、結構指標和相關指標？

7. 質量成本趨勢分析法和質量成本排列圖分析法的目的是什麼？

8. 簡述質量成本報告的主要內容。

9. 如何改善5M1E才能維持質量特性分布的中心值，縮小質量特性的波動性？

七、論述題

1. 把質量總成本分為三個區域的管理含義何在？

2. 論述質量特性波動對生產者、顧客和社會造成的損失。

3. 試結合例子說明準確把握顧客需求的意義。

第 27 章　六西格瑪管理習題

一、名詞解釋

1. 關鍵質量特性
2. 單位缺陷數
3. 首次產出率
4. 流通產出率
5. 黑帶
6. 綠帶
7. 準確度
8. 精密度

二、填空題

1. 管理水平達到六西格瑪時，其對應的缺陷率為_____。（考慮 1.5σ 的偏移）。
2. 在六西格瑪管理的方法論中，用於過程改進的 DMAIC 指的是_____、測量、_____、改進和_____ 5 個步驟。
3. 六西格瑪管理的特點包括：_____、關注相關性、使用科學方法、_____。
4. 保證測量數據準確可信的一項基礎工作是_____。
5. DMAIC 流程中的分析階段的主要目的是通過數據分析，確定輸入對輸出的影響，識別_____。

三、單項選擇題

1. σ 的含義如何理解？（　　）
    A. 一個希臘字母
    B. 是一種反應過程能力的統計度量單位
    C. 顯示過程好壞的度量單位
    D. 以上三個都不是
2. DMAIC 程序的具體含義是（　　）。
    A. 定義、分析、測量、改進、控製
    B. 定義、測量、分析、改進、控製
    C. 分析、測量、控製、定義、改進

D. 定義、測量、分析、改進、控制

3. 對於一個六西格瑪的過程來說，它的缺陷不超過（　　）。
   A. 3.4DPMO　　　　　　　　　B. 10 缺陷/1,000
   C. 7.4DPMO　　　　　　　　　D. 1 缺陷/1,000

4. 在某檢驗點，對 1,000 個某零件進行檢驗，每個零件上有 10 個缺陷機會，結果共發現 16 個零件不合格，合計 32 個缺陷，則 DPMO 為（　　）。
   A. 0.003,2　　　　　　　　　B. 3,200
   C. 32,000　　　　　　　　　　D. 1,600

5. 一個過程由三個工作步驟構成（為串聯型），每個步驟相互獨立，每個步驟的一次合格率（FTY）分別是：$FTY_1 = 99\%$、$FTY_2 = 97\%$、$FTY_3 = 96\%$。則整個過程的流通合格率為（　　）。
   A. 92.2%　　　　　　　　　　B. 99%
   C. 96%　　　　　　　　　　　D. 97.3%

6. 誰負責對六西格瑪的技術支持？（　　）
   A. 發起人　　　　　　　　　　B. 倡導者
   C. 黑帶主管　　　　　　　　　D. 綠帶

7. 在六西格瑪管理的組織結構中，下面的陳述正確的是（　　）。
   A. 黑帶應當自主決定項目選擇
   B. 綠帶的數量和素質是推行六西格瑪獲得成功的關鍵因素
   C. 倡導者對六西格瑪活動整體負責，確定前進方向
   D. 以上都不是

8. 一般認為，若一個企業工作質量在 $3\sigma \sim 4\sigma$ 運轉，也就是說每百萬次操作失誤在 6,210~66,800，這些缺陷要求經營者以銷售額（　　）的資金進行事後的彌補或修正。
   A. 15%~30%　　　　　　　　　B. 1%~5%
   C. 30%~40%　　　　　　　　　D. 50%以上

9. 在六西格瑪方法中，「分析」階段是在（　　）階段後。
   A. 定義　　　　　　　　　　　B. 控制
   C. 測量　　　　　　　　　　　D. 改進

10. 一家公司的管理層致力於成為世界級優質產品製造商。公司不會用以下哪一項度量質量？（　　）
    A. 由於質量低劣，被消費者退回商品的百分比
    B. 每天發出的零件數
    C. 每百萬個零件中有缺陷的零件數
    D. 產品一次性通過質量測試的百分比

四、多項選擇題

1. 20 世紀 80 年代，在首席執行官保羅·高爾文（Paul V. Galvin）的領導下，摩托羅拉公司啟動了一項質量管理創新計劃。這一計劃要點包括（　　）。

A. 提升全球競爭力 B. 開展顧客完全滿意活動
C. 質量改進 D. 成立摩托羅拉培訓與教育中心
E. 提出了六西格瑪的概念
2. 六西格瑪的新發展體現在（　　）。
A. 六西格瑪與精益生產實現了有機融合 B. 六西格瑪企業文化相互映襯
C. 六西格瑪流程優化殊途同歸 D. 六西格瑪數據統計作用相同
E. 六西格瑪管理方法作用相似
3. 綠帶的培訓內容包括（　　）。
A. 質量管理的發展歷程 B. 六西格瑪的基本理念
C. 六西格瑪的統計學原理 D. DMAIC 模式
E. 六西格瑪工具的使用
4. 在測量階段，我們可以採取（　　）統計工具整理數據。
A. 直方圖 B. 排列圖
C. 散布圖 D. 分層圖
E. 因果圖
5. 精益生產的支柱包括（　　）。
A. 并行工程的產品開發 B. JIT
C. 穩定快捷的供應鏈 D. 多功能團隊活動與持續改進
E. DMAIC 模式
6. 精益六西格瑪管理的成功要素有（　　）。
A. 重視領導者責任 B. 重視文化建設
C. 重視領導層的領導 D. 以流程管理為切入點
E. 正確使用方法和工具

五、判斷題（正確的填寫 T，錯誤的填寫 F）

1. 六西格瑪管理方法起源於摩托羅拉，發展於通用電氣等跨國公司，是對全面質量管理特別是質量改進理論的繼承性新發展，可以和質量管理小組（QCC）等改進方法以及ISO 9001、卓越績效模式等管理系統整合推進。　　　　　　　　　　（　　）
2. 定義階段（Define）是六西格瑪操作過程的第三步。　　　　　　　　（　　）
3. 百萬機會缺陷數（DPMO）=（缺陷數/單位數×缺陷機會）。　　　　（　　）
4. 首次產出率（FTY）是指過程輸出一次達到顧客要求或規定要求的比率，也就是一次提交合格率。　　　　　　　　　　　　　　　　　　　　　　　　（　　）
5. 流通產出率（RTY）是指構成過程的每個子過程的首次產出率（FTY）的和。
　　　　　　　　　　　　　　　　　　　　　　　　　　　　　　　（　　）
6. 考慮漂移 1.5σ 後，特性值分布在 $\mu \pm 3\sigma$ 的概率從 0.997,3 降低到 0.954,5。
　　　　　　　　　　　　　　　　　　　　　　　　　　　　　　　（　　）
7. 若某一業務達到了六西格瑪水平，則在 100 萬次出錯機會中，實際出錯的次數約為 3.4 次。　　　　　　　　　　　　　　　　　　　　　　　　　　　（　　）

8. 六西格瑪管理是一種基於數據和事實驅動的管理方法。（   ）
9. 六西格瑪管理使顧客與商家的利益達到高度統一。（   ）
10. 黑帶大師必須掌握六西格瑪管理工具和技術，并具有 5 年以上六西格瑪管理實踐經驗。（   ）
11. DMAIC 流程中定義階段的目的是把顧客與企業的要求分解轉化為可執行的六西格瑪項目。（   ）
12. DMAIC 流程中的測量階段應對產生缺陷的原因進行預測。（   ）
13. 六西格瑪管理的成功在於項目團隊對統計技術的掌握，與最高管理層的參與無關。（   ）
14. 六西格瑪項目追求的是一種理念，并不要求在某一特定時間期限內獲得顯著的回報。（   ）

六、簡答題

1. 為什麼說六西格瑪管理是一種能實現持續領先的經營戰略和管理哲學？
2. 為什麼說六西格瑪管理是一項回報豐厚的投資？
3. 通過培訓，黑帶候選人和綠帶候選人應掌握哪些基本知識和技能？
4. 簡述定義階段、測量階段、分析階段、改進階段、控製階段的主要任務。
5. 在選擇六西格瑪項目時，需要佔有大量信息。請說明這些信息來源。
6. 什麼是測量系統以及如何驗證測量系統？
7. 精益生產與六西格瑪管理有哪些共同之處？
8. DMAIC 流程中定義（D）階段的主要任務是什麼？

七、論述題

1. 試說明六西格瑪管理是一種基於流程優化的管理方法。
2. 引入首次合格率和流通合格率有何管理意義？
3. 試比較精益生產與六西格瑪管理各自的關注點。

第 28 章　習題參考答案

質量管理概論

一、名詞解釋

1. 質量：一組固有特性滿足要求的程度。
2. 要求：明示的、隱含的或必須履行的需求或期望。
3. 顧客滿意：是顧客對其要求已被滿足的程度的感受。
4. 質量管理：在質量方面指揮和控製組織的協調的活動。
5. 質量控製：質量管理的一部分，致力於滿足質量要求。
6. 質量保證：質量管理的一部分，致力於提供質量要求會得到滿足的信任。
7. 過程：一組將輸入轉化為輸出的相互關聯或相互作用的活動。
8. 產品：過程的結果。

二、填空題

1. 結果
2. 沒有最好，只有更好
3. 壽命　安全性
4. 功能性　安全性　舒適性
5. 產生　實現
6. 輸入　輸出　活動
7. 質量目標　運行過程
8. 顧客　全部活動
9. 最高管理者　宗旨　方向

三、單項選擇題

1. B　　2. A　　3. A　　4. C　　5. D
6. D　　7. C　　8. D　　9. A　　10. B

四、多項選擇題

1. ABCDE　　2. ABD　　3. ABD　　4. ACDE　　5. ABD

6. ACD　　　　7. ABDE　　　8. ABCE

五、判斷題（正確的填寫 T，錯誤的填寫 F）

| 1. F | 2. T | 3. T | 4. F | 5. T |
| 6. T | 7. T | 8. T | 9. F | 10. T |

六、簡答題

1. 簡述戴明「PDCA 循環」。

「PDCA 循環」最早是由美國質量管理專家戴明提出的，因此又叫「戴明環」。它給出了質量管理的工作步驟，分為 4 個階段：計劃（plan）、實施（do）、檢查（check）和處理（action）。

2. 簡述戴明著名的 14 條質量管理要點。

（1）為使企業具有競爭力并占領市場，應把改進產品和服務質量作為長期目標。
（2）接受新觀念。企業所有人員要不斷學習新知識、更新觀念。
（3）擺脫對大規模檢驗的依賴性。
（4）採購、交易不應只注重價格。
（5）持續改進生產和服務系統。
（6）建立全面的在職培訓製度。
（7）建立領導體系。
（8）排除恐懼，讓每個人都能有效地工作。
（9）破除部門之間的壁壘。
（10）取消不切合實際的口號、標語和目標。
（11）取消對一線員工的工作定額。
（12）消除影響一線員工為其工作成果而自豪的障礙。
（13）建立員工自我提高的機制。
（14）採取積極的行動推進組織變革。

3. 簡述質量檢驗階段的主要特徵和不足之處。

質量檢驗階段最終實現了設計、製造、檢驗的「三權分立」。有人制定質量標準（立法），有人按照事先制定的標準進行生產（執法），有人負責鑒定所製造的產品是否符合質量標準（司法）。

但是，這種以事後檢驗為主的質量管理方法有以下局限性：因為各司其職，出現質量問題時，容易產生推諉、扯皮；由於是事後檢驗為主，不能對生產過程進行有效預防和控制，發現問題時，問題已成事實；這一階段通常所採取的全數檢驗在許多場合根本行不通，即使後來所採取的百分比檢驗方法也存在「大批嚴，小批寬」的問題。

4. 簡述統計質量控製的不足之處。

由於過分強調數理統計方法在質量控制中的應用，但又缺乏這些方法在員工中的普及教育，忽視了質量控制的組織管理工作，人們誤認為質量控製是專職質量控製工程師的事情，挫傷了普通員工參與質量管理的積極性，影響了統計過程控製應有作用

的發揮。

七、論述題

1. 談談你對朱蘭「螺旋曲線」的理解。

朱蘭「螺旋曲線」反應了產品質量產生、形成和發展的客觀規律，也即產品質量形成的規律。歸納起來有：

（1）產品質量形成的全過程包括市場研究、開發（研製）設計、制定產品規格、制定工藝、採購、儀器儀表及設備裝置、生產、工序控製、檢驗、測試、銷售、服務共 13 個環節。這是一個循序進行的工作過程，一環扣一環，互相依存、互相促進，不斷循環，持續改進。

（2）產品質量的形成過程是一個不斷上升、不斷提高的過程，每一次循環到達服務環節之後，又以更高的水平進入下一次循環的起點——市場研究。

（3）產品質量的形成過程是各環節質量管理活動落實到各部門及其有關人員的過程。因而就產生產品質量全過程管理的概念。

（4）在螺旋曲線中有三個箭頭分別指向供應商、零售商和用戶，說明產品質量的形成過程，還要涉及組織以外的單位、部門和個人。所以，質量管理也是一項社會系統工程。

2. 結合實例說明如何切實有效地建設企業質量文化？

質量文化是指企業在質量管理實踐中逐步形成的質量意識、質量價值觀、質量規範、質量行為、質量條件以及企業所提供的產品或服務質量等方面的總和。

從質量意識上講，有不少企業推崇「顧客是上帝」的理念，但這種提法空洞無物，無從落實。上帝在哪裡？有什麼現實需求？不滿意會不會講出來？均無法給出明確的答案。相反，有些企業提出「換位思考」的質量理念。即假設我是顧客又該如何？雖然人們無法完全按照換位後的角色去行事，但是按照這種思維方式必將有利於滿足甚至超越顧客的需求。

質量規範和質量行為規範了組織與個人的行為準則。日本的企業對顧客的抱怨首先是致歉，而不管抱怨的原因是否來自企業。這一行為規範是質量意識的體現和落實，他們堅持認為：「如果企業的產品或服務能夠做得更好，那麼這種抱怨就可能不會發生了。」

3. 試說明企業如何實踐可持續質量管理？

進入 21 世紀以來，社會對企業在諸如環境保護、資源利用、衛生健康等方面的要求越來越多，越來越嚴格。企業承擔的社會責任愈益加重。為此，企業組織應從其公民地位的高度來制訂質量計劃、質量目標，實施日常質量管理。

越來越多的企業在考慮：應最大限度地減少產品在設計、製造、運輸、銷售和售後服務以及最終回收利用等全生命週期中對環境的負面影響。越來越多的企業認識到：在顧客不知情的情況下主動召回有缺陷的產品，不但不會損壞企業的聲譽，反而會贏得更多顧客的信任。

4. 克勞斯比提出的零缺陷管理有何意義？

零缺陷管理是指以拋棄「缺點難免論」，樹立「無缺點」以及把缺點看成持續改進的方向的哲學觀念，一開始就本著嚴肅認真的態度把工作做得準確無誤，以完全消除以工作缺點為目標的質量管理活動。零缺點并不是說絕對沒有缺點，或缺點絕對要等於零，而是以缺點等於零為最終目標，每個人都要在自己工作職責範圍內努力做到無缺點，從產品的質量、成本與消耗、交貨期等方面的要求進行合理安排，而不是依靠事後的檢驗來糾正。如果我們第一次就把事情做對，那些浪費在補救工作上的時間、金錢和精力就可以避免，使產品符合顧客的要求。

開展零缺陷運動可以提高全員對產品質量和業務質量的責任感，從而保證產品質量和工作質量。

質量管理體系

一、名詞解釋

1. 文件：是指信息及其承載媒體。
2. 管理體系：是指建立方針和目標并實現這些目標的體系。
3. 質量管理體系：是指在質量方面指揮和控製組織的管理體系。
4. 質量管理體系策劃：是指通過現狀調查與分析來合理地選擇質量管理體系要素。
5. 質量手冊：是系統地概括與描述組織質量體系全貌的文件，是組織內部長期遵循的內部質量法規。
6. 質量計劃：是針對特定項目、產品、過程或合同，規定由誰及何時應使用哪些程序和相關資源的文件。
7. 程序文件：是質量管理體系文件的重要組成部分，是質量手冊的具體展開和有力支撐。
8. 作業指導書：是指導操作人員完成規定質量活動的實施細則，直接指導操作人員進行各項質量控製活動。
9. 記錄：是闡明所取得結果或提供所完成活動的證據的文件。

二、填空題

1. 系統　指揮
2. 管理職責　資源管理　產品實現　測量分析和改進
3. 質量改進
4. 時效性
5. 管理成熟度
6. 領導　顧客與市場　過程管理　經營結果　過程　結果

三、單項選擇題

1. B	2. D	3. D	4. C	5. C
6. B	7. C	8. A	9. B	10. A
11. D	12. D			

四、多項選擇題

| 1. ABCDE | 2. ABCDE | 3. ABCDE | 4. BCD | 5. ABCD |
| 6. BCDE | 7. ABD | 8. ABCDE | 9. ABE | 10. BCD |

五、判斷題（正確的填寫 T，錯誤的填寫 F）

1. T	2. F	3. F	4. T	5. F
6. F	7. T	8. T	9. T	10. F
11. T	12. T	13. F	14. T	15. F

六、簡答題

1. ISO 9000：2000 標準所倡導的八項質量管理原則是什麼？

ISO 9000：2000 標準所倡導的八項質量管理原則包括：①以顧客為關注焦點；②領導作用；③全員參與；④過程方法；⑤管理的系統方法；⑥持續改進；⑦基於事實的決策方法；⑧與供方互利的關係。

2. 簡述 ISO 9000：2000 標準的適用範圍。

ISO 9000：2000 標準的適用範圍具體包括：

（1）通過實施質量管理體系尋求競爭優勢的組織；

（2）對能滿足其產品要求的供方尋求信任的組織；

（3）產品的使用者；

（4）就質量管理方面所使用的術語需要達成共識的人們；

（5）評價組織的質量管理體系或依據 ISO 9001 的要求審核其符合性的內部或外部人員和機構；

（6）對組織質量管理體系提出建議或提供培訓的內部或外部人員；

（7）制定相關標準的人員。

3. 為了有計劃、有步驟地建立和實施質量管理體系并取得預期效果，有哪些工作步驟？

工作步驟包括：

（1）確定顧客和其他相關方的需求和期望；

（2）建立組織的質量方針和質量目標；

（3）確定實現質量目標必需的過程和職責；

（4）確定和提供實現質量目標必需的資源；

（5）規定測量每個過程的有效性和效率的方法；

（6）應用這些測量方法確定每個過程的有效性和效率；

（7）確定防止不合格并消除產生原因的措施；

（8）建立和應用持續改進質量管理體系的過程。

4. 簡述持續改進活動的內容。

持續改進活動的內容：

（1）分析和評價現狀，以識別改進範圍；

（2）設定改進目標；

（3）尋找可能的解決辦法以實現這些目標；

（4）評價這些解決辦法并做出選擇；

（5）實施選定的解決辦法；

（6）測量、驗證、分析和評價實施的結果以確定這些目標已經實現；

（7）將更改納入文件。

5. 簡述質量管理體系評價的類型。

質量管理體系評價包括以下幾種類型：

（1）質量管理體系過程評價，即針對組織中每一個被評價的過程，確認其有效性；

（2）質量管理體系審核，即用於確定符合質量管理體系要求的程度；

（3）質量管理體系評審，即對質量管理體系關於質量方針和質量目標的適宜性、充分性、有效性和效率進行定期的、系統的評價；

（4）自我評定，即參照質量管理體系或優秀模式對組織的活動和結果所進行的全面和系統的自我評審。

6. 對質量管理體系評價的目的是什麼？

對質量管理體系評價的目的在於：

（1）判定質量方針和質量目標是否可行；

（2）判定質量管理體系文件是否覆蓋了所有主要質量活動；

（3）判定組織結構能否滿足質量管理體系運行的需要；

（4）判定質量管理體系要求的選擇是否合理；

（5）判定規定的記錄是否起到了見證作用；

（6）判定所有員工是否養成了按質量管理體系文件的規定操作或工作的習慣。

7. 質量認證有何作用？

質量認證的具體作用體現在以下四個方面：

（1）提高供方的質量信譽和市場競爭能力；

（2）有利於保護顧客的利益；

（3）促進組織完善質量管理體系；

（4）節約大量社會成本。

8. 獲得 ISO 9000 認證應符合什麼基本條件？

獲得 ISO 9000 認證通常需要具備以下基本條件：

（1）建立了符合 ISO 9001:2000 標準要求的文件化的質量管理體系；

（2）質量管理體系至少已運行 3 個月以上，并被審核判定為有效；

（3）外部審核前至少完成了一次或一次以上全面有效的内部審核，并可提供有效的證據；

（4）外部審核前至少完成了一次或一次以上有效的管理評審，并可提供有效的證據；

（5）質量管理體系持續有效并同意接受認證機構每年的年審和每三年的復審作為對質量管理體系是否得到有效保持的監督；

（6）承諾遵守證書及標誌的使用規定。

9. 簡述 ISO 9000 認證的程序。

ISO 9000 認證一般要經過以下步驟：①認證申請；②簽訂合同；③審查質量管理體系文件；④現場審核；⑤提交審核結論；⑥認證機構批准註冊；⑦定期監督審核；⑧期滿後重新評定。

10. 程序文件包括哪些内容？

程序文件一般包括以下主要内容：

（1）文件編號與標題。通常按照體系過程順序或職能部門編號。

（2）目的。簡要說明開展這項活動的目的。

（3）適用範圍。說明該程序的適用範圍。

（4）職責與權限。說明實施該程序文件的相關人員的職責、權限及其相互關係。

（5）程序。說明開展此項活動的細節和順序，明確輸入、各轉換環節和輸出的内容，按 5W1H 的要求編寫，必要時可輔以流程圖。

（6）相關文件。與本程序有關的文件。

（7）記錄。明確使用該程序時所產生的記錄表格和報告，註明記錄的保存期限。

11. 何為強制性產品認證？

強制性產品認證，又稱 CCC（China Compulsory Certification）認證，是中國政府為保護廣大消費者的人身健康和安全，保護環境、保護國家安全，依照法律法規實施的一種產品評價製度。它要求產品必須符合國家標準和相關技術規範。強制性產品認證，通過制定強制性產品認證的產品目錄和強制性產品認證實施規則，對列入目錄中的產品實施強制性的檢測和工廠檢查。凡列入強制性產品認證目錄内的產品，沒有獲得指定認證機構頒發的認證證書，沒有按規定加施認證標誌，一律不得出廠、銷售、進口或者在其他經營活動中使用。

七、論述題

1. ISO 9000 族標準堅持了「顧客滿意，持續改進」的核心理念，談談你的認識。

顧客滿意是指顧客對其要求已被滿足的程度的感受。顧客滿意是顧客的一種主觀感受，是顧客期望與實際感受之間對應程度的反應，具有相對性，隨著時間、地點和其他條件的改變而變化。顧客滿意的這種主觀性和相對性，對組織提出了持續改進的要求。顧客滿意是歸宿，是動力；持續改進是基礎，是條件。

ISO 9000:2000 族標準以顧客滿意為主導，堅持「顧客滿意，持續改進」的核心理念。具體表現在以下兩個方面：

（1）ISO 9000:2000 提出了質量管理的八項原則，構成了ISO 9000:2000族質量管理體系標準的基礎。這八項原則分別為以顧客為關注焦點、領導作用、全員參與、過程方法、管理的系統方法、持續改進、基於事實的決策方法、與供方互利的關係。第一項原則明確指出：「組織依存於顧客，因此，組織應當理解顧客當前和未來的需求，滿足顧客要求，并爭取超越顧客期望。」第六項原則認為：「持續改進總體業績應當是組織的一個永恆目標。」其他原則也在不同方面說明了「顧客滿足，持續改進」的重要意義。

（2）引入過程方法，致力於把「顧客滿意，持續改進」落到實處。ISO 9000:2000 把顧客和其他相關方的需求作為組織的輸入，通過產品實現、資源管理和過程監測來測評組織是否滿足顧客或其他相關方的要求。

2. 最高管理者在質量管理體系建設中應起的作用是什麼？

最高管理者應通過其領導作用，創造一個員工充分參與質量活動的環境，以使質量管理體系得以有效運行。基於質量管理原則，最高管理者可發揮以下作用：

（1）制定并保持組織的質量方針和質量目標；

（2）在整個組織內促進質量方針和質量目標的實現，以增強員工的意識、積極性和參與程度；

（3）確保整個組織關注顧客要求；

（4）確保實施適宜的過程以滿足顧客和其他相關方要求并實現質量目標；

（5）確保建立、實施和保持一個有效的質量管理體系以實現這些質量目標；

（6）確保獲得必要的資源；

（7）定期評價質量管理體系；

（8）決定有關質量方針和質量目標的活動；

（9）決定質量管理體系的改進活動。

3. 試述質量管理體系評價。

質量管理體系評價包括質量管理體系過程評價、質量管理體系審核、質量管理體系評審和自我評定。

質量管理體系過程評價是針對組織中每一個被評價的過程，確認其有效性。為得到綜合評價結果，應確認以下四個基本問題：是否識別并確認了過程？是否分配了職責？是否實施和保持了程序？在實現所要求的結果方面，過程是否有效？

質量管理體系審核有別於質量管理體系過程的評價，審核用於確定符合質量管理體系要求的程度。審核有助於發現用於評價質量管理體系的有效性和識別改進的機會。審核有第一方審核、第二方審核和第三方審核三種類型。第一方審核用於內部目的，由組織自己或以組織的名義進行，可作為組織自我合格聲明的基礎；第二方審核由組織的顧客或其他人以顧客的名義進行；第三方審核由外部獨立的審核服務組織進行。

質量管理體系評審是最高管理者的任務之一。最高管理者要對質量管理體系關於質量方針和質量目標的適宜性、充分性、有效性和效率進行定期的系統的評價。質量管理體系評審還包括：為響應相關方需求和期望的變化而修改質量方針和目標、確定採取措施的需求等。審核報告與其他信息源一道用於質量管理體系的評審。

自我評定是一種參照質量管理體系或優秀模式對組織的活動和結果進行的全面與系統的自我評審。自我評定可提供一種對組織業績和質量管理體系的成熟程度的總的看法，還能有助於識別組織中需要改進的領域并確定優先開展的事項。

全面質量管理及質量管理常用技術

一、名詞解釋

1. 全員質量管理：是指企業中每個員工都要參與到質量管理活動中去。

2. 全方位質量管理：是指各個職能部門要密切配合，按其職能劃分，承擔相應的質量責任。

3. 檢查表：又稱統計分析表或調查表，是用表格形式來進行數據整理和概要分析的一種方法。

4. 親和圖法：也叫 KJ 法，是指將搜集到的大量有關某一主題的意見、觀點、想法，按照它們之間的親和性（affinity）加以歸類、匯總的一種方法。

5. 矩陣圖法：是指利用矩陣的形式，把與問題有對應關係的各個因素，列成一個矩陣圖，根據各因素之間的相關程度尋找解決問題的方法。

6. 矩陣數據分析法：是指在矩陣圖法的基礎上，把各因素之間的關係定量化，從而對大量數據進行預測、分析和整理的方法。

7. 標杆法：是指把產品、服務或過程質量與公認的市場領先者（標杆）進行比較，以尋求改進機會的方法。

二、填空題

1. 質量　全員參與　顧客滿意
2. 為顧客服務的思想
3. 事前預防　因素
4. 滿足要求　職業發展
5. 轉變觀念
6. 經營戰略　現場存在　降低消耗　經濟效益　理論和方法
7. 自主性　群眾性　民主性　科學性
8. 問題解決　課題達成
9. 現場型　服務型　攻關型
10. 數值分組的區間　頻數
11. 分散程度
12. 少數關鍵因素
13. 成對　變量
14. 強正相關

三、單項選擇題

1. A   2. C   3. C   4. B   5. C
6. A   7. C   8. A   9. D   10. B
11. C   12. C   13. D   14. A   15. D
16. A

四、多項選擇題

1. ABCE   2. ABC   3. ABCE   4. ACE   5. ABCE
6. ABE   7. ACD   8. ACDE   9. ABCD   10. BD
11. BD   12. ABD

五、判斷題（正確的填寫 T，錯誤的填寫 F）

1. T   2. F   3. F   4. T   5. T
6. F   7. T   8. F   9. F   10. T
11. F   12. F   13. F   14. F   15. T
16. T

六、簡答題

1. 質量教育培訓的作用是什麼？

質量教育培訓主要致力於提高員工質量意識和質量行為能力，增強組織的效益和競爭能力，滿足員工學習與發展的需求。其作用包括：提高顧客滿意程度；提高產品和服務質量；減少浪費，降低成本；改善生產效率；提高員工的工作積極性，增強員工隊伍的穩定性；使企業具有更易溝通的工作環境和更強的應變能力。

2. 實施質量教育培訓的四個階段活動有哪些？

根據 ISO 10015:1999，實施質量教育培訓的四個階段活動如下：第一階段的活動是確定培訓需求；第二階段活動是設計和策劃培訓，包括確定培訓內容，明確培訓的制約條件，選擇適宜的培訓方式、培訓提供者、培訓資料和培訓時機，為培訓結果評價和過程監督確定準則等；第三階段活動是提供培訓；第四階段活動是評價培訓效果。

3. 什麼叫 QC 小組？其特點表現在哪些方面？

QC 小組是指在生產或工作崗位上從事各種勞動的職工，圍繞企業的經營戰略、方針目標和現場存在的問題，以改進質量、降低消耗、提高人的素質和經濟效益為目的組織起來的，運用質量管理的理論和方法開展活動的小組。活動的特點突出表現在：明顯的自主性、廣泛的群眾性、高度的民主性和嚴謹的科學性。

4. QC 小組活動遵循 PDCA 循環，其基本步驟有哪些？

遵循 PDCA 循環，其基本步驟包括：①找出存在的問題；②分析產生問題的原因；③確定主要原因；④制定對策措施；⑤實施制定的對策；⑥檢查確認活動的效果；⑦制定鞏固措施，防止問題再發生；⑧提出遺留問題及下一步打算。

5. 調查表的作用是什麼？應用調查表的主要步驟是什麼？

調查表的作用是通過採用統一的方式，系統地收集和累積有關數據和信息，為分析、控製和改進產品和過程提供基礎。

應用調查表的主要步驟：明確調查目的；確定要收集的變量和數據類型；確定分析所需的其他信息，設計調查表格；對調查表預測試；定期評審和修訂調查表。

6. 因果矩陣的作用是什麼？

因果矩陣用於分析一組問題變量與一組原因變量之間的關係，并有助於對應重點關注的原因變量進行排序和選擇。

7. 什麼是頭腦風暴？其作用是什麼？

頭腦風暴法是指通過一組人創造性地思維，系統地、有計劃地提出可行的想法和意見。頭腦風暴可用於找出產生問題的原因、尋求問題的解決方案、尋求問題的解決方案、識別潛在的改進領域等。

8. 親和圖的主要作用是什麼？

親和圖常用於對頭腦風暴所產生的意見、觀點和想法等數據進行歸納整理。它是質量保證和質量改進的基礎。

9. 簡述標杆法的工作步驟。

標杆法的工作步驟包括：
①確定標杆內容；②確定標杆對象；③收集資料；④分析對比；⑤制定改進措施。

10. 簡述箭條圖法和矩陣數據分析法的步驟。

箭條圖法包括以下步驟：①分解工程計劃；②繪製箭條圖；③計算作業時間；④確定關鍵路徑；⑤向關鍵路徑要進度。

矩陣數據分析法包括以下步驟：①收集、分析、整理數據資料，繪制矩陣圖；②計算均值、標準差和相關係數；③根據相關係數矩陣，求特徵值和特徵向量；④計算貢獻率、累積貢獻率、確定主成分；⑤根據所確定的主成分，明確工作重點或努力方向。

七、論述題

1. 試說明全過程質量管理的含義以及如何才能實現全過程質量管理？

全過程質量管理就是要把質量管理貫徹到產品全生命週期內。即從顧客需求調查、產品設計、物料獲取、產品加工、配送分銷、售後服務到最終處置都注重質量管理。「產品是設計和生產出來的，而不是檢驗出來的。」只有堅持這種質量觀，才能實現從事後檢驗到事前控製的轉變。強調產品全生命週期質量管理，則把質量管理提升到了企業社會責任的高度。

為保證實現全過程質量管理，應做到以下兩點：

（1）在產品形成的各個階段，採取專業的控製手段。在顧客需求調查階段，採取面談調查法、電話調查法、網路調查法、問卷調查法；在產品設計階段，做好內部測評和市場競爭性評價；在產品加工過程中，採取統計過程控製保證生產過程處於受控狀態；在配送分銷階段，採取科學的配送手段，保證交貨準確無誤；在產品使用階段，

對客戶進行有關產品使用方面的培訓，以便顧客正確使用產品，同時，及時搜集顧客的反饋意見，不斷改進質量水平；在產品最終處置階段，最大化回收利用報廢的產品。

（2）編制標準操作規程（standard operation process，SOP）。任何過程都是通過程序運作來完成的，因此，編制科學、有效的程序化文件是保證過程控製的基礎。如果只是編制 SOP，而不執行或錯誤地執行，都不會發揮其應有作用，也就不能保證產品在全生命週期內處於受控狀態。

2. 如何才能做到全方位質量管理？

全方位質量管理的含義就是各個職能部門要密切配合，按其職能劃分，承擔相應的質量責任。如果全過程質量管理是從縱向角度強調各個環節在質量形成過程中所起的作用，那麼，全方位質量管理就是從橫向角度強調各個職能單位對質量管理應承擔的相應責任。

為做好全方位質量管理，必須建立貫穿整個企業的質量管理體系，并保證其有效運行。費根鮑姆博士把他最先定義的全面質量管理稱為一種有效的體系，這就是從橫向方面考慮如何通過系統工程對質量進行全方位控製。其主要內容包括對管理職責、資源管理、產品實現、測量分析和改進的明確要求。

3. 就某一工作或學習中所遇到的質量管理問題，試利用因果圖分析造成這一問題的原因，找到關鍵原因，并給出解決方案。

因果分析圖也稱為魚刺圖或石川圖，是日本質量管理學者石川馨於 1943 年提出的。因果分析圖以質量特性作為結果，以影響質量的因素作為原因，在它們之間用箭頭聯結起來表示因果關係。下面結合實例說明因果分析圖的應用。

有顧客向某打字複印社反應：「複印不清楚。」為找出問題發生的原因，可按以下步驟進行：

第 1 步，把複印不清楚作為最終結果，在它的左側畫一個從左向右的粗箭頭。在利用因果圖分析質量問題時，分析對象應該是一個具體的質量問題，如本例中的複印不清楚。

第 2 步，把複印不清楚的原因分成人員（man）、機器（machine）、物料（material）、方法（method）、測量（measurement）和環境（environment）六類，即 5M1E，放在方框內，并用線段與第 1 步畫出的箭頭連接起來。就本例，分別為操作人員、複印機、複印紙和碳粉、複印方法、測量、作業環境六個方面。

第 3 步，對每一類原因做進一步深入細緻的調查分析，每一類原因由若干個因素造成，而某一因素可能又受到更細微因素的影響，逐層細分，直至能採取具體可行的措施為止。

第 4 步，必要時，應用排列圖找出其中的主要原因，并給出解決方案。本例中，在原件、紙張等條件相同的情況下，造成複印不清楚的主要原因是玻璃不乾淨。

顧客需求管理

一、名詞解釋

1. 顧客滿意：是指一個人通過對一個產品的可感知效果（或結果）與他的期望值相比較後，所形成的愉悅或失望的感覺狀態。

2. 顧客忠誠：是指顧客對企業的產品或服務的依戀或愛慕的感情。它主要通過顧客的情感忠誠、行為忠誠和意識忠誠表現出來。其中：情感忠誠表現為顧客對企業的理念、行為和視覺形象的高度認同和滿意；行為忠誠表現為顧客再次消費時對企業的產品和服務的重複購買行為；意識忠誠則表現為顧客做出的對企業的產品和服務的未來消費意向。

3. 顧客滿意指數：是指根據顧客對企業產品和服務質量的評價，通過建立模型計算而獲得的一個指數，是一個測量顧客滿意程度的經濟指標。

4. 感知力量：是指顧客所能感知到的利益與其在獲取產品或服務時所付出的成本進行權衡後對產品或服務效用的總體評價。顧客感知體現的是顧客對企業提供的產品或服務所具有的價值的主觀認知。它區別於產品和服務的客觀價值。

二、填空題

1. 主觀性　層次性　相對性　階段性　社會性
2. 感知力量　感知價值　顧客滿意度　顧客抱怨　顧客忠誠　顧客期望
3. 市場需求　產品概念　消費觀念
4. 理念滿意　行為滿意　視聽滿意
5. 正相關

三、單項選擇題

1. B　　2. C　　3. B　　4. C　　5. B
6. D　　7. A

四、多項選擇題

1. ABC　　2. ABCD　　3. AB　　4. BCD　　5. ABC
6. ABD　　7. BCD　　8. ABD　　9. ABCD　　10. ABCD
11. ACDE　　12. BCDE

五、判斷題

1. T　　2. F　　3. T　　4. T　　5. F
6. T　　7. T

六、簡答題

1. 簡述顧客滿意戰略產生的時代背景。

（1）經營與競爭環境的變化。由於買方市場出現，如果不能使顧客滿意，即使是「好商品」也會賣不出去。最早對這種經營環境變化做出系統反應的是斯堪的納維亞航空公司，他們於1985年提出了「服務與管理」的觀點并實踐這種觀點，認為企業應該自覺地把競爭由生產率的競爭轉換為服務質量的競爭，企業利潤增加首先取決於服務的質量。

（2）質量觀念與服務方式的變化。現代意義上的企業產品是由核心產品（由基本功能等因素組成）、有形產品（由質量、包裝、品牌、特色、款式等組成）和附加產品（由提供信貸、交貨及時、安裝使用方便及售後服務等組成）三大層次構成的。服務正占據越來越重要的地位，而產品的核心部分卻降到次要地位。新的競爭不在於工廠裡製造出來的產品，而在於能否給產品加上包裝、服務、廣告、諮詢、融資、送貨、保管或顧客認為有價值的其他東西。

（3）顧客消費觀念和消費形態的變化。在理性消費時代，物質不很充裕，消費者首先著眼於產品是否經久耐用，較多考慮的是質量、功能與價格三大因素；進入感性消費時代，物質比較充裕，收入與產品價格比有所提高，價廉物美不再是顧客考慮的重點，顧客更加重視產品的設計、品牌及使用性能；進入感情消費時代，消費者要求得到的不僅僅是產品的功能和品牌，而是與產品有關的系統服務。因此，企業要用產品的魅力和一切為顧客著想的體貼去感動顧客。

2. 顧客滿意等同於顧客忠誠嗎？

回答是否定的。顧客滿意是顧客需求被滿足後的愉悅感，是一種心理活動。它源於顧客期望與其感覺中的服務的比較。而顧客忠誠所表現出來的卻是具有免疫力的持續購買行為。一位顧客對企業產品或服務表示滿意，并不一定意味著他下次仍會購買該企業的產品。《哈佛商業評論》報告顯示，在滿足於商品的顧客中，仍有65%～85%的顧客會選擇新的替代品。顧客滿意只是顧客忠誠的必要條件而非充分條件。

3. 簡述顧客滿意度測評的意義。

顧客滿意度測評具有以下意義：

（1）調整企業經營戰略，提高經營績效。顧客滿意度測評，可以使企業盡快適應從賣方市場向買方市場的轉變，意識到顧客處於主導地位，確定「以顧客為關注焦點」的經營戰略。在提高顧客滿意度、追求顧客忠誠的過程中顯著提高經營績效。

（2）塑造新型企業文化，提升員工整體素質。外部顧客滿意度測評使員工瞭解對產品的需求和期望，瞭解競爭對手與本企業所處的地位，感受到顧客對產品或服務的不滿和抱怨。這使員工更能融入企業文化氛圍，增強責任感。內部顧客滿意度測評使員工的需求和期望被企業管理層瞭解，可以建立更科學完善的激勵機制和管理機制，最大限度地發揮員工的積極性和創造性。

（3）促進產品創新，利於產品或服務的持續改進。顧客滿意度測評，使企業明確產品或服務存在的亟須解決的問題，并識別顧客隱含、潛在的需求，有利於產品創新

和持續改進。

（4）增強企業競爭力。顧客滿意度測評有利於改善經營戰略、企業文化和員工隊伍，推進創新機制，顯著增強企業的適應能力和應變能力，提高市場經濟體制下的競爭能力。

4. 簡述顧客滿意度測評指標體系的構成。

顧客滿意度測評指標體系是一個多指標的結構，運用層次化結構設定測評指標，能夠由表及裡、深入清晰地表述顧客滿意度測評指標體系的內涵。一般將顧客滿意度測評指標體系劃分為四個層次。每一層次的測評指標都是由上一層測評指標展開的，而上一層次的測評指標則是通過下一層的測評指標的測評結果反應出來的。其中「顧客滿意度指數」是總的測評目標，為一級指標，即第一層次；顧客滿意度模型中的顧客期望、顧客對質量的感知、顧客對價值的感知、顧客滿意度、顧客抱怨和顧客忠誠等六大要素為二級指標，即第二層次；根據不同的產品、服務、企業或行業的特點，可將六大要素展開為具體的三級指標，即第三層次；三級指標可以展開為問卷上的問題，形成了測評指標體系的四級指標，即第四層次。

5. CRM 系統的目的和功能是什麼？

CRM 系統旨在通過先進的軟件技術和優化的管理方法對顧客進行系統化的分析，通過識別關鍵顧客，改進服務水平，提高客服效率，提高顧客的滿意度和忠誠度，并最大限度地降低客服成本。

CRM 系統的主要功能有：信息收發與顧客信息資料共享、知識管理、顧客即時服務、顧客綜合服務、生成 CRM 綜合報告、決策支持等。

6. 顧客抱怨的原因有哪些？如何解決顧客抱怨？

顧客抱怨的原因有：①產品功能遠沒有達到預期效果；②因使用產品導致人身或財產受到損害；③服務水平低劣，如不按規範向顧客提供服務，顧客感到自己被忽視、冷落或受到粗暴對待等。

對顧客抱怨應當按照以下原則去處理：①承認顧客抱怨的事實，并表示歉意；②感謝顧客的批評指正；③快速採取行動，補償顧客的損失；④評估補償顧客抱怨的具體措施的實施效果。

7. 卡諾模型把顧客需求分為三類，其管理含義何在？

卡諾模型把顧客需求分為三類，即基本型需求、期望型需求和興奮型需求。

基本型需求是指使顧客達到基本滿意而又不會使滿意程度超過一定水平的那些特徵。過度滿足這類需求未必使顧客很滿意；可一旦不滿足基本型需求，顧客會極其不滿意。相比之下，滿足期望型需求可以持續地提高顧客的滿意度。而滿足興奮型需求可以最顯著地增加顧客的滿意度。雖然不滿足興奮型需求，顧客不會很不滿意，但是，一旦滿足了顧客的某種興奮型需求，就會引起顧客的極大購買慾望。

企業只有把有限的資源用於滿足期望型需求和興奮型需求，才能使顧客得到更大的滿意，為企業贏得訂單，極大地提高產品的營業收入和利潤，獲得競爭優勢。

七、論述題

1. 有人認為：「因為企業 80% 的利潤是由 20% 的少數顧客帶來的，所以我們要把絕大部分精力放在少數的關鍵顧客上，而對那些只為企業帶來麻煩的極少數顧客可以採取任其流失的辦法分流。」你認為這種說法是否正確？闡述你的理由。

正確。企業要發展就需要盈利，既然企業的 80% 的利潤是由 20% 的少數顧客所帶來的，所以我們需要把絕大部分精力放在這些少數的關鍵顧客上，而對那些只為企業帶來麻煩的極少數顧客可以採取任其流失的辦法分流。這提示我們在工作中要善於抓住主要矛盾，善於從紛繁複雜的工作中理出頭緒，把資源用在最重要、最緊迫的事情上。

不正確。雖說企業 80% 的利潤是由 20% 的少數顧客所帶來的，但我們也不能夠保證這少數顧客會一成不變。一個顧客在當前是一般顧客，但在將來可能會轉變為關鍵顧客。而當我們把這些一般顧客分流後，他們可能為其他企業帶來利潤。

2. 談談你對「顧客滿意」概念的理解。

對於顧客滿意這一概念，我們應從以下幾個方面來理解：

（1）顧客抱怨、投訴等是一種滿意程度低的最常見的表達方式，但沒有抱怨并不一定表明顧客很滿意。

（2）即使符合顧客的願望并使其需求得到滿足，也不一定確保顧客很滿意。

（3）顧客忠誠度提高則是顧客滿意或很滿意的表現形式。

（4）可把顧客滿意的程度分為不滿意、滿意和很滿意三個層次。質量管理的目標是達到顧客滿意，并爭取超越顧客期望，達到顧客很滿意。這是「以顧客為關注焦點」原則的集中體現。

（5）顧客滿意是顧客的一種主觀感受，是顧客期望與實際感受之間對應程度的反應，具有相對性，隨著時間、地點和其他條件的改變而變化。

（6）應當用適當的方法和指標將顧客的這種主觀感受客觀地、量化地體現出來，即採用科學的方法測評顧客滿意度。

設計過程質量管理

一、名詞解釋

1. DFX：是指面向產品生命週期的產品或服務設計方法，即為產品生命週期內某一環節或某一因素而設計。

2. 質量屋：是實施質量功能展開的一種非常有用的工具。

3. 可靠性：是產品在規定條件下和規定時間內，完成規定功能的能力。

4. 維修性：是使產品保持規定狀態或當產品發生故障後，使其恢復到規定狀態的一系列活動。

5. 保障性：是指產品的設計特性和計劃的保障資源能滿足使用要求的能力。

6. 測試性：是指能夠及時并準確地確定產品的狀態，并隔離其內部故障的一種設計特性。

7. 可用性：是指產品在所要求的外部資源得到保證的前提下，產品在規定的條件下和規定的時刻和事件區間內處於可執行功能狀態的能力。

二、填空題

1. 質量的地域屬性　質量的消費群體屬性　質量的消費心理屬性　質量的消費行為屬性

2. 聚類方法

3. 重要度　水平提高率　商品特性點

4. 本公司資料　其他公司資料

三、單項選擇題

| 1. B | 2. D | 3. B | 4. C | 5. A |
| 6. B | 7. A | 8. C | 9. A | 10. B |

四、多項選擇題

| 1. ABDE | 2. ABCE | 3. ACD | 4. AC | 5. ABD |
| 6. BCD | 7. ACDE | 8. ABCD | 9. ACDE | 10. ABCE |

五、判斷題（正確的填寫 T，錯誤的填寫 F）

| 1. F | 2. F | 3. T | 4. T | 5. T |
| 6. F | 7. T | 8. T | 9. T | 10. T |

六、簡答題

1. 簡述產品全生命週期的成本影響因素。

產品全生命週期的成本影響因素包括產品材質、重量、尺寸、形狀、裝配操作數、接觸面數、緊固件數、裝配路徑、檢測方法和工具、所用公用工程介質、使用環、操作方法、可回收利用情況等。

2. 簡述 DFE 的主要內容。

DFE 的主要內容有：①綠色設計材料的選擇與管理；②產品的可拆卸性與可回收性設計；③綠色產品成本分析；④綠色產品設計數據庫與知識庫管理。

3. 設計過程質量管理的主要內容有哪些？

產品設計質量管理就是保證設計工作質量、組織協調各階段質量職能，以最短時間最少消耗完成設計任務。其內容有：①產品設計的總體構思；②確定產品設計的具體質量目標；③明確產品設計的工作程序；④組織設計質量評審；⑤質量特性的重要性分級。

4. 簡述質量屋的主要組成部分以及如何構建質量屋？

質量屋的主要組成部分：①顧客需求；②市場競爭性評價表；③技術要求；④關係矩陣表；⑤質量規格；⑥技術性評價表；⑦技術要求之間的相關矩陣。

為建造質量屋，可採取以下技術路線：調查顧客需求→測評各項需求對顧客的重要度→把顧客需求轉換為技術要求→確定技術要求的滿意度方向→填寫關係矩陣表→計算技術重要度→設計質量規格→技術性評價→市場競爭性評價→確定相關矩陣。

5. 什麼是產品的維修性？兩種維修類型的區別？

產品的維修性是指產品在規定的條件下和規定的時間內，按規定的程序和方法進行維修時，保持或恢復到規定狀態的能力。

恢復性維修是指當產品發生故障後，使其恢復到規定狀態所進行的全部活動。主要的活動包括故障定位、故障隔離、故障排除、調準驗證等。而預防性維修是指通過對產品進行系統的檢測，發現故障徵兆以防止故障發生，使其保持在規定狀態所進行的全部活動。其主要活動有調整、潤滑、定期檢查和必要的修理等。

6. 綜合保障工程的主要任務是什麼？

綜合保障工程的主要任務包括以下幾個方面：①策劃并制訂保障規劃；②接口協調；③人員保障；④包括設備、備件等在內的硬件保障；⑤包括規程、信息等在內的軟件保障；⑥包裝、運輸、儲存、防護、環境等其他保障。

7. 簡述如何提高產品設計的可靠性。

從設計方法的選擇上，可以選擇可測試性設計（DFT）、可診斷分析性設計（DFD）、可裝配性設計（DFA）、可拆卸性設計（DFD）等方法提高產品設計的可靠性。在元器件和標準件的選擇上，應該盡量採用已標準化的元器件和零部件。在滿足要求的前提下，盡可能把元器件、零部件數量降到最低，以使結構簡單。

8. 什麼是故障模式及影響分析？簡述它的用途。

故障模式及影響分析就是指通過對產品的系統研究，鑑別故障模式，判斷故障影響，確定故障原因和機理的過程。它是一種重要的可靠性定性分析方法，可以用於確定故障的各種原因和所造成的影響，還可用來檢查系統設計的正確性，評價系統的可信性、安全性，為系統的維修性分析、保障性分析以及測試性分析提供信息，為確定糾正措施的優先順序提供依據。

9. 什麼是故障樹和故障樹分析？簡述故障樹分析的主要用途。

故障樹是一種倒立樹狀的邏輯圖。它用一系列符號描述各種事件之間的因果關係。而故障樹分析是通過對可能造成產品故障的硬件、軟件、環境、人為因素進行分析，畫出故障樹，從而確定產品故障原因的各種可能組合方式和（或）其發生概率的一種分析技術。它是一種對系統安全性和可靠性分析的工具，主要用於評估設計方案的安全性，判明潛在的系統故障模式和災難性危險因素，為制定使用、試驗及維護程序提供依據，輔助事故調查。

10. 如何才能有效地設計服務系統？

為保證和提高所設計服務的有效性，我們應該注意以下幾個方面的問題：①一旦開始進行服務設計，領導應立即介入并支持服務設計活動；②確定服務標準，尤其是

那些感受、氣氛等難以度量的標準；③確保服務人員的招聘、培訓和薪酬製度與服務設計的目標相一致；④建立可預測事件的處理流程和不可預測事件的緊急預案；⑤建立監控、維持和改進服務的管理體系。

七、論述題

1.「技術重要度的確定是構建質量屋最引人入勝的一步。」談談你對這一說法的理解。

我們通過矩陣表與各項需求對顧客的重要度的加權平均就可以得到各項技術要求的重要度。在經過這一步之後，顧客所提出的那些「模棱兩可」與「含糊不清」的需求，就能夠轉變為一個個能夠度量的量值。技術開發人員在進行技術重要度的相關研發時，能夠通過這些可以度量的量值來查看顧客的需求是否得到了滿足。只有顧客的需求得到了滿足，我們才能夠更好地構建質量屋。因此，技術重要度的確定是構建質量屋最引人入勝的一步。

2. 談談你對服務流水線的理解。

流水線是指在程序執行時多條指令重疊進行操作的一種準并行處理實現技術。它源於製造業的生產活動，製造業因採用流水線生產方式而使製造成本大為降低。在服務業中，我們也可以採用分工，并使用工具和專業化設備來建立類似的流水線，以使服務業的效率提高，最終降低行業的成本。為了使得服務流水線能夠成功，我們必須堅持充分授權、勞動分工、用技術代替人力、服務標準化。（言之有理均可）

3. 試根據浴盆曲線分析產品維護管理的策略。

浴盆曲線大致分為三個部分：第一部分為早期故障期；第二部分為偶然故障期；第三部分為耗損故障期。

在早期故障期，故障率隨時間增加而減少。故障是由於產品中壽命短的零件及設計上的疏忽和生產工藝的質量欠佳引起的。這個時期的主要任務是找出不可靠的原因，使故障率穩定下來。常用的方法是進行排除早期故障或潛在故障的試驗。

在偶然故障期，故障率最低而且穩定，近似為常數，故障的發生是隨機的。在這個時期，產品處於最佳時期。這個時期的長度稱為有效壽命。

在耗損故障期，構成產品的零件已經老化耗損，壽命衰竭，因而故障率上升。如果能夠事先知道耗損開始的時間，在此稍早一點時間更換故障零件，就可以把故障率降下來，延長可維護產品的有效壽命。

統計過程控製

一、名詞解釋

1. 總體：是指所研究質量對象的全體。
2. 樣本：又稱子樣，是從總體中抽取出來的一部分個體所組成的集合。

3. 數據的集中性：是指數據圍繞某一中心值而上下波動的趨勢。
4. 極差：是指一批數據中最大值與最小值之差。
5. 週期性波動：是指樣本點每隔一定時間所呈現出的規律性變化。
6. 工序能力：是指工序的加工質量滿足技術標準的能力。
7. 工序能力指數：表示工序能力滿足產品質量標準的程度。
8. 技術標準：是指生產過程所加工的產品必須達到的質量要求。

二、填空題

1. 休哈特　休哈特
2. 錯發警報　漏發警報
3. 二項　泊鬆
4. 不合格品率　不合格品數　p　pn　缺陷數　單位缺陷數　c　u
5. 1
6. 傾向
7. 接近
8. 50 毫米

三、單項選擇

1. C	2. B	3. C	4. A	5. B
6. C	7. B	8. C	9. B	10. A
11. D	12. A	13. C		

四、多項選擇題

| 1. ACE | 2. ACD | 3. ADE | 4. BCD | 5. ADE |
| 6. ACDE | 7. BCD | 8. BD | 9. CD | 10. ACD |

五、判斷題（正確的填寫 T，錯誤的填寫 F）

1. F	2. F	3. T	4. F	5. F
6. F	7. T	8. F	9. T	10. F
11. F	12. T	13. T	14. F	

六、簡答題

1. 影響質量水平的因素有哪些？

產品質量水平取決於六個方面的原因：操作人員（man）、機器（machine）、物料（material）、方法（method）、測量（measurement）和環境（environment），即 5M1E。

2. 把質量變異的原因劃分為偶然性原因與必然性原因的管理意義何在？

在質量管理實踐中，應把有限的人力、物力和財力放在必然性因素上。如果生產過程中造成質量變異的原因全部屬於偶然性因素，那麼，生產過程就處於統計控製的

穩定狀態。在這種情況下，已經生產出來的和正在生產的產品質量變異在可接受的範圍內。反之，如果生產過程中有必然性因素在起作用，那麼，生產過程就脫離了統計控制狀態，應及時識別和查找原因，採取有效措施消除這些必然性因素，使生產過程重新回到統計控制的穩定狀態。

　　3. 試說明隨機抽樣、分層抽樣和系統抽樣所適用的場合。

　　隨機抽樣適用於對總體信息掌握較少，總體中各個個體之間差異較小、總體、樣本容量較小等場合。

　　在比較不同操作者、加工設備、原材料、工藝方法、作業環境等對質量所造成的影響時，經常採用分層抽樣方法。

　　系統抽樣適用於流水生產線工序質量控制。

七、論述題

　　1. 談談你對質量變異的認識。

　　不同操作人員的熟練程度不同、操作方法各異，同一個操作人員，在不同的時間，其生理和精神狀態會有差異，即使在正常生理和精神狀態下，同一個操作人員完成的作業也不可能完全一樣。機器設備的加工精度會隨加工時間的增加而降低，即使經過維修也不可能與原來完全一致。不同批次的原材料必然有差異，即使同一批次的原材料，任意取出其中的一部分也會與其他部分有差異。同一種產品可能會採用不同的作業方法或工藝技術來加工，同一種作業方法的某些動作也會不同。包括溫度、濕度、氣壓、振動等在內的作業環境隨時在發生變化。測量器具本身也有精度上的變化。

　　正是因為這六個方面中的每一個都存在差異，所以產品質量必然會有變異。流水線上不可能生產出完全相同的兩件產品。為了把質量變異控制在可接受的範圍內，就需要把這六個方面的原因分為偶然性因素和必然性因素兩大類。

　　偶然性原因又稱隨機性原因或不可避免的原因。偶然性原因經常存在，造成產品質量的變異比較小。如操作人員技術上的微小變化、機器設備的微小振動、原材料性質的微小差異、環境溫度的微小變化等。這類因素的出現帶有隨機性，一般不易識別，且難以消除。即使能夠消除往往在經濟上也是不合算的。

　　必然性原因又稱系統性原因或異常原因。必然性原因往往突然發生，造成產品質量的變異較大。如操作人員未按操作規程作業、機器設備嚴重損壞、原材料混有其他雜質、作業環境突變等。這類因素的出現有一定的規律性，容易識別和查找，且易於採取措施予以消除。

　　2. 你是怎樣理解兩類錯誤（虛發警報、漏發警報）的？

　　應用控制圖能夠判斷生產過程是否處於受控狀態，該應用實際上是在進行統計推斷。凡統計推斷，都可能出現錯誤。一類是將正常誤判為異常而虛發警報，另一類是將異常誤判為正常而漏發警報。以 $\mu \pm 3\sigma$ 控制界限為例，因為有 0.27% 的質量特性值落在 $\mu \pm 3\sigma$ 界限之外，所以，即使生產過程處於受控狀態，仍然有 0.27% 的可能性把這一生產過程誤判為異常。反之亦然。

　　3. 談談你對工序等級及工序能力評價的認識。

利用工序能力指數可把每個工序質量劃分為 5 個等級。根據工序等級，可以對現在和將來生產的產品有所瞭解，進而有重點地採取措施加以管理。

當工序等級為一級或特級，即 $C_p > 1.33$ 時，工序能力充分。這時應保持工序的穩定性，以保持工序能力不發生顯著變化。如果對照質量標準要求和工藝條件，認為工序能力過大，就意味著粗活細做。此時，應該考慮改用精度較低但效率高、成本低且又能達到技術要求的設備、工藝來加工。

當工序能力為二級，即 $1.00 < C_p < 1.33$ 時，表明工序能力基本滿足要求，但不充分。特別地，當 C_p 接近 1 時，應採取措施提高工序能力。

當工序能力為三級甚至四級，即 $C_p < 1.00$ 時，表明工序能力不足，意味著所採用的設備、工藝精度不夠，產品質量無保證。這時要制訂計劃、採取措施、努力提高設備精度，并使工藝更為合理有效，使工序能力得到提高。特別地，當 $C_p < 0.67$ 時，應停產整頓，對已出產的產品進行全數檢驗。

抽樣檢驗

一、名詞解釋

1. 全數檢驗：是對產品逐個進行檢測的一種檢驗方式，即百分之百檢驗。

2. 抽樣檢驗：是從一批產品中隨機抽取一部分產品進行檢查，通過檢查少量產品來對這批產品的質量進行估計，并對這批產品是否達到規定的質量水平做出評判。

3. 合格判定數：是在抽樣方案中預先規定的判定批產品合格的樣本中最大不合格品數。

4. 不合格判定數：是在抽樣方案中預先規定的判定批不合格的樣本中最小不合格品數。

5. 合格質量水平：也叫可接受質量水平，是指供需雙方能夠共同接受的可接受的連續交驗批的過程平均不合格品率的上限值。

6. 生產者風險：是指由生產者承擔的把合格批判為不合格批的風險。

7. 消費者風險：是指由消費者所承擔的把不合格批判為合格批的風險。

二、填空題

1. 缺陷　AQL
2. 小於　小於
3. 一般檢驗水平　特殊檢驗水平　一般檢驗水平 II
4. 批量 N　樣本量字碼　接收質量限 AQL
5. 常檢驗　加嚴檢驗。
6. （125，5）
7. 暫停抽樣檢驗

三、單項選擇題

1. B	2. D	3. A	4. A	5. C
6. D	7. B	8. D	9. C	10. B
11. A	12. B			

四、多項選擇題

| 1. ACDE | 2. BCDE | 3. ABD | 4. ABCE | 5. ABCD |
| 6. ABD | | | | |

五、判斷題（正確的填寫 T，錯誤的填寫 F）

1. F	2. F	3. T	4. T	5. F
6. T	7. T	8. F	9. T	10. T
11. F	12. F	13. T	14. T	15. T
16. F				

六、簡答題

1. 什麼是接收概率和操作特性曲線？

接收概率是指根據規定的抽樣方案，把具有給定質量水平的交驗批判為合格的概率。即用給定的抽樣方案（n, c）去驗收合格品率為 p 的一批產品時，判定其為合格的概率。操作特性曲線則是描述操作特性函數的曲線。

2. 為什麼說理想的抽樣方案并不存在？

因為在許多的場合中，我們是沒有辦法進行全數檢驗的，此時必然存在著誤判。即使我們能夠全數檢驗，但在此情況下，也有可能因為人員操作、設備儀器等方面的原因發生錯檢或漏檢。

3. 可行抽樣方案的基本思想是什麼？

可行抽樣方案的基本思想是設定一個質量水平 p_0（可取為合格質量水平 AQL），當批質量從差的方向改善到這一水平時，以高概率接收該批產品，這一概率與生產者風險 α 有關，因為 α 的含義是合格批被判為不合格批的概率，所以接收概率為 $1-\alpha$。其管理含義是：在 p_0 一定時，所商定的由生產者承擔的風險越大，被接收的概率越小；設定另一個質量水平 p_1，（可取為批允許不合格品率 LTPD），當批質量從好的方向下降到這一水平時，以低概率接收，這一概率即消費者風險 β。其管理含義是：在 p_1 一定時，所商定的由消費者承擔的風險越大，被接收的概率越大。

4. 可行抽樣方案取決於哪些參數？這些參數的含義何在？

可行抽樣方案是在綜合考慮供需雙方利益的基礎上確定的。它取決於 p_0、p_1、α 和 β 四個參數值。供需雙方所商定的 p_0 越大，α 值越小（$1-\alpha$ 越大），批產品被判為合格的可能性越大，即抽樣方案越寬鬆；p_1 越小，β 值越小，批產品被判為合格的可能性越小，即抽樣方案越嚴格。

5. N，n，c 分別對 OC 曲線產生什麼影響？

OC 曲線是由批量 N，樣本容量 n 和合格判定數 c 決定的。批量 N 越大，對於相同的樣本容量，就有可能抽到更多的不合格品數。然而批量大小 N 對 OC 曲線的影響不大。特別地，當樣本容量 $n<0.1N$ 時，就可以忽略批量 N 對抽樣方案的影響。

當批量 N 和合格判定數 c 一定時，樣本容量 n 對 OC 曲線的影響較大，而且樣本容量 n 越大，OC 曲線的傾斜度越大，表示抽樣方案越嚴格。事實上，對同一批產品，樣本容量 n 越大，越有可能抽到更多的不合格品，批越有可能被判為不合格。

當批量 N 和樣本容量 n 一定時，合格判定數 c 對 OC 曲線的影響也較大，合格判定數 c 越小，OC 曲線的傾斜度越大，表示抽樣方案越嚴格，批被判為不合格的可能性就越小。

6. 簡述計數標準型一次抽樣的步驟。

計數標準型一次抽樣的步驟為：①確定單位產品的質量標準；②確定 p_0 與 p_1 的值；③形成檢驗批；④檢索抽樣方案 (n, c)；⑤抽取樣本；⑥檢驗樣本質量特性值；⑦判定交驗批；⑧處理檢驗批。

7. 簡述計數調整型抽樣方案的基本思想

由於產品的驗收是動態的，所以我們應當根據生產過程的穩定性來調整檢驗的寬嚴程度。當供方提供的產品批質量較好時，可以放寬檢查；反之，則加嚴檢查。正是基於這種思想，計數調整型抽樣方案根據產品質量變化情況來規定調整規則，隨時調整抽樣方案：當批的質量處於正常情況下，採用一個正常的抽樣方案；當批的質量變差時，改用一個加嚴的抽樣方案；當批的質量變好時，可採用一個放寬的抽樣方案。

8. 簡述設置檢查水平的出發點。

雖說批量 N 對抽樣方案的影響不大，但是對於批量較大的交驗批，一旦我們錯判，將造成較大的經濟損失。此外，批量 N 較大時，抽樣的隨機性波動也較大。因此，為了提高抽樣方案的鑑別能力，當批量 N 增加時，樣本容量 n 也必須增加，但不是成比例增加。因此，我們設定檢查水平來明確批量 N 與樣本容量 n 之間的這種關係。

9. 簡述計數調整型抽樣方案的轉移規則和抽檢程序。

我們開始檢查時，一般先從「正常檢查」開始。根據最初正常檢查結果，再按照一定的規則選擇轉移方向。特別地，當連續 10 批都停留在加嚴檢查上時，我們則需要暫停檢查。暫停檢查發生後，我們需要供方採取改進措施。當用戶或主管部門認為產品質量確實得到改善，才可以恢復檢查，但一般從加嚴檢查開始。

抽檢程序為：①確定質量標準；②確定 AQL；③確定抽樣方案的類型；④決定檢驗水平；⑤決定寬嚴程度；⑥形成檢驗批；⑦檢索抽樣方案；⑧抽取樣本；⑨檢驗樣本質量特性值；⑩判定交驗批合格與否；⑪處理檢驗批。

七、論述題

1. 為什麼說可行抽樣方案是在平衡供需雙方利益的基礎上確定的？

由於理想的抽樣方案不存在，而 (0, 1) 抽樣方案又太不理想，那麼我們就需要尋找到一個既比較接近理想又可行的抽樣方案。其基本思想是設定一個質量水平 p_0，

當批質量從差的方向改善到這一水平時，以高概率接收該批產品，這一概率與生產者風險 α 有關，因為 α 的含義是合格批被判為不合格批的概率，所以接收概率為 $1-\alpha$。其管理含義是在 p_0 一定時，所商定的由生產者承擔的風險越大，被接收的概率越小。設定另一個質量水平 p_1，當批質量從好的方向下降到這一水平時，以低概率接收，這一概率即消費者風險 β，其管理含義是在 p_1 一定時，所商定的由消費者承擔的風險越大，被接收的概率越大。因此我們可以看出，可行的抽樣方案是在綜合考慮供需雙方利益的基礎上確定的。它取決於 p_0、p_1、α 和 β 四個參數值。供需雙方所商定的 p_0 越大，α 值越小（$1-\alpha$ 越大），批產品被判為合格的可能性越大，即抽樣方案越寬鬆；p_1 越小，β 值越小，批產品被判為合格的可能性越小，即抽樣方案越嚴格。

2. 為什麼說百分比方案和雙百分比方案均不合理？

我們從批量 N 對 OC 曲線的影響可以看出百分比抽樣方案不合理。所謂百分比抽樣方案，就是不管產品的批量大小，均按批量的一定比例抽取樣本進行檢驗，并按統一的合格判定數進行驗收。批量不同，樣本容量也不同，N 越大，n 越大。但是 N 對 OC 曲線的影響很小，而 n 對 OC 曲線的影響卻很大，因此易導致大批嚴格、小批寬鬆的不合理結果。

而雙百分比方案，即規定兩個百分比 k_1 和 k_2，分別乘以批量，作為樣本容量和合格判定數。但是由於 N 對抽樣方案的影響不大，而 n 和 c 對抽樣方案的影響很大且不成比例關係，因此，這種雙百分比方案同樣不合理。

3. 為什麼說計數檢查與計量檢查要配合起來使用？

在實際中，對於主要的質量指標的檢查、破壞性檢查和費用高的檢查，我們通常採用計量抽樣方案；而對於一般質量指標的檢查，則採用計數抽樣方案。兩者的相互配合使用，可以使我們收到較好的經濟效果。

質量經濟分析

一、名詞解釋

1. 質量成本：是指企業為達到和確保質量水平以及因質量未達到規定水平而付出的代價。
2. 預防成本：是指預防不合格品所導致的費用。
3. 鑒定成本：是指為評定產品是否符合質量要求而進行試驗、檢驗和檢查的費用。
4. 內部損失成本：是指產品在交貨前因未能滿足質量要求而造成的損失。
5. 外部損失成本：是指產品在交貨後因未能滿足質量要求而造成的損失。
6. 外部質量保證成本：是指企業根據顧客需求，為提供客觀證據而發生的各種費用。
7. 質量成本數據：是指質量成本構成項目中各細目在報告期內所發生的費用數額。

二、填空題

1. 10%~50%
2. 質量總成本　質量成本構成
3. 內部故障成本
4. 預防成本　鑒定成本　內部故障成本
5. 50%　10%
6. 檢驗　檢查

三、單項選擇題

1. B	2. A	3. B	4. B	5. D
6. A	7. C	8. B	9. A	10. A
11. D	12. C	13. B		

四、多項選擇題

| 1. AC | 2. ABCD | 3. ABC | 4. AD | 5. ABCD |
| 6. BCD | | | | |

五、判斷題（正確的填寫 T，錯誤的填寫 F）

1. T	2. F	3. F	4. F	5. T
6. T	7. T	8. F	9. T	10. F
11. T	12. T			

六、簡答題

1. 預防成本、鑒定成本、內部損失成本和外部損失成本分別包含哪些內容？

預防成本一般包括質量工作費、質量培訓費、質量獎勵費、質量改進措施費、質量評審費、工資及附加費、質量情報及信息費。

鑒定成本一般包括檢驗費用、材料費用、製造費用、工資及附加費。

內部損失成本一般包括廢品損失、返工返修損失、復檢費用、因質量問題而造成的停工損失、質量事故處置費用、質量降級損失。

外部損失成本一般包括索賠損失、退換貨損失、保修費用、訴訟費用、降價處理損失。

2. 分別說明質量改進區、質量控製區和質量至善區的特徵以及分別處在這些區域時，質量管理的重點。

當質量水平處於質量改進區時，損失成本占質量總成本的比重很大，可達到70%以上，而預防成本比重很小，甚至不到10%。此時，質量管理的重點是加強質量管理的預防性工作，提高產品質量。這樣可以用較低的預防成本的增加換取較多的損失成本的降低，從而降低質量總成本。

當處於質量控製區時，由於存在一個理想狀態的總成本。此時，質量管理的重點是控製和維持現有的質量水平。

當處於質量至善區時，預防成本比重較高，超過50%，產品的質量水平較高，損失成本比重低於40%。但是這種高質量水平往往超過顧客需求，成為過剩質量。此時，質量管理的重點是適當放寬質量標準、質量總成本和合適的質量水平。

3. 怎樣設置質量成本科目？

質量成本科目的設置必須符合財務會計及成本的規範要求，必須便於質量成本還原到相應的會計科目中去，以保證與所在國家會計製度、原則的一致性。它是由質量管理部門與財務部門共同制定的，要求做到：結合企業自身特點選擇適宜的科目、明確費用開支範圍，便於核算，便於質量成本分析；科目設置不必求全，但要求不重複、關鍵科目不遺漏；相對穩定，便於不同時期分析比較。

一般質量成本分為三級科目。一級科目是質量成本，二級科目包括預防成本、鑒定成本、內部損失成本和外部損失成本，三級科目則是質量成本細目。

4. 什麼是質量成本原始憑證？把質量成本原始憑證規範化、標準化的意義是什麼？

質量成本原始憑證是記錄質量成本數據的載體，而質量成本數據則是指質量成本構成項目中各細目在報告期內所發生的費用數額。我們為了幫助組織正確記錄質量成本數據，并確保質量成本核算的有效性、準確性，必須對質量成本原始憑證進行規範化、標準化管理。

5. 把質量成本劃分為顯見質量成本和隱含質量成本的依據是什麼？

由於質量成本原始憑證的存在形式各不相同，費用開支範圍也各不相同，故而其歸集方法、核算方法也不相同。因此我們把質量成本劃分為兩類：顯見質量成本和隱含質量成本。

顯見質量成本是指根據國家現行成本核算製度規定列入成本開支範圍的質量費用，以及有專用基金開支的費用。顯見質量成本是實際發生的質量費用，是現行成本核算中需要計算的部分，質量成本中大部分費用都屬於此類。而隱含質量成本則是指未列入國家現行成本核算製度規定的成本開支範圍，也未列入專用基金開支，通常不是實際發生和支出的費用，但又確實導致企業效益減少的費用。因此，顯見質量成本原始憑證為會計原始憑證，按會計科目歸集；隱含質量成本原始憑證為統計原始憑證，按統計項目進行歸集。

6. 什麼是質量成本分析的指標分析法的價值指標、目標指標、結構指標和相關指標？

質量成本分析的指標分析法的價值指標是指質量成本費用的絕對值，是用貨幣單位反應質量工作直接成果的指標。目標指標是指一定時期內，質量總成本及預防成本、鑒定成本、內部損失成本與外部損失成本的實際發生額與目標值相比的增減量或增減率。結構指標是指預防成本、鑒定成本、內部損失成本和外部損失成本各占質量總成本的比例。相關指標則是指一定時期內，質量總成本、預防成本、鑒定成本、內部損失成本或外部損失成本與其他經濟指標的比值及其增減值。

7. 質量成本趨勢分析法和質量成本排列圖分析法的目的是什麼？

質量成本趨勢分析的目的是掌握質量成本一定時期內的變化趨勢。排列圖分析法則是應用全面質量管理中的排列圖原理對質量成本進行分析的一種方法。我們可以根據排列圖對預防成本、鑒定成本、內部損失成本和外部損失成本的大小進行排序，發現哪一類成本最大，也還可以就某一項成本對責任單位實際發生的成本進行排序。這樣一步步地分析下去後就可以找到主要原因，以便採取措施改進。

8. 簡述質量成本報告的主要內容

質量成本報告的主要內容有：①預防成本、鑒定成本、內部損失成本與外部損失成本構成比例變化的分析結果；②質量成本與相關經濟指標的效益對比分析結果；③質量成本計劃的執行情況以及與基期或前期的對比分析結果；④質量成本趨勢分析結果；⑤典型事例及重點問題的分析與解決措施。

9. 如何改善 5M1E 才能維持質量特性分布的中心值，縮小質量特性的波動性？

改善 5M1E 可以通過以下措施：①人員技能的提高；②機器設備的更新與維護保養；③原輔材料的採購；④工藝方案的選擇；⑤檢測系統的建立和完善；⑥作業環境的建立。

七、論述題

1. 把質量總成本分為三個區域的管理含義何在？

在實際中，質量總成本正好達到一個質量合格水平是不可能的。它總是在一定範圍內波動。這就帶來了質量成本構成的優化問題，即通過確定質量成本各部分的比例，使質量總成本保持在一個合理的範圍之內。因此，把質量總成本劃分為 3 個區域，我們則可以根據質量總成本處在不同的區域時採取不同的措施和方法來控製質量總成本。

比如當處於質量改進區時，我們則應加強質量管理的預防性工作，提高產品質量；以此可以用較低的預防成本的增加換取較多的損失成本的降低，從而降低質量總成本；當處於質量控製區時，我們則應控製和維持現有的質量水平；而當處於質量至善區時，我們則應適當放寬質量標準、質量總成本和合適的質量水平。

2. 論述質量特性波動對生產者、顧客和社會造成的損失。

不良質量會對生產者造成損失。它分為有形的損失和無形的損失。有形的損失是指可以通過價值計算的直接損失，如廢品損失、返修費用、降級降價損失、退貨、賠償損失等。無形的損失是指因不良質量而影響企業的信譽，從而使訂單減少、市場佔有率下降等。另外，「剩餘質量」也會對生產者造成損失。剩餘質量是因為不考慮顧客的實際需求，不合理地片面追求過高的內控標準所造成。其結果是為了達到不切實際的質量標準而給生產者帶來過高的成本。而企業往往又會通過各種方式把這種因剩餘質量所產生的成本轉嫁給顧客，損害顧客的利益，同時也給企業帶來負面影響，如聲譽下降、市場份額減少等。

顧客的損失是指顧客在使用缺陷產品過程中蒙受的各種損失。如因使用缺陷產品而導致能耗、物耗的增加，或對人身健康造成的不利影響，或導致財產損失，甚至危及生命安全。顧客的損失還包括因產品缺陷導致停用、停產、誤期或增加的大量維修費用等。此外，產品功能不匹配也是一種典型的顧客的損失。例如，儀器某個組件失

效，又無法更換，而儀器的其他部分功能正常，最終不得不將整機丟棄或做銷毀處理。從質量經濟性出發，最理想的狀態是使所有組件的壽命相同，但實際上又做不到這一點。所以，通常的設計原則是，對於那些易損組件，使其壽命與整機的大修週期相近，或採用備份冗餘配置模式。

廣義地說，生產者和顧客的損失都屬於社會的損失。而這裡所說的社會的損失是指由於產品缺陷而對社會造成的公害和不良影響，如對環境和社會資源所造成的破壞和浪費、影響公眾安全等。值得指出的是，社會的損失最終通過各種渠道轉嫁為對個人的損害。

3. 試結合例子說明準確把握顧客需求的意義。

一個企業應當確保其所設計生產出來的產品是顧客所需要的。例如，某公司設計生產一種砂布，顧客使用一段時間後，反饋質量不好，并聲稱如果再不改進，將不再訂貨。公司設計人員到顧客現場調查後才瞭解到：顧客判斷質量好不好的依據是打磨100件標準金屬件用掉的砂布張數。公司在設計砂布時，卻把重點放在了砂粒和砂紙各自的質量上，而對兩者的黏合強度重視不夠，造成顧客耗費了更多的砂布，增加了使用成本。此外，如果顧客真的停止訂貨，還會影響到公司的銷售，對公司造成損失。因此，如果在設計階段沒有真正瞭解顧客的需求，所設計的產品不僅不能滿足顧客的需求，對顧客造成損失，還會對生產者甚至社會造成損失。

六西格瑪管理

一、名詞解釋

1. 關鍵質量特性：是指滿足顧客要求或過程要求的關鍵特性。
2. 單位缺陷數：是指給定單位數中所有缺陷數的平均值，即過程輸出的缺陷總數量除以過程輸出的單位數。
3. 首次產出率：是指過程輸出一次達到顧客要求或規定要求的比率，也就是一次提交合格率。
4. 流通產出率：是指構成過程的每個子過程的首次產出率的乘積。
5. 黑帶：是指專門從事六西格瑪項目的技術骨幹和六西格瑪團隊的核心力量。
6. 綠帶：是指那些在自己崗位上參與六西格瑪項目的人員。他們通常是組織各個基層部門的業務骨幹。
7. 準確度：是指測量結果與被測量真值之間的一致程度。
8. 精密度：是指在規定條件下獲得的各個對立觀測值之間的一致程度。

二、填空題

1. 3.4PPM
2. 定義　分析　控制

3. 關注過程　依據數據決策
4. 測量系統分析
5. 關鍵影響因素

三、單項選擇題

| 1. B | 2. D | 3. A | 4. B | 5. A |
| 6. C | 7. D | 8. A | 9. C | 10. B |

四、多項選擇題

1. ABCD　　2. ABC　　3. ABCD　　4. ABCDE　　5. ABC
6. ABDE

五、判斷題（正確的填寫 T，錯誤的填寫 F）

1. T	2. F	3. T	4. T	5. F
6. T	7. T	8. T	9. T	10. T
11. T	12. F	13. F	14. F	

六、簡答題

1. 為什麼說六西格瑪管理是一種能實現持續領先的經營戰略和管理哲學？

（1）六西格瑪管理使顧客與商家的利益達到高度統一。六西格瑪管理的最終結果是產品質量水平大幅度提高。且六西格瑪管理能為組織帶來巨大的利益：留住顧客、增加市場份額、降低成本、縮短週期時間、提高生產力、贏得利潤。

（2）六西格瑪管理為組織持續改進提供了理論指導。六西格瑪管理方法為組織確定了一個高標準的質量水準。

2. 為什麼說六西格瑪管理是一項回報豐厚的投資？

企業如果依據六西格瑪的管理理念來配置資源，將獲得以下成就：質量水平每提高 1σ，產量能提高 12%～18%，資產就增加 10%～36%，利潤能提高 20%左右；當企業的質量水平從 3σ 提高到 4σ，再到 5σ 左右時，企業的利潤呈現指數增長模式；當接近 6σ 水平時，企業會出現類似長跑運動員的「極限」。越接近這個水平，企業就越感到困難，此時企業只有對流程進行創新，才能突破這一「極限」。所以說六西格瑪管理是一項回報豐厚的投資。

3. 通過培訓，黑帶候選人和綠帶候選人應掌握哪些基本知識和技能？

黑帶應具備識別關鍵流程的能力，應具備判斷六西格瑪項目的生產流程或交易流程中是否存在缺陷的能力，具備集中主要精力從根本上解決質量問題的能力。黑帶候選人通過培訓，應深入理解六西格瑪的主要理念，具備領導六西格瑪團隊的能力，具備管理六西格瑪項目能力，具備運用六西格瑪管理方法觀察、分析和處理問題的能力，掌握 DMAIC 模式，掌握流程改進的高級工具。

綠帶候選人應透澈理解六西格瑪的主要理念、熟悉 DMAIC 模式的全過程、掌握基

本的流程改進工具、熟悉六西格瑪團隊的工作技巧。

4. 簡述定義階段、測量階段、分析階段、改進階段、控製階段的主要任務。

定義階段的主要任務是確定需要改進的產品及相關的核心流程，利用流程圖描述核心流程，識別顧客心聲，確定質量控製點及關鍵質量特性，確定六西格瑪項目實施所需要的資源。

測量階段的主要任務是通過對現有過程的測量，確定過程的基線以及期望達到的目標，識別影響過程輸出 Y 的輸入 X_S，并對測量系統的有效性做出評價，根據所獲得的數據計算反應現實質量水平的指標。

分析階段的主要任務是找出影響過程質量水平的關鍵因素，并驗證結果的正確性。

改進階段的主要任務是針對上述分析確定的關鍵問題，給出有效的解決方案，并實施解決方案。

控製階段的主要任務是評估改進效果，通過有效的措施保持過程改進成果。

5. 在選擇六西格瑪項目時，需要佔有大量信息。請說明這些信息來源。

這些信息來源於顧客反饋意見（如顧客抱怨、投訴、索賠）、市場佔有率、競爭對手的策略和行動計劃、企業內部的質量分析報告、財務分析報告和企業計劃、方針、目標的執行報告等。

6. 什麼是測量系統以及如何驗證測量系統？

測量系統是指與測量特定特性有關的作業、方法、步驟、計量器具、設備、軟件和人員的集合。對測量系統進行驗證應當包括以下幾個方面：①分辨力，即測量系統檢出并如實指示被測特性中極小變化的能力；②準確度，即測量結果與被測量真值之間的一致程度；③精密度，即在規定條件下獲得的各個獨立觀測值之間的一致程度，具體包括重複性和再現性。

7. 精益生產與六西格瑪管理有哪些共同之處？

精益生產與六西格瑪管理的共同之處表現在以下幾個方面：①兩者追求的目標是一致的，即顧客滿意、持續改進，并提高組織的經營業績；②兩者都需要高層管理者的支持和授權才能成功；③兩者都採用團隊的方式實施改善；④兩者都強調減少浪費，降低成本，縮短生產週期，準確快速地理解和響應顧客的需求，提高工序能力和過程或產品的穩健性，實現資源的有效利用，提高效率；⑤兩者都不僅用於製造流程，還可以用於非製造流程。

8. DMAIC 流程中定義（D）階段的主要任務是什麼？

DMAIC 流程中定義（D）階段的主要任務是根據顧客和企業要求，明確對過程的關鍵質量要求及測量準則，確定什麼是缺陷，進而確定改進的目標。

七、論述題

1. 試說明六西格瑪管理是一種基於流程優化的管理方法。

六西格瑪管理方法都是針對流程優化的。流程是為了實現一定的目的，利用一定的資源投入，經過一些轉換過程，實現產出的活動或安排。六西格瑪管理的重點不是產品或服務本身，而是生產產品或提供服務的流程。六西格瑪管理通過界定和描述流

程，測量流程中關鍵環節的指標，分析產生變異的原因，優化流程，來實現改進流程績效的目的。此即六西格瑪 DMAIC 流程管理模式。

六西格瑪管理方法是從關注顧客的角度來優化流程的，特別注重改進核心流程。這裡的核心流程是指那些直接影響顧客滿意度的流程。核心流程是指向顧客提供產品或服務的主要流程，辨別核心流程的關鍵是判斷其是否向顧客提供價值。六西格瑪管理方法關注的是核心流程中的關鍵質量特性。這種關注核心流程及其關鍵質量特性的管理方法符合「一切以顧客為關注點」的質量管理原則。

2. 引入首次合格率和流通合格率有何管理意義？

我們用首次合格率或流通合格率度量過程可以揭示由於不能一次達到顧客要求而造成的報廢和返工返修，以及由此而產生的質量、成本和生產週期的損失。這與通常一般採用的合格率的度量方法不同。在很多企業的中，只要產品沒有報廢，在合格率上就不計損失，因此掩蓋了由於過程輸出沒有一次達到要求而發生的返修費用和生產週期的延誤。

3. 試比較精益生產與六西格瑪管理各自的關注點。

精益生產發源於日本，更多地強調減少浪費、提高效率；而六西格瑪管理則發源於美國，更多地強調減少偏差，改進質量。

精益生產直接關注的是提高流程速度和減少資本投入，其實質是樹立與浪費針鋒相對的思想，精確地定義價值，識別價值流并制定價值流圖，讓沒有浪費環節的價值流真正流動起來，讓顧客拉動價值流，追求盡善盡美。而六西格瑪管理是一種直接使用統計方法來最大幅度地降低核心流程的缺陷，以實現組織的持續改進，從而達到甚至超過顧客滿意的管理思想和方法體系。在實際中，兩者是有機融合在一起的。

第四篇
質量管理各類考試樣題精選

第 29 章　質量管理體系國家註冊審核員考試

　　說明：要取得質量管理體系國家註冊審核員證書，需要參加培訓，培訓後參加 CCAA 組織的統一考試，考試合格者獲由 CCAA 頒發的考試合格證書，該證書將作為向 CCAA 申請註冊實習諮詢師的必備條件之一。《質量管理體系審核員註冊準則》的制定，旨在通過統一的筆試，客觀、公正、全面地考核參加考試人員滿足《質量管理體系審核頁註冊準則》中「2.5 知識和技能要求」的程度，以及其基本的個人素質情況，為 CCAA 評價質量管理體系實習審核員註冊申請人的能力提供依據。

質量管理體系國家註冊審核員筆試大綱（第 3 版）

1　總則

　　本大綱依據 CCAA《質量管理體系審核員註冊準則》（以下簡稱《註冊準則》）制定，適用於擬向 CCAA 申請註冊為各級別質量管理體系審核員的人員。

2　考試要求

2.1　考試科目

　　申請實習審核員註冊需通過「基礎知識」科目考試；
　　申請審核員註冊需通過「審核知識與技能」科目考試；
　　申請主任審核員註冊需通過「管理理論知識與應用技能」科目考試。
　　參加考試時，考生需提供本人準考證和身分證件原件。
　　考生應嚴格遵守考場紀律（見附件一），并自覺服從監考人員等考試工作人員管理。

2.2　考試方式

　　考試為書面閉卷考試，考試試題由 CCAA 統一編制，每科考試時問 2 小時。
　　參加「基礎知識」考試時，考生不能攜帶任何參考資料；參加「審核知識與技能」和「管理理論知識與應用技能」考試時，考場提供 GB/T 19001 標準文本。

2.3　考試頻次及地點

　　考試原則上每季度末月組織一次，在北京和選定的大中城市設立考點。CCAA 在考

前 40 天發布報名通知，申請人可在每次設立的考點範圍內選擇地點報名并參加考試。

2.4 考試費用

CCAA 根據《認證人員註冊收費規則》收取考試費用。

報名截止後，無論是否參加考試，考試費用都將不予退還。

2.5 考試的題型及分值

2.5.1 基礎知識科目的題型及分值

分值分布	1. 質量管理體系標準　　　　　　約占 50% 2. 質量管理領域專業知識　　　　約占 20% 3. 管理體系審核　　　　　　　　約占 15% 4. 法律法規　　　　　　　　　　約占 10% 5. 個人素質　　　　　　　　　　約占 5%		
題型	數量	單題分值（分）	小計分值（分）
單項選擇題	80	1	80
多項選擇題	20	2	40

2.5.2 審核知識與技能科目的題型及分值

分值分布	1. 質量管理體系審核　　　　　　　　　　　　約占 45% 2. 質量管理領域專業知識　　　　　　　　　　約占 15% 3. 質量管理體系標準和規範性文件、 　 專業知識、法律法規的綜合應用　　　　　約占 40%		
題型	數量	單題分值（分）	小計分值（分）
單項選擇題	40	1	40
多選題	5	2	10
案例分析題	5	6	30
闡述題	2	10	20

2.5.3 管理理論知識與應用技能科目的題型及分值

分值分布	1. 質量管理體系審核實踐綜合能力　　約占 60% 2. 質量管理領域專業知識　　　　　　約占 40%		
題型	數量	單題分值（分）	小計分值（分）
單選題	20	1	20
多選題	10	2	20

2.6 考試合格判定

基礎知識科目滿分為 120 分，96 分（含）以上合格；

審核知識與技能科目考試的滿分為 100 分，70 分（含）以上合格；

管理理論知識與應用技能科目滿分 100 分，70 分（含）以上合格。

2.7 考試結果發布

CCAA 將在考試結束後 45 天（遇法定節日順延）內公布考試合格人員名單。

3 基礎知識科目的考試內容

3.1 質量管理體系標準

（1）瞭解 ISO 9000 族發展概況。

（2）理解 GB/T 19000 標準的部分術語。

重點理解以下術語及其相互關係：質量、要求、質量管理、產品、質量策劃、質量計劃、質量方針、質量目標、過程、程序、不合格、糾正、糾正措施、預防措施、持續改進、文件、特性、返工、返修、顧客、顧客滿意。

（3）理解 12 項質量管理體系基礎的部分內容。

重點理解：質量管理體系要求和產品要求的區別和相互關係，過程方法，文件的價值，持續改進，統計技術的作用。

（4）理解八項質量管理原則。

（5）理解質量的概念和過程方法。

（6）理解 GB/T 19001 標準的要求。

（7）瞭解 GB/T 19004 標準的結構、適用範圍及其與 GB/T 19000、GB/T 19001 標準的關係。

（8）瞭解 ISO 9000 族標準的部分規範性文件和指南，如：

ISO 10012《質量管理體系 測量過程和測量設備的要求》；

ISO 10014《質量管理 實現財務和經濟效益的指南》；

ISO/TR 10017《GB/T 19001—2000 的統計技術指南》。

3.2 質量管理體系審核

（1）GB/T 19011 中條款 3、4、6.3 和 6.4 的內容。

（2）ISO/IEC 17021:2011《合格評定 管理體系審核認證機構的要求》的目的、意圖以及第 9 章中 9.1.2、9.1.3、9.2 至 9.6 條款規定的與審核和認證活動有關的要求。

3.3 質量管理領域專業知識

理解質量管理相關工具、方法、技術：

（1）常用統計技術方法；

（2）測量和監視技術、對測量過程和測量設備的要求；

（3）根本原因分析；

（4）顧客滿意的監視和測量、投訴處理、行為規範、爭議解決；

（5）標準化基本知識、標準的結構和編寫等；

（6）質量計劃；

（7）風險管理方法；

（8）質量管理評價（審核、評審和自我評價）；

（9）過程和產品（包括服務）的特性；

（10）持續改進、創新和學習。

3.4 法律法規

（1）掌握質量管理相關法律、法規的要求：
《中華人民共和國產品質量法》《中華人民共和國標準化法》《中華人民共和國計量法》。

（2）瞭解國家認證認可法規、規章要求和國家認證認可體系的《中華人民共和國認證認可條例》。

4 審核知識與技能科目的考試內容

4.1 質量管理體系審核

（1）掌握 GB/T 19011 標準第 3、4、6 章以及 5.4.2、5.4.4 的要求，并能應用到審核實踐中；

（2）掌握 GB/T 19011 標準附錄 B 的內容，并能應用到審核實踐中；

（3）理解客戶產品、過程和組織類型、規模、治理、結構及外包活動方面的知識；

（4）掌握 ISO/IEC 17021:2011 第 9 章的內容，并能應用到審核實踐中；

（5）經營管理實務：

①基本的經營管理的概念、實務以及方針、目標與結果之間的相互關係；

②管理過程和相關術語。

4.2 質量管理體系標準和規範性文件

（1）認證過程中使用的有關質量管理體系標準和其他規範性文件及其應用；

（2）質量管理體系標準和其他相關文件中的要素之間的相互作用；

（3）GB/T 19000 中的術語和質量管理體系基礎。

4.3 質量管理領域專業知識

熟悉并掌握質量管理相關工具、方法、技術：

（1）常用統計技術方法；

（2）測量和監視技術、對測量過程和測量設備的要求；

（3）根本原因分析；

（4）統計技術；

（5）顧客滿意的監視和測量、投訴處理、行為規範、爭議解決；

（6）質量經濟性管理的基本原則及其運用（如預防成本、精益生產等）；

（7）標準化基本知識、標準的結構和編寫等；

（8）質量計劃；

（9）風險管理方法；

（10）卓越績效評價模式；
（11）質量管理評價（審核、評審和自我評價）；
（12）過程和產品（包括服務）的特性；
（13）持續改進、創新和學習。

5 管理理論知識與應用技能科目的考試內容

5.1 質量管理體系審核

精通并熟練掌握和準確應用質量管理體系審核原則和相關技術，并在審核實踐中具有綜合評價和風險控製的能力。

5.2 質量管理領域專業知識

（1）精通和掌握相關質量管理工具、方法、技術，如：改進工具（精益生產、六西格瑪、持續改善）；概率統計、可靠性、質量改進、根本原因分析；風險管理方法；問題解決技術；過程的測量。（參見 CNAS-CC131：2014《質量管理體系審核及認證的能力要求》）

（2）精通和掌握質量管理五大工具：APQP 產品質量先期策劃；PPAP 生產件批准程序；FMEA 失效模式和效果分析；SPC 統計過程控製；MSA 測量系統分析。

（3）掌握現代質量管理前沿技術和動態。

附件一：考場紀律及考試違規認定與處理

一、考場紀律

考生應嚴格遵守以下考場紀律，并自覺服從監考人員等考試工作人員管理，不得以任何理由妨礙監考人員等考試工作人員履行職責，不得擾亂考場及其他考試工作地點的秩序。

（一）考生應重道德、講誠信、互相尊重。

（二）考生應攜帶準考證等規定證件，在規定時間和地點參加考試。

（三）考生應按規定向監考人員出示相關證件，并按準考證號（座位號）入座。將準考證等相關證件放在指定位置以便核驗。

（四）考生進入考場除考試用藍、黑簽字筆外，其他任何物品不準帶入考場。嚴禁攜帶各種通信工具（如手機、電腦及其他無線接收、傳送設備等）、電子存儲記憶錄放等設備進入考場。嚴禁隨身夾帶文字材料及其他與考試無關的物品。

（五）考生在領到試卷後，應在指定位置清楚地填寫姓名、準考證號、座位號等信息。

（六）考生應使用藍、黑簽字筆作答，不得使用紅色等其他顏色筆或鉛筆答題。考生應將答案書寫在試卷指定位置，不準在答卷上做任何標記。使用規定以外的筆答題或未在試卷指定位置作答的答案，均視為無效答案，不記成績。

（七）考生在考場內必須保持安靜。不準吸菸，不準喧嘩，不準交頭接耳、左顧右盼、打手勢、做暗號，不準夾帶、旁窺、抄襲或有意讓他人抄襲，不準傳抄答案或交

換試卷、草稿紙。考場內不得自行傳遞文具、用品等。

（八）考試結束前要離開考場的考生須先將試卷反扣在桌面上，再舉手提出離場，經監考人員允許後才準離開考場。離開考場後不得再次進場續考，也不準在考場附近逗留、交談、喧嘩。

（九）考生不得將試卷、草稿紙、考試用標準等考場上所發的任何考試材料帶出考場。

二、違規認定與處理

考生不遵守考場紀律，不服從考試工作人員的安排與要求，有下列行為之一的，認定為考試違紀行為：

（一）攜帶規定以外的物品進入考場或者未放在指定位置。

（二）未在規定的座位參加考試。

（三）考試開始信號發出前答題或者考試結束信號發出後繼續答題。

（四）在考試過程中旁窺、交頭接耳、互打暗號或者手勢。

（五）在考場或者禁止的範圍內，喧嘩、吸菸或者實施其他影響考場秩序行為。

（六）未經考試工作人員同意在考試過程中擅自離開考場。

（七）將試卷（含答題紙等）、草稿紙等考試用紙帶出考場。

（八）用規定以外的筆或者紙答題或者在試卷規定以外的地方書寫姓名、考號或者以其他方式在答卷上標記信息。

（九）其他違反考場規則但尚未構成作弊的行為。

考生違背考試公平、公正原則，以不正當手段獲得或者試圖獲得試題答案，有下列行為之一的，認定為考試作弊行為：

（一）攜帶與考試內容相關的文字材料或者存儲與考試內容相關資料的電子設備參加考試。

（二）抄襲或者協助他人抄襲試題答案或者與考試內容相關的資料。

（三）搶奪、竊取他人試卷、答卷或者強迫他人為自己抄襲提供方便。

（四）在考試過程中使用通信設備。

（五）由他人冒名代替參加考試。

（六）故意銷毀試卷、答卷或者考試材料。

（七）在答卷上填寫與本人身分不符的姓名、考號等信息。

（八）傳、接物品或者交換試卷、答卷、草稿紙。

（九）其他作弊行為。

考生如有考試違紀行為之一的，取消該科目的考試成績；考生如有考試作弊行為之一的，取消其當次報名參加考試的各科成績；考生如擾亂考試工作場所秩序，拒絕、妨礙考試工作人員履行管理職責的，終止其繼續參加該科目考試，其當次報名參加考試的各科成績無效。

違規考生如具備 CCAA 認證人員註冊資格的，還將按照《註冊人員資格處置規則》進行相應的資格處置。

試卷1 2015年9月質量管理體系
(ISO 9001 2015標準) 審核員考試試卷

一、**單項選擇題** (從下面各題選項中選出一個最恰當的答案，并將相應字母填在答題紙相應位置。每題1分，共40分，不在指定位置答題不得分)

1. 組織應對所確定的策劃和運行 QMS 所需的來自外部的形成文件的信息進行適當的 (　　)，并予以保持，防止意外更改。
 A. 發放并使用　　　　　　　　B. 標示與管理
 C. 授權并修改　　　　　　　　D. 保持可讀性

2. 2015 版新標準指出對外部供方的信息，在溝通之前所確定的要求是充分的。其溝通內容不包括 (　　)。
 A. 所提供的產品、過程和服務
 B. 能力，包括所要求人員資質
 C. 對外部供方的績效控製與管理
 D. 擬在外部供方現場實施的驗證或確認活動

3. 組織的知識是指組織從其經驗中獲得的特定的知識，是實現組織目標所使用的共享信息。其中內部來源的知識可以是 (　　)。
 A. 產品標準
 B. 從失敗和成功項目得到的經驗教訓
 C. 學術交流
 D. 專業會議

4. 2015 版新標準 7.3 條款特指人員意識，要求組織應確保其控製範圍內相關工作人員知曉 (　　)。
 A. 員工高超技術　　　　　　　B. 員工對企業的貢獻
 C. 偏離 QMS 要求的後果　　　D. 企業高質量高效益

5. 組織在確定與其目標和戰略方向相關并影響其實現 QMS 預期結果的各種外部和內部因素時，可以不考慮 (　　)。
 A. 技術和文化　　　　　　　　B. 市場和競爭
 C. 環境監測能力　　　　　　　D. 知識和績效

6. 2015 版新標準要求，設計和開發輸入應完整、清楚，是為了 (　　)。
 A. 滿足設計和開發的輸出　　　B. 滿足設計和開發的評審
 C. 滿足設計和開發的目的　　　D. 滿足設計和開發的控製

7. 組織環境指對組織 (　　) 的方法有影響的內部和外部結果的組合。
 A. 經營和決策　　　　　　　　B. 質量管理
 C. 建立和實現目標　　　　　　D. 管理

8. 法定要求是（　）強制性要求。
   A. 標準規定的　　　　　　　　B. 立法機構規定的
   C. 立法機構授權規定的　　　　D. 約定俗成的
9. 創新是新的或變更的實體實現或重新（　）。
   A. 定位作用　　　　　　　　　B. 合理管理
   C. 分配價值　　　　　　　　　D. 使用價值
10. 在組織和顧客之間未發生任何交易的情況下，組織生產的輸出是（　）。
    A. 產品　　　　　　　　　　　B. 過程
    C. 服務　　　　　　　　　　　D. 活動
11. 人為因素是對考慮中的實體的（　）。
    A. 人為參與影響　　　　　　　B. 人為誤差
    C. 人為的作用　　　　　　　　D. 人為影響特性
12. 依據 ISO 9001:2015 標準，關於「領導作用」，以下各項中，說法正確的是（　）。
    A. 最高管理者應制定質量方針和目標
    B. 最高管理者審批質量手冊
    C. 最高管理者應支持其他相關管理者在其職責範圍內的領導作用
    D. 最高管理者應合理授權相關人員為質量管理體系的有效性承擔責任
13. 依據 ISO 9001:2015 標準，關於「基於風險的思維」，以下各項中，說法正確的是（　）。
    A. 應識別風險、并致力於消除所有風險
    B. 最高管理者應促進對存在的風險和機遇的充分理解
    C. 顧客的需求和期望是影響組織風險評估的唯一和最重要因素
    D. 風險評估是操作層面的活動，最高管理者不必親自參與
14. 關於質量方針文件的發布，以下各項中，說法不正確的是（　）。
    A. 作為組織最高層次的文件，應確保其保密性
    B. 適當時，利益相關方可獲取
    C. 對於質量方針表達的意圖和方向，組織應有統一、受控的解釋
    D. 應傳達到所有在組織控製下工作、代表組織工作的影響質量的人員
15. 關於崗位、職責和權限，以下各項中，說法正確的是（　）。
    A. 對於過程較為複雜、規模較大的組織，某一種崗位可由多人承擔
    B. 一人擔當多種崗位不應被允許
    C. 對崗位授權的原則取決於崗位的職級，職級越高，權限範圍越大
    D. 各崗位和職責的定義應以資源利用最小化為基本原則
16. 依據 ISO 9001:2015，以下各項中，說法不正確的是（　）。
    A. 對適用於質量管理體系範圍的全部要求，組織應予以實施
    B. 質量管理體系應能確保實現預期的結果
    C. 外包的活動由外包方控制，不在質量管理體系考慮控制的範圍內

D. 考慮組織的業務過程、產品和服務的性質，組織質量管理體系可能覆蓋多個場所

17. 關於組織的利益相關方對組織的質量管理體系的需求和期望，以下各項中，說法正確的是（　　）。

　　A. 他們通常與顧客需求和期望是一致的，因此只要滿足顧客需求和期望，其他方也可滿足

　　B. 各相關方的需求和期望可作為對於持續滿足顧客和法律法規要求的風險評估的輸入

　　C. 當各方需求和期望有衝突時以顧客要求為準

　　D. 以上都對

18. 物流公司 C 擬在某城市港口建立危險化學品的進口供貨基地，該公司對周邊商戶、居民社區、道路、河道與水庫、地區氣候等信息進行調研，并分析法律法規對於危險化學品存儲和運輸的要求。該場景適用於 ISO 9001:2015 標準的條款（　　）。

　　A. 5.1.2　　　　　　　　　　　　B. 6.1
　　C. 4.2　　　　　　　　　　　　　D. 與 ISO 9001:2015 不相關

19. 關於質量目標，以下各項中，說法不正確的是（　　）。

　　A. 質量目標可以表述為各職能、層次和過程質量擬實現的結果
　　B. 質量目標可以是戰略性目標，也可以是操作層指標
　　C. 質量目標應是量化、可考評的
　　D. 質量目標應與質量方針一致

20. 依據 ISO 9001:2015，以下各項中，說法正確的是（　　）。

　　A. 最高管理者支持各種職能管理者在自己職責範圍內的領導作用
　　B. 最高管理者應在各職能區域發揮其領導作用，各職能管理者應對此予以支持
　　C. 最高管理者應為各管理職能區域設立管理者代表以支持這些職能區域的質量管理體系
　　D. 最高管理者應確保各職能區域分別建立質量方針

21. 理解相關方的需求和期望，組織應確認（　　）。

　　A. 對 QMS 有影響的相關方　　　　B. 質量管理體系的範圍
　　C. 產品和服務的特性　　　　　　　D. 組織的經營戰略

22. 針對術語「產品和服務」，以下各項中，表述不正確的是（　　）。

　　A. 在大多數情況下，「產品和服務」作為單一術語同時使用
　　B. 包括所有的輸出類別
　　C. 包括硬件、服務、軟件和流程性材料
　　D. 產品和服務不存在差異

23. 質量管理體系（　　）時，組織應考慮 4.1 中提及的問題和 4.2 中提到的要求，并確定需要應對的風險和機遇。

　　A. 策劃　　　　　　　　　　　　　B. 實施

　　　　C. 檢查　　　　　　　　　　　　D. 改進

24. 以下描述中，關於質量管理體系策劃未包括（　　）。
　　　A. 質量目標及其實現的策劃
　　　B. 改進應對風險和機會的措施
　　　C. 制定質量方針
　　　D. 變更的策劃

25. 下列各項中，不屬於風險和機遇方面所做的策劃是（　　）。
　　　A. 應對風險和機會的措施
　　　B. 如何將措施融入質量管理體系過程并實施
　　　C. 如何評價這些措施的有效性
　　　D. 變更的策劃

26. 機遇可能導致新的實踐，推出新產品、開發新客戶、建立合作關係，使用新技術以及其他理想的和可行的情況，以應對（　　）的需求。
　　　A. 組織　　　　　　　　　　　　B. 顧客
　　　C. 組織或其顧客　　　　　　　　D. 組織和其顧客

27. 一個生產型上市企業，下列各項中，不屬於組織控製範圍內從事影響質量績效工作的人員有（　　）。
　　　A. 股票持有人　　　　　　　　　B. 文件資料管理人員
　　　C. 售後服務人員　　　　　　　　D. 產品的設計開發人員

28. （　　）屬於 ISO 9001:2015 要求組織確定、提供維護信息和通信技術。
　　　A. 智能化生產設備　　　　　　　B. 監視和測量資源
　　　C. 服務業網上採購　　　　　　　D. 保安監控系統

29. 形成文件信息的作用是（　　）。
　　　A. 為產品符合要求和過程有效性提供證據
　　　B. 為審核提供依據
　　　C. 需要時可追溯
　　　D. A+C

30. ISO 9001:2015 標準中 7.1.4 過程運行環境可以包括（　　）。
　　　A. 工作場所溫度濕度
　　　B. 半成品庫的通風和防潮條件
　　　C. 工作區域布置的合理性
　　　D. 以上都是

31. 以下各項中，不屬於「設計和開發輸入」應考慮的內容的是（　　）。
　　　A. 適用的法律法規要求
　　　B. 產品說明書
　　　C. 組織已經承諾實施的標準或行業規範
　　　D. 由於產品和服務的性質所導致的潛在失效後果

32. 依據 ISO 9001:2015 標準 8.7 條款，不合格輸出控制的目的是（　　）。

A. 防止不合格品的發生

B. 防止類似不合格品的再次發生

C. 防止不合格輸出的非預期使用

D. 防止不合格品的非預期使用

33. 依據 ISO 9001:2015 標準 8.3.4 條款，以下各項中，錯誤的是（   ）。

　A. 組織對設計和開發過程進行控制的活動就是評審、驗證和確認

　B. 評審活動是為了評價設計和開發的結果滿足要求的能力

　C. 驗證活動是為了確保設計與開發的輸出滿足設計和開發輸入的能力

　D. 確認活動是為了確保產品和服務能夠滿足特定的使用要求或預期用途要求

34. 依據 ISO 9001:2015 標準 9.1.1 條款，以下各項中，錯誤的是（   ）。

　A. 組織應確定需要監視和測量的對象

　B. 組織應確定實施監視和測量的時機

　C. 組織應保存所有實施監視和測量活動形成文件的信息

　D. 組織應確定適用的監視、測量、分析和評價方法以確保結果有效

35. 依據 ISO 9001:2015 標準 9.1.2 條款，以下各項中，錯誤的是（   ）。

　A. 組織應監視顧客的需求和期望已得到滿足程度的感受

　B. 組織應確定獲取顧客的需求和期望已得到滿足的感受的程度的信息和方法

　C. 組織應監視顧客關於組織是否滿足其要求的感受的相關信息

　D. A+B

36. 依據 ISO 9001:2015 標準，以下各項中，正確的是（   ）。

　A. ISO 9001:2015 版標準在對不合格進行處理和採取糾正措施後不必保持形成文件的信息

　B. 組織在對不合格進行處理和採取糾正措施後，必須對策劃時確定的風險和機會進行更新

　C. 組織應保留形成文件的信息，將其作為糾正措施的結果的證據

　D. 以上全部

37. 糾正措施應與（   ）相適應。

　A. 糾正　　　　　　　　　B. 不合格的影響

　C. 預防措施　　　　　　　D. 組織規模

38. 依據 ISO 9001:2015 標準 10.3 條款，改進的例子可包括（   ）。

　A. 糾正、糾正措施　　　　B. 持續改進

　C. 突變、創新和重組　　　D. 以上全部

39. 2015 版新標準中提到的質量管理原則不包括（   ）。

　A. 以顧客為關注焦點　　　B. 管理的系統方法

　C. 領導作用　　　　　　　D. 持續改進

40. 針對 2015 版新標準關於形成文件的信息的管理要求，以下各項中，說法正確的是（   ）。

　A. 2015 版新標準未提及質量手冊、程序文件，所以不必編寫質量手冊和程序

文件

B. 組織已有的《文件控製程序》和《記錄控製程序》必須更名為《形成文件的信息的控製程序》

C. 新版標準結構是組織的方針、目標和過程的文件結構的範本

D. 在規定質量管理體系要求時無須以新版標準中使用的術語取代組織使用的術語

二、多項選擇題（從下面各題選項中選出兩個或兩個以上最恰當的答案，填在答題紙相應在位置。少選、多選、錯選均不得分。每題 2 分，共 40 分）

41. 組織環境適用於（　　）。
    A. 營利性組織　　　　　　　B. 非營利組織
    C. 公共服務組織　　　　　　D. 個人

42. 實體可能是（　　）。
    A. 非物質的　　　　　　　　B. 組織未來的狀態
    C. 項目計劃　　　　　　　　D. 一個產品

43. （　　）是輸出。
    A. 過程的結果　　　　　　　B. 產品
    C. 服務　　　　　　　　　　D. 活動

44. 服務的提供可能涉及（　　）。
    A. 在需要維修的電冰箱上所完成的活動
    B. 為顧客準備完稅申報單所需的損益表
    C. 為顧客定制服裝
    D. 評價服務質量

45. 依據 ISO 9001:2015 標準，關於「基於風險的思維」，以下各項中，說法正確的是（　　）。
    A. 應識別風險，并努力消除所有的風險
    B. 應評估風險，充分理解存在的風險和機會
    C. 識別和評估風險的基礎在於對組織內外部環境因素的充分理解
    D. 相關方的需求和期望將影響風險評估的結果

46. 關於質量方針，以下各項中，說法正確的是（　　）。
    A. 質量方針是體現質量意識的重要形式，因此須制定行業統一的質量方針
    B. 質量方針應體現與組織的過程、產品和服務的性質相適應的質量追求
    C. 質量方針應考慮內外部環境因素，并支持組織戰略方向
    D. 最高管理者應確保質量方針的制定

47. 建立質量管理體系，以下各項中，說法正確的是（　　）。
    A. 質量管理體系須與業務過程整合
    B. 應用過程方法
    C. 引入最佳實踐

D. 體現顧客及相關方需求和期望
48. 關於崗位、職責和權限，以下各項中，說法正確的是（　　）。
   A. 崗位應依據過程和活動予以定義
   B. 職責應針對崗位而分派
   C. 權限的授予應適合於相應崗位完成其職責任務的需要
   D. 最高管理者不應干預崗位、職責、權限的確定
49. 關於資源的可得，以下各項中，體現「基於風險的思維」的做法包括（　　）。
   A. 識別組織質量管理體系運行所需的資源的類型、程度和數量
   B. 確定資源保障的優先順序和閾值
   C. 確定提供資源的途徑、維護資源可用性的技術和方法
   D. 適用時考慮資源提供的可替代方案
50. 組織應確定質量管理體系所需的過程及其在整個組織內的應用，其中「確定」的含義通常理解為（　　）。
   A. 是正規的質量管理活動
   B. 其結果應形成文件的信息
   C. 選擇何時需要形成文件的信息
   D. 其結果可能需要作為形成文件的信息維護和保存
51. 考慮（　　）等相關因素有助於理解組織內部環境。
   A. 組織的價值觀　　　　　　B. 文化知識
   C. 管理績效　　　　　　　　D. 法律法規
52. 以下描述中，關於質量管理體系策劃的內容包括（　　）。
   A. 質量目標及其實現的策劃　　B. 改進應對風險和機遇的措施
   C. 溝通質量方針　　　　　　D. 變更的策劃
53. 以下各項中，屬於風險和機遇方面所做的策劃是（　　）。
   A. 應對風險和機遇的措施
   B. 如何將應對風險和機遇的措施融入質量管理體系過程并實施
   C. 如何評價上述措施的有效性
   D. 變更的策劃
54. 組織的形成文件的信息通常包括（　　）。
   A. 包含質量方針、目標的員工手冊　B. 標準要求形成文件的信息
   C. 國際公約、規範、標準　　　　　D. 電子文檔形式的表單
55. 不同組織的質量管理體系文件的多少和詳略程度，根據（　　）可以不同。
   A. 媒介的類型　　　　　　　　B. 組織的規模
   C. 過程及其相互作用的複雜程度　D. 人員的能力
56. 以下各項中，（　　）是 ISO 9001:2015 要求的測量資源。
   A. 檢驗/試驗用計量器具　　　B. 作為工具使用的計量器具
   C. 維修設備上的指示表　　　　D. 生產安全監控系統

263

57. 在確定產品和服務要求時可以考慮的因素包括（　　）。
　　A. 產品或服務的目的是什麼　　　　B. 工作現場是否實施了「5S」
　　C. 顧客的需求和期望　　　　　　　D. 相關法律法規要求

58. 設計和開發輸出結果可以包括（　　）。
　　A. 圖紙、產品規範、材料規範、測試要求
　　B. 過程規範、必要的生產設備細節
　　C. 建築計劃和工藝計算
　　D. 菜單、食譜、烹飪方法、服務手冊

59. 依據 ISO 9001：2015 標準 9.1.3 條款，組織應分析和評價來自監視、測量以及其他來源的適當數據和信息，分析的結果應用於評價（　　）。
　　A. 顧客滿意度
　　B. 風險和機遇的應對措施的有效性
　　C. 外部提供方的績效
　　D. 過程和產品的特性及趨勢，包括採取預防措施的機會

60. 在對不合格進行處理和採取糾正措施後，組織應保留有關（　　）形成文件的信息作為證據。
　　A. 造成不合格的責任人　　　　　　B. 不合格性質
　　C. 針對不合格所採取的後續措施　　D. 糾正措施的結果

三、闡述題（每題 10 分，共 20 分）

61. 審核員在企業依據 2015 版新標準審核質量管理體系時，應從哪些方面關注企業的質量管理體系是否應用了基於風險的思維。

62. 2015 版新標準 8.4 外部提供過程、產品和服務的控制與 ISO 9001：2008 標準 7.4 採購是否有區別，若有區別，主要體現在哪些方面。

試卷 1　參考答案

一、單項選擇題

　　1—5　BCBCC　　　　　6—10　CCBCA
　　11—15　DCBAA　　　　16—20　CBCCA
　　21—25　ADACD　　　　26—30　CACDD
　　31—35　BCACC　　　　36—40　CBDBD

二、多項選擇題

　　41. ABC　　42. ABCD　　43. ABC　　44. ABC　　45. BCD
　　46. BCD　　47. ABD　　　48. AC　　　49. ABCD　　50. CD

51. ABC　　52. ABD　　53. ABC　　54. ABCD　　55. BCD
56. AB　　57. ACD　　58. ABCD　　59. ABC　　60. BCD

三、闡述題

61. 企業應從以下幾個方面關注質量管理體系是否應用了基於風險的思維：
（1）條款 4「組織環境」：組織需要解決其 QMS 過程相關的風險和機遇。
（2）條款 5「領導作用」：高層管理者需確保對條款 4 的承諾，促進基於風險的思維意識，確定并解決會影響產品和服務實現的風險和機遇。
（3）條款 6「策劃」：組織必須識別影響質量管理體系績效的風險和機遇，并採取適當的行動來解決這些問題。
（4）條款 7「支持」：組織應確定并提供應對風險和利用機遇的必要資源。
（5）條款 8「運行」：組織需要關注實施過程中的風險和機遇。
（6）條款 9「績效評價」：組織需要監視、測量、分析和評價所採取的應對風險和機遇的行動的有效性。
（7）條款 10「改進」：組織避免或減少不良影響，提高質量管理體系的績效。
企業更要關注組織內外部、相關方，確定需要應對的風險和機遇，以便確保質量管理體系能夠實現其預期結果，實現持續改進。

62. 2015 版新標準 8.4 外部提供過程、產品和服務的控製與 ISO 9001：2008 標準 7.4 採購是有區別的。區別主要體現在以下幾個方面：
（1）編排結構上的不同。條款 8.4 的標題由 2008 版的條款 7.4「採購」變為「外部提供過程、產品和服務的控製」，條款分成「8.4.1 總則」「8.4.2 控製類型和程序」和「8.4.3 外部供方的信息」，刪去了 2008 版中「7.4.3 採購產品的驗證」條款，但內容在新版中也有所體現。
（2）條款內容上的不同。①2015 版新標準 8.4.1 條款範圍不僅僅局限於採購產品，還增加了對外包過程和外部提供的服務的控製要求，組織應識別是否存在外部過程和外部提供的服務，并採取了必要的控製措施。②在 2008 版標準要求對供方的能力進行選擇、評價的基礎上，新版標準明確要求組織應對其外部供方進行控製。組織應針對不同的供方規定相應的控製要求，并有效實施控製。③新版標準增加了建立對外部供方績效進行監視的準則并實施監視的要求，強調組織應關注外部供方為組織提供產品和服務的績效，組織應採取適宜的方法對外部供方績效進行持續的監視。明確要求組織應保存選擇、評價和重新評價活動及評價所引起的任何必要措施形成文件的信息。新版比 2008 版要求保留更多形成文件的信息。④新版 8.4.2 條款比 2008 版更加強調了「控製類型和程度」。組織在決定控製的類型和程度時需要考慮到這些過程、產品和服務對於組織向顧客提供符合要求的產品和服務的能力的潛在影響。⑤新版 8.4.3 條款外部供方的信息中不再強調「質量管理體系要求」，而強調了組織對外部供方的績效實施監視的要求，對人員資格的要求擴充為「能力」要求，其內涵更豐富。此外，與外部供方溝通要求增加了「組織或其顧客擬在外部供方現場實施的驗證或確認活動」內容。

試卷 2　2015 年 12 月質量管理體系審核員
ISO 9001:2015 轉版考試　A 卷

一、**單項選擇題**（從下面各題選項中選出一個最恰當的答案，并將相應字母填在答題紙相應位置。每題 1 分，共 40 分，不在指定位置答題不得分）

1. 組織在監視、測量、分析和評價時，應確定下列哪些活動？（　　）
   A. 實施監視和測量的時機
   B. 需要監視和測量的對象
   C. 分析和評價監視和測量結果的人員
   D. A+B

2. 針對 ISO 9001:2015 標準中的相關方，下列各項中，說法正確的是（　　）。
   A. 相關方對組織持續提供符合滿足顧客要求和適用法律法規要求的產品和服務的能力產生影響或潛在影響
   B. 組織應確定對質量管理體系產生影響的相關方
   C. 組織應對這些相關方及其要求的相關信息進行監視和評審
   D. 以上都是

3. ISO 9001:2015 標準中 7.1.6 組織的知識界定為（　　）。
   A. 組織的所有知識
   B. 組織的知識產權
   C. 僅指工程圖樣、工藝文件、標準
   D. 獲得合格產品和服務中運行過程所需的知識

4. 最高管理者應證明其對質量管理體系的領導作用和承諾，以下各項中，說法不正確的是（　　）。
   A. 確保質量管理體系要求和組織的業務過程相結合
   B. 積極參與、指導和支持員工努力提高質量管理體系的有效性
   C. 使用管理的系統方法
   D. 對質量管理體系的有效性負責，推動改進

5. 組織的環境是對組織建立和實現（　　）的方法有影響的內部和外部因素的組合。
   A. 方針　　　　　　　　　　　B. 目標
   C. 指標　　　　　　　　　　　D. 預期結果

6. 組織在確定交付後活動的覆蓋範圍和程度時，應考慮下列哪些因素？（　　）
   A. 組織產品和服務的性質、用途和使用壽命
   B. 顧客反饋
   C. 與產品和服務相關的潛在不期望的後果

D. 以上都是

7. ISO 9001:2015 標準在過程方法中，通過圖示表述了單一過程各要素的相互作用。下列各項中，關於對每一過程的監視和測量的要求，描述正確的是（　　）。

  A. 每一過程均有特定的監視和測量檢查點，以用於控製

  B. 確定的檢查點根據不同的風險有所不同

  C. 每一過程均需要實施監視和測量，以便評價績效

  D. A+B

8. 下面針對應對風險和機遇的選項描述錯誤的是（　　）。

  A. 為尋求機遇而承擔風險

  B. 消除風險源

  C. 改變風險發生的可能性或後果

  D. 分擔風險或基於信息而做出決策的維持風險

9. 服務至少有一項活動必須在（　　）和（　　）之間進行的輸出。

  A. 組織　相關方　　　　　　B. 組織　供方

  C. 組織　顧客　　　　　　　D. 以上都不對

10. 依據 ISO 9001:2015 標準，組織和顧客溝通的內容應包括（　　）。

  A. 處置或控製顧客財產

  B. 獲取有關產品和服務的顧客反饋

  C. 關係重大時，制定有關應急措施的特定要求

  D. 以上都是

11. 組織應對內部和外部因素的相關信息進行監視和評審，內外部因素的相關信息可包括（　　）。

  A. 需要考慮的正面和負面要素或條件

  B. 組織的價值觀、文化、知識和績效

  C. 技術、競爭、市場、文化、社會和經濟因素

  D. 以上都是

12. 組織應對風險和機遇的措施與其對於產品和服務的符合性的（　　）相適應。

  A. 有效性　　　　　　　　　B. 預期結果

  C. 潛在影響　　　　　　　　D. 整體績效

13. 組織在確定質量管理體系的範圍時，以下各項中，哪些不屬於 ISO 9001:2015 標準中需要考慮的因素？（　　）

  A. 地理位置　　　　　　　　B. 相關方的要求

  C. 組織的產品和服務　　　　D. 各種內部和外部因素

14. 使用時，組織應採取措施獲得所需人員的能力。採取的適當措施包括（　　）。

  A. 對在職人員培訓　　　　　B. 輔導或重新分配工作

  C. 招聘具備能力的人員　　　D. 以上都是

15. 以下各項中，關於「關係管理」的描述，正確的是（　　）。

A. 關係管理的核心就是讓顧客滿意
B. 關係管理就是組織與顧客搞好關係
C. 關係管理是為了持續成功，組織需要管理與供方等相關方的關係
D. 關係管理是組織為了產品質量的目的，需要對包括供方在內的相關方實施管理

16. ISO 9001:2015 標準對溝通質量方針提出了要求，下列各項中，說法不正確的是（　）。

A. 質量方針應在組織內得到溝通
B. 質量方針應作為形成文件的信息，可獲得并保持
C. 質量方正應在組織內得到溝通和應用
D. 適宜時，質量方針應通過銷售合同與顧客溝通

17. 產品是在組織與顧客之間未發生任何交易的情況下，組織生產的（　）。

A. 產品　　　　　　　　　B. 結果
C. 質量　　　　　　　　　D. 輸出

18. 組織應確定質量管理體系所需的過程及其在整個組織內的應用，以下各項中，說法正確的是（　）。

A. 確定質量管理體系過程所需的輸入和期望的輸出
B. 確定質量管理體系的過程的順序和相互作用
C. 確定風險機遇和風險控製的過程
D. A+B

19. 組織的知識可以從外部來源獲得。以下各項中，說法正確的是（　）。

A. 標準
B. 過程、產品和服務的改進結果
C. 知識產權
D. 從經歷獲得的知識

20. PDCA 循環的策劃環節（P），需建立體系及其過程的目標，配備所需的資源，以實現與顧客要求和組織方針一致的結果。以下各項中，不屬於「策劃」的章節是（　）。

A. 組織的環境　　　　　　B. 領導作用
C. 策劃　　　　　　　　　D. 支持

21. 「關於實體的事實」屬於下列哪個術語？（　）

A. 文件　　　　　　　　　B. 信息
C. 數據　　　　　　　　　D. 參數

22. 組織應確定并提供有效實施質量管理體系并運行和控制其過程所需要的人員。這裡的人員按 ISO 9001:2015 標準，說法正確的是（　）。

A. 組織控製下的所有人員
B. 可能直接或間接影響產品符合要求的人員
C. 管理體系的內審員

D. 從事影響質量管理體系績效和有效性的人員

23. 在確定向顧客提供的產品和服務的要求時，組織應確保其所提供的產品和服務能夠滿足組織（　　）的要求。

    A. 經營　　　　　　　　　　　B. 聲稱
    C. QMS　　　　　　　　　　　D. 以上都不是

24. 對監視和測量資源描述不正確的是（　　）。

    A. 適合特定類型的監視和測量活動
    B. 得到適當的維護，以確保持續適合其用途
    C. 保留作為監視和測量資源適合其用途的證據的形成文件的信息
    D. 當存在測量溯源標準時，可以不保留作為校準或檢定依據的形成文件的信息

25. 組織應考慮管理評審的分析，評價結果，以及管理評審的輸出，確定是否存在持續改進的（　　）。

    A. 時機　　　　　　　　　　　B. 需求
    C. 機會　　　　　　　　　　　D. B+C

26. ISO 9001:2015 標準中表示的「保持形成文件的信息」，在 ISO 9001:2008 標準中指的是（　　）。

    A. 記錄　　　　　　　　　　　B. 程序文件
    C. 數據　　　　　　　　　　　D. 信息

27. 組織的知識來源於內部時，可以不考慮（　　）。

    A. 從經歷獲得的知識
    B. 從失敗和成功項目得到的經驗教訓
    C. 過程、產品和服務的改進結果
    D. 專業會議

28. 管理評審輸入的有關質量管理體系績效和有效性的信息中，趨勢性信息包括（　　）。

    A. 與質量管理體系相關的內外部因素的變化
    B. 改進的機會
    C. 外部供方的績效
    D. 資源的充分性

29. 從事影響質量管理體系績效和有效性的工作人員，可以通過採取措施獲得所需能力。這裡的措施不包括（　　）。

    A. 在職人員培訓　　　　　　　B. 輔導或重新分配工作
    C. 工作經歷　　　　　　　　　D. 招聘勝任的人員

30. 組織策劃、制訂、實施和保持內部審核方案，應依據（　　）。

    A. 有關過程的重要性　　　　　B. 對組織產生影響的變化
    C. 以往的審核結果　　　　　　D. 以上都是

31. 中國的財稅政策發生變革，意味著組織所面臨的（　　）發生了變化。

A. 內部環境 　　　　　　　　　B. 外部環境
C. 具體環境 　　　　　　　　　D. 行業環境

32. 在創建和更新形成文件的信息時，組織應確保以下相關事項得到適當安排，以下各項中，不正確的是（　　）。
A. 標示和說明 　　　　　　　　B. 方針和戰略
C. 格式和媒介 　　　　　　　　D. 評審和批准

33. 單一過程要素圖中，以材料、資源或要求的形式存在的物質、能量、信息，稱之為（　　）。
A. 輸入源 　　　　　　　　　　B. 輸入
C. 輸出 　　　　　　　　　　　D. 輸出接收方

34. 關於過程運行環境中的社會因素，表述不正確的是（　　）。
A. 無歧視 　　　　　　　　　　B. 無對抗
C. 保護個人情感 　　　　　　　D. 和諧穩定

35. 依據 ISO 9001:2015 標準，「變更的策劃」屬於以下哪個？（　　）
A. 質量目標及其實現的策劃 　　B. 採取的措施和需要的資源
C. 應對風險和機遇的措施的策劃 D. 質量管理體系策劃

36. 下列各項中，哪項不是 ISO 9001:2015 標準基本結構示意圖的 PDCA 循環圖中輸入的要求？（　　）
A. 相關方的需求和期望 　　　　B. 組織及其環境
C. 質量管理體系的結果 　　　　D. 顧客要求

37. 監視顧客感受的例子可包括（　　）。
A. 服務的反饋 　　　　　　　　B. 顧客會晤
C. 市場佔有率分析 　　　　　　D. 以上都是

38. 以下各項中，關於「根據 ISO 9001:2015 標準，實施質量管理體系具有潛在益處」的最恰當的描述是（　　）。
A. 穩定提供符合顧客要求以及適用的法律法規要求的產品和服務的能力
B. 穩定提供符合顧客要求以及適用的法律法規要求的產品能力
C. 統一了不同質量管理體系的基本結構
D. 實現了組織使用術語與標準特定術語的一致性

39. 過程的結果是輸出。組織的輸出是產品還是服務，取決於其主要（　　）。
A. 功能 　　　　　　　　　　　B. 性質
C. 特性 　　　　　　　　　　　D. 要求

40. ISO 9001:2015 標準中表示的「保留形成文件的信息」，在 ISO 9001:2008 標準中指的是（　　）。
A. 程序文件 　　　　　　　　　B. 作業文件
C. 記錄 　　　　　　　　　　　D. 圖紙

二、**多項選擇題**（從下面各題選項中選出兩個或兩個以上最恰當的答案，填在答題紙相應位置中。少選、多選、錯選均不得分。每題 2 分，共 40 分）

41. 過程運行環境中的心理因素，描述正確的是（　　）。
    A. 美化服務場景　　　　　　　B. 舒緩心理壓力
    C. 保護個人情感　　　　　　　D. 預防過度疲勞

42. 在策劃質量管理體系時，組織應考慮應對風險和機遇的措施，以下各項中，說法正確的是（　　）。
    A. 為尋求推出新產品、開發新市場而承擔風險
    B. 與合作方共同承擔風險
    C. 組織購買保險就是控制風險
    D. 通過管控改變風險的可能性和後果

43. 在質量管理體系中採用 PDCA 循環以及基於風險的思維進行整體管理，從而（　　）。
    A. 理解并持續滿足要求
    B. 從增值的角度考慮過程
    C. 有效利用機遇并實現預期結果
    D. 在評價數據和信息的基礎上改進過程

44. 下列各項中，哪些術語是有關要求的術語？（　　）
    A. 實體　　　　　　　　　　　B. 風險
    C. 創新　　　　　　　　　　　D. 文件

45. 組織應確定其控制範圍內的人員需具備的能力，下列各項中，關於人員的描述，不正確的是（　　）。
    A. 這些人員是指在質量管理體系中承擔任何任務的人員
    B. 這些人員是指從事影響產品要求符合性工作的人員
    C. 這些人員是指從事影響服務要求符合性工作的人員
    D. 這些人員是指從事的工作影響質量管理體系績效和有效性的人員

46. 下列各項中，關於 ISO 9001 與 ISO 9000 系列其他標準的關係說法正確的是（　　）。
    A. ISO 9000《質量管理體系基礎和術語》為正確理解和實施 ISO 9001:2015 標準提供必要基礎
    B. ISO 9004《追求組織的持續成功質量管理方法》為組織選擇超出 ISO 9001:2015 標準要求的質量管理方法提供必要基礎
    C. ISO 9000《質量管理體系基礎和術語》為正確理解和實施 ISO 9001:2015 標準提供指南
    D. ISO 9004《追求組織的持續成功質量管理方法》為組織選擇超出 ISO 9001:2015 標準要求的質量管理方法提供指南

47. 下列各項中，哪些是組織的相關方？（　　）

A. 監管者 B. 工會
C. 競爭對手 D. 反壓力集團的團體

48. 確定組織的質量管理體系範圍時，組織應考慮（　　）。

　　A. 組織的內部和外部因素

　　B. 利益相關方的要求

　　C. 組織的產品和服務

　　D. 組織對確定管理體系形成文件化信息的選擇

49. 員工意識的提升可以確保工作質量，相關工作人員應知曉（　　）。

　　A. 質量方針、質量目標

　　B. 對質量管理體系有效性的貢獻，包括改進質量績效的益處

　　C. 不符合質量管理體系要求的後果

　　D. 掌握質量改進工具與方法

50. 下列各項中，哪個是 ISO 9001:2015 標準基本結構示意的 PDCA 循環圖中輸出的要求？（　　）

　　A. 顧客要求 B. 產品和服務
　　C. 產品質量 D. 質量管理體系的結果

51. 下列各項中，關於質量的術語，描述不正確的是（　　）。

　　A. 質量是賦予特性滿足要求的程度

　　B. 質量是產品和服務的某些特定技術特性滿足要求的程度

　　C. 術語「質量」可使用形容詞來修飾

　　D. 質量是實體的若干固有特性滿足要求的程度

52. 在策劃質量管理體系時，組織應考慮到 4.1 所描述的因素和 4.2 所提及的要求，并確定需要應對的風險和機遇，以便（　　）

　　A. 確保質量管理體系實現其預期結果 B. 提升預期的結果
　　C. 預防或減少非預期的結果 D. 實現持續改進

53. 循證決策是基於（　　）更有可能產生期望的結果。

　　A. 風險和機遇 B. 數據和信息的分析
　　C. 評價的決策 D. 質量管理體系

54. 對監視和測量資源，以下各項中，描述正確的是（　　）。

　　A. 測量資源應適合特定類型的測量活動

　　B. 監視和測量資源應得到適當的維護以確保持續適合其用途

　　C. 監視資源應按規定的時間間隔或在使用前進行校準和（或）檢定（驗證）

　　D. 組織應保留作為監視和測量資源適合其用途的證據的形成文件的信息

55. ISO 9001:2015 標準要求組織應確定并提供為建立、實施、保持和持續改進質量管理體系所需的資源。以下各項中，對基礎設施資源描述正確的是（　　）。

　　A. 建築物和相關設施 B. 設備（包括硬件和軟件）
　　C. 運輸資源、信息和通信技術 D. 設備操作人員

56. 下列各項中，關於 ISO 9001:2015 標準採用的方法，描述最不恰當的是（　　）。

A. 採用過程方法，將PDCA（策劃、實施、檢查、處置）循環與基於風險的方法相結合
B. 採用風險管理辦法，將PDCA（策劃、實施、檢查、處置）循環與過程方法相結合
C. 採用基於風險管理的PDCA（策劃、實施、檢查、處置）循環方法
D. 採用基於PDCA（策劃、實施、檢查、處置）循環的過程方法

57. 下列各項中，屬於組織需要獲取的知識有（　　）。
A. 合同
B. 質量控製類文件資料
C. 質量事故臺帳
D. 員工經驗

58. 下列各項中，關於實體的描述正確的是（　　）。
A. 實體可能是物質的
B. 組織未來的狀態是非物質的
C. 實體可能是物質的、非物質的或想像的
D. 實體是可感知或想像的任何事物

59. 以下各項中，關於過程方法描述正確的是（　　）。
A. ISO 9001:2015標準倡導在建立、實施質量管理體系以及提高其有效性時採用過程方法，通過滿足顧客要求增強顧客滿意
B. 在實現組織預期結果的過程中，系統地管理相互關聯的過程有助於提高組織的有效性
C. 過程方法使組織能夠對體系過程之間相互關聯和相互依賴的關係進行有效控製，以增強組織整體績效
D. 過程方法包括按照組織的質量方針和戰略方向，對各過程及其相互作用，系統地進行規定和管理，從而實現預期結果

60. 當組織聲稱符合ISO 9001:2015標準時，以下各項中，說法不正確的是（　　）。
A. 任何情況下，ISO 9001:2015標準的所有要求均須符合
B. 組織可確定不適用要求，所確定的不適用要求不影響組織確保其產品和服務的符合性及增強顧客滿意的能力或責任
C. 組織確定的不適用要求僅限於第8章，否則不能聲稱符合ISO 9001:2015標準
D. 組織確定的不適用要求僅限於第7章，否則不能聲稱符合ISO 9001:2015標準

三、闡述題（每題10分，共20分）

61. ISO 9001:2015標準新增戰略的要求，審核員在審核2015版新標準質量管理體系時，從哪些方面關注企業的質量管理體系是否考慮了戰略要求。

62. 試列舉5個2015版新標準與2008版標準之間的主要術語差異，并進行簡單闡述。

試卷 2　參考答案

一、單項選擇題

1—5　DDDCB　　　　　　6—10　DDDCD
11—15　DCADC　　　　　16—20　DDDAD
21—25　CDBDC　　　　　26—30　BDCCD
31—35　BBBCD　　　　　36—40　CDACC

二、多項選擇題

41. BCD　　42. ABD　　43. ABCD　　44. AC　　45. ABC
46. AD　　47. ABCD　　48. ABC　　49. BC　　50、BD
51. AB　　52. ABCD　　53. BC　　54. ABD　　55. BC
56. BCD　　57. BCD　　58. ACD　　59. ABCD　　60. ACD

三、闡述題

61. 審核員應從以下幾個方面關注：
（1）審核員首先需要溝通和瞭解組織的戰略是什麼；
（2）溝通并瞭解組織所識別的內外部環境中的因素與其戰略的相關性；
（3）在確定組織質量管理體系範圍時，是否考慮了組織戰略的需要；
（4）查看組織所制定的質量方針和質量目標是否與其環境和戰略方向相一致；
（5）質量方針是否適應組織的宗旨和環境并支持其戰略方向；
（6）確定需要應對的風險和機遇是否與組織的戰略有關；
（7）組織是否基於實現戰略方向和目標的需要，對未來所需的資源進行謀劃，包括對知識的更新；
（8）組織通過管理評審確定需要改進的問題，以及對質量管理體系的變更時，是否考慮到與其戰略方向的一致性，或是否實現其戰略方向的需要。

62. 在 2015 版新標準中，以下 5 個術語與 2008 版存在差異：
（1）相關方
①與組織的業績或成就有利益關係的個人或團體。（ISO 9001：2008 標準術語定義）
②可影響決策或活動，被決策或活動所影響，或自認為決策或活動所影響的個人或組織。（ISO 9001：2015 標準術語定義）
決策或活動的範圍遠遠大於業績或成就的範圍，使相關方的內涵得到了擴展。
（2）產品
①過程的結果。（ISO 9001：2008 標準術語定義）
②在組織和顧客之間未發生任何交易的情況下，組織產生的輸出。（ISO 9001：2015

標準術語定義）

經修訂後的產品術語定義可以有效區別其服務類別的產品，產品一旦交付可能就伴隨服務的發生。

（3）過程

①將輸入轉化為輸出的相互關聯或相互作用的一組活動。（ISO 9001:2008 標準術語定義）

②利用輸入提供預期結果的相互關聯或相互作用的一組活動。（ISO 9001:2015 標準術語定義）

經修訂後的術語定義明確了過程的目的是「提供預期結果」，使過程的定義更全面和合理。

（4）顧客

①接受產品的組織或個人。（ISO 9001:2008 標準術語定義）

②能夠或實際接受為其提供的，或應其要求提供的產品或服務的個人或組織。（ISO 9001:2015 標準術語定義）

經修訂後的顧客定義將能夠接受產品或服務的個人或組織納入顧客範圍，擴大了顧客的內涵。

（5）設計和開發

①將要求轉換為產品、過程或體系的規定的特性或規範的一組過程。（ISO 9001:2008 標準術語定義）；

②將對客體的要求轉換為對其更詳細的要求的一組過程。（ISO 9001:2015 標準術語定義）

修訂後的術語使得設計和開發活動更為明確，是由粗變細的過程。

試卷 3　2015 年 12 月質量管理體系審核員
ISO 9001 2015 轉版考試　B 卷

一、單項選擇題（從下面各題選項中選出一個最恰當的答案，并將相應字母填在答題紙相應位置。每題 1 分，共 40 分，不在指定位置答題不得分）

1. 組織的知識包括（　　）。
   A. 產品設計圖紙和失效分析數據　　B. 同行業產品質量事故
   C. 知識產權　　　　　　　　　　　D. 以上都是

2. 依據 ISO 9001:2015 標準，組織與顧客溝通的內容不包括（　　）
   A. 關係重大時，制定有關應急措施的特定要求
   B. 處置或控製顧客財產
   C. 外包方的環境污染
   D. 獲取有關產品和服務的顧客反饋

3. 相關方是指能夠影響（　　）、受（　　）影響或感覺自身受到（　　）影響的個人或組織。
　　A. 決策或活動　　　　　　　　　B. 決策和活動
　　C. 活動或過程　　　　　　　　　D. 活動和過程

4. 管理評審的輸出應包括與（　　）相關的決定和措施。
　　A. 改進的機會　　　　　　　　　B. 質量管理體系所需的變更
　　C. 資源需求　　　　　　　　　　D. 以上都是

5. 關於過程運行環境中的心理因素，下列各項中，描述不正確的是（　　）。
　　A. 舒緩心理壓力　　　　　　　　B. 預防過度疲勞
　　C. 美化服務場景　　　　　　　　D. 保護個人情感

6. 理解組織及其環境，下列各項中，描述不正確的的是（　　）。
　　A. 組織確定與其目標和戰略方向相關并影響其實現質量管理體系預期結果的各種外部和內部因素
　　B. 最高管理者應通過對其建立、實施質量管理體系并持續改進其有效性的承諾提供證據
　　C. 組織應對這些確定的內部和外部因素的相關信息進行監視
　　D. 組織應對這些確定的內部和外部因素的相關信息進行評審

7. 下列各項中，關於ISO 9001:2015標準採用的方法，描述最恰當的是（　　）。
　　A. 採用過程方法，將PDCA（策劃、實施、檢查、處置）循環與基於風險的方法相結合
　　B. 採用風險管理辦法，將PDCA（策劃、實施、檢查、處置）循環與過程方法相結合
　　C. 採用基於風險管理的PDCA（策劃、實施、檢查、處置）循環方法
　　D. 採用基於PDCA（策劃、實施、檢查、處置）循環的過程方法

8. 下列各項中，關於「服務」描述不正確的是（　　）。
　　A. 服務的特徵可以是無形的也可以是有形的
　　B. 服務通過與顧客接觸的活動來確定顧客要求
　　C. 通常情況下，服務的輸出包括有形或無形的產品
　　D. 服務可能涉及為顧客創造氣氛

9. 為了確保測量結果有效，可引用ISO 9001:2015的標準要求，測量設備應實施（　　）。
　　A. 建立測量設備臺帳
　　B. 編制測量設備周檢計劃
　　C. 按規定時間間隔或在使用前進行校準或檢定
　　D. 以上都不對

10. 下列各項中，哪個不是實體？（　　）
　　A. 資源　　　　　　　　　　　　B. 體系
　　C. 轉換率　　　　　　　　　　　D. 以上都是

11. 對於大多數組織，應視外部環境為（　　）。
    A. 可控因素　　　　　　　　　B. 制約因素
    C. 易變因素　　　　　　　　　D. 不變因素

12. 組織的知識可以從外部來源獲得，以下各項中，不正確的是（　　）。
    A. 學術會議　　　　　　　　　B. 標準
    C. 專業會議　　　　　　　　　D. 從經歷獲得的知識

13. 組織應明確質量管理體系的應用邊界，對其可理解為（　　）。
    A. 組織邊界（組織結構、部門、過程的外包）
    B. 物理邊界（建築物、場所、地域、區域等）
    C. 業務邊界（產品和服務的類型、業務活動的性質）
    D. 以上都是

14. 單一過程要素圖中，以產品、服務或決策的形式存在的物質、能量、信息，稱之為（　　）。
    A. 輸入源　　　　　　　　　　B. 輸入
    C. 輸出　　　　　　　　　　　D. 輸出接收方

15. 當策劃質量管理體系時，組織應考慮到理解組織及其環境（4.1）所描述的因素和理解相關方的需求和期望（4.2）所規定的要求，確定需要應對的機遇和風險，以便（　　）。
    A. 確保質量管理體系能夠實現其預期結果
    B. 增強有利因素，避免或減少不利影響，避免非預期結果發生
    C. 實現持續改進
    D. 以上都是

16. 下列各項中，哪個不是ISO 9001:2015標準基本結構示意的PDCA循環中輸出的要求（　　）。
    A. 顧客滿意　　　　　　　　　B. 產品和服務
    C. 產品質量　　　　　　　　　D. 質量管理體系的結果

17. 在承諾向顧客提供產品和服務之前，下列各項中，哪些要求是組織應進行評審的？（　　）
    A. 適用於產品和服務的法律法規要求　B. 對交付及交付後活動的要求
    C. 顧客規定的要求　　　　　　D. 以上都是

18. 在策劃質量管理體系時，組織應考慮應對風險和機遇的措施，以下各項中，說法不正確的是（　　）。
    A. 與合作方共同承擔風險
    B. 通過管控改變風險的可能性和後果
    C. 組織購買保險就是控制風險
    D. 為尋求推出新產品、開發新市場而承擔風險

19. 組織在確定和提供質量管理體系所需的資源時應考慮下列哪些因素？（　　）
    A. 顧客所需的資源　　　　　　B. 需要從外部供方獲得的資源

C. 現有內部資源的能力和約束　　　D. B+C

20. 組織的質量管理體系範圍應作為形成文件的信息加以保持，以下各項中，說法正確的是（　　）。

    A. 如果 ISO 9001:2015 標準中的要求適用於組織確定的質量管理體系範圍，組織應遵循本標準的全部要求
    B. 組織確定的質量管理體系範圍應描述所覆蓋的產品和服務類型
    C. 質量管理體系的應用範圍不適用 ISO 9001:2015 標準的某些要求，應說明理由
    D. 以上都是

21. 對監視和測量資源，以下各項中，描述不正確的是（　　）。

    A. 測量資源應適合特定類型的測量活動
    B. 監視和測量應得到適當的維護以確保持續適合其用途
    C. 監視資源應按規定的時間間隔或在使用前進行校準和（或）檢定（驗證）
    D. 組織應保留作為監視和測量資源適合其用途的證據的形成文件的信息

22. 以下各項中，關於過程方法的描述不正確的是（　　）。

    A. ISO 9001:2015 標準倡導在建立、實施質量管理體系以及提高其有效性時採用過程方法，通過滿足顧客要求增強顧客滿意
    B. 在實現組織預期結果的過程中，系統地管理相互關聯的過程有助於提高組織的有效性
    C. 過程方法使組織能夠對體系中相互關聯和相互依賴的過程進行有效控製，以增強組織整體績效
    D. 過程方法包括按組織的質量方針和戰略方向，對各過程及其相互作用系統地進行規定和管理，從而實現預期結果

23. ISO 9001:2015 標準要求組織應確定并提供為建立、實施、保持和持續改進質量管理體系所需的資源，以下各項中，對基礎設施資源描述不正確的是（　　）。

    A. 建築物和相關設施
    B. 設備（包括硬件和軟件）
    C. 運輸資源、信息和通信技術
    D. 設備操作人員

24. 當組織聲稱符合 ISO 9001:2015 標準時，以下各項中，說法正確的是（　　）。

    A. 任何情況下，ISO 9001:2015 標準的所有要求均須符合
    B. 組織可確定不適用要求，所確定的不適用要求不影響組織確保其產品和服務的符合性
    C. 組織確定的不適用要求僅限於第 8 章，否則不能聲稱符合 ISO 9001:2015 標準
    D. B+C

25. 為確保產品和服務合格而確定、提供和維護運行過程所需的環境不包括（　　）。

A. 社會因素 B. 生理因素
C. 心理因素 D. 物理因素

26. 以下各項中，不是設計和開發過程控制活動的是（　　）。
A. 實施評審活動 B. 實施更改活動
C. 實施驗證活動 D. 實施確認活動

27. 組織的知識來源於內部時，可以考慮（　　）。
A. 學術交流 B. 標準
C. 專業會議 D. 過程、產品和服務的改進結果

28. 關於形成文件的信息，下列各項中，哪些信息是組織應保留的（　　）。
A. 實現可追溯所需的形成文件的信息
B. 有關設計和開發輸入的形成文件的信息
C. 有關產品和服務放行的形成文件的信息
D. 以上都是

29. 組織應確定其控制範圍內的人員需具備的能力，下列各項中，關於人員的描述正確的是（　　）。
A. 這些人員是指在質量管理體系中承擔任何任務的人員
B. 這些人員是指從事影響產品符合性工作的人員
C. 這些人員是指從事的工作影響質量管理體系績效和有效性的人員
D. 以上都是

30. 生產和服務提供的控制條件適用時包括（　　）。
A. 任命具備能力的人員，包括所要求的資格
B. 採取措施防止人為錯誤
C. 可獲得和使用適當的監視和測量資源
D. 以上都是

31. 為控制形成文件的信息，適用時組織應關注的活動不包括（　　）。
A. 編制和更新 B. 分發、訪問、檢索和使用
C. 存儲和防護 D. 保留和處置

32. 依據 ISO 9001:2015 標準，在創新和更新形成文件的信息時，組織應確保以下相關事項得到適當的安排，以下各項中，正確的是（　　）。
A. 方針和戰略 B. 格式和媒介
C. 評審和批准 D. 存儲和防護

33. 從事影響 QMS 績效和有效性的工作人員所需能力，可以通過採取措施獲取所需能力。這裡的措施包括（　　）。
A. 輔導或重新分配工作 B. 招聘勝任的人員
C. 對在職人員培訓 D. 以上都是

34. 組織應考慮外部提供的過程、產品和服務對組織穩定地滿足（　　）的能力的潛在影響。
A. 產品和服務 B. 顧客要求

C. 適用的法律法規　　　　　　D. B+C

35. ISO 9001:2015 標準中表示的「保留文件的信息」在 ISO 9001:2008 標準指的是（　　）。

A. 準則　　　　　　　　　　B. 記錄
C. 信息　　　　　　　　　　D. 程序

36. 依據 ISO 9001:2015 標準對標示和可追溯性的要求，組織應在生產和服務的整個過程中按照監視和測量的要求識別（　　）狀態。

A. 產品　　　　　　　　　　B. 服務
C. 輸出　　　　　　　　　　D. A+B

37. 組織的知識可以（　　）獲得。

A. 從顧客或外部供方收集的知識
B. 從失敗和成功項目中得到的經驗教訓
C. 從學習交流和專業會議
D. 以上都是

38. 以下各項中，關於監視、測量和分析評價描述不正確的是（　　）。

A. 組織應評價質量管理體系的預期結果
B. 組織應評價質量管理體系的績效
C. 組織應評價質量管理體系的有效性
D. 以上都是

39. ISO 9001:2015 標準中提出，在日益複雜的動態環境持續滿足要求，并對未來需求和期望採取適當行動，這無疑是組織面臨的一項挑戰。為了實現這一目標，組織可能會發現，除了糾正措施和持續改進，還有必要採取各種形式的改進，比如（　　）。

A. 突變、創新和重組　　　　B. 預防措施
C. 卓越績效　　　　　　　　D. 六西格瑪

40. 適用時，組織應採取措施獲得所需人員的能力，採取適當措施不包括（　　）。

A. 輔導或重新分配工作　　　B. 制定崗位能力說明書
C. 招聘具備能力的人員　　　D. 對在職人員培訓

二、多項選擇題（從下面各題選項中選出兩個或兩個以上最恰當的答案，填在答題紙相應位置中。少選、多選、錯選均不得分。每題 2 分，共 40 分）

41. 標準哪些條款與戰略有關（　　）。

A. 4.1 理解組織及其環境　　B. 5.1 領導作用和承諾
C. 5.2.1 制定質量方針　　　D. 9.3 管理評審

42. 如果組織確定有必要對質量管理體系做出變更，則變更應（　　）進行。

A. 按計劃進行　　　　　　　B. 隨時、隨意
C. 重新策劃後　　　　　　　D. 以系統的方式

43. 在 ISO 9001:2015 標準中，關於質量管理原則的描述，以下各項中，不正確的是（　　）。
    A. 循證決策　　　　　　　　　B. 關係管理
    C. 與供方互利的關係　　　　　D. 基於事實的決策方法

44. 關於組織的環境，描述準確的是（　　）。
    A. 組織環境的概念，除了適用於營利性組織，還同樣能適用於非營利或公共服務組織
    B. 對建立、實現預期結果的方法有影響的內外部結果的組合
    C. 對策劃、實現質量方針的方法有影響的內外部結果的組合
    D. 瞭解基礎設施對確定組織環境會有影響

45. 下列各項中，哪些是 ISO 9001:2015 標準基本結構示意的 PDCA 循環圖中輸入的要求？（　　）
    A. 相關方的需求和期望　　　　B. 組織及其環境
    C. 質量管理體系的結果　　　　D. 顧客要求

46. 下列各項中，哪些術語是有關結果的術語？（　　）
    A. 產品　　　　　　　　　　　B. 風險
    C. 創新　　　　　　　　　　　D. 輸出

47. 下列各項中，針對應對風險和機遇的選項描述正確的是（　　）。
    A. 分擔風險或基於信息而做出決策的維持風險
    B. 改變風險發生的可能性或後果
    C. 消除風險源
    D. 為尋求機遇而承擔風險

48. 最高管理者應證明其對質量管理體系的領導作用和承諾，以下各項中，說法正確的是（　　）。
    A. 確保質量管理體系要求和組織的業務過程相結合
    B. 積極參與，指導和支持員工努力提高質量管理體系的有效性
    C. 使用管理的系統方法
    D. 對質量管理體系的有效性負責，推動改進

49. 以下各項中，關於「關係管理」的描述，不正確的是（　　）。
    A. 關係管理的核心就是讓顧客滿意
    B. 關係管理就是組織與顧客搞好關係
    C. 關係管理是為了持續成功，組織需要管理與供方等相關方的關係
    D. 關係管理是組織為了保證產品質量，需要對包括供方在內的相關方實施管理

50. 下列各項中，應對風險和機遇的選項包括（　　）。
    A. 規避風險　　　　　　　　　B. 接受風險以利用機遇
    C. 消除風險源　　　　　　　　D. 無條件保留風險

51. 下列各項中，對監視和測量資源描述正確的是（　　）。

A. 得到適當的維護，以確保持續適合其用途
B. 當存在測量溯源標準時，可以不保留作為標準或檢定依據的形成文件的信息
C. 適合特定類型的監視和測量活動
D. 保留作為監視和測量資源適合其用途的證據的形成文件的信息

52. 關於創新，下列各項中，描述正確的是（　　）。
A. 創新通常具有重要影響
B. 創新是新的或變更的實體實現或重新分配價值
C. 通常情況下，以創新為結果的活動需要管理
D. 創新通常是改進的一種形式之一

53. 以下各項中，關於「根據 ISO 9001:2015 標準實施質量管理體系具有潛在益處」的最不恰當的描述是（　　）。
A. 穩定提供符合顧客要求以及適用的法律法規要求的產品和服務的能力
B. 穩定提供符合顧客要求以及適用的法律法規要求的產品能力
C. 統一了不同質量管理體系的基本結構
D. 實現了組織使用術語與標準特定術語的一致性

54. 過程運行環境中的社會因素，表述正確的是（　　）。
A. 無對抗　　　　　　　　　　B. 保護個人情感
C. 和諧穩定　　　　　　　　　D. 無歧視

55. 組織應分析和評價通過監視和測量獲得的適宜數據和信息。應利用分析結果評價（　　）。
A. 針對風險和機遇所採取措施的有效性
B. 策劃是否得到有效實施
C. 外部供方的績效
D. 質量管理體系改進的需求

56. ISO 9001:2015 標準要求組織進行知識管理，鼓勵組織獲取知識，可以通過（　　）。
A. 總結經驗　　　　　　　　　B. 專家指導
C. 標杆對比　　　　　　　　　D. 風險應對

57. PDCA 循環的策劃環節（P），需建立體系及其過程的目標，配備所需的資源，以實現與顧客要求和組織方針相一致的結果。以下各項中，屬於「策劃」章節是（　　）。
A. 組織的環境　　　　　　　　B. 領導作用
C. 策劃　　　　　　　　　　　D. 支持

58. 策劃如何實現質量目標時，組織應確定（　　）。
A. 考慮到適用的要求　　　　　B. 採取的措施和需要的資源
C. 由誰負責及何時完成　　　　D. 如何評價結果

59. 根據 ISO 9001:2015 標準，以下各項中，關於內部審核的描述正確的是

（　　）。

A. 組織應確保相關管理部門獲得審核結果報告

B. 組織應編制形成文件的程序

C. 審核員不應審核自己的工作

D. 組織應保留作為實施審核方案以及審核結果的證據的形成文件的信息

60. 組織應確定并提供有效實施質量管理體系并運行和控製其過程所需要的人員。這裡的人員按 ISO 9001:2015 標準，以下各項中，說法不準確的是（　　）。

A. 管理體系的內審員

B. 從事影響質量管理體系績效和有效性的人員

C. 組織控製下的所有人員

D. 可能直接或間接影響產品符合要求的人員

三、闡述題（每題 10 分，共 20 分）

61. 輸出與產品有什麼區別，請舉例說明 2015 版標準中哪些要素使用「輸出」來代替 2008 版的「產品」要求。

62. 以審核某營銷部門為例，請闡述如何把基於風險的方法，應用在審核營銷過程中。（主要針對標準的變化闡述總體思路）

試卷 3　參考答案

一、單項選擇題

1—5　DCADC　　　　　　6—10　BAACD
11—15　BDDCD　　　　　16—20　CDCDD
21—25　CBDBB　　　　　26—30　BDDCD
31—35　ABDDB　　　　　36—40　CDDAB

二、多項選擇題

41. ABCD　42. AD　　43. CD　　44. ABD　　45. ABD
46. ABD　 47. ABCD　48. ABD　 49. ABD　 50. ABC
51. ACD　 52. ABCD　53. BCD　 54. ACD　 55. ABCD
56. ABC　 57. ABC　 58. ABCD　59. AD　 60. ACD

三、闡述題

61. 輸出與產品的區別在於：輸出是指過程結果；產品是指在組織和顧客之間未發生任何交易的情況下，組織生產的輸出。輸出的概念大於產品，輸出分為四大類：服務、軟件、硬件、加工材料。產品是輸出的一部分，組織的輸出是產品還是服務，取

決於其主要特性。

2015 版標準中在 4.4.1、5.3、8.1、8.4.2、8.5.1、8.5.2、8.5.4、8.7 等都能夠找到用「輸出」代替「產品」的實例。

4.4.1 組織應確定質量管理體系所需的過程及其在整個組織中的應用，并確定：(a) 過程所需的輸入和預期的輸出。

5.3（b）確保過程獲得其預期輸出。

8.1 運行策劃和控製中運行策劃的輸出應與組織的運行相適應。

8.4.2 控製的類型和程度（b）規定對外部供方的控製及其輸出結果的控製。

8.5.1 生產和服務提供的控製（c）在適宜的階段實施監視和測量活動，以驗證過程及其輸出的控製以及產品和服務的接收符合準則。

8.5.2 標示和可追溯性：使用「過程輸出」三種狀態全部使用輸出代替。

8.5.4 防護：使用「生產和服務提供期間的輸出」替代「產品」。

8.7 不合格輸出的控製：使用「不合格輸出」替代「不合格品」。

62. 與營銷有關的條款如下：

4.1 理解組織的需求和期望

4.2 理解相關方的需求和期望

6.1 應對風險和機遇的措施

6.2 質量目標及其實現的策劃

7.1 資源

7.2 能力

8.1 運行策劃和控製中策劃的輸出應適合組織的運行需要。

8.5.1 生產和服務提供的控製

考慮如何策劃風險，考慮如何在運行過程中如何進行控製，尤其是考慮產品的負面影響、資金回流。圍繞著營銷，首先要說明產品在市場上的優和劣勢，以及在各個區域該產品的市場佔有率、產品使用後的反饋、客戶對產品的潛在要求。

試卷 4　2016 年 9 月質量管理體系審核員 ISO 9001 2015 轉版考試

一、單項選擇題（從下面各題選項中選出一個最恰當的答案，并將相應字母填在答題紙相應位置。每題 1 分，共 40 分，不在指定位置答題不得分）

1. ISO 9001:2015 標準中 7.1.6 組織的知識界定為（　　）。
   A. 組織的所有知識
   B. 組織的知識產權
   C. 僅指工程圖樣、工藝文件、標準
   D. 獲得合格產品和服務的運行過程所需的知識

2. 組織的知識可以從外部來源獲得。以下各項中，正確的是（　　）。
    A. 標準
    B. 過程、產品和服務的改進結果
    C. 知識產權
    D. 從經歷獲得的知識
3. 組織應對風險和機遇的措施與其對於產品和服務的符合性的（　　）相適應。
    A. 有效性　　　　　　　　　　B. 預期結果
    C. 潛在影響　　　　　　　　　D. 整體績效
4. 最高管理者應證明其對質量管理體系的領導作用和承諾，以下各項中，說法不正確的是（　　）。
    A. 確保質量管理體系要求和組織的業務過程相結合
    B. 積極參與，指導和支持員工努力提高質量管理體系的有效性
    C. 使用管理的系統方法
    D. 對質量管理體系的有效性負責，推動改進
5. ISO 9001:2015 標準要求，設計和開發輸入應完整、清楚，是為了（　　）。
    A. 滿足設計和開發的輸出　　　B. 滿足設計和開發的評審
    C. 滿足設計和開發的目的　　　D. 滿足設計和開發的控製
6. 組織環境指對組織（　　）的方法有影響的內部和外部結果的組合。
    A. 經營和決策　　　　　　　　B. 質量管理
    C. 建立和實現目標　　　　　　D. 管理
7. 法定要求是（　　）強制性要求。
    A. 標準規定的　　　　　　　　B. 立法機構規定的
    C. 立法機構授權規定的　　　　D. 約定俗成的
8. 創新是新的或變更的實體（　　）實現或重新。
    A. 定位作用　　　　　　　　　B. 合理管理
    C. 分配價值　　　　　　　　　D. 使用價值
9. 在組織和顧客之間未發生任何交易的情況下，組織生產的輸出是（　　）。
    A. 產品　　　　　　　　　　　B. 過程
    C. 服務　　　　　　　　　　　D. 活動
10. 確定人員所需能力從下列哪些方面考慮？（　　）
    A. 經驗　　　　　　　　　　　B. 培訓
    C. 教育　　　　　　　　　　　D. 以上都是
11. 人為因素是考慮中的實體的（　　）。
    A. 人為參與影響　　　　　　　B. 人為誤差
    C. 人為的作用　　　　　　　　D. 人為影響特性
12. 依據 ISO 9001:2015，以下各項中，說法不正確的是（　　）。
    A. 對適用於質量管理體系範圍的全部要求，組織應予以實施
    B. 質量管理體系應能確保實現預期的結果

C. 外包的活動由外包方控製，不在質量管理體系考慮控製的範圍內

D. 考慮組織的業務過程、產品和服務的性質，組織質量管理體系可能覆蓋多個場所

13. 形成文件信息的作用是（　　）。

 A. 為產品符合要求和過程有效性提供證據

 B. 為審核提供依據

 C. 需要時實現可追溯

 D. A+C

14. 根據 ISO 9001:2015 標準第 4 章「績效評價」中「監視、測量、分析和評價」(9.1) 的「總則」(9.1.1)，組織應評價質量管理體系的（　　）。

 A. 績效和有效性　　　　　　　B. 符合性和有效性

 C. 適應性、充分性和有效性　　D. 以上都是

15. 以下各項中，不屬於「設計和開發輸入」應考慮的內容是（　　）。

 A. 適用的法律法規要求

 B. 產品說明書

 C. 組織已經承諾實施的標準或行業規範

 D. 由於產品和服務約性質所導致的潛在失效後果

16. 關於組織的利益相關方對組織的質量管理體系的需求和期望，以下各項中，說法正確的是（　　）。

 A. 他們通常與顧客需求和期望是一致的，因此只要滿足顧客需求和期望，其他方也可滿足

 B. 各相關方的需求和期望可作為對於持續滿足顧客和法律法規要求的風險評估的輸入

 C. 當各方需求和期望有衝突時以顧客要求為準

 D. 以上都對

17. 形成文件的信息可以（　　）。

 A. 以任何形式存在　　　　　　B. 以任何載體存在

 C. 可來自任何來源　　　　　　D. 以上都是

18. 關於質量目標，以下各項中，說法不正確的是（　　）。

 A. 質量目標可以表述為各職能、層次和過程質量擬實現的結果

 B. 質量目標可以是戰略性目標，也可以是操作層指標

 C. 質量目標應是量化，可考評的

 D. 質量目標應與質量方針一致

19. 與顧客溝通的內容包括（　　）。

 A. 與產品和服務有關的信息　　B. 管理或控製顧客財產

 C. 有關應急措施的特定要求　　D. 以上都是

20. 理解相關方的需求和期望，組織應確定（　　）。

 A. 對 QMS 有影響的相關方　　B. 質量管理體系的範圍

C. 產品和服務的特性　　　　　　　D. 組織的經營戰略

21. 針對術語「產品和服務」，下列各項中，表述不正確是（　　）。

    A. 在大多數情況下，「產品和服務」作為單一術語同時使用

    B. 包括所有的輸出類別

    C. 包括硬件、服務、軟件和流程性材料

    D. 產品和服務不存在差異

22. 「變更控制」要求包括的典型活動是（　　）。

    A. 上崗培訓

    B. 在變更實施之前進行的驗證或確認

    C. 採取糾正措施

    D. A+B

23. 以下描述中，質量體系策劃未包括（　　）。

    A. 質量目標及其實現的策劃　　　B. 改進應對風險和機遇的措施

    C. 制定質量方針　　　　　　　　D. 變更的策劃

24. 下列各項中，不屬於風險和機遇方面所做的策劃是（　　）。

    A. 應對風險和機遇的措施

    B. 如何將措施融入質量管理體系過程并實施

    C. 如何評價這些措施的有效性

    D. 變更的策劃

25. 組織應對所確定的策劃和運行 QMS 所需的來自外部的形成文件的信息進行適當的（　　），并予以保持，防止意外更改。

    A. 發放并使用　　　　　　　　　B. 標示與管理

    C. 授權并修改　　　　　　　　　D. 保持可讀性

26. 2015 版新標準指出對外部供方的信息，在溝通之前所確定的要求是充分的，其溝通內容不包括（　　）。

    A. 所提供的產品、過程和服務

    B. 能力，包括所求人員資質

    C. 對外部供方的績效控制與管理

    D. 擬在外部供方現場實施的驗證或確認活動

27. 針對組織建立質量目標的過程，下列各項中，表述不正確的是（　　）。

    A. 考慮適用的要求，與質量方針保持一致

    B. 可測量

    C. 必要時，保留質量目標的文件化信息

    D. 與產品和服務的風險

28. 機遇可能導致新的實踐、推出新產品、開發新客戶、建立合作關係、使用新技術以及其他有利的可能性，用來應對（　　）的需求。

    A. 組織　　　　　　　　　　　　B. 顧客

    C. 組織或其顧客　　　　　　　　D. 組織和其顧客

29. 一個生產型上市企業，下列各項中，不屬於組織控製範圍內從事影響質量績效工作的人員有（　　）。
  A. 股票持有人　　　　　　　　B. 文件資料管理人員
  C. 售後服務人員　　　　　　　D. 產品的設計開發人員

30. 處理不合格過程輸出、產品和服務的方法包括（　　）。
  A. 糾正缺陷　　　　　　　　　B. 暫停產品和服務的提供
  C. 得到放行產品或服務的授權　D. 以上都是

31. 依據 ISO 9001:2015 標準 8.7 條款，不合格輸出控製的目的是（　　）。
  A. 防止不合格品的發生
  B. 防止類似不合格品的再次發生
  C. 防止不合格輸出的非預期使用
  D. 防止不合格品的非預期使用

32. 依據 ISO 9001:2015 標準 8.3.4 條款，以下各項中，錯誤的是（　　）。
  A. 組織對設計和開發過程進行控製的活動就是評審、驗證和確認
  B. 評審活動是為了評價設計和開發的結果滿足要求的能力
  C. 驗證活動是為了確保設計與開發的輸出滿足設計和開發輸入的能力
  D. 確認活動是為了確保產品和服務能夠滿足特定的使用要求或預期用途要求

33. 依據 ISO 9001:2015 標準 9.1.1 條款，以下各項中，錯誤的是（　　）。
  A. 組織應確定需要監視和測量的對象
  B. 組織應確定監視和測量的時機
  C. 組織應保存所有實施監視和測量活動的形成文件的信息
  D. 組織應確定適用的監視、測量、分析和評價的方法以確保結果有效

34. 依據 ISO 9001:2015 標準 9.1.2 條款，以下各項中，錯誤的是（　　）。
  A. 組織應監視顧客的需求和期望已得到滿足程度的感受
  B. 組織應確定獲取顧客的需求和期望已得到滿足的感受的程度的信息和方法
  C. 組織應監視顧客關於組織是否滿足其要求的感受的相關信息
  D. A+B

35. 依據 ISO 9001:2015 版標準，以下各項中，正確的是（　　）。
  A. ISO 9001:2015 版標準在對不符合進行處理和採取糾正措施後不必保持形成文件的信息
  B. 組織在對不合格進行處理和採取糾正措施後，必須對策劃時確定的風險和機遇進行更新
  C. 組織應保留形成文件的信息，作為糾正措施的結果的證據
  D. 以上都是

36. 依據 ISO 9001:2015 標準，關於「領導作用」，以下各項中，說法正確的是（　　）。
  A. 最高管理者應制定質量方針和目標
  B. 最高管理者審批質量手冊

C. 最高管理者應支持其他相關管理者在其職責範圍內的領導作用

D. 最高管理者應合理授權相關人員為質量管理體系的有效性承擔責任

37. 依據 ISO 9001:2015 標準，關於「基於風險的思維」，以下風險正確的是（　　）。

A. 應識別風險、并致力於消除所有風險

B. 最高管理者應促進對存在的風險和機遇的充分理解

C. 顧客的需求和期望是影響組織風險評估的唯一和最重要因素

D. 風險評估是操作層面的活動，最高管理者不必參與

38. 關於質量方針文件的發布，以下各項中，說法不正確的是（　　）。

A. 作為組織最高層次的文件，應確保其保密性

B. 適當時，利益相關方可獲取

C. 對於質量方針表達的意圖和方向，組織應有統一、受控的解釋

D. 應傳達到所有在組織控制下工作、代表組織工作的影響質量的人員

39. 糾正措施應與（　　）相適應。

A. 糾正　　　　　　　　　　　　B. 不合格的影響

C. 預防措施　　　　　　　　　　D. 組織規模

40. 依據 ISO 9001:2015 標準 10.3 條款，改進的例子可包括（　　）。

A. 糾正、糾正措施　　　　　　　B. 持續改進

C. 突變、創新和重組　　　　　　D. 以上全部

二、多項選擇題（從下面各題選項中選出兩個或兩個以上最恰當的答案，填在答題紙相應位置中。少選、多選、錯選均不得分。每題 2 分，共 40 分）

41. 過程運行環境中的心理因素，描述正確的是（　　）。

A. 美化服務場景　　　　　　　　B. 舒緩心理壓力

C. 保護個人情感　　　　　　　　D. 預防過度疲勞

42. 在策劃質量管理體系時，組織應考慮應對風險和機遇的措施，以下各項中，說法正確的是（　　）。

A. 為尋求推出新產品、開發新市場而承擔風險

B. 與合作方共同承擔風險

C. 組織購買保險就是控制風險

D. 通過管控改變風險的可能性和後果

43. 在質量管理體系中採用 PDCA 循環以及基於風險的思維進行整體管理，從而（　　）。

A. 理解并持續滿足要求

B. 從增值的角度考慮過程

C. 有效利用機遇并實現預期結果

D. 在評價數據和信息的基礎上改進過程

44. 組織環境適用於（　　）。

    A. 營利性組織　　　　　　　　　　B. 非營利組織
    C. 公共服務組織　　　　　　　　　D. 個人
45. 下列各項中，針對應對風險和機遇的措施描述正確的是（　　）。
    A. 為尋求機遇而承擔風險
    B. 消除風險源
    C. 風險越大，機會越大，所以應不顧一切抗戰風險
    D. 改變風險發生的可能性或後果
46. 關於質量方針，以下各項中，說法正確的（　　）。
    A. 質量方針是體現質量意識的重要形式，因此須制定行業統一的質量方針
    B. 質量方針應體現與組織的過程、產品和服務的性質相適應的質量追求
    C. 質量方針應考慮內外部環境因素，并支持組織戰略方向
    D. 最高管理者應確保質量方針的制定
47. 為確保質量管理體系的有效運行，應保持與（　　）各方進行溝通。
    A. 顧客
    B. 供應商
    C. 用於外包產品和服務的其他外方
    D. 地方環保局
48. 相關方是（　　）的個人或組織。
    A. 影響決策或活動
    B. 他自己感覺到被決策或活動所影響
    C. 進行組織的決策活動
    D. 被決策或活動所影響
49. 以下哪幾項是設計和開發策劃時應當考慮的因素。（　　）
    A. 設計和開發活動的性質、週期和複雜程度
    B. 設計和開發活動過程中所涉及的職責和權限
    C. 近期採購產品進貨檢驗結果
    D. 顧客和用戶在設計和開發活動中可能的參與
50. 下列各項中，屬於風險和機遇方面所做的策劃是（　　）。
    A. 應對風險和機遇的措施
    B. 如何將應對風險和機遇的措施融入質量管理體系過程并實施
    C. 如何評價上述措施的有效性
    D. 變更的策劃
51. 組織的形成文件的信息通常包括（　　）。
    A. 包含質量方針、目標的員工手冊　　B. 標準要求形成文件的信息
    C. 國際公約、規範、標準　　　　　　D. 電子文檔形式的表單
52. 不同組織的質量管理體系文件的多少與詳略程度取決於（　　）。
    A. 媒介的類型　　　　　　　　　　B. 組織的規模
    C. 過程及其相互作用的複雜程度　　D. 人員的能力

53. 在對不合格進行處理和採取糾正措施後，組織應保留有關（　　）形成文件的信息作為證據。
    A. 造成不合格的責任人　　　　B. 不合格性質
    C. 針對不合格所採取的後續措施　D. 糾正措施的結果

54. 以下各項中，（　　）是 2015 版 9001 要求的測量資源。
    A. 檢驗/試驗用計量器具　　　　B. 作為工具使用的計量器具
    C. 維修設備上的指示表　　　　D. 生產安全監控系統

55. 在確定產品和服務要求時可以考慮的因素包括（　　）。
    A. 產品或服務的目的是什麼　　B. 工作現場是否實施「5S」
    C. 顧客的需求和期望　　　　　D. 相關法律法規要求

56. 設計和開發輸出結果可以包括（　　）。
    A. 圖紙、產品規範、材料規範、測試要求
    B. 過程規範、必要的生產設備細節
    C. 建築計劃和工藝計算
    D. 菜單、食譜、烹飪方法、服務手冊

57. （　　）是輸出。
    A. 過程的結果　　　　　　　　B. 產品
    C. 服務　　　　　　　　　　　D. 活動

58. 服務的提供可能涉及（　　）。
    A. 在需要維修的電冰箱上所完成的活動
    B. 為顧客準備完稅申報單所需的損益表
    C. 為顧客定制服裝
    D. 評價服務質量

59. 依據 ISO 9001:2015 標準，關於「基於風險和機遇」，以下各項中，說法正確的是（　　）。
    A. 應識別風險，并努力消除所有風險
    B. 應評估風險，充分理解存在的風險和機會
    C. 識別和評估風險的基礎，在於對組織內外部環境因素的充分理解
    D. 相關方的需求和期望將影響風險評估的結果

60. 依據 ISO 9001:2015 標準 9.1.3 條款，組織應分析和評價來自監視、測量及其他來源的適當數據和信息，分析的結果應用於評價（　　）。
    A. 顧客滿意度
    B. 風險和機會的應對措施的有效性
    C. 外部提供的績效
    D. 過程和產品的特性及趨勢，包括採取預防措施的機會

三、闡述題（每題 10 分，共 20 分）

61. 請闡述 ISO 9001:2015 標準在第四章「組織環境」中提出了哪幾部分要求？這

幾部分要求之間的邏輯性和相關性以及在標準中的作用是什麼？

62. 請按照標準第六章「策劃」的要求結合一個具體行業或組織，以自己的經歷和經驗，闡述如何科學合理有效地應對為實現既定的質量目標和管理績效而面臨的風險和機遇。

試卷 4　參考答案

一、單項選擇題

1—5	DACCC	6—10	CBCAD
11—15	DCDAB	16—20	BDCDA
21—25	DBCDB	26—30	CDCAD
31—35	CACCC	36—40	CBABD

二、多項選擇題

41. BCD	42. ABC	43. ABCD	44、ABC	45、ABD
46. BCD	47. ABC	48. ABD	49. ABD	50. ABC
51. ABCD	52. BCD	53. BCD	54. AB	55. ACD
56. ABCD	57. ABC	58. ABC	59. BCD	60. ABC

三、闡述題

61. （1）ISO 9001:2015 標準在第四章「組織環境」中提出了以下四部分的要求，分別是：4.1 理解組織及其環境；4.2 理解相關方的需求和期望；4.3 確定質量管理體系的範圍；4.4 質量管理體系及其過程。

（2）這幾部分要求之間的邏輯性和相關性以及在標準中的作用。

①4.1~4.4 的邏輯性和相關性。

4.1 確定與組織目標和戰略方向相關、并影響其實現質量管理體系預期結果的各種外部和內部因素，作為戰略方向和質量目標策劃的輸入；

4.2 識別相關方對組織持續提供符合產品和服務的能力產生影響或潛在影響的顧客要求和適用法律法規要求，作為產品和服務要求的輸入；

4.3 確定了組織的質量管理體系這一實體的研究範圍；

4.4 界定了質量管理體系的控制主體，則界定了組織環境和相關方。

因此，4.3 是 4.1 和 4.2 的輸入之一，4.1 涵蓋 4.2，4.1 是 4.2 的輸入之一，4.1、4.2、4.3 是 4.4 的輸入。

②4.1~4.4 在標準中的作用。

4.1、4.2 均為「6 質量管理體系策劃」的輸入，體現了內外部約束與風險對體系策劃的影響和約束；

4.3 界定了質量管理體系的邊界與適用範圍；

4.4 明確質量管理體系所需的過程及其在整個組織內的應用的整體要求，體現了過程方法、PDCA 循環與基於風險的思維；

4.1~4.4 為質量管理體系的總要求，是「6 策劃」的輸入，也為第 5、7、8、9 章提供了方法論。

62. 在建立質量管理體系時，應識別出期望達到的目標和結果。在策劃過程中，應瞭解可能影響這些目標和結果實現的因素，其中包括對風險和機遇的識別，并考慮內外部環境以及利益相關方對質量管理體系達成其目標結果的影響。在識別利益相關方的需求時，可以確定質量管理體系的風險和機遇。在識別風險和機遇時，可關注提升 QMS 效果，創造新機會并預防或降低不良效應，即採用基於風險的思維。

以汽車整車製造業的供應商（如汽車零部件製造廠家）為例：

（1）戰略策劃時，使用 SWOT、PETLE 分析，分析汽車行業發展趨勢與市場前景，本企業的優勢、劣勢。策劃企業的市場開發戰略、產品開發戰略、採用新技術戰略等，確定市場、產品定位。

（2）質量管理體系策劃時，採用先期質量策劃工具，對過程輸入、活動、輸出進行風險分析，確定關鍵風險并進行風險控製策劃，形成控製計劃。

（3）產品設計開發時，採用設計 FMEA 與生產件提交控製方式，對設計開發和設計確定進行風險識別、評價和風險控製策劃。

（4）對測量系統採用 MSA 方法：對測量系統中器具、環境、產品和人等因素的風險進行識別與評價、識別和計算變差、線性、重複性、再現性、零件間差異，進行測量系統綜合分析，確定測量系統 GRR 以及確定測量系統分辨率是否可接受。

第 30 章 中國質量協會註冊六西格瑪考試

說明：凡具有國家承認的大學專科及以上學歷或質量工程師資格，在各類企事業單位和社會團體中從事六西格瑪管理及相關工作的人員均可報名。

考試分為綠帶考試和黑帶考試。綠帶考試和黑帶考試題型均為選擇題，分單項選擇題和多項選擇題。

綠帶考試共 100 道題，每題 1 分（多項選擇題少選或錯選均不得分），總分為 100 分，60 分為合格線；黑帶考試共 120 道題，每題 1 分（多項選擇題少選或錯選均不得分），總分為 120 分，80 分為合格線。

考試採用網上（登錄中國質量網 www.caq.org.cn）提交信息，郵寄或電匯考試費，郵寄報名表、學歷及有效身分證件複印件等報名材料至全國六西格瑪管理推進工作委員會辦公室。考生登錄中國質量網查閱、下載考試大綱、考試參考用書及考試後查詢成績。考試合格者可申請參加六西格瑪綠、黑帶註冊。

試卷 1 中國質量協會註冊六西格瑪黑帶考試樣題

一、單項選擇題

1. 在六西格瑪管理的組織結構中，下面各項中，陳述正確的是（　　）。
   A. 黑帶應當自主決定項目選擇
   B. 綠帶的數量和素質是推行六西格瑪獲得成功的關鍵因素
   C. 倡導者對六西格瑪活動整體負責，確定前進方向
   D. 以上都不是

2. 質量管理大師戴明先生在其著名的質量管理十四條中指出「停止依靠檢驗達成質量的做法」。這句話的含義是（　　）。
   A. 企業雇用了太多的檢驗人員，對經營來說是不經濟的
   B. 質量是設計和生產出來的，不是檢驗出來的
   C. 在大多數情況下，應該由操作人員自己來保證質量，而不是靠檢驗員保證
   D. 人工檢驗的效率和準確率較低，依靠檢驗是不能保證質量的

3. 在下列陳述中，不正確的是（　　）。
   A. 六西格瑪管理僅是適合於製造過程質量改進的工具

B. 六西格瑪管理是保持企業經營業績持續改善的系統方法
C. 六西格瑪管理是增強企業領導力和綜合素質的管理模式
D. 六西格瑪管理是不斷提高顧客滿意程度的科學方法

4. 黑帶是六西格瑪管理中最為重要的角色之一，在下面的陳述中，（　　）不是六西格瑪黑帶應承擔的任務哪些。

　A. 在倡導者（Champion）和資深黑帶（MBB）的指導下，帶領團隊完成六西格瑪項目
　B. 運用六西格瑪管理工具方法，發現問題產生的根本原因，確認改進機會
　C. 與倡導者資深黑帶以及項目相關方溝通，尋求各方的支持和理解
　D. 負責整個組織六西格瑪管理的部署，為團隊確定六西格瑪管理推進目標、分配資源并監控進展

5. 確定項目選擇及項目優先級是下列哪個角色的責任？（　　）
　A. 黑帶　　　　　　　　　　B. 黑帶大師
　C. 綠帶　　　　　　　　　　D. 倡導者

6. 在分析 $Xbar-R$ 控製圖時應（　　）。
　A. 先分析 $Xbar$ 圖然後再分析 R 圖
　B. 先分析 R 圖然後再分析 $Xbar$ 圖
　C. $Xbar$ 圖和 R 圖無關，應單獨分析
　D. 以上答案都不對

7. 下列說法中錯誤的是（　　）。
　A. 界定階段包括界定項目範圍，組成團隊
　B. 測量階段主要是測量過程的績效，即 Y，在測量前要驗證測量系統的有效性，找到并確認影響 Y 的關鍵原因
　C. 分析階段主要是針對 Y 進行原因分析，找到并驗證關鍵原因
　D. 改進階段主要是針對關鍵原因 X 尋找改進措施，并驗證改進措施

8. 在以下常用的 QC 新七種工具方法中，用於確定項目工期和關鍵路線的工具是（　　）。
　A. 親和圖　　　　　　　　　B. 矩陣圖
　C. PDPC 法　　　　　　　　D. 網路圖

9. 平衡記分卡是由（　　）維度構成的。
　A. 財務、顧客、內部業務流程、員工學習與成長
　B. 評價系統、戰略管理系統、內部溝通系統
　C. 業績考評系統、財務管理系統、內部流程
　D. 財務系統、績效考核系統、顧客關係管理系統

10. 在質量功能展開中，首要的工作是（　　）。
　A. 客戶競爭評估　　　　　　B. 技術競爭評估
　C. 決定客戶需求　　　　　　D. 評估設計特色

11. 在某檢驗點，對 1,000 個某零件進行檢驗，每個零件上有 10 個缺陷機會，結

果共發現 16 個零件不合格，合計 32 個缺陷，則 DPMO 為（　　）。

  A. 0.003, 2　　　　　　　　　　B. 3,200

  C. 32,000　　　　　　　　　　 D. 1,600

12. 下面列舉的工具中，（　　）一般不是在項目選擇時常用的工具。

  A. 排列圖　　　　　　　　　　　B. 實驗設計

  C. QFD　　　　　　　　　　　　D. 因果矩陣

13. 六西格瑪項目團隊在明確項目範圍時，應採用的工具是（　　）。

  A. 因果圖　　　　　　　　　　　B. SIPOC 圖

  C. PDPC 法　　　　　　　　　　D. 頭腦風暴法

14. 哪種工具可以用於解決下述問題：

  一項任務可以分解為許多作業，這些作業相互依賴和相互制約，團隊希望把各項作業之間這種依賴和制約關係清晰地表示出來，并通過適當的分析，找出影響進度的關鍵路徑，從而能進行統籌協調。（　　）

  A. PDPC（過程決策程序圖）　　　B. 箭條圖（網路圖）

  C. 甘特圖　　　　　　　　　　　D. 關聯圖

15. 下述團隊行為標示著團隊進入了哪個發展階段？

  團隊的任務已為其成員所瞭解，但他們對實現目標的最佳方法存在著分歧，團隊成員仍首先作為個體來思考，并往往根據自己的經歷做出決定。這些分歧可能引起團隊內的爭論甚至矛盾。（　　）

  A. 形成期　　　　　　　　　　　B. 震盪期

  C. 規範期　　　　　　　　　　　D. 執行期

16. 在界定階段結束時，下述哪些內容應當得以確定。（　　）

  ①項目目標，②項目預期的財務收益，③項目所涉及的主要過程，④項目團隊成員。

  A. ①　　　　　　　　　　　　　B. ①和④

  C. ②和③　　　　　　　　　　　D. ①、②、③、④

17. 在項目特許任務書（Team Charter）中，需要陳述「經營情況」（Business Case，也被稱為項目背景）。該項內容是為了說明（　　）。

  A. 為什麼要做該項目　　　　　　 B. 項目的目標

  C. 項目要解決的問題　　　　　　 D. 問題產生的原因

18. 一個過程由三個工作步驟構成（如下圖所示），每個步驟相互獨立，每個步驟的一次合格率 FTY 分別是：$FTY_1 = 99\%$；$FTY_2 = 97\%$；$FTY_3 = 96\%$。則整個過程的流通合格率為（　　）。

```
┌──────┐   ┌──────┐   ┌──────┐
│ 步驟1 │──▶│ 步驟2 │──▶│ 步驟3 │
└──────┘   └──────┘   └──────┘
```

  A. 92.2%　　　　　　　　　　　 B. 99%

  C. 96%　　　　　　　　　　　　D. 97.3%

19. 在談到激勵技巧時，常常會基於馬斯洛的「人的五個基本需求」理論。馬斯洛認為：人們的最初激勵來自於最低層次的需求，當這個需求被滿足後，激勵便來自於下一個需求。那麼，按照馬斯洛理論，人們需求層次從低到高的順序就是：（   ）。

　　A. 安全需要→生存需要→尊重→歸屬感→成就或自我實現
　　B. 生存需要→安全需要→尊重→歸屬感→成就或自我實現
　　C. 生存需要→安全需要→歸屬感→尊重→成就或自我實現
　　D. 生存需要→安全需要→歸屬感→成就或自我實現→尊重

20. 劣質成本的構成是（   ）。

　　A. 內部損失和外部損失成本
　　B. 不增值的預防成本+鑒定成本+內部損失和外部損失成本
　　C. 不增值的預防成本+內部損失和外部損失成本
　　D. 鑒定成本+內部損失和外部損失成本

21. 某生產線上順序有 3 道工序，其作業時間分別是 8 分鐘、10 分鐘、6 分鐘，則生產線的節拍是（   ）。

　　A. 8 分鐘　　　　　　　　　　　B. 10 分鐘
　　C. 6 分鐘　　　　　　　　　　　D. 以上都不對

22. 1903 年，英國制定了世界上第一個認證標誌，即用 BS 字母組成的（   ）。

　　A. 質量安全標誌　　　　　　　　B. CCC 標誌
　　C. 風箏標誌　　　　　　　　　　D. 環保標誌

23. 對於離散型數據的測量系統分析，通常應提供至少 30 件產品，由 3 個測量員對每件產品重複測量 2 次，記錄其合格與不合格數目。對於 30 件產品的正確選擇方法應該是（   ）。

　　A. 依據實際生產的不良率，選擇成比例的合格及不合格樣品
　　B. 至少 10 件合格，至少 10 件不合格，這與實際生產狀態無關
　　C. 可以隨意設定比率，因為此比率與測量系統是否合格是無關的
　　D. 以上都不對

24. 美國工程師的項目報告中提到，在生產過程中，當華氏度介於（70，90）之間時，產量獲得率（以百分比計算）與溫度（以華氏度為單位）密切相關（相關係數為 0.9），而且得到了迴歸方程如下：$Y = 0.9X + 32$。

　　黑帶張先生希望把此公式中的溫度由華氏度改為攝氏度。他知道攝氏度（℃）與華氏度（℉）間的換算關係是：攝氏度=5/9（華氏度−32）。請問換算後的相關係數和迴歸系數各是多少？（   ）

　　A. 相關係數為 0.9，迴歸系數為 1.62
　　B. 相關係數為 0.9，迴歸系數為 0.9
　　C. 相關係數為 0.9，迴歸系數為 0.5
　　D. 相關係數為 0.5，迴歸系數為 0.5

25. 對於流水線上生產的一大批二極管的輸出電壓進行了測定，經計算得知，它們的中位數為 2.3V。5 月 8 日上午，從該批隨機抽取了 400 個二極管，對於它們的輸出

電壓進行了測定，記 X 為輸出電壓比 2.3V 大的電子管數，結果發現，$X = 258$ 支。為了檢測此時的生產是否正常，先要確定 X 的分布。可以斷言（　　）。

　　A. X 近似為均值是 200，標準差是 20 的正態分布

　　B. X 近似為均值是 200，標準差是 10 的正態分布

　　C. X 是（180，220）上的均勻分布

　　D. X 是（190，210）上的均勻分布

26. 容易看到，在一個城市中不同收入者的住房面積相差懸殊，分布一般會呈現出嚴重的右偏傾向。為了調查 S 市的住房狀況，隨機抽取了 1,000 個住戶，測量了他們的住房面積。在這種情況下，代表一般住房狀況的最有代表性的指標應該是（　　）。

　　A. 樣本平均值（Mean）

　　B. 去掉一個最高值，去掉一個最低值，然後求平均

　　C. 樣本眾數（Mode），即樣本分布中概率最高者

　　D. 樣本中位數（Median）

27. 起重設備廠對供應商提供的墊片厚度很敏感。墊片厚度的公差限要求為 12 毫米±1 毫米。供應商對他們本月生產狀況的報告中只提供給出 $C_p = 1.33$、$C_{pk} = 1.00$ 這兩個數據。這時可以對於墊片生產過程得出結論（　　）。

　　A. 平均值偏離目標 12 毫米大約 0.25 毫米

　　B. 平均值偏離目標 12 毫米大約 0.5 毫米

　　C. 平均值偏離目標 12 毫米大約 0.75 毫米

　　D. 以上結果都不對

28. 下表是一個分組樣本：

分組區間	(35，45]	(45，55]	(55，65]	(65，75]
頻數	3	8	7	2

則其樣本均值 $Xbar$ 近似為（　　）。

　　A. 50　　　　　　　　　　　　　B. 54

　　C. 62　　　　　　　　　　　　　D. 64

29. 在某快餐店中午營業期間內，每分鐘顧客到來人數為平均值是 8 的泊松分布。若考慮每半分鐘到來的顧客分布，則此分布近似為（　　）。

　　A. 平均值是 8 的泊松分布

　　B. 平均值是 4 的泊松分布

　　C. 平均值是 2 的泊松分布

　　D. 分布類型將改變

30. 一批產品分一、二、三級，其中一級品是二級品的二倍，三級品是二級品的一半。若從該批產品中隨機抽取一個，此產品為二級品的概率是（　　）。

　　A. 1/3　　　　　　　　　　　　　B. 1/6

　　C. 1/7　　　　　　　　　　　　　D. 2/7

31. 為調查呼吸阻塞症在中國的發病率，發了 5,000 份問卷，由於呼吸阻塞症與嗜睡症有密切關係，問卷都是關於是否有嗜睡傾向的。後來，問卷只回收了約 1,000 份，對回答了問卷的人進行了檢測，發現呼吸阻塞症患病率為 12%。對此比率數值的準確的判斷應為（　　）。

　　A. 可以認為此數是發病率的正確估計

　　B. 由於未回收問卷較多，此值估計偏高

　　C. 由於未回收問卷較多，此值估計偏低

　　D. 1,000 份太少，上述發病率的估計無意義

32. 對於一組共 28 個數據進行正態性檢驗，使用 MINITAB 軟件，先後依次使用了「Anderson-Darling」「Ryan-Joiner（Similar to Shapiro-Wilk）」及「Kolmogorov-Smirnov」3 種方法，但得到了 3 種不同結論：

「Anderson-Darling」檢驗 P 值<0.005 因而判數據「非正態」，「Ryan-Joiner（Similar to Shapiro-Wilk）」檢驗 P 值>0.10 以及「Kolmogorov-Smirnov」檢驗 P 值>0.15 都判數據「正態」。這時候正確的判斷是（　　）。

　　A. 按少數服從多數原則，判數據「正態」

　　B. 任何時候都相信「最權威方法」，在正態分布檢驗中，相信 MINITAB 軟件選擇的缺省方法「Anderson-Darling」是最優方法，判數據「非正態」

　　C. 檢驗中的原則總是「拒絕是有說服力的」，因而只要有一個結論為「拒絕」則相信此結果，因此應判數據「非正態」

　　D. 此例數據太特殊，要另選些方法再來判斷，才能下結論

33. 已知化纖布每匹長 100 米，每匹布內的瑕疵點數服從均值為 10 的泊松分布。縫製一套工作服需要 4 米化纖布。問每套工作服上的瑕疵點數應該是（　　）。

　　A. 均值為 10 的泊松分布

　　B. 均值為 2.5 的泊松分布

　　C. 均值為 0.4 的泊松分布

　　D. 分布類型已改變

34. 從平均壽命為 1,000 小時壽命的指數分布的二極管中，抽取 100 件二極管，并求出其平均壽命，則（　　）。

　　A. 平均壽命仍為均值是 1,000 小時的指數分布

　　B. 平均壽命近似為均值是 1,000 小時，標準差為 1,000 小時的正態分布

　　C. 平均壽命近似為均值是 1,000 小時，標準差為 100 小時的正態分布

　　D. 以上答案都不對

35. 某供應商送來一批零件，批量很大，假定該批零件的不良率為 1%，從中隨機抽取 32 件，若發現 2 個或 2 個以上的不良品就退貨，問接受這批貨的概率是（　　）。

　　A. 72.4%　　　　　　　　　　　B. 23.5%

　　C. 95.9%　　　　　　　　　　　D. 以上答案都不對

36. 某企業用臺秤對某材料進行稱重，該材料重量要求的公差限為 500±15 克。現將一個 500 克的砝碼，放在此臺秤上去稱重，測量 20 次，結果發現均值為 510 克，標

準差為1克。這說明（　　）。

　　A. 臺秤有較大偏倚，需要校準
　　B. 臺秤有較大的重複性誤差，已不能再使用，需要換用精度更高的天平
　　C. 臺秤存在較大的再現性誤差，需要重複測量來減小再現性誤差
　　D. 測量系統沒有問題，臺秤可以使用

37. 在數字式測量系統分析中，測量人員間基本上無差異，但每次都要對初始狀態進行設定。這時，再現性誤差是指（　　）。

　　A. 被測對象不變，測量人員不變，各次獨立重複測量結果之間的差異
　　B. 被測對象不變，在不同初始狀態的設定下，各次測量結果之間的差異
　　C. 同一測量人員，對各個被測對象各測一次，測量結果之間的差異
　　D. 以上都不是

38. 車床加工軸棒，其長度的公差限為 180±3 毫米，在測量系統分析中發現重複性標準差為 0.12 毫米，再現性標準差為 0.16 毫米。從 %P/T 的角度來分析，可以得到結論（　　）。

　　A. 本測量系統從 %P/T 角度來說是完全合格的
　　B. 本測量系統從 %P/T 角度來說是勉強合格的
　　C. 本測量系統從 %P/T 角度來說是不合格的
　　D. 上述數據不能得到 %P/T 值，從而無法判斷

39. 在鉗工車間自動鑽空的過程中，取30個鑽空結果分析，其中心位置與規定中心點在水平方向的偏差值的平均值為1微米，標準差為8微米。測量系統進行分析後發現重複性（Repeatability）標準差為3微米，再現性（Reproducibility）標準差為4微米，從精確度/過程波動的角度來分析，可以得到結論（　　）。

　　A. 本測量系統從精確度/過程波動比（R&R%）來說是完全合格的
　　B. 本測量系統從精確度/過程波動比（R&R%）來說是勉強合格的
　　C. 本測量系統從精確度/過程波動比（R&R%）來說是不合格的
　　D. 上述數據不能得到精確度/過程波動比（R&R%），從而無法判斷

40. 對於正態分布的過程，有關 C_p、C_{pk} 和缺陷率的說法，正確的是（　　）。

　　A. 根據 C_p 不能估計缺陷率，根據 C_{pk} 才能估計缺陷率
　　B. 根據 C_p 和 C_{pk} 才能估計缺陷率
　　C. 缺陷率與 C_{pk} 無關
　　D. 以上說法都不對

41. 對於一個穩定的分布為正態的生產過程，計算出它的工序能力指數 $C_p = 1.65$、$C_{pk} = 0.92$。這時，應該對生產過程做出下列判斷：（　　）。

　　A. 生產過程的均值偏離目標太遠，且過程的標準差太大
　　B. 生產過程的均值偏離目標太遠，過程的標準差尚可
　　C. 生產過程的均值偏離目標尚可，但過程的標準差太大
　　D. 對於生產過程的均值偏離目標情況及過程的標準差都不能做出判斷

42. 假定軸棒生產線上，要對軸棒長度進行檢測，假定軸棒長度的分布是對稱的

（不一定是正態分布），分布中心與軸棒長度目標重合。對於 100 根軸棒，將超過目標長度者記為「+」號，將小於目標長度者記為「-」號，記 N+ 為出現正號個數總和，則 N+ 的分布近似為（　　）。

　　A.（40，60）間的均勻分布
　　B.（45，55）間的均勻分布
　　C. 均值為 50，標準差為 10 的正態分布
　　D. 均值為 50，標準差為 5 的正態分布

43. 某生產線有三道彼此獨立的工序，三道工序的合格率分別為 95%、90%、98%。如下圖所示：

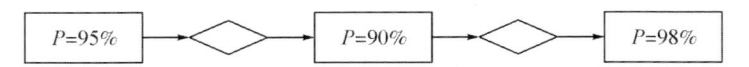

$P=95\%$ → ◇ → $P=90\%$ → ◇ → $P=98\%$

每道工序後有一檢測點，可檢出前道工序的缺陷，缺陷不可返修。問此時整條線的初檢合格率是多少？（　　）
　　A. 90%　　　　　　　　　　　B. 98%
　　C. 83.79%　　　　　　　　　 D. 83%

44. 一批數據的描述性統計量計算結果顯示，均值和中位數都是 100。這時，在一般情況下可以得到的結論是（　　）。
　　A. 此分布為對稱分布　　　　　B. 此分布為正態分布
　　C. 此分布為均勻分布　　　　　D. 以上各結論都不能肯定

45. 從參數 $\lambda = 0.4$ 的指數分布中隨機抽取容量為 25 的一個樣本，則該樣本均值的標準差近似為（　　）。
　　A. 0.4　　　　　　　　　　　　B. 0.5
　　C. 1.4　　　　　　　　　　　　D. 1.5

46. 某藥廠最近研製出一種新的降壓藥，為了驗證新的降壓藥是否有效，試驗可按如下方式進行：選擇若干名高血壓病人進行試驗，并記錄服藥前後的血壓值，然後通過統計分析來驗證該藥是否有效。對於該問題，應採用 $P = 95\%$、$P = 98\%$、$P = 90\%$ 的（　　）。
　　A. 雙樣本均值相等性檢驗　　　B. 配對均值檢驗
　　C. F 檢驗　　　　　　　　　　 D. 方差分析

47. 為了判斷 A 車間生產的墊片的變異性是否比 B 車間生產的墊片的變異性更小，各抽取 25 個墊片後，測量并記錄了其厚度的數值，發現兩組數據都是正態分布。下面應該進行的是（　　）。
　　A. 兩樣本 F 檢驗　　　　　　　B. 兩樣本 t 檢驗
　　C. 兩樣本配對差值的 t 檢驗　　D. 兩樣本 Mann-Whitney 秩和檢驗

48. 為了降低汽油消耗量，M 研究所研製成功一種汽油添加劑。該所總工程師宣稱此添加劑將使行駛裡程提高 2%。X 運輸公司想驗證此添加劑是否有效，調集本公司各種型號汽車 30 輛，發給每輛汽車普通汽油及加註添加劑汽油各 10 升，記錄了每輛車用

兩種汽油的行駛裡程數，共計 60 個數據。檢驗添加劑是否有效的檢驗方法應該是（　　）。

  A. 雙樣本均值相等性 t 檢驗
  B. 配對樣本檢驗
  C. F 檢驗
  D. 兩樣本非參數 Mann-Whitney 秩和檢驗

49. 原來本車間生產的鋼筋抗拉強度不夠高，經六西格瑪項目改進後，鋼筋抗拉強度似有提高。為了檢驗鋼筋抗拉強度改進後是否確有提高，改進前抽取 8 根鋼筋，改進後抽取 10 根鋼筋，記錄了它們的抗拉強度，希望檢驗兩種鋼筋的抗拉強度平均值是否有顯著差異。經檢驗，這兩組數據都符合正態分布。在檢查兩樣本的方差是否相等及均值是否相等時，用計算機計算得到下列結果。則下列各項中，正確的是（　　）。

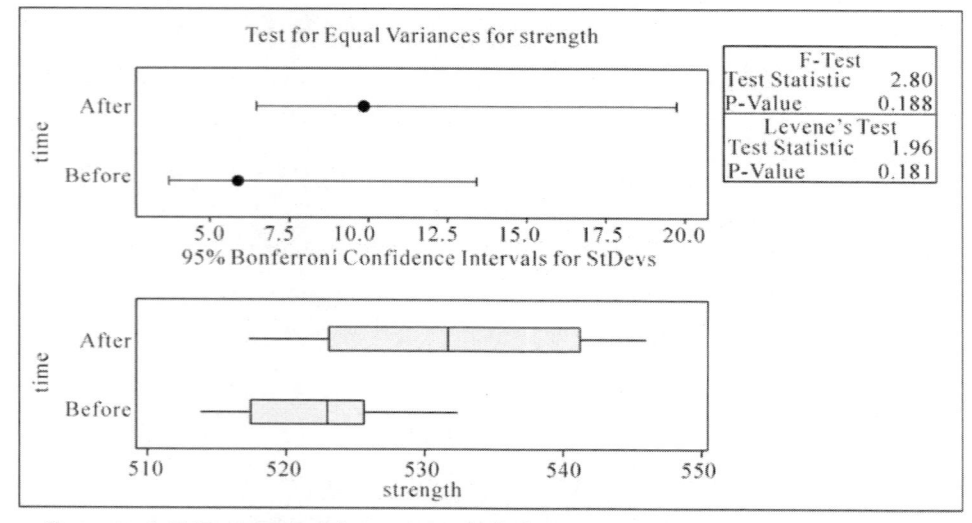

Two-sample T for strength_After vs strength_Before

 N Mean StDev SE Mean

strength_ After 10, 531. 45, 9. 84, 3. 1

strength_ Before 8, 522. 44, 5. 88, 2. 1

Difference = mu（strength_ After）- mu（strength_ Before）

Estimate for difference：9. 012, 50

95% lower bound for difference：2. 104, 05

T-Test of difference = 0（vs >）：T-Value = 2. 28 P-Value = 0. 018 DF = 16

  A. 改進後平均抗拉強度有提高，但抗拉強度的波動也增加了
  B. 改進後平均抗拉強度有提高，但抗拉強度的波動未變
  C. 改進後平均抗拉強度無提高，但抗拉強度的波動增加了
  D. 改進後平均抗拉強度無提高，抗拉強度的波動也未變

50. 半導體生產過程中一旦發現產品有缺陷就報廢，為了分析生產過程狀況是否真

正達到穩定，在連續 20 天內，每天統計報廢的產品個數，且由於面向訂單生產，每天產量有較大波動。這時候，應該使用下列哪種控製圖？（　　）

　　A. 使用 p 圖或 np 圖都可以。　　B. 只能使用 p 圖
　　C. 使用 c 圖與 u 圖都可以　　　D. 只能使用 np 圖

51. M 公司生產墊片，在生產線上，隨機抽取 100 片墊片，發現其厚度分布均值為 2.0 毫米，標準差為 0.2 毫米。取 10 片疊起來，則這 10 片墊片疊起來後總厚度的均值和方差為（　　）。

　　A. 均值 2.0 毫米；方差 0.2　　　B. 均值 20 毫米；方差 0.04
　　C. 均值 20 毫米；方差 0.4　　　D. 均值 20 毫米；方差 4

52. M 車間負責測量機櫃的總電阻值，由於現在使用的是自動數字式測電阻儀，不同的測量員間不再有什麼區別，但在測量時要先設定初始電壓值 V，這裡對 V 可以有 3 種選擇方法。做測量系統分析時，使用傳統方法，對 10 個機櫃，都用 3 種不同選擇的 V 值，各測量 2 次。在術語「測量系統的重複性（Repeatability）」和「測量系統的再現性（Reproducibility）」中，術語「再現性」應這樣解釋（　　）。

　　A. 不使用不同的測量員，就不再有「再現性」誤差了
　　B. 不同的設定的 V 值所引起的變異是「再現性」誤差
　　C. 同一個設定的 V 值，多次重複測量同樣一個機櫃所引起的變異是「再現性」誤差
　　D. 在不同時間週期內，用此測電阻儀測量同一個機櫃時，測量值的波動是「再現性」誤差

53. 在箱線圖（Box-Plot）分析中，已知最小值 = -4；$Q_1 = 1$；$Q_3 = 4$；最大值 = 7；則正確的說法是（　　）。

　　A. 上須觸線終點為 7；下須觸線終點為 -3.5
　　B. 上須觸線終點為 8.5；下須觸線終點為 -3.5
　　C. 上須觸線終點為 7；下須觸線終點為 -4
　　D. 上須觸線終點為 8.5；下須觸線終點為 -4

54. 強力變壓器公司的每個工人都操作自己的 15 臺繞線器生產同種規格的小型變壓器，原定的變壓之電壓比為 2.50，但實際上的電壓比總有些誤差。為了分析究竟是什麼原因導致電壓比變異過大，讓 3 個工人，每人都操作自己任意選定的 10 臺繞線器各生產 1 臺變壓器，對每臺變壓器都測量了 2 次電壓比數值，這樣就得到了共 60 個數據。為了分析電壓比變異產生的原因，應該（　　）。

　　A. 將工人及繞線器作為兩個因子，進行兩種方式分組的方差分析（Two-Way ANOVA），分別計算出兩個因子的顯著性，并根據其顯著性所顯示的 P 值對變異原因做出判斷
　　B. 將工人及繞線器作為兩個因子，按兩個因子交叉（Crossed）的模型，用一般線性模型（General Linear Model）計算出兩個因子的方差分量及誤差的方差分量，并根據這些方差分量的大小對變異原因做出判斷
　　C. 將工人及繞線器作為兩個因子，按兩個因子嵌套（Nested）的模型，用全嵌

套模型（Fully Nested ANOVA）計算出兩個因子的方差分量及誤差的方差分量，并根據這些方差分量的大小對變異原因做出判斷

D. 根據傳統的測量系統分析方法（GageRR Study-Crossed），直接計算出工人及繞線器兩個因子方差分量及誤差的方差分量，并根據這些方差分量的大小對變異原因做出判斷

55. 對於兩總體均值相等性檢驗，當驗證了數據是獨立的且為正態後，還要驗證二者的等方差性，然後就可以使用雙樣本的 t 檢驗。這時是否可以使用單因子的方差分析（ANOVA）方法予以替代，這裡有不同看法。正確的判斷是（　　）。

A. 兩總體也屬於多總體的特例，因此，所有兩總體均值相等性 t 檢驗皆可用 ANOVA 方法解決

B. 兩總體雖屬於多總體的特例，但兩總體均值相等性 t 檢驗的功效比 ANOVA 方法要高，因而不能用 ANOVA 方法替代

C. 兩總體雖屬於多總體的特例，但兩總體均值相等性 t 檢驗的計算比 ANOVA 方法要簡單，因而不能用 ANOVA 方法替代

D. 兩總體雖屬於多總體的特例，但兩總體均值相等性 t 檢驗可以處理對立假設為單側（如「大於」）的情形，而 ANOVA 方法則只能處理雙側（即「不等於」）的問題，因而不能用 ANOVA 方法替代

56. M 公司中的 Z 車間使用多臺自動車床生產螺釘，其關鍵尺寸是根部的直徑。為了分析究竟是什麼原因導致直徑變異過大，讓 3 個工人，并隨機選擇 5 臺車床，每人分別用這 5 臺車床各生產 10 個螺釘，共生產 150 個螺釘，對每個螺釘測量其直徑，得到 150 個數據。為了分析直徑變異產生的原因，應該（　　）。

A. 將工人及螺釘作為兩個因子，進行兩種方式分組的方差分析（Two-Way ANOVA），分別計算出兩個因子的顯著性，并根據其顯著性所顯示的 P 值對變異原因做出判斷。

B. 將工人及螺釘作為兩個因子，按兩個因子交叉（Crossed）的模型，用一般線性模型（General Linear Model）計算出兩個因子的方差分量及誤差的方差分量，并根據這些方差分量的大小對變異原因做出判斷

C. 將工人及螺釘作為兩個因子，按兩個因子嵌套（Nested）的模型，用全嵌套模型（Fully Nested ANOVA）計算出兩個因子的方差分量及誤差的方差分量，并根據這些方差分量的大小對變異原因做出判斷

D. 根據傳統的測量系統分析方法（GageRR Study-Crossed），直接計算出工人及螺釘兩個因子方差分量及誤差的方差分量，并根據這些方差分量的大小對變異原因做出判斷

57. 在選定 Y 為響應變量後，選定了 X_1，X_2，X_3 為自變量，并且用最小二乘法建立了多元迴歸方程。在 MINITAB 軟件輸出的 ANOVA 表中，看到 P 值 $=0.002,1$，在統計分析的輸出中，找到了對各個迴歸系數是否為 0 的顯著性檢驗結果，由此可以得到的正確判斷是（　　）。

A. 3 個自變量迴歸系數檢驗中，應該至少有 1 個以上的迴歸系數的檢驗結果是

顯著的（即至少有1個以上的迴歸系數檢驗的 P 值小於 0.05），不可能出現 3 個自變量迴歸系數檢驗的 P 值都大於 0.05 的情況

B. 有可能出現 3 個自變量迴歸系數檢驗的 P 值都大於 0.05 的情況。這說明數據本身有較多異常值，此時的結果已無意義，要對數據重新審核再來進行迴歸分析

C. 有可能出現 3 個自變量迴歸系數檢驗的 P 值都大於 0.05 的情況。這說明這 3 個自變量間可能有相關關係，這種情況很正常

D. ANOVA 表中的 P 值 = 0.002,1。這說明整個迴歸模型效果不顯著，迴歸根本無意義

58. 已知一組壽命（Life Time）數據不為正態分布。現在希望用 Box-Cox 變換將其轉化為正態分布。在確定變換方法時得到下圖：

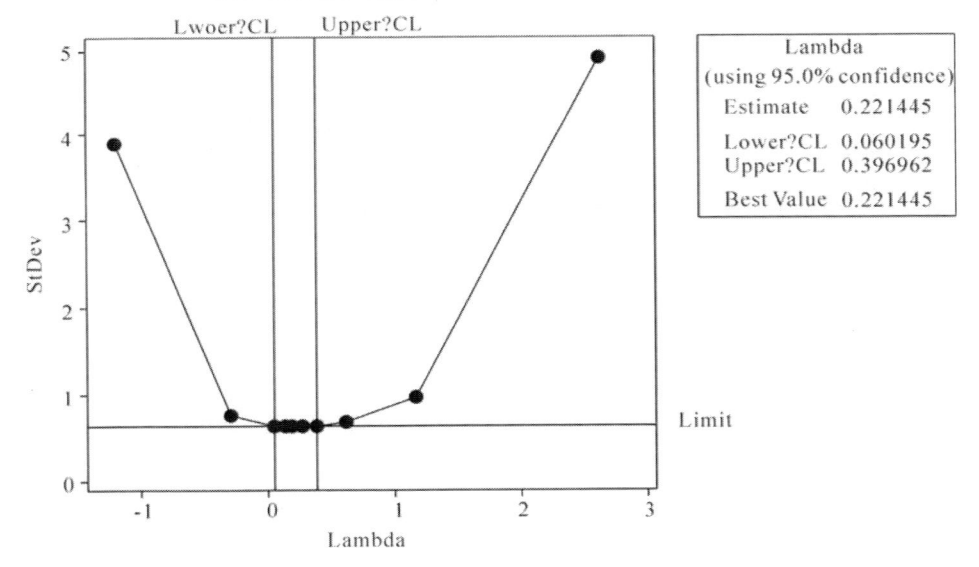

Box-Cox Plot of Life time

Lambda
(using 95.0% confidence)
Estimate   0.221445
Lower?CL   0.060195
Upper?CL   0.396962
Best Value 0.221445

從此圖中可以得到結論：（   ）

A. 將原始數據取對數後，可以化為正態分布
B. 將原始數據求其 0.2 次方後，可以化為正態分布
C. 將原始數據求平方根後，可以化為正態分布
D. 對原始數據做任何 Box-Cox 變換，都不可能化為正態分布

59. 為了研究軋鋼過程中的延伸量控製問題，在經過 2 水平的 4 個因子的全因子試驗後，得到了迴歸方程。其中，因子 A 代表軋壓長度，低水平是 50 厘米，高水平為 70 厘米。響應變量 Y 為延伸量（單位為厘米），在代碼化後的迴歸方程中，A 因子的迴歸系數是 4。問：換算為原始變量（未代碼化前）的方程時，此迴歸系數應該是多少（   ）。

A. 40   B. 4

C. 0.4　　　　　　　　　　　　　　D. 0.2

60. 為了判斷兩個變量間是否有相關關係，抽取了 30 對觀測數據，計算出了它們的樣本相關係數為 0.65，對於兩變量間是否相關的判斷應該是（　　）。

　　A. 由於樣本相關係數小於 0.8，所以二者不相關

　　B. 由於樣本相關係數大於 0.6，所以二者相關

　　C. 由於檢驗兩個變量間是否有相關關係的樣本相關係數的臨界值與樣本量大小有關，所以要查樣本相關係數表才能決定

　　D. 由於相關係數并不能完全代表兩個變量間是否有相關關係，本例信息量不夠，不可能得出判定結果

61. 響應變量 Y 與兩個自變量（原始數據）X_1 及 X_2 建立的迴歸方程為：$Y = 2.2 + 30,000X_1 + 0.000,3X_2$。由此方程可以得到結論是（　　）。

　　A. X_1 對 Y 的影響比 X_2 對 Y 的影響要顯著得多

　　B. X_1 對 Y 的影響比 X_2 對 Y 的影響相同

　　C. X_2 對 Y 的影響比 X_1 對 Y 的影響要顯著得多

　　D. 僅由此方程不能對 X_1 及 X_2 對 Y 影響大小做出判定

62. 為了判斷改革後的日產量是否比原來的 200（千克）有所提高，抽取了 20 次日產量，發現日產量平均值為 201（千克）。對此，可以得到判斷（　　）。

　　A. 只提高 1 千克，產量的提高肯定是不顯著的

　　B. 日產量平均值為 201（千克），確實比原來 200（千克）有提高

　　C. 因為沒有提供總體標準差的信息，因而不可能做出判斷

　　D. 不必提供總體標準差的信息，只要提供樣本標準差的信息就可以作出判斷

63. 六西格瑪團隊分析了歷史上本車間產量（Y）與溫度（X_1）及反應時間（X_2）的記錄，建立了 Y 對於 X_1 及 X_2 的線性迴歸方程，并進行了 ANOVA、迴歸係數顯著性檢驗、相關係數計算等，證明我們選擇的模型是有意義的，各項迴歸係數也都是顯著的。下面應該進行（　　）。

　　A. 結束迴歸分析，將選定的迴歸方程用於預報等

　　B. 進行殘差分析，以確認數據與模型擬合得是否很好，看能否進一步改進模型

　　C. 進行響應曲面設計，選擇使產量達到最大的溫度及反應時間

　　D. 進行因子試驗設計，看是否還有其他變量也對產量有影響，擴大因子選擇的範圍

64. 迴歸方程 $Y = 30 - X$ 中，Y 的誤差的方差的估計值為 9，當 $X = 1$ 時，Y 的 95% 的近似預測區間是（　　）。

　　A.（23，35）　　　　　　　　　　B.（24，36）

　　C.（20，38）　　　　　　　　　　D.（21，39）

65. 某工序過程有六個因子 A、B、C、D、E、F，工程師希望做部分因子試驗確定主要的影響因素，準備採用 2^{6-2} 設計，而且工程師根據工程經驗判定 AB、BC、AE、DE 之間可能存在交互作用，但是 MINITAB 給出的生成元（Generators）為 $E = ABC$，$F =$

BCD。為了不讓可能顯著的二階交互作用相互混雜，下列生成元可行的是（　　）。
　　A. $E = ABD$，$F = ABC$　　　　　　B. $E = BCD$，$F = ABC$
　　C. $E = ABC$，$F = ABD$　　　　　　D. $E = ACD$，$F = BCD$

66. 下列（　　）是適合作為改進階段開始的篩選實驗（Screening Experiment）。
　　A. 8 因子的全因子實驗　　　　　　B. 8 因子的部分因子實驗
　　C. 中心複合設計（CCD）　　　　　D. Box-Behnken 設計

67. 芯片鍍膜生產車間每小時抽 5 片芯片測量其鍍膜的厚度，共檢測了 48 小時，獲得 240 個數據。經趨勢圖分析發現，各小時 5 片鍍膜厚度之均值大體是穩定的，數據也服從正態分布。但發現各小時內的差異較小，但各小時間差異較大。六西格瑪團隊對如何進行 SPC（統計過程分析）發生了分歧。正確的意見是（　　）。
　　A. 變異來源不僅包含隨機誤差。此時，必須等待清除組間變異變大的情況後，才能使用 SPC
　　B. 其實只要將每小時芯片鍍膜厚度之均值求出，對 48 個數據繪制單值-移動極差控制圖（X-R_s）即可
　　C. 求出各小時芯片鍍膜厚度之均值，對之繪制單值-移動極差控制圖外，再繪制各小時的極差（R）控制圖，三張控制圖同時使用即可控制過程
　　D. 解決此類問題的最好方法是使用 EWMA 控制圖

68. 下列各項中，響應曲面設計肯定不具有旋轉性的是（　　）。
　　A. CCD（Central Composite Design，中心複合設計）
　　B. CCI（Central Composite Inscribed Design，中心複合有界設計）
　　C. CCF（Central Composite Face-Centered Design，中心複合表面設計）
　　D. BB（Box-Behnken Design，BB 設計）

69. 經過團隊的頭腦風暴確認，影響過程的因子有 A、B、C、D、E 及 F 共六個。其中除因子的主效應外，還要考慮 3 個二階交互效應 AB、AC 及 DF，所有三階以上交互作用可以忽略不計。由於試驗成本較高，限定不可進行全面的重複試驗，但仍希望估計出隨機誤差以準確檢驗各因子顯著性。在這種情況下，應該選擇進行（　　）。
　　A. 全因子試驗
　　B. 部分實施的二水平正交試驗，且增加若干中心點
　　C. 部分實施的二水平正交試驗，不增加中心點
　　D. Plackett-Burman 設計

70. 在部分實施的因子試驗設計中，考慮了 A、B、C、D、E 及 F 共 6 個因子，準備進行 16 次試驗。在計算機提供的混雜別名結構表（Alias Structure Table）中，看到有二階交互作用效應 AB 與 CE 相混雜（Confounded），除此之外還有另一些二階交互作用效應相混雜，但未看到任何主效應與某二階交互作用效應相混雜。此時可以斷定本試驗設計的分辨度（Resolution）是（　　）。
　　A. 3　　　　　　　　　　　　　　　B. 4
　　C. 5　　　　　　　　　　　　　　　D. 6

71. 六西格瑪團隊在研究過程改進時，大家共同確認要考慮 8 個因子。經費的限制

使得試驗總次數應盡可能減小，但仍希望不要使主效應與二階交互作用相混雜。除了應安排 4 個中心點外，對於還該進行多少次試驗，大家意見不一致。參考有關表格，你讚成下列哪個人的意見。（　　）

　　A. 32 次　　　　　　　　　　　　B. 16 次

　　C. 12 次（Plackett-Burman 設計）　D. 8 次

72. 在進行響應曲面設計中，常常選用 CCD 方法而不用 Box-Behnken 設計，其最主要理由是（　　）。

　　A. CCD 有旋轉性，而 Box-Behnken 設計沒有旋轉性

　　B. CCD 有序貫性，而 Box-Behnken 設計沒有序貫性

　　C. CCD 試驗點比 Box-Behnken 設計試驗點少

　　D. 以上各項都對

73. 某企業希望分析其加工軸棒的直徑波動情況并進行過程控製，工序要求為 $\Phi 20 \pm 0.02$ 毫米。在對直徑的測量時，有兩種意見：一種意見是建議用塞規，測量結果為通過/不通過，每分鐘可測 5 根；另一種意見是採用遊標卡尺測出具體直徑值，每分鐘只能測 1 根軸。經驗表明，軸的合格率為 99% 左右，若希望進行過程控製，應採取的最佳方案是（　　）。

　　A. 用塞規，每次檢測 100 件作為一個樣本，用 np 控製圖

　　B. 用塞規，每次檢測 500 件作為一個樣本，用 np 控製圖

　　C. 用遊標卡尺，每次連續檢測 5 根軸，用 $\bar{X}$-R 控製圖

　　D. 用遊標卡尺，每次連續檢測 10 根軸，用 $\bar{X}$-R 控製圖

74. 在計算出控製圖的上下控製限後，可以比較上下控製限與上下公差限的數值，這兩個限制範圍的關係是（　　）。

　　A. 上下控製限的範圍一定與上下公差限的範圍相同

　　B. 上下控製限的範圍一定比上下公差限的範圍寬

　　C. 上下控製限的範圍一定比上下公差限的範圍窄

　　D. 上下控製限的範圍與上下公差限的範圍一般不能比較

75. 一位工程師每天收集了 100~200 件產品，每天抽樣數不能保證相同，準備監控每天不合格品數，他應當使用以下哪種控製圖？（　　）

　　A. u 控製圖　　　　　　　　　　B. np 控製圖

　　C. c 控製圖　　　　　　　　　　D. p 控製圖

76. 在研究完改進措施後，決定進行試生產。試生產半月後，採集了 100 個數據，發現過程仍未受控，且標準差過大，平均值也低於目標要求。對於這三方面的問題的解決順序應該是（　　）。

　　A. 首先分析找出過程未受控的原因，即找出影響過程的異常變異原因，使過程達到受控

　　B. 首先分析找出標準差過大的原因，然後減小變異

　　C. 首先分析找出平均值太低的原因，用最短時間及最小代價調整好均值

　　D. 以上步驟順序不能肯定，應該根據實際情況判斷解決問題的途徑

77. 在性佳牌手機生產車間，要檢測手機的抗脈衝電壓衝擊性能。由於是破壞性檢驗，成本較高，每小時從生產線上抽一部來做檢測，共連續監測 4 晝夜，得到了 96 個數據。六西格瑪團隊中，王先生主張對這些數據畫「單值-移動極差控製圖」，梁先生主張將 3 個數據當作一組，對這 32 組數據作「$Xbar\text{-}R$ 控製圖」。這時你認為應使用的控製圖是（　　）。

    A. 只能使用「單值-移動極差控製圖」

    B. 只能使用「$Xbar\text{-}R$ 控製圖」

    C. 兩者都可以使用，而以「$Xbar\text{-}R$ 控製圖」的精度較好

    D. 兩者都可以使用，而以「單值-移動極差控製圖」的精度較好

78. 在實施六西格瑪項目時，力場分析（Force Field Analysis）方法可用於（　　）。

    A. 查找問題的根本原因

    B. 驗證項目的實施效果

    C. 確定方案實施可能帶來的好處和問題

    D. 定量分析變異源

79. 假設每次輪班可用時間為 7.5 小時，30 分鐘調整時間，15 分鐘計劃停工時間，15 分鐘用於設備意外。請問設備的時間開動率為（　　）%。

    A. 87　　　　　　　　　　　　B. 93

    C. 90　　　　　　　　　　　　D. 85

80. 有關全面生產性維護（TPM）的描述，不正確的是（　　）。

    A. TPM 應是團隊工作來完成

    B. TPM 強調一線員工積極參與

    C. TPM 的目的是消除因機器操作產生的故障、缺陷、浪費和損失

    D. TPM 就是縮短故障維修時間

81. 限制理論的主要關注領域是（　　）。

    A. 顧客需求　　　　　　　　　B. 價值流

    C. 準時交付　　　　　　　　　D. 消除流程中的「瓶頸」

82. 在質量功能展開（QFD）中，質量屋的「屋頂」三角形表示（　　）。

    A. 工程特徵之間的相關性　　　B. 顧客需求之間的相關性

    C. 工程特性的設計目標　　　　D. 工程特徵與顧客需求的相關性

83. 要求指「明示的、通常隱含的或必須履行的需求或期望」。下列說法中不正確的是（　　）。

    A.「明示的」可以理解為是規定的要求

    B.「通常隱含的」是指組織、顧客和其他相關的慣例或一般做法，所考慮的需求或期望是不言而喻的

    C.「必須履行的」是指顧客或相關方要求的或有強制性標準要求的

    D. 要求由顧客方提出

84. 對八項質量管理原則理解不正確的是（　　）。

A. 組織應當理解顧客當前和未來的需求，滿足顧客要求，并力爭超越顧客期望

B. 顧客對產品的喜愛度確立組織統一的宗旨及方向

C. 各級人員都是組織之本，只有他們的充分參與，才能使他們的才干為組織帶來收益

D. 將活動和相關的資源作為過程進行管理，可以更高效地得到期望的結果

二、多項選擇題

85. 在六西格瑪推進過程中，高層管理委員會的主要工作有（　　）。
    A. 確定企業戰略　　　　　　　　B. 參與六西格瑪項目選擇
    C. 計算六西格瑪項目收益　　　　D. 制訂企業整體的六西格瑪實施計劃

86. 六西格瑪項目控製階段的主要工作內容有（　　）。
    A. 改進方案試運行　　　　　　　B. 建立過程控製系統
    C. 將改進方案納入標準　　　　　D. 確定下一個改進機會

87. 六西格瑪管理方法（　　）。
    A. 起源於摩托羅拉，發展於通用電氣等跨國公司
    B. 其 DMAIC 改進模式與 PDCA 循環完全不同
    C. 是對全面質量管理特別是質量改進理論的繼承性新發展
    D. 可以和質量管理小組（QC）等改進方法，與 ISO 9001、卓越績效模式等管理系統整合推進

88. 推行六西格瑪管理的目的就是要（　　）。
    A. 將每百萬出錯機會缺陷數降低到 3.4
    B. 提升企業核心競爭力
    C. 追求零缺陷，降低劣質成本
    D. 變革企業文化

89. 顧客需求包括（　　）。
    A. 顧客及潛在顧客的需求　　　　B. 法規及安全標準需求
    C. 競爭對手的顧客需求　　　　　D. 供貨商的需求

90. 界定階段（Define）是六西格瑪 DMAIC 項目過程的第一步，在這個階段，我們應該做的工作包括（　　）。
    A. 確認顧客要求和確定過程　　　B. 更新和完善項目特許任務書
    C. 確定項目度量指標　　　　　　D. 明確問題的主要原因

91. 親和圖（Affinity Diagram）可應用於以下場合（　　）。
    A. 選擇最優方案　　　　　　　　B. 用於歸納思想，提出新的構思
    C. 整理顧客需求　　　　　　　　D. 評價最優方案

92. （　　）是一個好的項目問題陳述所共有的組成部分。
    A. 問題對象描述具體　　　　　　B. 有清楚的時間描述
    C. 結果可測量　　　　　　　　　D. 含有解決方案

93. 高端過程圖（SIPOC）能令員工瞭解企業的宏觀業務流程是由於（　　）。
   A. 它描述了每個詳細流程　　　　B. 它確認過程之顧客
   C. 它確認過程之供方　　　　　　D. 它闡明過程的結果

94. M 車間生產螺釘，為了估計螺釘的長度，從當日成品庫中隨機抽取 25 個螺釘，測量了它們的長度，樣本均值為 22.7 毫米，并且求出其長度總體均值的 95% 置信區間為（22.5，22.9）。下述哪些判斷是不正確的。（　　）
   A. 當日生產的螺釘中，有 95% 的螺釘的長度落入（22.5，22.9）之內
   B. 當日任取一個螺釘，其長度以 95% 的概率落入（22.5，22.9）之內
   C. 區間（22.5，22.9）覆蓋總體均值的概率為 95%
   D. 若再次抽取 25 個螺釘，樣本均值以 95% 的概率落入（22.5，22.9）之內

95. 在測量系統分析計算重複性和再現性時，相對於極差法而言，採用方差分析和方差估計法的優點是（　　）。
   A. 計算簡便　　　　　　　　　　B. 可以估計交互作用的影響
   C. 可以進行深層次的統計分析　　D. 是精確算法，計算結果沒有誤差

96. 對部分實施因子試驗的理解，下面說法正確的是（　　）。
   A. 混雜現象的出現是完全可以避免的
   B. 混雜現象的結果是可以選擇的
   C. 任何主效應與二階交互效應的混雜都必須避免
   D. 存在某些二階交互作用的混雜通常是可以允許的

97. 在下列哪些情況中可以使用方差分析方法。（　　）
   A. 比較多個正態總體的均值是否相等
   B. 比較多個正態總體的方差是否相等
   C. 比較多個總體的分布類型是否相同
   D. 分解數據的總變異為若干有意義的分量

98. 在試驗設計中，我們常常要將原來對於因子設定的各水平值實行「代碼化」。如在二水平時，把「高」「低」二水平分別記為「+1」及「-1」。這樣做的好處是（　　）。
   A. 比未代碼化時提高了計算的精度
   B. 代碼化後，可以通過直接比較各因子或因子間的交互作用的迴歸系數之絕對值以確定效應的大小，即迴歸系數之絕對值越大者該效應越顯著；而未代碼化時不能這樣判斷
   C. 代碼化後，刪除迴歸方程中某些不顯著的項時，其他各項迴歸系數不變；未代碼化時，在刪除某些不顯著的項時，其他各項迴歸系數可能有變化
   D. 由於代碼化後，各因子或因子間的交互作用的迴歸系數的估計量間相互無關，如果在對系數進行系數顯著性檢驗時，某系數 P 值較大（如大於 0.2），證明它們效應不顯著，可以直接將其刪除；而未代碼化時，各項迴歸系數間可能有關，因而即使某系數顯著性檢驗時的 P 值較大，也不能貿然刪除

99. 在改進階段中，安排了試驗的設計與分析，僅對新建立的模型進行一般的統計分析是不夠的，還必須進行殘差的診斷。這樣做的目的是（　　）。
    A. 判斷模型與數據的擬合是否有問題
    B. 判斷各主效應與交互效應是否顯著
    C. 協助尋找出因子的最佳設置，以使響應變量達到最優化
    D. 判斷試驗過程中試驗誤差是否有不正常的變化

100. 對於響應曲面方法的正確敘述是（　　）。
    A. 響應曲面方法是試驗設計方法中的一種
    B. 響應曲面方法是在最優區域內建立響應變量與各自變量的二次迴歸方程
    C. 響應曲面方法可以找尋到響應變量最優區域
    D. 響應曲面方法可以判明各因子顯著或不顯著

101. 在兩水平因子試驗時，增加若干個中心點的優點是（　　）。
    A. 可以得到純誤差項　　　　　　　　B. 檢驗模型的彎曲性
    C. 使模型係數的估計更準確　　　　　D. 不破壞正交性和平衡性

102. 在二水平全因子試驗中，通過統計分析發現因子 C 及交互作用 $A*B$ 是顯著的，而 A、B、D 均不顯著。則在選取最佳方案時，應考慮（　　）。
    A. 找出因子 A 的最好水平
    B. 找出因子 A 的最好水平
    C. 找出因子 A 和 B 的最好水平搭配
    D. 找出因子 D 的最好水平

103. 在因子設計階段，對 3 個因子 A、B 及 C，進行二水平全因子共 11 次試驗後，可以確認三者皆顯著，但卻發現了顯著的彎曲，決定增做些試驗點，形成響應曲面設計。一個團隊成員建議在新設計中使用 CCF（Central Composite Face-Centered Design，中心複合表面設計）。他這樣建議的好處是（　　）。
    A. 原有的 11 次試驗結果仍然可以利用
    B. 新設計仍保持有旋轉性（Rotatability）
    C. 新設計對每個因子仍只需安排 3 個水平
    D. 新設計對每個因子的代碼水平仍保持在（-1，1）範圍內

104. 穩健參數設計（田口方法）中的誤差因素，指的是（　　）。
    A. 元器件參數所取數值的誤差
    B. 用戶使用環境條件變化形成的誤差
    C. 重複試驗中的隨機誤差
    D. 產品製造過程中工藝條件變化形成的誤差

105. $Xbar-R$ 控制圖比 $X-R_s$（單值移動極差）控制圖應用更為普遍的原因在於（　　）。
    A. $Xbar-R$ 圖可適用於非正態的過程
    B. $Xbar-R$ 有更高的檢出力
    C. $Xbar-R$ 圖作圖更為簡便

D. Xbar–R 圖需要更少的樣本含量

106. 在芯片生產車間，每天抽 8 塊芯片檢查其瑕疵點個數。為了監測瑕疵點數，對於控製圖的選用，下列各項中，正確的是（　　）。

　　A. 使用 c 控製圖最方便

　　B. 也可以使用 u 控製圖，效果和 c 控製圖相同，但不如 c 控製圖方便

　　C. 也可以使用 p 控製圖，效果和 c 控製圖相同，但不如 c 控製圖方便

　　D. 使用 np 控製圖，效果和 c 控製圖相同

107. 在控製圖的應用中，可靈敏地檢測過程均值發生小偏移的控製圖有（　　）。

　　A. 平均值和極差控製圖

　　B. 累積和（CUSUM）控製圖

　　C. 指數加權滑動平均（EWMA）控製圖

　　D. 單值和移動極差控製圖

108. 在下列項目中，屬於防錯設計（Poka-Yoke）的是（　　）。

　　A. 汽車停車後車門未關好，報警器報警

　　B. 文件編輯後忘記保存，退出時詢問是否保存文件

　　C. 計算機的串口和相應插口被設計為梯形

　　D. 電梯門未關閉時不運行

109. 對於 PFMEA 的描述正確的是（　　）。

　　A. 一個過程只有一個失效模式

　　B. 增加檢測手段一般可以降低故障檢測難度

　　C. 降低風險發生的頻度需要清除造成故障的原因

　　D. 過程控製方法決定了失效的嚴重度

110. 下面各項中，關於 QFD 的正確表述是（　　）。

　　A. 質量屋的「屋頂」三角形表示工程措施之間的相關性

　　B. 如果沒有數據，可以不做市場競爭能力的評估

　　C. 各級質量屋是各自獨立的，互相之間沒有關係

　　D. 質量功能展開的四個階段可根據產品的規模和複雜程度等實際情況增加或減少

111. 在六西格瑪管理中，對於失效模式及影響分析（FMEA），下述哪些項的描述是正確的。（　　）

　　A. FMEA 用於評估失效模式的嚴重度、發生概率以及檢測失效的能力，進而計算其 RPN

　　B. 通過 FMEA 分析，可以將 RPN 較低的失效模式篩選掉，以減少 X 的數量

　　C. 失效模式越是容易探測，則探測度分數越高

　　D. 在決定失效模式效應的嚴重度時，只有在危害安全及違反法規時，才給予最高的評分 10 或 9

112. 某精益六西格瑪團隊決定要減少某企業吸塑工序的吸塑模具換模時間，你認為可能採用以下哪些方法進行原因分析和減少換模時間。（　　）

A. 內換模和外換模作業分析

B. 動作時間研究，并盡量將內換模作業轉換為外換模作業

C. 標準化作業，減少時間波動

D. 將外換模作業轉換為內換模作業

113. 繪制價值流圖的作用包括（　　）。

A. 分析流程中的非增值過程，使過程精益化

B. 顯示物流和信息流的聯繫

C. 瞭解整體過程流

D. 為精益概念提供藍圖

114. 以下哪些是屬於生產中的「七種浪費」。（　　）

A. 過量生產　　　　　　　　B. 運輸

C. 等待加工　　　　　　　　D. 等待檢驗

115. 在下列項目中，屬於防錯設計（Poka-Yoke）的是（　　）。

A. 帶有防盜器的汽車停車後，車主未鎖車前，防盜器發出警報聲

B. Word 文件編輯後退出 Word 時詢問是否保存文件

C. 打印機卡紙後不工作

D. 微波爐在門打開時不工作

116. 應用面向六西格瑪的設計（Design for Six Sigma, DFSS）是因為（　　）。

A. 過程質量和產品質量受設計的影響，而六西格瑪改進（DMAIC）的作用是有限的

B. 質量首先是設計出來的

C. DFSS 的方法可以替代 DMAIC

D. DFSS 是從源頭抓起，及早消除質量隱患，從根本上解決問題

117. 進行 FMEA 分析時對於風險大的故障模式必須（　　）。

A. 提供備件以便在出現該故障模式時更換

B. 規定在出現該故障模式時安排搶修

C. 採取設計和工藝的改進措施消除該故障模式或降低其風險

D. 採取措施降低該故障模式的嚴重度，發生頻率和檢測難度

118. 下列各項中，關於四個階段質量屋的正確表述是（　　）。

A. 四個階段的質量屋應當於產品研發進行到各自階段的時候分別建立

B. 質量功能展開的四個階段可根據產品的規模和複雜程度等實際情況增加或減少

C. 四個階段的質量屋是各自獨立的，互相之間沒有關係

D. 四個階段的質量屋在產品規劃階段就應同步建立，以後不斷進行疊代和完善

119. 下列各項中，關於面向製造和裝配的設計（DFMA）的表述，正確的是（　　）。

A. 產品設計必須考慮企業現行的工藝及其設施

B. 簡化設計、三化設計、互換性設計、防錯設計、虛擬設計和虛擬製造等方法都是 DFMA 的方法
C. 產品設計早期就應考慮與製造、裝配有關的約束和可能存在的問題，提高產品的可製造性和可裝配性
D. DFMA 應貫徹并執行工程的原則和採用團隊工作的方法

120. 某企業對手機外觀進行檢驗時，根據樣本中包含的不合格件數和不合格缺陷數判斷產品是否合格的方式屬於（   ）檢驗。

A. 計點　　　　　　　　　　B. 計量
C. 計數　　　　　　　　　　D. 計件

試卷 1　參考答案

一、單項選擇題

1. C	2. B	3. A	4. D	5. D
6. B	7. B	8. D	9. A	10. C
11. B	12. B	13. B	14. B	15. B
16. D	17. A	18. A	19. C	20. B
21. B	22. C	23. B	24. A	25. B
26. D	27. A	28. B	29. B	30. D
31. B	32. C	33. C	34. C	35. C
36. A	37. B	38. B	39. C	40. B
41. B	42. D	43. C	44. A	45. B
46. B	47. A	48. B	49. B	50. C
51. C	52. B	53. A	54. C	55. D
56. C	57. C	58. B	59. C	60. C
61. D	62. D	63. B	64. A	65. D
66. B	67. D	68. C	69. B	70. B
71. B	72. B	73. A	74. D	75. D
76. A	77. A	78. C	79. C	80. D
81. D	82. A	83. D	84. B	

二、多項選擇題

85. ABD	86. BC	87. ACD	88. BCD	89. ABC
90. ABC	91. BC	92. ABC	93. BCD	94. ABD
95. BC	96. BD	97. AD	98. BCD	99. AD
100. ABD	101. ABD	102. BC	103. ACD	104. ABD

105. AB　　　106. AB　　　107. BC　　　108. ABCD　　　109. BC
110. AD　　　111. ABD　　112. ABC　　113. ABCD　　　114. ABCD
115. ABD　　116. ABD　　117. CD　　　118. BD　　　　119. BCD
120. ACD

試卷 2　中國質量協會註冊六西格瑪綠帶考試樣題

一、單項選擇題

1. 在下列陳述中，不正確的是（　　）。
   A. 六西格瑪管理只是一種解決質量問題的工具
   B. 六西格瑪管理是企業獲取競爭優勢的戰略
   C. 六西格瑪管理是企業整體業務改進的管理模式
   D. 六西格瑪管理是不斷提高顧客滿意度的科學方法

2. 關於六西格瑪綠帶的描述，哪個是不正確的？（　　）
   A. 綠帶可以作為成員參與六西格瑪黑帶項目
   B. 綠帶可以作為項目組長負責六西格瑪綠帶項目
   C. 綠帶可以作為項目組長負責六西格瑪黑帶項目
   D. 綠帶可以作為組員參與六西格瑪綠帶項目

3. 朱蘭的質量管理三部曲是指（　　）。
   A. 質量策劃–質量控製–質量改進
   B. 質量目標–質量策劃–質量改進
   C. 質量戰略–質量目標–質量控製
   D. 質量分析–質量策劃–質量改進

4. 有關田口的質量損失函數和六西格瑪減少波動的理念，下列說法正確的是（　　）。
   A. 對於同一產品質量特性，只有超出規格範圍外的波動才會導致質量損失
   B. 對於同一產品質量特性，只要在規格範圍內，減少波動與減少質量損失沒有關係
   C. 對於同一產品質量特性，減少波動同時可以減少質量損失
   D. 對於同一產品質量特性，減少波動會增加質量損失

5. 精益生產的核心理念是（　　）。
   A. 實現拉動生產　　　　　　　B. 減少一切不必要的浪費
   C. 實現質量水平零缺陷　　　　D. 看板管理

6. 按照平衡記分卡的理論，企業培訓的六西格瑪倡導人、綠帶、黑帶和資深黑帶，可以作為下述哪個維度的指標納入企業的績效評價體系。（　　）
   A. 財務　　　　　　　　　　　B. 顧客

C. 內部流程　　　　　　　　D. 學習與成長

7. 在六西格瑪項目的界定（Define）階段進行問題陳述時，以下哪種描述是錯誤的？（　　）

　　A. 應闡明問題對企業戰略目標或顧客的影響

　　B. 要將造成問題的原因和改進方案一起描述

　　C. 應闡明問題發生的條件（時間、地點等）和頻率

　　D. 應闡明問題導致的損失

8. SMT（Surface Mount Technology，表面封裝技術）生產主要由錫漿印刷、插件和回流焊三道工序組成，某企業統計發現，該 SMT 生產線的 DPU＝0.04，產品在該生產線上的缺陷機會數為 200，則該 SMT 生產過程的 DPMO 為（　　）。

　　A. 8　　　　　　　　　　　　B. 200
　　C. 5,000　　　　　　　　　　D. 500

9. 根據 KANO 模型分析顧客對手機的需求，有人提出手機電池要安全（不能爆炸），這一需求應屬於（　　）。

　　A. 期望型需求（滿意度與滿足要求的程度成正比）

　　B. 興奮需求

　　C. 基本需求

　　D. 以上都不對

10. 有關 SIPOC 圖的描述，下列各項中，不正確的是（　　）。

　　A. SIPOC 圖描述了項目所涉及的範圍

　　B. SIPOC 圖描述項目的主要過程

　　C. SIPOC 圖描述了過程的輸入和輸出

　　D. SIPOC 圖描述了過程的增值活動和非增值活動

11. 某六西格瑪項目的主要任務是分析一個複雜的施工過程，并試圖縮短工期，通過作業分解已經掌握了各項活動的時間和前後關係。為了分析計算工期和優化資源，該項目組應該採用（　　）。

　　A. PDPC 法　　　　　　　　　B. 因果分析
　　C. 網路圖　　　　　　　　　　D. 排列圖

12. 以下是某企業的六西格瑪綠帶項目的選題，你認為哪一個選題不太妥當？（　　）

　　A. 減少 C 車間油料損耗量

　　B. 提高 D 企業產品的競爭力

　　C. 縮短 A 生產線換模時間

　　D. 降低 B 車間產線庫存量

13. 某六西格瑪團隊通過抽樣估計某生產過程生產的某零件的關鍵尺寸的均值，若過程是穩定的且抽樣是隨機的。第一次抽取 100 件產品，得到一組均值，若進一步增加樣本含量，置信水平不變，則均值的點估計和區間估計的變化趨勢為（　　）。

　　A. 均值的點估計基本不變，區間估計變小

B. 均值的點估計變小，區間估計不變

C. 均值的點估計基本不變，區間估計變大

D. 均值的點估計變大，區間估計不變

14. A 和 B 兩個供應商都提供 SMT 生產所需錫漿，想比較他們提供的錫漿的黏度是否相同，隨機抽取 A 和 B 供應商各 10 個批次的錫漿，為了判定 A 和 B 兩個供應商提供的錫漿的黏度是否相同，以下哪個做法是正確的？（　　）

A. 先檢查數據的獨立性和正態性，再檢查方差是否相等，最後進行雙樣本 t 檢驗

B. 先檢查方差是否相等，再檢查數據的獨立性和正態性，最後進行雙樣本 t 檢驗

C. 只需先檢查獨立性，直接進行配對 t 檢驗

D. 先檢查數據的獨立性和正態性，再進行雙樣本 t 檢驗，最後檢查方差是否相等

15. 假定某晶片生產過程檢測發現晶片的 DPU＝1，缺陷的出現是完全隨機的且服從泊松分布，則隨機抽取一片晶片，該晶片沒有缺陷的概率近似為（　　）%。

　A. 50　　　　　　　　　　　　B. 0

　C. 37　　　　　　　　　　　　D. 10

16. 確定項目選擇及項目優先級是下列哪個角色的責任？（　　）

　A. 黑帶　　　　　　　　　　　B. 黑帶大師

　C. 綠帶　　　　　　　　　　　D. 倡導者

17. 關於多變異分析（MVA）的說法，下列各項中，正確的是（　　）。

　A. MVA 的目的是確定主要的變異源

　B. MVA 的目的是對過程變異進行控制

　C. MVA 的目的是分析過程變異與規格的關係

　D. MVA 的目的是通過改變影響因素的變化觀察過程的變異

18. 有關價值流圖分析的說法，下列各項中，錯誤的是（　　）。

　A. 價值流圖分析的目的是發現各主要過程中的非增值環節和因素，并識別改進機會

　B. 價值流圖分析的主要目的是確定產品的生產價值或成本

　C. 現狀價值流圖表示當前生產流程的現狀，主要是揭示問題

　D. 未來價值流圖表示未來生產過程應該努力改進的方向

19. 某六西格瑪團隊在項目測量階段對某關鍵測量設備進行重複性和再現性分析，他們隨機選取了 3 名測量工，20 個被測零件，結果發現，$R\&R\% = 50\%$，且主要原因是由於再現性很差。你認為導致再現性差的最可能原因是哪一個？（　　）

　A. 3 名測量工人的測量方法有差異

　B. 20 個零件之間有顯著差異

　C. 測量設備的精度太差

　D. 選擇的測量工人人數太少

20. 某藥廠最近研製出一種新的降壓藥，為了驗證新的降壓藥是否有效，試驗可按如下方式進行：選擇若干名高血壓病人進行試驗，并記錄服藥前後的血壓值，然後通過統計分析來驗證該藥是否有效。對於該問題，應採用（　　）。
    A. 雙樣本均值相等性檢驗　　　　B. 方差分析
    C. F 檢驗　　　　　　　　　　D. 配對均值檢驗

21. 某空調企業的六西格瑪團隊想研究焊接缺陷出現的頻數和銅管的廠家和焊環的類型是否相關，為此收集了大量生產過程記錄的不同廠家的銅管和不同焊環類型下的缺陷點數。為了得到研究結論，你認為該團隊應該採用哪一種統計分析方法？（　　）
    A. 迴歸分析　　　　　　　　　　B. 列聯表
    C. t 檢驗　　　　　　　　　　D. F 檢驗

22. 某綠帶需要在項目改進階段使用試驗設計，他認為有 3 個連續變量的影響因素，準備進行全因子試驗，在角點重複 2 次，并在中心點做 3 次試驗。則總的試驗次數為（　　）。
    A. 11 次　　　　　　　　　　　B. 19 次
    C. 9 次　　　　　　　　　　　　D. 18 次

23. 在實施精益生產時，流程程序分析是非常重要的發現過程浪費的技術。有關流程程序分析的說法，下列各項中，不正確的是（　　）。
    A. 流程程序分析可以發現生產過程搬運、等待、貯藏等隱蔽成本的浪費
    B. 流程程序分析可以揭示生產過程物料搬運距離
    C. 流程程序分析可以揭示生產過程中的檢驗環節
    D. 流程程序分析的所有操作環節是增值的，而運輸、檢驗、存儲等都是不增值的

24. 某六西格瑪團隊擬採用均值－極差控製圖控製某註塑機註塑的零件關鍵尺寸，當團隊採用 DOE 優化了註塑模溫和壓力後，在均值控製圖上發現連續 15 個點均在中心線 1σ 內（即 C 區）。此現象表明（　　）。
    A. 按照控製圖判異準則，過程失控，參數優化失敗
    B. 過程均值發生了顯著變化
    C. 過程方差顯著增大，需要重新計算控製限
    D. 過程方差顯著減少，需要重新計算控製限

25. 關於基於并行質量工程的 DFSS 設計的表述，下列各項中，不正確的是（　　）。
    A. 基於并行質量工程的 DFSS 設計需要採用跨職能的組織方式
    B. 在產品設計早期階段就要考慮與製造有關的約束
    C. 基於并行質量工程的 DFSS 設計不需要供應商的參與
    D. 基於并行質量工程的 DFSS 設計要求并行開發產品和工藝

二、多項選擇題

26. 六西格瑪管理所體現的企業文化包括（　　）。

A. 顧客驅動
B. 基於事實和數據的管理
C. 跨職能團隊合作解決問題
D. 構建學習型組織

27. 下列哪些工具可以應用於分析影響一個結果的可能原因？（　　）
A. 因果圖（魚骨圖）
B. 關聯圖
C. 網路圖
D. 因果矩陣

28. 在實施六西格瑪管理的過程中，應用水平對比的主要目的是（　　）。
A. 通過水平對比確定本企業的改進機會
B. 通過水平對比確定項目的目標
C. 通過水平對比尋找改進方案
D. 通過水平對比證明比較弱的競爭對手要強

29. 某企業在購買新的生產設備時，有兩臺不同廠家的設備可以選擇，生產同樣的產品，對 A 廠家的設備進行過程能力分析，發現 $C_p = 1.4$，$C_{pk} = 1.0$；而 B 廠家的結果是 $C_p = 1.0$，$C_{pk} = 1.0$。假定兩臺設備的價格和廠家提供的服務均相同，你認為從質量角度應該選擇哪一家的設備？（　　）
A. 選擇 A 廠家，因為 A 廠家設備的加工精度更高
B. 選擇 B 廠家，因為 B 廠家設備的 $C_{pk} = C_p$，表明過程沒有漂移
C. 選擇 B 廠家，因為 B 廠家設備的 $C_{pk} < C_p$，表明過程有漂移
D. 選擇 A 廠家，因為 A 廠家的潛在能力更高

30. 以下哪些內容屬於質量成本中的內部故障成本？（　　）
A. 工廠內部缺陷產品的返修成本
B. 售後保修期內的缺陷產品在廠內的返修成本
C. 工廠內部缺陷產品報廢成本
D. 機器設備出現故障後的修理成本

31. 某六西格瑪團隊在對某關鍵測量設備進行重複性和再現性分析時發現，$R\&R\% = 40\%$，$P/T\% = 50\%$，假定被測樣本的選取是隨機的，樣本波動能代表實際生產過程的波動。據此可以推斷（　　）。
A. 測量系統能力不足
B. 測量系統能力充分
C. 過程能力不足，估計過程能力指數 C_p 小於 1.0
D. 過程能力充分，估計過程能力指數 C_p 大於 1.0

32. 在精益改進工具中，根據流程程序圖，採用「ECRS」原則進行改進時常用的方法。這裡「ECRS」的含義包括（　　）。
A. 刪除
B. 合并
C. 重排
D. 簡化

33. 快速換模技術（SMED），也稱快速換型，是一項重要的精益技術。請問下述關於 SMED 的陳述中，哪項是正確的？（　　）
A. 快速換模也稱單分鐘換模，要爭取換模時間小於 10 分鐘
B. 換模時間是指生產線上生產的前一種產品的最後一件合格品到生產出下一

種產品的首個合格品之間的間隔時間

C. 將換模時間分為內部換模時間和外部換模時間，并實現外部換模向內部換模的轉化即可縮短整個換模時間

D. 將換模時間分為內部換模時間和外部換模時間，并實現內部換模向外部換模的轉化即可縮短整個換模時間

34. 有關全因子試驗設計的應用條件，下列各項中，表述正確的是（　　）。

A. 因子的個數較少（在 5 個以內）

B. 因子個數較多，一般在 5 個以上

C. 因子和響應輸出之間是線性關係

D. 因子間可能存在交互作用

35. 為了評估六西格瑪項目改進方案，需要考慮方案造成的影響。下列哪些方法可以進行改進方案的評估？（　　）

A. 排列圖　　　　　　　　　　B. 魚骨圖的變形（反向魚骨圖）

B. 力場分析　　　　　　　　　D. 關聯圖

36. 某電子企業六西格瑪團隊擬對生產的晶體坯的頻率採用控製圖進行控製，有人建議採用均值-極差控製圖或均值-標準差控製圖，也有人建議用單值-移動極差控製圖，團隊需要根據抽樣的成本、樣本含量、檢測時間和過程的穩定性等確定採用哪一種控製圖。對於同一過程，有關三種不同控製圖的選擇，哪些是正確的？（　　）

A. 如果每次抽取 2~7 個晶體坯，最好用均值-極差控製圖

B. 如果每次抽取 7 個以上的晶體坯，最好用均值-極差控製圖

C. 如果每次抽取 7 個以上的晶體坯，最好用均值-標準差控製圖

D. 如果抽樣間隔期不變，採用單值-移動極差控製圖的檢出力（功效）最低

37. 下列各項中，屬於信號型 Poka-Yoke 的是（　　）。

A. 微波爐只有關門後才開始工作

B. 電腦視頻輸出口設計為梯形

C. 汽車車門沒有關閉，報警器報警

D. 關閉 WORD 文件時，系統提示是否保存

38. 某六西格瑪團隊採用 TPM 方法計算某關鍵設備的設備綜合效率（OEE），以下哪些指標會影響 OEE？（　　）

A. 設備時間利用率　　　　　　B. 設備當前節拍和理論節拍

C. 設備生產的產品的合格率　　D. 設備的換型時間

39. 有關 QFD 的表述，下列各項中，正確的是（　　）。

A. QFD 實質是用一種系統工程的觀點將顧客的需求轉化為工程特性

B. QFD 體現了以市場為導向，以顧客要求為產品開發唯一依據的指導思想

C. QFD 只是適用於產品設計的一種方法

D. QFD 是通過質量屋將顧客需求層層展開的

40. 在進行 PFMEA 時，要分析每道工序中每個操作的風險優先數（Risk Priority Number，RPN）。RPN 主要取決於哪些方面？（　　）

A. 失效（或故障）產生的後果的嚴重性
B. 失效（或故障）發生的概率
C. 失效（或故障）發生的檢測難易程度
D. 失效（或故障）發生的條件

試卷 2　參考答案

一、單項選擇題

1. A	2. C	3. A	4. C	5. B
6. D	7. B	8. B	9. C	10. D
11. C	12. B	13. A	14. A	15. C
16. D	17. A	18. B	19. A	20. D
21. B	22. B	23. D	24. D	25. C

二、多項選擇題

26. ABCD	27. ABD	28. ABC	29. AD	30. AC
31. AC	32. ABCD	33. ABD	34. ACD	35. BC
36. ACD	37. CD	38. ABCD	39. ABD	40. ABC

試卷 3　2016 年六西格瑪管理考試試題

一、單項選擇題

1. 六西格瑪項目團隊由項目所涉及的有關職能人員構成，一般由（　　）人組成。

A. 2～5　　　　　　　　　　　B. 5～7
C. 3～10　　　　　　　　　　 D. 10～15

2. 六西格瑪管理是由組織的（　　）推動的。

A. 最高領導者　　　　　　　　B. 倡導者
C. 黑帶　　　　　　　　　　　D. 綠帶

3. 在 DMAIC 改進流程中，常用工具和技術是過程能力指數、控製圖、標準操作程序、過程文件控製和防差錯方法的階段是（　　）。

A. D 界定階段　　　　　　　　B. M 分析階段
C. I 改進階段　　　　　　　　D. C 控製階段

4. 對應於過程輸出無偏移的情況，西格瑪水平 Z_0 是指規範限與（　　）的比值。

A. σ　　　　　　　　　　B. 2σ

C. 3σ   D. 六西格瑪

5. 關於六西格瑪團隊的組織管理，下列說法不正確的是（　　）。
   A. 六西格瑪團隊的建設要素包括使命、基礎、目標、角色、職責和主要里程碑六項
   B. 作為團隊負責任人的黑帶不僅必須具備使用統計方法的能力，同時還必須擁有卓越的領導力與親和力
   C. 特許任務書一旦確定下來就不允許做任何更改
   D. 六西格瑪團隊培訓的重點是六西格瑪改進

6. 六西格瑪管理中常將（　　）折算為西格瑪水平 Z。
   A. DPO   B. DPMO
   C. RTY   D. FTY

7. 某送餐公司為某學校送午餐，學校希望在中午 12：00 送到，但實際總有誤差，因而提出送餐的時間限定在 11：55—12：05 分，即 TL 為 11：55，TU 為 12：05。過去一個星期來，該送餐公司將午餐送達的時間分別為 11：50，11：55，12：00，12：05，12：10。該公司準時送餐的西格瑪水平為（　　）。（考慮1.5σ 的偏移）
   A. 0.63   B. 1.5
   C. 2.13   D. 7.91

8. 六西格瑪管理中，為倡導者提供六西格瑪管理諮詢，為黑帶提供項目指導與技術支持的是（　　）。
   A. 執行領導   B. 黑帶大師
   C. 綠帶   D. 項目團隊

9. 六西格瑪管理強調以（　　）為關注焦點。
   A. 顧客   B. 成本
   C. 質量   D. 效益

10. 關於項目特許任務書，下列說法中不正確的是（　　）。
    A. 六西格瑪管理中，特許任務書是提供關於項目或問題書面指南的重要文件
    B. 任務書包括進行項目的理由、目標、基本項目計劃、範圍和其他的考慮，以及角色職責的評價
    C. 任務書的內容由倡導者和團隊在改進階段更加精確地確定
    D. 特許任務書通常隨著 DMAIC 項目的進展而不斷完善

11. 某生產線有 3 道彼此獨立的工序，3 道工序的合格率分別為 90%、95%、98%，每道工序後有一檢測點，可檢出前道工序的缺陷，此時整條線的流通合格率為（　　）%。
    A. 85.50   B. 98
    C. 83.79   D. 90

12. （　　）是六西格瑪管理的重要切入點。
    A. 顧客   B. 企業內部過程
    C. 劣質成本   D. 學習與增長

13. 在一個多重步驟（多於 5 個）的過程中，每一過程的合格率可能都很高（如都在90%以上），RTY 為（　　），對於過程績效的詮釋更具洞察力。
  A. 50%或更低　　　　　　　　B. 50%
  C. 80%以上　　　　　　　　　D. 90%

14. 為了充分考慮過程中子過程的存在，找出隱蔽工廠的度量方法被稱為（　　）。
  A. 合格率　　　　　　　　　　B. 過程最終合格率
  C. 流通合格率　　　　　　　　D. 製造能力

15. 關於六西格瑪改進和六西格瑪設計，下列說法中不正確的是（　　）。
  A. 六西格瑪改進 DMAIC 是對現有流程的改進，即針對產品/流程的缺陷產生的原因採取糾正措施，進行改進，使之不斷完善
  B. 六西格瑪設計是按照合理的流程，運用科學的方法準確理解和把握顧客需求，對產品/流程進行穩健設計，使產品/流程在低成本下實現六西格瑪質量水平
  C. 作為一種管理方法，西格瑪管理包括「六西格瑪設計」和「六西格瑪改進」兩個重要方面
  D. 六西格瑪設計的功能是強化企業的現有產品生產和改進質量的過程

16. 六西格瑪是 20 世紀 80 年代中期由美國摩托羅拉公司創立的一種（　　）的方法。
  A. 質量策劃　　　　　　　　　B. 質量控制
  C. 質量改進　　　　　　　　　D. 質量管理

17. 通常把組織中經過六西格瑪管理方法與工具培訓的、能夠結合自己的本職工作完成範圍較小的六西格瑪項目的人員稱為（　　）%。
  A. 黑帶大師　　　　　　　　　B. 黑帶
  C. 綠帶　　　　　　　　　　　D. 倡導者

18. 某生產過程，計劃目標為 100 單元，過程包含 3 個子過程步驟，每個步驟都有獨立合格率 0.92、0.82、0.84，則 RTY 為（　　）。
  A. 49.3　　　　　　　　　　　B. 63.36
  C. 70.9　　　　　　　　　　　D. 92

19. 通常用（　　）來反應過程在滿足顧客需求方面的效率。
  A. DPO　　　　　　　　　　　B. DPMO
  C. RTY　　　　　　　　　　　D. FTY

20. 流通合格率 RTY 旨在（　　）。
  A. 提高企業的「製造能力」
  B. 衡量企業的「製造能力」
  C. 提高企業的「過程質量」能力
  D. 衡量企業的「過程質量」能力

21. 某產品有 4 個特性指標，在 20,000 個產品中，有 100 個產品存在 800 處缺陷。

那麼該產品的 DPMO 值是（　　）。
  A. 20,000　　　　　　　　　　B. 10,000
  C. 12,500　　　　　　　　　　D. 1,250

22. 負責六西格瑪在組織中的部署并構建六西格瑪管理基礎是（　　）的責任。
  A. 綠帶　　　　　　　　　　　B. 黑帶
  C. 黑帶大師　　　　　　　　　D. 倡導者

23. 關於六西格瑪團隊問題的確定和團隊領導的選擇，下列說法中正確的是（　　）。
  A. 先確定問題再選擇團隊領導
  B. 先選擇團隊領導在確定問題
  C. 問題的確定和團隊領導的選擇同時進行
  D. 兩者的順序應視實際情況而定

24. 通常情況下，六西格瑪質量水平對應於（　　）的缺陷率。
  A. 0.002,7PPM　　　　　　　　B. 0.27PPM
  C. 3.0PPM　　　　　　　　　　D. 3.4PPM

25. 關於六西格瑪理想的改進項目，下列說法中不正確的是（　　）。
  A. 在成本節省方面具有很大的潛力
  B. 可以大幅度提高產品質量的問題
  C. 涉及關鍵過程輸出變量的有關問題
  D. 顧客和經營者都比較關心的問題

26. 通常所說的六西格瑪質量水平對應於 3.4PPM 缺陷率，是考慮了過程輸出質量特性的分布中心相對目標值有（　　）偏移的情況。
  A. $+1.5\sigma$　　　　　　　　　　B. -1.5σ
  C. $\pm1.5\sigma$　　　　　　　　　　D. 3σ

27. 缺陷機會數是指（　　）。
  A. 產品、服務或過程的輸出沒有達到顧客要求或超出規範規定
  B. 產品、服務或過程的輸出可能出現缺陷之處的數量
  C. 每次機會中出現缺陷的比率表示了每個樣本量中缺陷數占全部機會數的比例
  D. 每次機會中出現缺陷的比率占每個樣本量中缺陷總數的比例

28. 在某檢驗點，對 1,000 個某種零件進行檢驗，每個零件上有 10 處缺陷機會，結果發現 16 個零件不合格，合計 32 個缺陷，則 DPMO 為（　　）。
  A. 3,200　　　　　　　　　　　B. 32,000
  C. 0.003,2　　　　　　　　　　D. 1,600

29. 實施六西格瑪的組織中的關鍵角色是（　　）。
  A. 執行領導　　　　　　　　　B. 倡導者
  C. 黑帶大師　　　　　　　　　D. 黑帶

30. 在 DMAIC 改進流程中，使改進後的過程程序化并通過有效的監測方法保持過

程改進的結果，這是（　　）。
  A. 分析階段　　　　　　　　　B. 改進階段
  C. 測量階段　　　　　　　　　D. 控制階段

31. 六西格瑪策劃中，項目被確定的標誌是（　　）。
  A. 申請報告　　　　　　　　　B. 項目需求書
  C. 項目特許任務書　　　　　　D. 項目改進書

32. 某六西格瑪團隊界定某項目過程的輸出時，明確某產品可能出現的缺陷有甲、乙、丙三種。經過調查統計2個月的數據，結果是在抽樣的200個產品中，發現甲種的缺陷個數為2、乙種的個數為3、丙種的個數為1，則DPMO為（　　）。
  A. 600　　　　　　　　　　　B. 10,000
  C. 30,000　　　　　　　　　　D. 60,000

33. 假定在500塊電路板中，每個電路板都含有2,000個缺陷機會。若在製造這500塊電路板時共發現18個缺陷，則其機會缺陷率為（　　）。
  A. 0.001,8%　　　　　　　　 B. 0.14%
  C. 0.9%　　　　　　　　　　 D. 1.4%

二、多項選擇題

1. 過程最終合格率與流通合格率的區別在於（　　）。
  A. 流通合格率旨在反應企業的「過程質量」能力
  B. 過程最終合格率充分考慮了過程中子過程的存在
  C. 在一個多工序的過程中，每個工序經過返工後的合格率可能都很高，但流通合格率可能卻很低
  D. 過程最終合格率主要考慮全過程的進展情況
  E. 流通合格率能發現和揭示製造過程中的「隱蔽工廠」

2. 下列各項中，關於六西格瑪改進流程的描述正確的有（　　）。
  A. 六西格瑪項目的選擇原則之一——可管理，是指該項目可指派人員進行監督管理
  B. 作為一種管理方法，六西格瑪管理包括「六西格瑪改進」和「六西格瑪設計」
  C. 一般六西格瑪改進流程包括D定義、M測量、A分析、I改進和C控製五個階段
  D. 六西格瑪改進流程主要解決現有流程中的波動問題
  E. 六西格瑪設計流程可以用來解決六西格瑪改進流程無法解決的問題

3. 關於DMAIC改進流程，下列說法中錯誤的有（　　）。
  A. 界定階段D，確定顧客的關鍵需求并識別需要改進的產品或過程，將改進項目界定在合理的範圍內
  B. 測量階段M，通過對現有過程的測量，確定過程的基線以及期望達到的目標，識別影響過程輸出Y的輸入X_s，并對測量系統的有效性做出評價

C. 改進階段 I，通過數據分析確定影響輸出 Y 的關鍵 X_s，即確定過程的關鍵影響因素

D. 分析階段 A，尋找優化過程輸出 Y 并且消除或減小關鍵 X_s 影響的方案，使過程的缺陷或變異降低

E. 控製階段 C，使改進後的過程程序化并通過有效的監測方法保持過程改進的成果

4. 六西格瑪項目團隊的活動階段可分為（　　）。

  A. 項目識別及選擇　　　　　　B. 形成團隊
  C. 團隊考核　　　　　　　　　D. 確定特許任務書
  E. 培訓團隊

5. 六西格瑪理想的改進項目必須為（　　）。

  A. 在成本節省方面具有很大的潛力
  B. 涉及關鍵過程輸出變量的有關問題
  C. 顧客和經營者都比較關心的問題
  D. 產品供應量的相關問題
  E. 企業內部過程優化的問題

6. 六西格瑪管理倡導者是實施六西格瑪的組織中的關鍵角色，他們負有的職責有（　　）。

  A. 負責六西格瑪管理在組織中的部署
  B. 構建六西格瑪管理基礎
  C. 向執行領導報告六西格瑪管理的進展
  D. 組織確定六西格瑪項目的重點
  E. 負責六西格瑪管理實施中的溝通與協調

7. 六西格瑪管理通過（　　）途徑來實現顧客與組織的雙贏。

  A. 加強監督、提高質量　　　　　B. 減少缺陷、降低成本
  C. 關注顧客、增加收入　　　　　D. 實施標準、獲得認證
  E. 廣泛參與、質量改進

8. 下列職責中，屬於黑帶職責的有（　　）。

  A. 協調和指導跨職能的六西格項目
  B. 領導六西格瑪項目團隊，實施并完成六西格瑪項目
  C. 識別過程改進機會
  D. 選擇最有效的工具和技術
  E. 為綠帶提供項目指導

9. 六西格瑪管理所強調的方面有（　　）。

  A. 強調以效率先基礎，提高企業的經濟效益
  B. 強調以顧客為關注焦點，并將持續改進與顧客滿意以及企業經營目標緊密地聯繫起來
  C. 強調依據數據進行管理，并充分運用定量分別和統計思想

D. 強調面向過程，并通過減少過程的變異或缺陷實現降低成本與縮短週期

E. 強調變革組織文化以適應持續改進的需要

10. 關於過程的最終合格率，下列說法中正確的有（　　）。

A. 不能計算該過程在通過最終檢驗前發生的返工、返修或報廢的損失

B. 充分考慮了過程中子過程的存在

C. 用來衡量企業的製造能力

D. 旨在提高企業「過程質量」的能力

E. 能夠找出返工等「隱藏工廠」的因素

11. 西格瑪水平的含義理解正確的有（　　）。

A. 西格瑪水平是企業對商品質量要求的一種度量

B. 西格瑪水平越高，過程滿足顧客要求的能力就越強，過程出現缺陷的可能性就越小

C. 西格瑪水平越低，過程滿足顧客要求的能力就越低，過程出現缺陷的可能性就越小

D. 西格瑪水平是過程滿足顧客要求能力的一種度量

E. 西格瑪水平越低，過程滿足顧客要求的能力就越低，過程出現缺陷的可能性就越大

12. 作為一種管理方法，六西格瑪管理包括的重要方面有（　　）。

A. 六西格瑪定型　　　　　　　B. 六西格瑪設計

C. 六西格瑪改進　　　　　　　D. 六西格瑪驗證

E. 六西格瑪確定

13. 下列各項中，關於六西格瑪與四西格瑪質量的比較正確的有（　　）。

A. 四西格瑪水平每天有 15 分鐘供水不安全；六西格瑪水平每 7 個月有 1 分鐘供水不安全

B. 四西格瑪水平每小時有 20,000 件郵件送錯，六西格瑪水平每小時有 7,000 件郵件送錯

C. 四西格瑪水平每週有 5,000 個不正確的手術，六西格瑪水平每週有 17 個不正確的手術

D. 四西格瑪水平每月有 7 小時停電；六四格瑪水平每 34 年有 1 小時停電

E. 四西格瑪水平每年有 20 萬次錯誤處方；六西格瑪水平每年有 68 次錯誤處方

14. 下列各項中，關於六西格瑪管理的說法正確的有（　　）。

A. 六西格瑪管理是 20 世紀 80 年代初期由美國通用電氣公司創立的一種質量改進方法

B. DMAIC 方法是六西格瑪管理中現有流程進行突破式改進的主要方式

C. 六西格瑪管理是通過過程的持續改進，追求卓越質量，提高顧客滿意度，降低成本的一種質量改進方法

D. 六西格瑪管理是根據組織趕超同業領先目標，針對重點管理項目自上而下進行的質量改進

E. 六西格瑪管理不同於以往的質量管理，是一門全新的科學

15. 六西格瑪管理中，執行領導者的職責是（　　）。
    A. 負責六西格瑪管理在組織中的部署
    B. 確定組織的戰略目標和組織業績的度量系統
    C. 在組織中建立促進應用六西格瑪管理方法與工具的環境
    D. 組織確定六西格瑪項目的重點
    E. 負責六西格瑪管理實施中的溝通與協調

16. 六西格瑪質量的理解有兩方面的含義，它們是（　　）。
    A. 質量特性必須滿足顧客的需求
    B. 供求關係必須均衡
    C. 避免缺陷
    D. 產品成本必須達到最低水平
    E. 產品的翻新速度必須提高

17. 六西格瑪管理中常用的度量指標有（　　）。
    A. 西格瑪水平 Z
    B. 綜合缺陷數 ZPO
    C. 單位缺陷數 DPO
    D. 首次產出率 FTY
    E. 流通合格率 RTY

18. 六西格瑪管理綜合體系框架的核心包括（　　）。
    A. 管理承諾
    B. DMAIC 改進模式
    C. 各方參與
    D. 六西格設計 DFSS
    E. 測量體系

19. 下列各項中，屬於六西格瑪團隊組成要素的有（　　）。
    A. 使命
    B. 基礎
    C. 培訓
    D. 目標
    E. 角色

20. 組織的六西格瑪管理是由執行領導、（　　）和項目團隊傳遞并實施的。
    A. 倡導者
    B. 提議者
    C. 黑帶大師
    D. 黑帶
    E. 綠帶

21. 下列各項中，有關西格瑪水平 Z 的計算公式有（　　）。
    A. $Z = Z_0 - 1.5$
    B. $Z = Z_0 + 1.5$
    C. $Z = \dfrac{TU - TL}{2\delta} + 1.5$
    D. $Z = \dfrac{TU - TL}{1.5\delta} + 1.5$
    E. $Z = \dfrac{TU - TL}{2\delta} - 1.5$

22. 關於過程最終合格率和流通合格率，下列說法中正確的有（　　）。
    A. 過程的最終合格率通常是指通過檢驗的最終合格單位數占過程全部生產單位數的比率

B. 過程的最終合格率能計算出過程的輸出在通過最終檢驗前發生的返工、返修或報廢的損失
C. 隱蔽工廠僅出現在製造過程，在服務過程不會出現
D. 流通合格率是一種能夠找出隱蔽工廠的「地點和數量」的度量方法
E. 隱蔽工廠出現在服務過程，在製造過程不會出現

23. 在六西格瑪策劃時，衡量六西格瑪項目的標準有（　　）等。
  A. 財務   B. 企業內部過程
  C. 學習與增長   D. 技術水平
  E. 管理能力

24. 西格瑪水平是過程滿足顧客要求能力的一種度量，西格瑪水平越高，過程滿足顧客要求的能力就越強。

（1）在正態分布中心無偏移情況下，西格瑪水平 Z_0 為 3 時，其特性落在規範限內的百分比是（　　）%。
  A. 68.27   B. 95.45
  C. 99.73   D. 99.993,7

（2）在正態分布中心向左或向右移動 1.50σ 情況下，西格瑪水平 Z 為 3 時，其特性落在規範限內的百分比是（　　）%。
  A. 30.23   B. 69.13
  C. 93.32   D. 99.379

（3）在正態分布中心向左或向右移動 1.5σ 情況下，西格瑪水平 Z 為 6 時，PPM 缺陷率是（　　）。
  A. 0.57   B. 3.4
  C. 63   D. 233

試卷 3　參考答案

一、單項選擇題

1. C	2. A	3. D	4. B	5. C
6. B	7. C	8. B	9. A	10. C
11. C	12. C	13. B	14. C	15. D
16. C	17. C	18. B	19. C	20. C
21. B	22. D	23. C	24. D	25. B
26. C	27. B	28. A	29. B	30. D
31. C	32. B	33. A		

二、多項選擇題

1. ACE	2. BCE	3. CD	4. ABDE	5. ABC

6. ABCE	7. BC	8. BCDE	9. BCDE	10. AC
11. BDE	12. BC	13. ADE	14. BCD	15. BCD
16. AC	17. ACDE	18. BD	19. ABDE	20. ACDE
21. BC	22. AD	23. ABC		

24.（1）C　（2）C　（3）B

第五篇
質量管理
有關參考文件

附錄一　ISO 9000 認證程序簡介

一、提出申請

申請者（如企業）按照規定的內容和格式向體系認證機構提出書面申請，并提交質量手冊和其他必要的信息。體系認證機構在收到認證申請之日起 60 天內做出是否受理申請的決定，并書面通知申請者；如果不受理申請，應說明理由。

二、體系審核

體系認證機構指派審核組對申請的質量體系進行文件審查和現場審核，只有當文件審查通過後方可進行現場審核。

三、審批發證

體系認證機構審查審核組提交的審核報告，對符合規定要求的批准認證，向申請者頒發體系認證證書，證書有效期為終身，但是必須要在三年或五年換一次證書，對不符合規定要求的辦證機構應書面通知申請者。

四、監督管理

對獲準認證後的監督關係有以下幾項規定：

（1）標誌的使用。體系認證證書的持有者應按體系認證機構的規定使用專用的標誌。

（2）通報證書的持有者改變其認證審核時的質量體系，應及時將更改情況通報體系認證機構。體系認證機構根據具體情況決定是否需要重新評定。

（3）監督審核。體系認證機構對證書持有者的質量體系每年至少進行一次監督審核，以使其質量體系繼續保持。

（4）監督後的處置。如果監督審核證實其體系繼續符合規定要求時，則保持其認證資格；反之，則視其不符合的嚴重程度，由體系機證機構決定暫停使用認證證書的標誌，或撤銷認證資格，收回其體系認證證書。

（5）換發證書。在證書有效期內，如果遇到質量體系標準變更，或者體系認證的範圍變更，或者證書的持有者變更時，證書持有者可以申請換發證書。

（6）註銷證書。在證書有效期內，由於體系認證規則或體系標準變更或其他原因，證書的持有者不願保持其認證資格的，體系認證機構應收回其認證證書，并註銷認證資格。

附錄二　全國質量獎介紹

為貫徹落實《中華人民共和國產品質量法》，表彰在質量管理方面取得突出成效的企業，引導和激勵企業追求卓越的質量經營，提高企業綜合質量和競爭能力，更好地適應社會主義市場經濟環境，更好地服務社會、服務用戶、推進質量振興事業，特設立全國質量獎（以下簡稱質量獎）。質量獎是對實施卓越的質量經營并取得顯著的質量、經濟、社會效益的企業或組織授予的在質量方面的最高榮譽。

目前質量獎的獎項設置包括大中型企業、小企業、服務業、特殊行業。在層級設置上包括質量獎、入圍獎、鼓勵獎。

質量獎評審遵循為企業服務的宗旨，堅持「高標準、少而精」和「優中選優」的原則，根據 GB/T 19580—2004《卓越績效評價準則》國家標準對企業進行科學、客觀、公正的評審。

質量獎每年評審一次。由中國質量協會（以下簡稱中國質協）按照《全國質量獎評審管理辦法》和《全國質量獎評審程序規範》的相關要求和規定實施評審。

質量獎評審範圍為工業（含國防工業）、工程建築、交通運輸、郵電通信及商業、貿易、旅遊等行業的國有、股份、集體、私營和中外合資及獨資企業。非緊密型企業集團不在評審範圍之內。

質量獎評審機構由質量獎審定委員會和質量獎工作委員會兩級機構組成，工作委員會常設辦事機構為質量獎工作委員會辦公室。

質量獎審定委員會由政府、行業、地區主管質量工作的部門負責人及權威質量專家組成。負責研究、確定質量獎評審工作的方針、政策，批准質量獎評審管理辦法及評審標準，審定獲獎企業名單。

質量獎工作委員會由具有理論和實踐經驗的質量管理專家、質量工作者和地方、行業質協負責人組成。負責實施質量獎評審，并向審定委員會提出獲獎企業推薦名單。

質量獎工作委員會辦公室設在中國質協，其主要工作是：擬訂、修改質量獎評審管理辦法；評聘質量獎評審人員；組織實施質量獎資格審查、資料評審和現場評審；對獲獎企業進行監督和幫促。

附錄三　全國質量獎管理辦法

第一章　總則

第一條　為貫徹落實《中華人民共和國產品質量法》，表彰在質量管理方面取得突出成效的組織，引導和激勵組織追求卓越的質量管理經營，提高組織綜合質量和競爭能力，更好地適應社會主義市場經濟環境，更好地服務社會、服務用戶、推進質量振興事業，中國質量協會在國家質檢總局的指導下，設立全國質量獎（以下簡稱質量獎）。為了科學、客觀、公正地開展質量獎評審工作，制定本辦法。

第二條　質量獎是對實施卓越的質量管理并取得顯著的質量、經濟、社會效益的組織授予的在質量方面的最高獎勵。

第三條　質量獎評審遵循為組織創造價值的宗旨，堅持「高標準、少而精」和「優中選優」的原則，根據質量獎評審標準對組織進行科學、客觀、公正的評審。

第四條　質量獎每年組織評審，按照評審標準、組織的質量管理實際水平，適當考慮組織規模，以及國家對中小企業的扶植等政策確定授獎獎項。

第二章　獎項設置

第五條　目前質量獎獎項設置有：製造、建築業，服務業，小企業。今後根據需要可以進行調整和增加獎項。

第三章　組織機構、職責

第六條　質量獎評審機構由質量獎審定委員會和質量獎工作委員會兩級機構組成，工作委員會常設辦事機構為質量獎工作委員會辦公室。

第七條　質量獎審定委員會由政府、行業、地區主管質量工作的部門負責人及有權威的質量專家組成。負責研究、確定質量獎評審工作的方針、政策，批准質量獎評審管理辦法及評審標準，審定獲獎組織名單。

第八條　質量獎工作委員會由具有理論和實踐經驗的質量管理專家、質量工作者和評審人員組成。負責實施質量獎評審，并向審定委員會提出獲獎組織推薦名單。

第九條　質量獎工作委員會辦公室設在中國質協，其主要工作是：擬訂、修改質量獎評審管理辦法和評審標準；培訓、評聘質量獎評審人員；組織實施質量獎資格審查、資料評審和現場評審；對獲獎組織進行監督和幫促。

第四章　評審人員

第十條　質量獎評審人員應具備以下資格條件：

（一）能認真貫徹執行黨的方針、政策，熟悉國家有關質量、經濟的法律法規和規定。

（二）教育水平：具有大學或大學以上文化程度。

（三）培訓：接受過全面質量管理相關知識系統培訓，掌握質量管理新知識和方法。

（四）經歷：具有五年以上的質量管理、技術或專業工作經歷，有豐富的質量管理實踐經驗。

（五）能力：掌握評審的方法和技巧（可通過評審專業培訓獲得），具有敏銳的觀察力和準確、快速的反應能力，并具有較強的綜合分析判斷能力，以及善於與人交往并具備自身獨立性的能力。

（六）認真履行評審人員職責，嚴格遵守評審紀律，公正嚴明。

第十一條 對符合資格條件的申報人員，由質量獎工作委員會辦公室組織進行系統的質量獎評審專業培訓和考核，經考核合格，確認為質量獎評審人員，并由中國質協頒發證書。對取得資格的評審人員，要根據質量獎評審標準與實踐的發展不斷地進行再培訓。

第五章 評審標準

第十二條 經全國質量獎工作委員會建議，審定委員會審議通過，決定自2005年起全國質量獎評審標準採用GB/T 19580—2004《卓越績效評價準則》國家標準。標準吸收和借鑑了國外質量獎評價標準，注重組織從領導作用、戰略策劃、顧客和市場調查、人力資源管理、過程管理，直至售後服務的全過程控製，更注重組織運作績效、滿足顧客需要和持續改進能力，以及外部環境變化時組織的應變能力和發展潛能。

第六章 組織申報條件

第十三條 組織應在推行全面質量管理并取得顯著成效的前提下，對照評審標準，在自我評價的基礎上提出申報。

第十四條 申報組織必須是中華人民共和國境內合法註冊與生產經營的組織，并具備以下基本條件：

（一）認真貫徹實施ISO 9000族標準，建立、實施并保持質量管理體系，已獲認證註冊；對有強制性要求的產品已獲認證註冊；提供的產品或服務符合相關標準要求。

（二）近三年，有獲得用戶滿意產品，并獲全國實施卓越績效模式先進企業（全國質量效益型先進企業）稱號。

（三）認真貫徹實施ISO 14000族標準，建立、實施并保持環境管理體系；組織三廢治理達標。

（四）組織連續三年無重大質量、設備、傷亡、火災和爆炸事故（按行業規定）及重大用戶投訴。

（五）由所屬行業或所在地區質協對申報組織進行推薦，提出對申報組織的質量管理評價意見。評審中將優先考慮行業和地區雙推薦組織。外資或獨資企業可以不經推

薦，直接申報。

第七章　評審程序

　　第十五條　組織申報。凡符合質量獎申報基本條件的組織，根據自願的原則，填寫全國質量獎申報表，按照評審標準和填報要求，對本組織經營質量管理業績進行自我評價和說明。將全國質量獎申報表、自我評價報告及必要的證實性材料一并寄送全國質量獎工作委員會辦公室。

　　第十六條　資格審查。質量獎工作委員會辦公室對申報組織的基本條件、評價意見和材料的完整性進行審查。

　　第十七條　資料評審。質量獎工作委員會辦公室組織評審專家對資格審查合格的組織進行資料評審。質量獎工作委員會根據資料評審結果，按照優中選優的原則確定現場評審組織名單。

　　第十八條　經資料評審，未能進入現場評審的組織，評審專家組將針對組織的優勢和不足，提供資料評審反饋報告。

　　第十九條　現場評審。質量獎工作委員會辦公室組織評審專家組對資料評審後確定的組織進行現場評審。評審專家組給出現場評審意見并提出存在的問題，形成現場評審報告。

　　第二十條　綜合評價。質量獎工作委員會對申報組織的全國質量獎申報表、現場評審報告等進行綜合分析，擇優推薦，提出獲獎組織推薦名單。

　　第二十一條　審定。審定委員會聽取評審工作報告，審定獲獎組織。

第八章　評審費用

　　第二十二條　申報組織需交納：申報費 1,000 元；資料評審費 4,000 元；現場評審費 3,000 元／人·天數；

　　現場評審費由接受現場評審的組織按評審人天數交納。評審人天數根據組織規模、產品結構和生產複雜程度確定。評審專家組成員的交通、食宿費用由接受現場評審的組織承擔。其中，評審專家交通費用按實際發生報銷，評審專家食宿費用由質量獎工作委員會辦公室按標準統一收取，現場評審時評審專家的食宿由辦公室統一安排。食宿費用標準根據地域不同而異：經濟發達地區 500 元／人·天，其他地區 300 元／人·天。

第九章　獲獎組織的管理

　　第二十三條　獲獎組織應從本組織實際出發，制定提高質量水平的新目標，不斷應用質量管理的新理論、新方法，創造出具有本組織特色的質量管理實踐和經驗。

　　第二十四條　質量獎工作委員會對獲獎組織進行必要的監督，每三年對獲獎組織的經營管理、綜合績效的穩定性及發展趨勢進行確認，并將確認結果在報紙、雜誌上予以公布。

　　第二十五條　獲獎組織有義務宣傳、交流其質量管理的成功經驗，帶動中國廣大組織整體水平提升。

第二十六條 獲獎組織五年內不得再申報，把機會留給更多的組織。五年後可自願提出申請，重新按規定的評審程序和當年的評審標準進行評審。

第二十七條 獲獎組織如發生下列情況之時，應在一個月內書面報告中國質協：

（一）發生重大質量、設備、傷亡、火災和爆炸事故；

（二）國家、行業、地區監督抽查產品或服務質量不合格；

（三）用戶對質量問題反應強烈，有顧客、員工、供應商、股東、社會等相關方的重大投訴。

第十章　評審紀律

第二十八條 質量獎評審堅持「科學、客觀、公正」的原則，做到程序化和規範化，提高透明度，接受政府、新聞界、社會和公眾的監督。

第二十九條 評審人員要公正廉明，實事求是，團結協作，講求效率，工作認真，保守機密。對違反紀律者，視情節輕重，給予批評、警告，直至撤銷評審人員資格的處分。涉及法律責任的由司法部門處理。

第三十條 申報、接受評審的組織要實事求是，不弄虛作假。對違反紀律的組織，視情節輕重，給予批評警告，撤銷申報及接受評審的資格。

第三十一條 建立評審和接受評審單位雙向監督反饋製度。接受評審組織要對評審人員工作質量做出評價，反饋給中國質協。評審人員要對接受評審組織的守紀情況做出評價，反饋給中國質協。

第十一章　獎勵

第三十二條 對獲獎組織，中國質協授予全國質量獎獎杯和證書，并在全國性媒體上公布獲獎組織名單，進行表彰；在全國宣傳、推廣獲獎組織的先進經驗，引導廣大組織向先進的質量管理經營模式學習，推進質量水平的整體提高。

第三十三條 獲得全國質量獎的組織可以在廣告等有關宣傳中正確使用全國質量獎標示，但不得在產品上標註全國質量獎標示。如果在產品的包裝上標註全國質量獎標示，必須註明是組織獲得全國質量獎及相關獲獎年份，并確保不能造成產品獲獎的誤解。

第十二章　附則

第三十四條 本辦法自二〇〇八年起實行。其解釋權屬中國質協。

附錄四　日本戴明獎介紹

　　戴明獎是歷史悠久的質量獎項，由日本科技聯盟於 1951 年創立，旨在通過開展全面質量管理，推進質量改進，變革日本企業的管理方法，對日本戰後經濟振興和高速發展做出了貢獻。戴明獎共分為三類：戴明獎個人獎、戴明卓越傳播推廣服務獎（國外）、戴明實施獎。戴明獎個人獎，授予個人或團體，表彰在 TQM 或 TQM 數理統計方法的研究方面，或者對 TQM 的傳播方面做出突出貢獻者；戴明卓越傳播推廣服務獎，授予主要活動在日本以外的個人，表彰對 TQM 的傳播、推廣做出重大貢獻的個人，3~5 年評選一次；戴明實施獎，授予組織，包括公司、研究機構、組織的分支機構、營運的業務單元和總部，表彰實施與其管理哲學、經營範圍/類型/規模以及管理環境相適應的 TQM 的組織。戴明獎把質量看成由過程來決定的，因此總目標是對確保質量的形成過程進行控製，并注重統計質量控製技術的應用。戴明獎的授獎範圍已經從日本國內擴展到國外。截至 2011 年，共 228 家組織獲得戴明實施獎（組織獎），其中日本 188 家、海外 40 家。

附錄五　EFQM 卓越獎介紹
（原歐洲質量獎）

　　EFQM 卓越獎（原歐洲質量獎）是歐洲最負聲望的授予卓越組織的獎項。1991 年，由歐洲委員會副主席馬丁·本格曼先生倡議，歐洲委員會、歐洲質量組織（EOQ）和歐洲質量管理基金會（EFQM）共同發起，每年頒發一次。它面向歐洲每一個高績效的組織，重在表彰卓越的企業，并幫助所有申請者追求卓越。EFQM 卓越獎定位於歐洲幾十個國家和地區質量獎項的頂端，申請者通常都已經獲得了所在國家和地區的質量獎。EFQM 卓越獎在獎項設置上包括卓越獎、單項獎和入圍獎。卓越獎是最高榮譽，授予被評判委員會認定在各方面取得了卓越、可持續的結果的傑出組織，這些組織展示了高度的效率和有效性以及持續改進的管理體系。單項獎授予在 EFQM 卓越模式八個基本理念方面中，某一方面取得傑出的、可持續結果的組織。入圍獎授予在戰略執行、方法的成熟度等方面展示了較高的水平，并且持續在歐洲卓越績效模式各個方面取得較好結果的組織。歐洲質量獎根據申報組織的規模、範圍和複雜程度分為四類：中小私營企業/大型私營企業（營利），中小公共組織/大型公共組織（非營利）。

附錄六　美國馬爾科姆·波多里奇國家質量獎介紹

　　美國馬爾科姆·波多里奇國家質量獎（以下簡稱波獎）由前總統里根於 1987 年簽發的《公共法 100—107》設立，旨在通過設立質量獎項目，喚起人們對於質量的重視和承諾，將質量作為一項國家的重點工作，幫助美國 20 世紀 90 年代經濟的復甦；通過獎勵對質量和卓越績效有堅定決心的美國組織，給予他們崇高的榮譽，建立起國家在質量方面的激勵機制和製度，并將獲獎企業的成功經驗為廣大企業分享；引導廣大企業應用卓越績效模式進行自我評估，促進企業持續改進，提高企業和國家的競爭力。波獎評審範圍 1998 年擴展到教育類組織，1999 年擴展到醫療保健類組織，2007 年起擴展到了非營利組織，包括慈善機構、貿易和專業協會、政府部門，準則也做了相應的調整。目前獎項設置包括六大類：製造業、服務業、小企業、教育業、醫療保健業和非營利組織。截至 2011 年，共有 90 個組織 95 次獲得這一榮譽，其中 5 家組織兩次獲獎。

波獎是全球影響力最大的質量獎項，其評審標準——卓越績效評價準則也成為全球傳播最為廣泛的組織卓越經營管理指導、評價標準。目前世界上 40 多個國家和地區的質量獎評審採用了波獎標準，其網上下載量已遠超 200 萬份。美國馬爾科姆·波多里奇國家質量獎每年可帶來相關的收益大約為 240.65 億元。每年的追求卓越大會有來自世界各地的質量管理領域專家和企業高層、管理人員 1,000 多人參加，共同交流分享追求卓越的經驗。

附錄七　質量經理職業資格認證管理辦法

1　質量經理職業資格認證申請者（以下簡稱申請者）應符合申請條件：
1.1　行為準則
申請者須遵守質量經理行為準則（見本辦法 3 行為準則）。
1.2　知識與技能
(1) 達到「質量經理知識大綱」要求的知識水平；
(2) 能夠運用質量管理相關知識解決顧客關心的問題以及其他實際工作中的問題；
(3) 具有良好的計劃、組織、溝通和協調能力。
1.3　教育和工作經歷
1.3.1　教育經歷
申請者應具有國家承認的大學專科及以上學歷。
1.3.2　工作經歷
申請者應具有 5 年以上質量相關工作經驗，包括至少 2 年管理崗位工作經驗。
1.4　考試
通過初審的申請者須通過由質量經理職業資格認證管理辦公室統一組織的考試。具體考試試卷要見《質量經理知識大綱》。
具體考試流程，請參見附件流程圖，并閱讀中國質量網質量經理欄目發布的報名辦法。
1.5　考試成績有效期
考試合格後三年內未申請認證，考試成績自動作廢。三年後申請認證，需重新參加考試。
2　認證
2.1　申請文件
申請者需按要求填寫質量經理職業資格認證申請表，并提供如下證明材料，且帶 * 項必須提供。
(1)　申請者身分證掃描件。*
(2)　二寸免冠彩色證件照片兩張。*
(3)　國家承認的大學專科及以上學歷證書掃描件。*
(4)　質量經理職業資格認證申請表，單位蓋章（公章或者人事章）。*
(5)《工作業績報告》一份，3,000~5,000 字，word 文檔格式，包括：*
　　a. 主要工作經歷，任職履歷；

b. 主要質量相關工作實踐和業績；
c. 對質量管理實踐的體會和認識。
(6) 其他質量專業資格證書。

2.2 個人聲明

所有認證的申請者視為承諾遵守「質量經理行為準則」（見本辦法 3 行為準則）。

2.3 考試及認證費用

(1) 申請質量經理職業資格認證的報名者，需要繳納考試測評及認證費（含管理及證書費）1,600 元；中國質量協會個人會員享受優惠價格 1,200 元/人。

(2) 沒有通過考試的申請者，再次參加考試，需另外繳納 300 元補考費。

(3) 認證審核，資格欠缺者暫緩發證者，可以在三年考試成績有效期內，累積資格和工作業績，再次申請，并無須繳費。

(4) 企業團體申請的，按照當年團體優惠價格政策執行。

(5) 凡是足額繳納 1,600 元的申請人，贈送 12 個月個人會員電子期刊。

2.4 認證流程

認證流程主要為：網上申報及初步審核，考試報名，考試通過，認證審核，證書頒發等具體認證流程，請參見附件流程圖。

需要特別注意：

(1) 每年的申報工作開始時間以及考試時間等請閱讀中國質量網每年發布的質量經理職業資格考試通知。

(2) 申報人必須通過網路提交申報，具體網上申報要求和操作步驟等，請登錄中國質量網質量經理考試報名系統，閱讀有關說明。

(3) 仔細閱讀申報條件，因申報條件不符合要求而導致材料審核不能通過等，申報人承擔相應結果和責任！

(4) 申報人網上提交資料必須真實準確，如提交虛假信息和虛假申報資料，一經發現立即終止申請受理，申報人承擔相應結果和責任！

3 行為準則

所有「質量經理」必須嚴格遵守以下行為準則：
(1) 忠於職守，不斷實施業績改進，努力提高技能及聲譽；
(2) 幫助其他員工提高管理能力和專業技能；
(3) 不承擔本人不具備完成能力的任務；
(4) 恪守職業道德；
(5) 在任何情況下不得損害資格證書頒發單位的聲譽。

4 其他

4.1 證書

經審查、評定符合要求的申請者，質量經理職業資格認證委員會將頒發「質量經理職業資格證書」。「質量經理職業資格證書」是由中國質量協會和中國企業聯合會聯合頒發，在取得中國質量協會「註冊質量經理」資格的同時，也獲得中國企業聯合會「職業經理人」資格，成為「質量專業職業經理人」。

質量經理職業資格證書中包括以下信息：
(1) 質量經理姓名、姓名拼音；
(2) 質量經理身分證件號碼；
(3) 資格證書編號；
(4) 認證機構名稱和印章；
(5) 質量經理認證日期。

4.2 檔案

質量經理職業資格認證管理辦公室為每位「質量經理」保留檔案。檔案包括原始申請、所在組織對該質量經理的綜合評價及資格認證等相關信息。

4.3 質量經理名錄及質量經理俱樂部

經認證的質量經理將被列入「質量經理人名錄」，并在相關網站公布，包括中國質量協會的中國質量網的質量經理欄目，以及中國企業聯合會網站的職業經理人欄目。名錄中包括如下信息：
(1) 質量經理姓名；
(2) 通過認證時間；
(3) 資格證書編號；
(4) 受聘狀態（必要時）；
(5) 工作單位（必要時）；
(6) 聯繫方式（必要時）。

經認證的質量經理將自動加入質量經理俱樂部，可以參加俱樂部活動，獲得俱樂部提供的各項服務，享有收費減免優惠。

經認證的質量經理也將獲得中國企業聯合會為職業經理人舉辦各種活動的服務。

4.4 規定的解釋權和生效日期

本管理辦法的解釋權為質量經理職業資格認證委員會。

本管理辦法自公布之日起執行。

附錄八　中國質量協會六西格瑪綠帶註冊管理辦法(試行)

1　導言

1.1　本辦法規定了中國質量協會實施六西格瑪綠帶註冊的具體要求，以保證註冊綠帶人員水準及其一致性。

1.2　本辦法適用於所有向中國質量協會提出註冊申請，希望成為中國質量協會「註冊六西格瑪綠帶」的境內外申請者和已通過其他組織六西格瑪綠帶資格認證或註冊的人員。

1.3　六西格瑪綠帶實行註冊登記製度。符合註冊條件的申請人需經全國統一考試，取得合格成績，并按規定辦理註冊登記。

1.4　中國質量協會六西格瑪管理推進工作委員會（以下簡稱「委員會」）負責「註冊六西格瑪綠帶知識大綱」的制定和修改，并根據「大綱」要求組織有關專家和專業人員建立考試題庫。

2　註冊登記

2.1　申請註冊登記須符合下列條件：

（1）教育和工作經歷

教育經歷：申請者應具有國家承認的專科及以上學歷或助理工程師及以上任職資格。

工作經歷：申請者應具有至少兩年專業技術或管理崗位相關工作經歷。

（2）培訓與項目經歷

培訓經歷：申請者需參加專業機構或實施企業舉辦的六西格瑪綠帶培訓班，并取得培訓證書。

項目經歷：申請者需完成1個及以上六西格瑪綠帶項目。

2.2　考試

申請者須通過中國質量協會組織的註冊六西格瑪綠帶統一考試并取得合格成績。考試合格後3年內未申請註冊，考試成績自動作廢。3年後再申請註冊，需重新參加註冊考試。

考試題目為100道，每題一分，60分合格。

2.3 登記備案

分為資料初審及資料復核兩個步驟。

受理登記的備案單位為：

（1）申請者所在單位為委員會委員單位

由申請者所在單位負責審核所填申報資料的真實性與符合性，并統一向委員會辦公室遞送申報資料。

（2）申請者所在單位為非委員單位

由申請者所在地區的省（直轄市、計劃單列市）質量協會或行業質協，負責審核所填申報資料的真實性與符合性，并統一向委員會辦公室遞送申報資料。

（3）無地方質協（包括未開展此項工作的所在地方質協）

由申請者直接向委員會辦公室遞送申報資料［如與（1）（2）衝突，則不予受理］。

說明：

步驟一 確認申報條件，填寫綠帶註冊申請表，參加考試。

根據 2.1 確認符合申報條件後，登陸中國質量網，網上填寫六西格瑪綠帶註冊申請表，并提交項目報告；

收到網上確認後，繳納考試及註冊費，參加註冊六西格瑪綠帶統一考試。

步驟二 登記備案資料初審。

綠帶考試取得合格成績後，將身分證明材料連同綠帶註冊申請表、項目報告等（見 3.1）遞交至登記備案單位（見 2.3），進行資料初審。

步驟三 登記備案資料復核。

資料復核無誤後，將獲頒註冊六西格瑪綠帶證書。

3 申請資料

3.1 申請文件

申請者需填寫六西格瑪綠帶註冊申請表，并提供有關證明材料：

（1）身分證明材料；

（2）學歷證明或助理工程師及以上任職資格證書；

（3）六西格瑪綠帶培訓證書；

（4）六西格瑪綠帶項目報告；

（5）六西格瑪綠帶項目評價表。

註：①上述材料須用中文填寫或有對應的中文翻譯；②項目改進的結果需由企業相關部門簽章確認。

3.2 擔保人

申請者應由所在單位與申請者有業務關係的人員提供擔保。擔保人應具備良好的品格，并對申請者所應證實的相關情況有足夠的瞭解。

3.3 個人聲明

所有第一次註冊和復查換證的申請者應簽署一份個人聲明，承諾同意并遵守中國質量協會制定的行為準則。

4 行為準則

所有中國質量協會「註冊六西格瑪綠帶」須嚴格遵守以下行為準則：

（1）恪守職業道德；

（2）協助黑帶實施項目改進，努力提高管理能力和專業技能；

（3）接受中國質量協會的監督審核，并按規定繳納註冊管理費用；

（4）禁止有意傳播任何錯誤的或易產生誤解的信息，以免影響綠帶註冊過程的完整性；

（5）在任何情況下不得損害中國質量協會聲譽，應與是否違反本行為準則的調查進行充分的合作。

5 其他

5.1 證書

經核定符合要求的申請者，中國質量協會將準予註冊并頒發「註冊六西格瑪綠帶」證書。證書中包括以下信息：

（1）註冊六西格瑪綠帶姓名、身分證件號碼；

（2）註冊有效期限；

（3）註冊證書號；

（4）註冊機構名稱和標誌。

5.2 檔案

中國質量協會為每位「註冊六西格瑪綠帶」保留檔案。檔案包括原始申請表、項目記錄、初審單位對該註冊六西格瑪綠帶的綜合評價及保持註冊等相關信息。

5.3 名錄

經中國質量協會註冊的六西格瑪綠帶將被列入「中國質量協會註冊六西格瑪綠帶名錄」，通過媒體正式對外公布。名錄中包括：

（1）註冊六西格瑪綠帶姓名；

（2）註冊有效期；

（3）註冊證書號；

（4）受聘狀態（必要時）；

（5）工作單位（必要時）；

（6）聯繫方式（必要時）。

5.4 證書保持與升級

5.4.1 證書保持

每位註冊六西格瑪綠帶都需要通過不斷實施六西格瑪項目來保持和證明其實際能

力。從註冊起到復查換證的三年內應完成不少於一個改進項目，并由所在單位出具改進結果證明及對註冊申請者的綜合評價資料，交由委員會再次備案。

5.4.2　證書升級

取得「註冊六西格瑪綠帶」證書的人員，在主導完成 2 個六西格瑪項目并通過六西格瑪黑帶考試後，可申請註冊六西格瑪黑帶。中國質量協會將組織專家根據其項目實施情況及該綠帶所在單位的綜合評價來驗證、評定其工作能力。經評審合格後可獲頒「註冊六西格瑪黑帶」證書。

5.4.3　綠帶證書保持及升級費用另行規定

本管理辦法的解釋權為中國質量協會六西格瑪管理推進工作委員會。本管理辦法自公布之日起執行。

中國質量協會六西格瑪管理推進工作委員會

二〇一〇年十二月

附錄九　六西格瑪黑帶註冊管理辦法（試行）

1　引言

1.1　目的

本辦法規定了中國質量協會實施六西格瑪黑帶註冊的具體要求，旨在保證註冊人員水準及其一致性。

1.2　範圍

本辦法適用於所有向中國質量協會提出註冊申請，希望成為中國質量協會「註冊六西格瑪黑帶」的境內外申請者和已通過其他組織六西格瑪黑帶資格認證或註冊的人員。

1.3　註冊管理

中國質量協會六西格瑪管理推進工作委員會負責註冊六西格瑪黑帶申請者的資格審查和註冊認證工作。

1.4　考試管理

中國質量協會六西格瑪管理推進工作委員會負責《註冊六西格瑪黑帶知識大綱》的制定和修改，并根據註冊六西格瑪黑帶知識大綱要求組織有關專家和專業人員建立考試題庫。

每一位具備資格的候選人均需通過中國質量協會組織的筆試。六西格瑪黑帶註冊考試時間為每年 10 月的第二週。時間為 180 分鐘，試題類型為選擇題，總分 120 分（120 道題），80 分為合格線。

2　註冊要求

註冊六西格瑪黑帶申請者應符合以下要求。

2.1　技能與知識

（1）掌握統計技術并運用統計工具分析數據的能力；

（2）在組織業務流程中使用適宜統計工具的能力；

（3）選擇項目的能力；

（4）識別、解決問題的能力；

（5）綜合評價能力；

（6）項目管理能力；

（7）團隊組織、領導和感召能力；

（8）熟悉計算機相關軟件操作系統的使用。

2.2 考試

註冊六西格瑪黑帶申請者須通過中國質量協會組織的統一註冊考試并取得合格證書。考試合格後三年內未申請註冊，考試成績自動作廢。三年後再申請註冊，則需重新參加註冊考試。

2.3 教育和工作經歷

2.3.1 教育經歷

申請者應具有國家承認的大學專科以上學歷或註冊質量工程師資格。

2.3.2 工作經歷

申請者應具有至少五年專業技術或管理崗位相關工作經歷。

2.3.3 六西格瑪實踐經驗

（1）申請者應具有至少 2 年應用六西格瑪及相關技術的實踐經驗。

（2）申請者應至少已完成 2 個改進項目（對每一完成的改進項目，應出示相關證明材料）。

3 註冊

3.1 申請文件

申請者需填寫六西格瑪黑帶註冊申請表，并提供有關證明材料：

（1）申請者身分證明文件；

（2）六西格瑪黑帶註冊考試合格證書；

（3）國家承認的大專及以上學歷證書或註冊質量工程師資格證書；

（4）六西格瑪及相關技術工作經歷證明；

（5）六西格瑪改進項目經歷證明（項目改進計劃、記錄、結果，項目領導簽字的證明材料等）。

註：①申請材料須用中文填寫或有對應的中文翻譯；

②項目改進的結果應以為組織帶來的經濟回報為主要依據。

3.2 擔保人

申請者應由所在單位與申請者有業務關係的人員提供擔保。擔保人應具備良好的品格，并對申請者所應證實的相關情況有足夠的瞭解。

3.3 個人聲明

所有第一次註冊和復查換證的申請者應簽署一份個人聲明，承諾同意并遵守中國質量協會制定的行為準則。

3.4 註冊費用

一般申請者註冊費為 700 元，其中包括資格審查、評審及其他註冊相關費用。如申請者為中國質量協會個人會員，則其註冊費為 600 元，其中包括資格審查、評審及其他註冊相關費用。

通常情況下，復查換證費為 300 元。中國質量協會個人會員可享受適當優惠。

4 註冊保持

4.1 要求

（1）每位註冊六西格瑪黑帶都需要通過不斷實施六西格瑪項目來保持和證明其實

際能力。從註冊起到復查換證的三年內應完成不少於兩個改進項目，并由所在單位出具改進結果證明及對註冊申請者的綜合評價資料。

（2）中國質量協會將組織專家根據「註冊六西格瑪黑帶」的項目實施情況記錄及該「註冊六西格瑪黑帶」所在單位的綜合評價來驗證、評定其工作能力。

4.2 復查換證

中國質量協會將根據專家驗證、評定結果對「註冊六西格瑪黑帶」進行復查換證，每三年一次。除特殊情況外，到期未進行復查換證者，其「註冊六西格瑪黑帶」資格自動失效。

復查換證所需文件、資料如下：

（1）「註冊六西格瑪黑帶」所在單位出具的項目實施效果證明；

（2）「註冊六西格瑪黑帶」的專業發展、個人素質、遵守行為準則等方面的綜合評價；

（3）「註冊六西格瑪黑帶」證書複印件。

5 行為準則

所有中國質量協會「註冊六西格瑪黑帶」必須嚴格遵守以下行為準則：

（1）忠於職守，不斷實施項目改進，努力提高技能及聲譽；

（2）幫助綠帶和其他員工提高管理能力和專業技能；

（3）不承擔本人不具備能力的項目；

（4）恪守職業道德；

（5）禁止有意傳播任何錯誤的或易產生誤解的信息，防止影響黑帶註冊過程的完整性；

（6）在任何情況下不得損害中國質量協會聲譽，應與是否違反本行為準則的調查進行充分的合作；

（7）接受中國質量協會的復查監督；

（8）按規定向中國質量協會交納註冊管理費用；

（9）對不能履行本辦法4規定的要求，或經證實註冊資格未能保持的，經中國質量協會六西格瑪管理工作委員會審議可取消其註冊資格。

6 其他

6.1 證書

經評定符合要求的申請者，中國質量協會將準予註冊并頒發「註冊六西格瑪黑帶」證書。證書中包括以下信息：

（1）註冊六西格瑪黑帶姓名；

（2）註冊有效期限；

（3）註冊證書號；

（4）註冊機構名稱和標誌。

6.2 檔案

中國質量協會為每位「註冊六西格瑪黑帶」保留檔案。檔案包括原始申請、項目記錄、所在單位對該註冊六西格瑪黑帶的綜合評價及保持註冊等相關信息。

6.3 註冊六西格瑪黑帶名錄

經中國質量協會註冊的六西格瑪黑帶將被列入「中國質量協會註冊六西格瑪黑帶名錄」，將通過媒體正式對外公布。名錄中包括：

（1）註冊六西格瑪黑帶姓名；

（2）註冊有效期；

（3）註冊證書號；

（4）受聘狀態（必要時）；

（5）工作單位（必要時）；

（6）聯繫方式（必要時）。

本管理辦法的解釋權為中國質量協會六西格瑪管理推進工作委員會。

本管理辦法自公布之日起執行。

中國質量協會

二〇〇四年七月十八日

附錄十　2013年度中國質量協會六西格瑪綠帶註冊程序

2013年度中國質量協會六西格瑪綠帶註冊申請工作即日起開始。凡已於2011年度、2012年度參加「中國質量協會註冊六西格瑪綠帶考試」，獲得合格成績，并符合六西格瑪綠帶註冊申請條件（見《中國質量協會六西格瑪綠帶註冊管理辦法》（2012年修訂版））第二條的質量專業人士，均可向中國質量協會六西格瑪管理推進工作委員會辦公室提出註冊申請。

一、註冊登記申請

（一）參加中國質量協會註冊六西格瑪綠帶考試，成績合格。

（二）仔細閱讀并理解《中國質量協會六西格瑪綠帶註冊管理辦法》（2012年修訂版），對照其中註冊要求（第二條），確認本人符合註冊申請條件。

（三）填寫註冊六西格瑪綠帶申請表（附件十二和附件十三），主要內容包括：個人基本信息；本人工作經歷；六西格瑪項目經歷簡述；個人聲明；服務單位推薦意見、聯繫人及聯繫方式。

（四）填寫註冊六西格瑪綠帶項目評價表，主要內容包括：項目基本情況（項目名稱、時間、收益、實施概述等）；項目領導者的綜合評價（對項目及申請人）。

（五）提交1個申請人所完成的六西格瑪綠帶項目或參與的黑帶項目報告書，報告書應包括以下內容：項目的基本情況描述（包括項目實施的意義、價值與目標）；項目實施中應用的六西格瑪理念、方法和工具（統計技能）；項目財務收益及其計算方法（企業取得的年收益）；項目推廣應用前景（如項目涉及的範圍、推廣的普遍性等）。

（六）提交其他相關證明材料：申請者身分證明文件複印件；中國質量協會註冊六西格瑪綠帶考試成績單（下載打印）；學歷或質量專業人員資格證書複印件；六西格瑪綠帶培訓證書或證明複印件。

註：①所有申報材料以書面形式提交至登記備案單位（一式一份），并附電子文本（上傳至中國質量協會質量專業人員考試註冊信息系統：exam.caq.org.cn）；②所有註冊申請材料須用中文填寫或有對應的中文翻譯；③所提供註冊申請材料務必真實，凡提供虛假材料經證實者，取消其註冊資格。

二、申請登記註冊時間

2013年度中國質量協會註冊六西格瑪綠帶註冊申請受理時間為即日起至2013年1月15日。

三、註冊工作流程（見圖1）

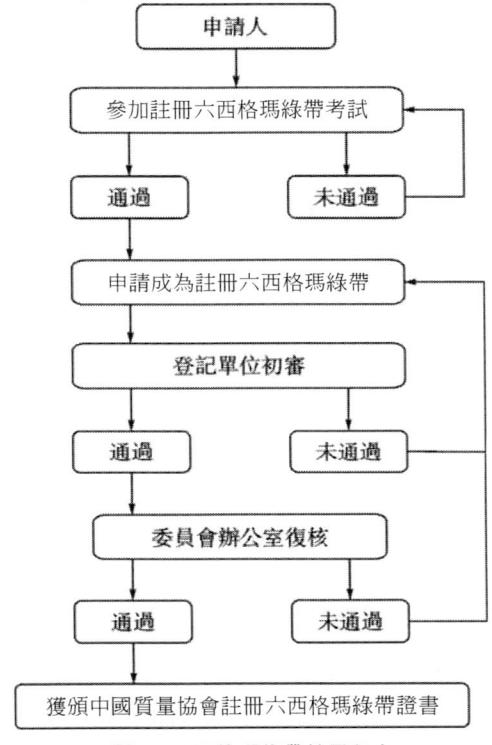

```
           申請人
             ↓
    參加註冊六西格瑪綠帶考試 ←──┐
        ↓           ↓         │
       通過       未通過ー──────┘
        ↓
    申請成為註冊六西格瑪綠帶 ←──┐
        ↓                      │
      登記單位初審               │
        ↓           ↓          │
       通過       未通過ー───────┤
        ↓                      │
      委員會辦公室復核            │
        ↓           ↓          │
       通過       未通過ー───────┘
        ↓
  獲頒中國質量協會註冊六西格瑪綠帶證書
```

圖1　六西格瑪綠帶註冊程序

四、證書價值

（一）幫助個人證明與六西格瑪管理相關的專業能力及水平；獲得更好的專業發展機會；得到權威專業機構和社會的認可；擁有令人尊重的專業水準。

（二）幫助用人單位客觀評價申請者的專業能力及水平；更有效地錄用、培養和使用相關專業人才；塑造專業形象，提高市場競爭能力。

五、其他事項

綠帶註冊登記費用為400元，申請者可選擇如下任何一種方式繳納。在提交註冊登記申請材料時，請務必將費用支付憑證複印件一并提供。

所有申請成為「中國質量協會註冊六西格瑪綠帶」的申請者應嚴格遵守「註冊六西格瑪綠帶行為準則」［見《中國質量協會六西格瑪綠帶註冊管理辦法》（2012年修訂版）］第四條，并通過不斷實施六西格瑪項目來保持、證明及提升其實際能力。中國質量協會將組織專家根據「註冊六西格瑪綠帶」的項目實施情況記錄及該「註冊六西格瑪綠帶」所在單位的綜合評價來驗證、評定其工作能力。

註：中國質量協會六西格瑪黑帶註冊程序與此類似，不再贅述。

國家圖書館出版品預行編目(CIP)資料

質量管理案例與實訓 / 陳昌華、朱廣財 主編. -- 第一版.
-- 臺北市 ： 崧燁文化，2018.08
　　面 ；　　公分
ISBN 978-957-681-457-0(平裝)
1. 企業管理
494　　　　　107012673

書　名：質量管理案例與實訓
作　者：陳昌華、朱廣財 主編
發行人：黃振庭
出版者：崧燁文化事業有限公司
發行者：崧燁文化事業有限公司
E-mail：sonbookservice@gmail.com
粉絲頁　　　　　　網　址：
地　址：台北市中正區重慶南路一段六十一號八樓 815 室
8F.-815, No.61, Sec. 1, Chongqing S. Rd., Zhongzheng Dist., Taipei City 100, Taiwan (R.O.C.)
電　話：(02)2370-3310　傳　真：(02) 2370-3210
總經銷：紅螞蟻圖書有限公司
地　址：台北市內湖區舊宗路二段 121 巷 19 號
電　話：02-2795-3656　　傳真：02-2795-4100　網址：
印　刷：京峯彩色印刷有限公司（京峰數位）

　　本書版權為西南財經大學出版社所有授權崧博出版事業股份有限公司獨家發行電子書繁體字版。若有其他相關權利及授權需求請與本公司聯繫。

定價：600 元
發行日期：2018 年 8 月第一版
◎ 本書以POD印製發行